BERICHTE 3/93

UMWELTFORSCHUNGSPLAN DES
BUNDESMINISTERS FÜR UMWELT,
NATURSCHUTZ UND REAKTORSICHERHEIT
– Umweltplanung, Ökologie –

Forschungsbericht 101 01 085
UBA-FB 92-123 – im Auftrag des Umweltbundesamtes

**INTERNATIONALER VERGLEICH
VON VERFAHREN ZUR FESTLEGUNG
VON UMWELTSTANDARDS**

von
**Wolfgang Jaedicke
Kristine Kern
Hellmut Wollmann
(unter Mitarbeit von Renate Pörksen)**
IfS Institut für Stadtforschung und Strukturpolitik GmbH

in Zusammenarbeit mit:

**Richard N. L. Andrews
Christopher J. Paterson**
The University of North Carolina at Chapel Hill

Pieter-Jan Klok
Universiteit Twente

Peter Knoepfel
Institut de Haute Études en Administration Publique,
Université Lausanne

ERICH SCHMIDT VERLAG BERLIN

Herausgeber: Umweltbundesamt
Postfach 33 00 22
14191 Berlin
Tel.: 030/89 03-0
Telex: 183 756
Telefax: 030/89 03 22 85

Redaktion: Fachgebiet I 2.1
Evelyn Hagenah

Der Herausgeber übernimmt keine Gewähr
für die Richtigkeit, die Genauigkeit und
Vollständigkeit der Angaben sowie für
die Beachtung privater Rechte Dritter.
Die in der Studie geäußerten Ansichten
und Meinungen müssen nicht mit denen des
Herausgebers übereinstimmen.

Die Deutsche Bibliothek – CIP-Einheitsaufnahme

Jaedicke, Wolfgang:
Internationaler Vergleich von Verfahren zur Festlegung von
Umweltstandards : Forschungsbericht 101 01 085 / von Wolfgang
Jaedicke ; Kristine Kern ; Hellmut Wollmann. (Unter Mitarb.
von Renate Pörksen). In Zusammenarbeit mit: Richard N. L.
Andrews ... [Hrsg.: Umweltbundesamt. Durchführende Inst.:
IfS, Institut für Stadtforschung und Strukturpolitik GmbH]. –
Berlin : Erich Schmidt, 1993
   (Berichte / Umweltbundesamt ; 93,3) (Umweltforschungsplan des
   Bundesministers für Umwelt, Naturschutz und Reaktorsicherheit :
   Umweltplanung, Ökologie)
   ISBN 3-503-03490-0 kart.
NE: Kern, Kristine:; Wollmann, Hellmut:; Deutschland / Umweltbundesamt: Berichte

ISBN 3-503-03490-0

Alle Rechte vorbehalten
© Erich Schmidt Verlag GmbH & Co., Berlin 1993
Druck: Offsetdruckerei Gerhard Weinert GmbH, 12099 Berlin

Berichts-Kennblatt

1. **Berichtsnummer** **UBA-FB** 92-123	2.	3.

4. **Titel des Berichts** Internationaler Vergleich von Verfahren zur Festlegung von Umweltstandards

5. **Autor(en), Name(n), Vorname(n)** Jaedicke, Wolfgang; Kern, Kristine; Wollmann, Hellmut u.a.	8. **Abschlußdatum** Juli 1992 9. **Veröffentlichungsdatum**
6. **Durchführende Institution (Name, Anschrift)** IfS Institut für Stadtforschung und Strukturpolitik GmbH Lützowstraße 93 10785 Berlin	10. **UFOPLAN - Nr.** 101 01 085 11. **Seitenzahl** 12. **Literaturangaben** 290
7. **Fördernde Institution (Name, Anschrift)** Umweltbundesamt, Postfach 33 00 22, 14191 Berlin	13. **Tabellen und Diagramme** 18 + 6 14. **Abbildungen** 4

15. **Zusätzliche Angaben**

16. **Kurzfassung** Untersucht wurde die Festlegung von Umweltstandards in der Schweiz, den Niederlanden und in den USA. Hierbei wurden die in den Ländern kodifizierten Anforderungen an die Standardsetzung erläutert, der Ablauf der Standardsetzungsverfahren beschrieben und die in der Praxis gemachten Erfahrungen und die jeweiligen Vor- und Nachteile analysiert. Um die Praxis der Standardsetzung in den drei Staaten zu erfassen, wurden jeweils Fallstudien zu Standardsetzungsverfahren in der Luftreinhaltung und beim Schutz vor Gefahrstoffen durchgeführt. Aus den Ergebnissen wurden Schlußfolgerungen für die Zukunft der Festlegung von Umweltstandards in der Bundesrepublik Deutschland gezogen.

17. **Schlagwörter** Festlegung von Umweltstandards, Umweltrecht, Umweltpolitik, Luftreinhaltung, Schutz von Gefahrstoffen, Schweiz, Niederlande, USA.

18. **Preis**	19.	20.

UBA-F+E-Berichtsmerkblatt (6.80)

Report Cover Sheet

1. Report No. UBA-FB 92-123	2.	3.
4. Report Title International Comparison of Environmental Standard Setting		
5. Author(s), Family Name(s), First Name(s): Jaedicke, Wolfgang; Kern, Kristine; Wollmann, Hellmut u.a.		8. Report Date Juli 1992 9. Publication Date
6. Performing Organisation (Name, Adress) IfS Institut für Stadtforschung und Strukturpolitik GmbH Lützowstraße 93 10785 Berlin		10. UFOPLAN - Ref No. 101 01 085 11. No. of Pages 12. No. of References 290
7. Sponsoring Agency (Name, Adress) Umweltbundesamt, Postfach 33 00 22, 14191 Berlin		13. No. of Tables, Diag. 18 + 6 14. No. of Figures 4
15. Supplementary Motes		
16. Abstract The study examines environmental standard settin in Swizerland, the Netherlands and the U.S. It describes the procedural rules and the experiences the three countries have made in environmental regulation. The advantages and disanvantages of the different types of standard setting procedures are discussed. To study the regulatory process in practice case studies on clean air policy and regulation of chemicals were conducted. Conclusions for the future of environmental standard setting in Germany are drawn from the findings of the study.		
17. Keywords environmental standards setting, environmental law, environmental policy, clean air policy, regulation of chemicals, Switzerland, Netherlands, U.S.A.		
18. Price	19.	20.

UBA-F+E-Berichtsmerkblatt (6.80)

Vorbemerkung

Der hier vorgelegte Forschungsbericht ist das Resultat einer Kooperation mit Wissenschaftlern aus den untersuchten Staaten. Die Länderstudie Schweiz wurde vom IfS erstellt, das bei dieser Aufgabe von Prof. Peter Knoepfel beraten wurde. Die Länderstudie Niederlande wurde im wesentlichen von Dr. Pieter-Jan Klok erarbeitet. Die Fallstudien zur Standardsetzung in den USA führte Christopher J. Paterson durch. Wertvolle Hinweise für die Länderstudie USA, die in ihren allgemeinen Teilen vom IfS stammt, erhielten wir von Prof. Richard N. L. Andrews.

Ohne die Unterstützung, die wir von einer großen Zahl von Personen aus den beteiligten Instituten, aus Verwaltung und Verbänden in den drei untersuchten Ländern wie in der Bundesrepublik erhalten haben, wäre diese Studie nicht denkbar gewesen. Allen diesen Beteiligten sei an dieser Stelle herzlich gedankt.

Für Beratung in umwelttechnischen Fragen sind wir Christiane Böttcher-Tiedemann zu Dank verpflichtet. Ulrike Betzing und Andrea Elsner danken wir für die Sorgfalt und Mühe, die sie bei der Erstellung der Druckvorlage aufgewandt haben.

Diese Studie wurde im Auftrag des Umweltbundesamtes im Rahmen des Umweltforschungsplanes - Förderungskennzeichen 101 01 085 - erstellt und mit Bundesmitteln finanziert.

Inhaltsverzeichnis

Kurzfassung		i
1.	Einleitung	1
2.	Länderstudie Schweiz	9
2.1	Grundzüge der schweizerischen Umweltpolitik	9
2.2	Rechtliche Grundlagen der Umweltpolitik und der Setzung von Umweltstandards	11
2.3	Akteure bei der Setzung von Umweltstandards	17
2.3.1	Das Bundesamt für Umwelt, Wald und Landschaft (BUWAL)	17
2.3.2	Expertenkommissionen	19
2.3.3	Wirtschaftsverbände	21
2.3.4	Umwelt- und Naturschutzorganisationen, Verbraucher- und Fachverbände	23
2.4	Verfahren der Standardsetzung	25
2.4.1	Bedeutung plebiszitärer Elemente	25
2.4.2	Typisches Verfahren zur Setzung von Umweltstandards	26
2.5	Fallstudien zur Luftreinhaltepolitik	31
2.5.1	Luftreinhaltepolitik in der Schweiz	31
2.5.2	Feuerungsanlagen	38
2.5.3	Kehrichtverbrennungsanlagen	44
2.6	Fallstudien zur Gefahrstoffregulierung	54
2.6.1	Gefahrstoffregulierung in der Schweiz	54
2.6.2	Regulierung ozonschichtschädigender Stoffe	56
2.6.3	Cadmium	68
2.7	Fazit	74
3.	Länderstudie Niederlande	83
3.1	Grundzüge der niederländischen Umweltpolitik	83
3.2	Rechtliche Grundlagen der Setzung von Umweltstandards	87
3.3	Akteure bei der Festsetzung von Umweltstandards	89
3.3.1	Umweltministerium (VROM)	89
3.3.2	Wirtschaftsverbände und Gewerkschaften	90
3.3.3	Umweltverbände und Verbraucherverbände	91
3.3.4	Wissenschaftliche Organisationen	93
3.3.5	Raad van State und "Zentraler Rat für Umweltschutz" (CRMH)	94
3.4	Verfahren der Standardsetzung	97
3.4.1	Formalisierte Verfahrensanforderungen	97
3.4.2	Typisches Verfahren zur Setzung von Umweltstandards	97
3.5	Fallstudien zur Luftreinhaltepolitik	99
3.5.1	Luftreinhaltepolitik in den Niederlanden	99
3.5.2	Großfeuerungsanlagen	100

3.5.3	Abfallverbrennungsanlagen	106
3.6	Fallstudien zur Gefahrstoffregulierung	113
3.6.1	Cadmium	113
3.6.2	Pentachlorphenol (PCP)	120
3.7	Fazit	125
4.	Länderstudie USA	131
4.1	Grundzüge der Umweltpolitik der USA	131
4.2	Rechtliche Grundlagen der Setzung von Umweltstandards	134
4.3	Akteure bei der Setzung von Umweltstandards	137
4.3.1	Environmental Protection Agency (EPA)	137
4.3.2	Wirtschaftsverbände	140
4.3.3	Umweltverbände	142
4.4	Verfahren der Standardsetzung	146
4.4.1	Kontrollmöglichkeiten von Congress und Präsident	146
4.4.2	Formalisierung der Standardsetzungsverfahren	147
4.4.3	Aktuelle Kritik an den amerikanischen Standardsetzungsverfahren	159
4.4.4	Varianten der Standardsetzungsverfahren	161
4.4.5	Typisches Verfahren zur Setzung von Umweltstandards	169
4.5	Fallstudien zur Luftreinhaltepolitik	173
4.5.1	Luftreinhaltepolitik in den USA	173
4.5.2	Benzol	176
4.5.3	Umweltfreundlichere Treibstoffe	187
4.6	Fallstudien zur Pestizidregulierung	195
4.6.1	Pestizidregulierung in den USA	195
4.6.2	Ethylendibromid	201
4.6.3	Pentachlorphenol (PCP)	207
4.7	Fazit	211
5.	Schlußfolgerungen	219
5.1	Typische Standardsetzungsverfahren in der Schweiz, den Niederlanden und den USA	221
5.2	Vergleich der Verfahren	226
5.3	Entstehungsbedingungen relativ scharfer Standards	231
5.4	Perspektiven für die Bundesrepublik	234
Anhang		239
Literaturverzeichnis		243

Tabellenverzeichnis

Tab. 1:	Bevölkerungsstand, Fläche, Bevölkerungsdichte und Bruttoinlandsprodukt in der Schweiz, den Niederlanden, der Bundesrepublik Deutschland, der EG und den USA 1988	4
Tab. 2:	Emissionen in der Schweiz nach Schadstoff und Quellengruppe	32
Tab. 3:	Eingegangene Stellungnahmen bei der Vernehmlassung zur Revision der LRV	37
Tab. 4:	Emissionsgrenzwerte für Heizkessel	42
Tab. 5:	Dioxinemissionen in der Schweiz	49
Tab. 6:	Emissionsgrenzwerte für Abfallverbrennungsanlagen in der Schweiz	52
Tab. 7:	FCKW-Verbrauch in der Schweiz 1986 und 1990	58
Tab. 8:	Niederländische Grenzwerte für Großfeuerungsanlagen nach der AMvB vom 10. April 1987	105
Tab. 9:	Emissionsgrenzwerte für Abfallverbrennungsanlagen in den Niederlanden	109
Tab. 10:	Niederländische Grenzwerte für Verunreinigungen von PCP-Produkten vom Februar 1980	124
Tab. 11:	Am Standardsetzungsverfahren zu umweltfreundlicheren Treibstoffen beteiligte Wirtschaftsverbände	141
Tab. 12:	Mitgliedszahlen und Budgets der größten Umweltverbände der USA	143
Tab. A1:	Beschäftigte 1988 nach Wirtschaftsbereichen	239
Tab. A2:	Öffentliche Meinung: Prozentsatz der Bevölkerung, der sehr beunruhigt über bestimmte nationale Umweltprobleme ist	239
Tab. A3:	SO_x- und NO_x-, CO-, CO_2-Emissionen und Treibhausgase pro Einheit des Bruttoinlandproduktes in ausgewählten Ländern in den späten 80er Jahren	240
Tab. A4:	SO_x- und NO_x- und CO_2-Emissionen und Treibhausgase pro Einwohner in ausgewählten Ländern in den späten 80er Jahren	240
Tab. A5:	Siedlungsmüll pro Kopf der Bevölkerung 1975 bis 1989 in ausgewählten Ländern	241
Tab. A6:	Emissionsgrenzwerte für Abfallverbrennungsanlagen	242

Abbildungsverzeichnis

Abb. 1:	Organigramm des BUWAL	18
Abb. 2:	Cadmiumeinträge bzw. Cadmiumverbrauch in der Schweiz 1981 und 1989	70
Abb. 3:	Umweltpolitische Zuständigkeiten auf der Ebene des Bundes in den USA	132
Abb. 4:	Organisationsaufbau der EPA	139

Übersichtsverzeichnis

Übers. 1:	Durchgeführte Fallstudien	6
Übers. 2:	Typisches Verfahren zur Festsetzung von Umweltstandards in der Schweiz	30
Übers. 3:	Maßnahmenpaket zum Schutz der Ozonschicht	66
Übers. 4:	Zusammensetzung des Centrale Raad voor de Milieu-Hygiene (CRMH) nach Herkunftsorganisationen	96
Übers. 5:	Wichtige Standardsetzungsaufgaben der EPA	138
Übers. 6:	Typischer Verlauf der Setzung von Umweltstandards in den USA	170

Abkürzungsverzeichnis

ACCCI	American Coke and Coal Chemical Institute
AfU	Amt für Umweltschutz
AMvB	Algemene Maatregeln van Bestuur
APA	Administrative Procedure Act
ASA	Assoziation der Schweizerischen Aerosolindustrie
ASKI	Arbeitsgemeinschaft der Schweizerischen Kunststoffindustrie
BAWI	Bundesamt für Außenwirtschaft
BBl	Bundesblatt
BImSchV	Verordnung zum Bundes-Immissionsschutzgesetz
BMRO	Bureau Milieu en Ruimtelijke Ordening
BMU	Bundesminister für Umwelt, Naturschutz und Reaktorsicherheit
BUS	Bundesamt für Umweltschutz
BUWAL	Bundesamt für Umwelt, Wald und Landschaft
BV	Bundesverfassung
CAA	Clean Air Act
CASAC	Clean Air Scientific Advisory Committee
CEN	Comité Européen de Normalisation
CNV	Christelijk Nationaal Vakverbond
CPR	Campaign vor Pesticide Reforms
CRMH	Centrale Raad voor de Milieu-Hygiene
EAWAG	Eidgenössische Anstalt für Wasserversorgung, Abwasserreinigung und Gewässerschutz
ECE	Economic Commission for Europe
EDB	Ethylendibromid
EDF	Environmental Defense Fund
EDI	Eidgenössisches Departement des Innern
EJPD	Eidgenössisches Justiz- und Polizeidepartement
EKL	Eidgenössische Kommission für Lufthygiene
EMPA	Eidgenössische Materialprüfungs- und Forschungsanstalt
ENHK	Eidgenössische Natur- und Heimatschutzkommission
EPA	Environmental Protection Agency
ETH	Eidgenössische Technische Hochschule
EWI	Elektrowatt Ingenieurunternehmung
FACA	Federal Advisory Committee Act
FCKW	Fluorchlorkohlenwasserstoffe
FDA	Food and Drug Administration
FEA	Fachverband Elektroapparate für Haushalt und Gewerbe Schweiz
FFDCA	Federal Food, Drug, and Cosmetic Act
FIFRA	Federal Insecticide, Fungicide, and Rodenticide Act
FME	Federatie Metaal en Elektro-technische Industrie
FNV	Federatie Nederlandse Vakbeweging
FWPCA	Federal Water Pollution Control Act
GAO	The United States General Accounting Office

GAT	General Agreement on Tariffs and Trade
GWP	Global Warming Potential
HAPs	hazardous air pollutants
HC	Kohlenwasserstoffe
HFCKW	teilhalogenierte Fluorchlorkohlenwasserstoffe
IMP-M	Indicatief Meerjaren Programma Milieubeheer
IPO	Interproviciaal Milieu-overleg
KNOV	Koninklijk Nederlands Ondernemers Verbond
KRW	Vereinigung der Kessel- und Radiatorenwerke
KVA	Kehrichtverbrennungsanlage
LRV	Luftreinhalte-Verordnung
NAAQS	national ambient air quality standards
NACA	National Agricultural Chemical Associations
NCI	National Cancer Institute
NCW	Nederland Christelijk Wergeversbond
NEPA	National Environmental Policy Act
NESHAPs	national emission standards for hazardous air pollutants
NFS	Naturfreunde Schweiz
NIOSH	National Institute for Occupational Safety and Health
NMP	Nationaal Milieubeleidsplan
NO_x	Stickoxide
NRDC	National Resources Defense Council
ODP	Ozone Depletion Potential (bezogen auf R 11)
OECD	Organisation for Economic Co-operation and Development
OMB	Office of Management and Budget
OPP	Office of Pesticides Programs
OSHA	U. S. Occupational Safety and Health Administration
PCDD	Polychlorierte Dibenzodioxine
PCDF	Polychlorierte Dibenzofurane
PCP	Pentachlorphenol
ppb	parts per billion
ppm	parts per million
PS	Polystyrol
PTT	Post-, Telefon- und Telegrafenbetriebe
PUR	Polyurethan
PVC	Polyvinylchlorid
RIA	regulatory impact analysis
RIVM	Rijksinstituut voor Volksgezondheid en Milieuhygiene
RPAR	rebuttable presumption against registration
RV	Richtlijn verbranden
SAB	Scientific Advisory Board
SAP	Scientific Advisory Panel
SBB	Schweizerische Bundesbahnen
SBN	Schweizerischer Bund für Naturschutz
SCR	Selektive katalytische Reduktion

SEP	Samenwerkende Electriciteits Producenten
SGCI	Schweizerische Gesellschaft für Chemische Industrie
SGU	Schweizerische Gesellschaft für Umweltschutz
SGV	Schweizerischer Gewerbeverband
SHIV	Schweizerischer Handels- und Industrie-Verein
SIAO	Schweizerische Interessengemeinschaft der Abfallbeseitigungsorganisationen
SIGA	Schweizerische Interessengemeinschaft für Abfallverminderung
SIPs	state implementation plans
SMS	Verband der Schweizerischen Mineralquellen und Soft-Drink-Produzenten
SNCR	Selektive nicht-katalytische Reduktion
SO_2	Schwefeldioxid
SR	Systematische Sammlung des Bundesrechts
StoV	Stoffverordnung
SVGW	Schweizerischer Verein des Gas- und Wasserfaches
SVP	Schweizerische Volkspartei
TA Luft	Technische Anleitung zur Reinhaltung der Luft
TCDD	Tetrachlordibenzodioxin
TCS	Touring-Club der Schweiz
TEQ	Toxizitätsäquivalenzfaktor
TNO	Toegepast Natuurweetenschaappelijk Onderzoek
TSCA	Toxic Substances Control Act
TVA	Technische Verordnung über Abfälle
U.S.C.	United States Code
UBA	Umweltbundesamt
UGB	Umweltgesetzbuch
USG	Umweltschutzgesetz
VBSA	Verband der Betriebsleiter Schweizerischer Abfallbeseitigungsanlagen
VBUO	Verordnung über die Bezeichnung der Beschwerdeberechtigten Umweltorganisationen
VCS	Verkehrs-Club der Schweiz
VDI	Verein Deutscher Ingenieure
VEABRIN	Vereniging van afvalverbrander in Nederland
VGL	Vereinigung der Gasapparatelieferanten Schweiz
VGL	Vereinigung für Gewässerschutz und Lufthygiene
VGV	Verordnung über Getränkeverpackungen
VNCI	Vereniging van Nederlandse Chemische Industrie
VNG	Vereniging van Nederlandse Gemeenten
VNO	Verbond van Nederlandse Odernemingen
VROM	Ministerie van Volkshuisvesting, Ruimtelijke Ordening en Milieubeheer
VSG	Verband der Schweizerischen Gasindustrie
VSLF	Verband Schweizerischer Lack- und Farbenfabrikanten
VSO	Verband Schweizerischer Öl- und Gasbrennerunternehmungen
VVS	Verordnung über den Verkehr mit Sonderabfällen

WABM	Wet Algemene Bepalingen Milieuhygiene
WHO	World Health Organization
WOB	Wet Openbaarheid Bestuur
WWF	World Wildlife Fund

Kurzfassung

Im Rahmen des Forschungsvorhabens "Internationaler Vergleich von Verfahren zur Festlegung von Umweltstandards" untersuchte das IfS Institut für Stadtforschung und Strukturpolitik GmbH im Auftrag des Umweltbundesamtes die Standardsetzung in der Schweiz, den Niederlanden und den USA. Die drei ausgewählten Staaten sind für den internationalen Vergleich insofern interessante Fälle, als sie sich in der Ausgestaltung der Standardsetzungsverfahren sowohl von der Bundesrepublik als auch untereinander signifikant unterscheiden, während ihre Umweltpolitik, insgesamt betrachtet, als mindestens ebenso erfolgreich wie die bundesdeutsche bezeichnet werden kann. Das Vorhaben zielte darauf, (1) die in den Ländern für die Standardsetzung kodifizierten Anforderungen zu erfassen, (2) den Ablauf der Verfahren zu beschreiben und (3) die in der Praxis gemachten Erfahrungen und die jeweiligen Vor- und Nachteile zu analysieren. Besondere Aufmerksamkeit wurde auf den Zusammenhang zwischen der Ausgestaltung der Standardsetzungsverfahren und der Schärfe der Standards gerichtet. Die Länderstudien, die in Zusammenarbeit mit Wissenschaftlern aus den drei Staaten erarbeitet wurden, enthalten zum einen allgemeine Informationen zur Standardsetzung, zum anderen wurden in Fallstudien (jeweils zwei aus den Bereichen Luftreinhaltepolitik und Kontrolle von Gefahrstoffen für jedes Land) konkrete Standardsetzungsverfahren nachvollzogen.

Standardsetzung in der Schweiz

Schweizerische Umweltstandards werden zumeist als Rechtsverordnung des Bundesrates erlassen, wobei die Erarbeitung des Entwurfs dem Bundesamt für Umwelt, Wald und Landschaft (BUWAL) obliegt. Die einzige wesentliche Formalisierung des Standardsetzungsverfahrens stellt die rechtlich normierte Pflicht dar, vor Erlaß der Verordnung die Kantone und "interessierten Kreise" anzuhören. Im Zuge des hierzu durchgeführten Vernehmlassungsverfahrens wird der Verordnungsentwurf einem breiten Adressatenkreis zur (schriftlichen) Stellungnahme übersandt, wobei insbesondere die Kantone, die Wirtschaftsverbände und Gewerkschaften, die Umweltverbände und die technischen Fachorganisationen beteiligt werden. Das Vernehmlassungsverfahren ist relativ transparent gestaltet, die Stellungnahmen können nach Abschluß des Verfahrens von jeder Person eingesehen werden.

Allerdings zeigten die durchgeführten Fallstudien, daß die Bedeutung des Vernehmlassungsverfahrens für die mit den Standards materiell getroffenen Festlegungen relativ begrenzt ist. Die wesentlichen Entscheidungen über die Schärfe der Standards werden bereits in aller Regel vor der Veröffentlichung des Entwurf getroffen, wobei informelle Fachgespräche zwischen dem BUWAL und der Wirtschaft eine zentrale Rolle spielen. Die intensive Konsultation der Wirtschaft, die mit dem Ziel einer möglichst weitgehenden Übereinstimmung erfolgt, ist das wohl wichtigste Kennzeichen der schweizerischen Standardsetzungsverfahren. Diese sind insofern asymmetrisch ausgestaltet, als den Umweltverbänden vergleichbare Möglichkeiten der informellen Einflußnahme nicht eingeräumt werden. Die plebiszitären Elemente, die den Charakter des politischen Systems der Schweiz ansonsten so entscheidend prägen, wirken sich schon deshalb kaum als eine Stärkung der Rolle der Umweltverbände in den Standardsetzungsverfahren aus, weil sie sich nur auf Gesetze und Verfassungsänderungen, nicht aber auf Rechtsverordnungen beziehen.

Standardsetzung in den Niederlanden

In den Niederlanden werden Umweltstandards in der Regel als AMvB (*Algemene Maatregelen van Bestuur*) des Kabinetts, die direkt die Adressaten binden, oder als Verwaltungsvorschriften des Umweltministers festgesetzt, die sich an die Vollzugsbehörden richten. Wie die schweizerischen zeichnen sich auch die niederländischen Verfahren durch ein relativ geringes Maß an Formalisierung aus. Als Besonderheit ist die Beteiligung des CRMH ("Zentraler Rat für Umweltschutz") hervorzuheben, eines Repräsentativorgans, in dem vor allem die Umweltverbände, die Wirtschaftsverbände und Gewerkschaften sowie die Provinzen und Gemeinden vertreten sind. Werden Umweltstandards auf dem Weg der Rechtsverordnung festgesetzt, muß der Rat, dessen Stellungnahmen erhebliches Gewicht besitzen, zuvor angehört werden; erfolgt die Standardsetzung durch Verwaltungsvorschriften, kann der Rat aus eigener Initiative tätig werden.

Charakteristisch für niederländische Standardsetzungsverfahren ist ihre konsensuale Orientierung. Auch in den Niederlanden wird die Übereinstimmung mit der Wirtschaft gesucht und dazu auf informelle Konsultationen gesetzt. Anders als in der Schweiz werden jedoch auch die Umweltverbände in das gesamte Verfahren einbezogen. Und insgesamt zeichnet sich die Standardsetzung in den Niederlanden durch ein höheres Maß an Transparenz als in der Schweiz aus, was nicht zuletzt in der regelmäßigen Beteiligung des Umweltausschusses des Parlaments zum Ausdruck kommt.

Standardsetzung in den USA

In den USA werden Umweltstandards auf nationaler Ebene zumeist als *rules* der *Environmental Protection Agency* (EPA) festgesetzt. Die U.S.-amerikanischen Standardsetzungsverfahren sind weitaus vielfältiger als die der anderen beiden untersuchten Staaten, ihre Ausgestaltung hat zudem im Zeitverlauf erhebliche Veränderungen erfahren. Gemeinsam ist den Verfahren jedoch ein hohes Maß an Formalisierung, an vom Gesetzgeber wie von der Rechtsprechung vorgeschriebenen Verfahrensanforderungen. Diese beziehen sich vor allem auf drei Dimensionen:

- Gesetz und Rechtsprechung haben der Behörde umfängliche Veröffentlichungspflichten auferlegt und den Bürgern weitgehende Informationsrechte eingeräumt. So ist der Entwurf der Standards wie auch die endgültige Entscheidung der EPA zusammen mit ausführlichen Begründungen zu veröffentlichen. Alle für das Verfahren wesentlichen Unterlagen und Materialien sind in eine Akte aufzunehmen, die von jeder Person eingesehen werden kann.

- Die verschiedenen Verbände, aber auch einzelne Bürgerinnen und Bürger verfügen über ausgedehnte Beteiligungsmöglichkeiten. Mündliche Anhörungen sind die Regel; sie sind öffentlich, eine Einschränkung des Teilnehmerkreises auf bestimmte Gruppen ist der EPA nicht möglich.

- Die EPA hat die Standardsetzung auf einer detailliert ausgearbeiteten naturwissenschaftlich-technischen Grundlage vorzunehmen. Einen hohen Stellenwert für das Verfahren haben quantitative Risikoeinschätzungen, aber auch die Gegenüberstellung von Kosten und Nutzen der beabsichtigten Regulierung.

Ein enger Zusammenhang besteht zwischen der weitgehenden Formalisierung der Standardsetzungsverfahren und den ausgedehnten gerichtlichen Kontrollen. Während es in den anderen beiden untersuchten Staaten kaum eine Möglichkeit der gerichtlichen Überprüfung der Standardsetzung gibt, kann in den USA gegen Umweltstandards unmittelbar nach ihrem Erlaß von jeder Person, deren Interessen beeinträchtigt sind, geklagt werden. In der Praxis wird gegen die Mehrzahl der in den USA gesetzten Umweltstandards Klage erhoben.

Die intensiven Beteiligungsmöglichkeiten im Verfahren selbst wie auch die Klagemöglichkeiten erlauben es sowohl den betroffenen Branchen als auch den Umweltverbänden, in den Verfahren eine wichtige Rolle zu spielen. Informelle Konsultationen haben in den USA für das Resultat der Standardsetzungsverfahren in aller Regel eine weitaus geringere Bedeutung als in der Schweiz oder den Niederlanden. Das Verhalten der Akteure während der Verfahren ist stark durch die Option eines anschließenden Gerichtsverfahrens bestimmt und daher an den formalisierten Verfahrensschritten orientiert. Insgesamt ergibt sich so die typische konfliktäre Prägung der Standardsetzungsverfahren in den USA, wobei die Verfahrensdauer deutlich länger ausfällt als in den anderen beiden untersuchten Staaten.

Schlußfolgerungen

Die Hoffnung, daß optimale Verfahren existieren, bei denen die institutionelle Ausgestaltung zu relativ scharfen Standards bei gleichzeitiger Akzeptanz sowohl der Verfahren als auch der Standards führt, wird durch die Untersuchung der Standardsetzungsverfahren in der Schweiz, den Niederlanden und in den USA enttäuscht. Bemerkenswert ist zunächst einmal, daß in den beiden kleinen Staaten häufig Umweltstandards von großer Bedeutung sind, die von internationalen Organisationen empfohlen, in internationalen Verhandlungen vereinbart oder von anderen Staaten festgesetzt wurden; sie werden häufig zum Referenzsystem für die eigene Regulierung. In den USA hingegen ist die einfache Übernahme von Standards, die in anderen Staaten bzw. auf internationaler Ebene festgesetzt wurden, nicht denkbar.

Die Schärfe der Umweltstandards läßt sich kaum auf die Ausgestaltung der Standardsetzungsverfahren zurückführen. Wichtige Erklärungsfaktoren für die relativ erfolgreiche Umweltpolitik und die vergleichsweise scharfen Standards der untersuchten Staaten sind die ökonomische Situation, der weit fortgeschrittene Strukturwandel und das steigende Umweltbewußtsein von Konsumenten wie Produzenten. Darüber hinaus zeigen die zur Standardsetzung in den drei Staaten durchgeführten Fallstudien, daß scharfe Standards dann besonders gut durchsetzbar sind, wenn (1) die Kosten der Regulierung auf nicht am Verfahren Beteiligte abgewälzt werden können, (2) das Widerstandspotential der regulierten Branche verhältnismäßig gering ist, (3) eine breite öffentliche Diskussion über das entsprechende Umweltproblem existiert, was insbesondere im Zuge von Umweltskandalen der Fall ist.

Trotz dieser Ergebnisse sind Überlegungen, die bundesdeutschen Standardsetzungsverfahren stärker als bislang zu öffnen, keineswegs umweltpolitisch irrelevant. Ein Mehr an Informations- und Beteiligungsrechten muß nicht instrumentell im Hinblick auf die Schärfe der Umweltstandards betrachtet, es kann auch als Wert an sich für die Umweltpolitik verstanden werden. Positiv könnte sich eine größere Transparenz der Verfahren vor allem in einer wachsenden Akzeptanz der Standardsetzungsverfahren niederschlagen.

Für die um die Zukunft der Standardsetzung in der Bundesrepublik geführte Diskussion sind die USA insofern ein besonders interessanter Referenzfall, als sie in der Entwicklung zu formalisierteren Verfahren gewissermaßen einen Endpunkt darstellen. Im Rahmen der Länderstudie zu den USA wurde gezeigt, daß den im internationalen Vergleich wohl einmalig hohen Informations-, Beteiligungs- und Klagerechten erhebliche Schattenseiten wie besonders lange und aufwendige Verfahren, ein höheres Konfliktpotential und ungünstigere Implementationsvoraussetzungen als in den anderen beiden untersuchten Staaten gegenüberstehen. Die für die bundesdeutschen Standardsetzungsverfahren vorgelegten Vorschläge gehen bei weitem nicht so weit, daß bei ihrer Verwirklichung solche negativen Konsequenzen zu gewärtigen wären. Dennoch kann der internationale Vergleich dazu dienen, vor einer zu weitgehenden Orientierung an den U.S.-amerikanischen Verfahren zu warnen. Gegenüber einer vollständigen Formalisierung der Verfahren dürften sich Verfahrensvarianten als überlegen erweisen, die, wie die niederländischen, formalisierte Verfahrenselemente mit einem ausreichenden Handlungsspielraum zur - auch informell erfolgenden - Konsensbildung verbinden.

1. Einleitung

Umweltstandards spielen für die bundesdeutsche Umweltpolitik eine zentrale Rolle. Als Grenz- und Richtwerte (für Emissionen oder Immissionen), als Produktstandards oder auch als Anforderungen an Anlagen und Betriebsweisen konkretisieren sie die in unbestimmten Rechtsbegriffen niedergelegten umweltpolitischen Ziele.[1] Hinsichtlich ihrer rechtlichen Natur kann im wesentlichen zwischen Umweltstandards unterschieden werden, die als Rechtsverordnungen, als Verwaltungsvorschriften oder als private Normen zustande kommen.

Seit einigen Jahren sehen sich Umweltstandards in der bundesdeutschen Diskussion erheblichen Einwänden ausgesetzt. Über die Kritik einzelner Standards als zu schwach oder zu scharf hinaus wird das Konzept der Standardsetzung selbst, das im wesentlichen auf der (vor allem auch quantifizierenden) Festlegung von Schutzwürdigkeits- und Gefährdungsprofilen beruht, als unzureichend beurteilt (vgl. z. B. Kortenkamp, Grahl und Grimme 1988 sowie Ladeur 1986).

Ein anderer wichtiger Strang der bundesdeutschen Debatte konzentriert sich auf die Verfahren, in denen Umweltstandards gesetzt werden. Gerade wegen der Unsicherheiten über den materiellen Gehalt der Standards steigt die Relevanz der Standardsetzungsverfahren. Wenn über die richtige materielle Entscheidung keine Einigkeit unter Experten hergestellt werden kann, weil Ursache-Wirkungs-Zusammenhänge (noch) nicht völlig geklärt sind und darüber hinaus von unterschiedlichen Wertprämissen ausgegangen wird, nimmt die Bedeutung prozeduraler Regelungen zu, d. h. die Ausgestaltung des Verfahrens wird für die Legitimation und die Akzeptanz von Umweltstandards entscheidend. "Bei kognitiver Unsicherheit und evaluativem Dissens werden Entscheidungen, überspitzt formuliert, eher aufgrund des Verfahrens, in dem sie zustande kamen, als aufgrund ihres Inhalts als angemessen empfunden." (Mayntz 1990: 137 f.).[2]

Die aktuelle Praxis der Standardsetzung in der Bundesrepublik stößt auf ein erhebliches Maß an Kritik. Der Rat von Sachverständigen für Umweltfragen sieht Mängel der bisherigen Standardsetzungsverfahren vor allem in einer zu geringen Transparenz von Entscheidungsgrundlagen und Entscheidungsprozessen der Standardsetzung. Diese Schwächen seien wiederum dafür verantwortlich, daß die Akzeptanz der Standards und der "Grad ihrer Befolgung" geringer als eigentlich möglich sei (Rat von Sachverständigen für Umweltfragen 1987: 26). Mit einer Formalisierung der Standardsetzungsverfahren, d. h. mit der Festschreibung (zusätzlicher) Mindestanforderungen, wird die Hoffnung verbun-

---

[1] Siehe ausführlich Jarass 1988, Mayntz 1990, Rat von Sachverständigen für Umweltfragen 1987: 56 ff., Winter 1986.

[2] Siehe bereits Majone 1982: 305 f., Akademie der Wissenschaften zu Berlin 1992: 63 ff.

den, zu Umweltstandards zu gelangen, die eine größere Akzeptanz genießen und damit zu einer leistungsfähigeren Umweltpolitik beitragen. Die entsprechenden Vorschläge konzentrieren sich vor allem auf größere Informationsrechte für die Öffentlichkeit und eine breitere Beteiligung der relevanten Interessengruppen (vor allem der Umweltverbände) an den Verfahren (siehe z. B. von Lersner 1990). Entsprechende Regelungen könnten ihren Platz im Allgemeinen Teil eines Umweltgesetzbuches finden (vgl. Kloepfer, Rehbinder und Schmidt-Aßmann 1991).

Für die um die Zukunft der Standardsetzung in der Bundesrepublik geführte Debatte sind die im Ausland gewählten Verfahren und die dort gemachten Erfahrungen von erheblichem Interesse. Im Rahmen des Forschungsvorhabens "Internationaler Vergleich von Verfahren zur Festlegung von Umweltstandards" untersuchte das IfS Institut für Stadtforschung und Strukturpolitik GmbH in den Jahren 1991 und 1992 im Auftrag des Umweltbundesamtes die Standardsetzung in der Schweiz, den Niederlanden und in den USA. Im Vordergrund des Vorhabens stand,

- die in diesen Ländern für die Ausgestaltung der Verfahren getroffenen Festlegungen zu untersuchen;

- den Ablauf der Standardsetzungsverfahren zu beschreiben;

- die in der Praxis der Standardsetzung mit den Verfahrensvarianten gemachten Erfahrungen und die jeweiligen Vor- und Nachteile zu analysieren.

Was die Erfahrungen anbelangt, die die drei Staaten mit ihren Standardsetzungsverfahren gemacht haben, richtet die Studie besondere Aufmerksamkeit auf den Zusammenhang zwischen der Ausgestaltung der Verfahren und der Schärfe der Umweltstandards. Inwieweit scharfe Standards festgesetzt werden, hängt von einer ganzen Reihe von Faktoren ab. Zu nennen sind vor allem die Situation und Leistungsfähigkeit der betroffenen Branchen und der Volkswirtschaft insgesamt, der Umfang und die Dringlichkeit der Umweltprobleme sowie das Umweltbewußtsein. Wir gehen aber davon aus, daß auch die Ausgestaltung der Verfahren einen Einfluß auf die Standards haben kann. Wie scharf Standards ausfallen, so die unserer Untersuchung zugrundeliegende Hypothese, hängt auch davon ab, welche Akteure in die Entscheidungen einbezogen und wie die Verfahren strukturiert werden.

Inwieweit die mit der Standardsetzung angestrebten umweltpolitischen Ziele erreicht werden, wird nicht allein von der Schärfe der Standards bestimmt. Scharfe Standards stoßen häufig auf entschiedene Ablehnung der Adressaten, was zu eher ungünstigen Voraussetzungen für eine erfolgreiche Implementation führt. Vergleichsweise gute Politikergebnisse sind vor allem dann zu erwarten, wenn Umweltstandards sich nicht nur durch strikte Anforderungen auszeichnen, sondern auch eine grundsätzliche Akzeptanz bei den wichtigen Akteuren genießen, wobei die Wirtschaft und ihre Verbände auf der einen und die Umweltverbände auf der anderen Seite von besonderer Bedeutung sind. Die Haltung der verschiedenen Akteure wiederum wird nicht allein durch die in den Standards getroffenen Festlegungen, sondern auch dadurch geprägt, ob das vorhergegangene Verfahren, in dem sich das für die Standardsetzung typische Zusammenspiel von wissenschaftlicher Beratung und politisch wertender Entscheidung vollzieht, als angemessen betrachtet wird.

Auswahl der untersuchten Staaten

Mit der Schweiz, den Niederlanden und den USA wurden für die Untersuchung drei Staaten ausgewählt,

- die sich in der Art der Standardsetzungsverfahren sowohl untereinander als auch von der Bundesrepublik erheblich unterscheiden, wobei zum Teil Verfahrenselemente Anwendung finden, die auch für die bundesdeutsche Standardsetzung diskutiert werden;
- deren Umweltpolitik, insgesamt betrachtet, als mindestens so erfolgreich wie die der Bundesrepublik gelten kann;
- die ihre Umweltpolitik unter Rahmenbedingungen betreiben können, die - jedenfalls in wesentlichen Bereichen - als relativ günstig zu bezeichnen sind.

Die zwischen den drei Ländern bestehenden Unterschiede können hier, da den Ergebnissen nicht vorweggegriffen werden soll, nur schlagwortartig deutlich gemacht werden. Es gibt wohl kein zweites Land, in dem Standardsetzungsverfahren so transparent gestaltet sind wie in den USA. Die dortigen Informations-, Beteiligungs- und Klagerechte gelten gemeinhin als vorbildlich. Anders die Schweiz: Plebiszitäre Elemente, die das eigentliche Korrektiv der schweizerischen "Verhandlungsdemokratie" darstellen, spielen bei der Standardsetzung keine unmittelbare Rolle. Das Verfahren verläuft zum größten Teil informell. Allerdings bestehen mit dem Vernehmlassungsverfahren formalisierte Beteiligungsmöglichkeiten, die über die Regelungen in bundesdeutschen Verfahren hinausgehen. Die Niederlande liegen sozusagen zwischen den USA und der Schweiz; neben informellen finden sich auch formelle Verfahrenselemente. Ihre Besonderheit gewinnen die niederländischen Standardsetzungsverfahren durch die Einschaltung eines Repräsentativorgans (des CRMH), in dem vor allem die Wirtschaft, die Umweltverbände und die Verwaltung vertreten sind.

Die Umweltpolitik der drei Staaten ist im Vergleich als relativ erfolgreich einzuschätzen. In der von Jänicke (1990a) vorgelegten Rangliste der Veränderung der Umweltqualität zwischen 1970 und 1985 liegen die Niederlande (zweiter Rang), die Schweiz (fünfter Rang) und die USA (neunter Rang) vor der Bundesrepublik (zehnter Rang).[3]

---

[3] Rangplatz der durchschnittlichen Veränderungsraten der Emissionen von SO_2, NO_x, CO und HC, des Biologischen Sauerstoffbedarfs ausgewählter fließender Gewässer und des Kläranlagenbaus (Einwohneranschlußrate), gewichtet nach Ausgangsniveau, siehe zu einzelnen Indikatoren auch die Tabellen A3, A4 und A5 im Anhang.

Tab. 1: Bevölkerungsstand, Fläche, Bevölkerungsdichte und Bruttoinlandsprodukt[a] in der Schweiz, den Niederlanden, der Bundesrepublik Deutschland, der EG und den USA 1988

	Bevölkerungs-stand	Fläche in km²	Bevölke-rungsdichte je km²	Bruttoinlands-produkt in Mrd. DM	Bruttoinlands-produkt pro Kopf in US $[b]
Schweiz	6.672	41.293	161	183,7	27.581
Niederlande	14.760	40.844	361	228,3	15.461
USA	246.329	9.372.614	26	4.817,8	19.558
Bundesrepublik	61.451	248.577	247	1.201,8	19.581
EG	323.629	2.241.846	144	4.762,6	14.688

[a] Zu laufenden Preisen und Wechselkursen.
[b] Mißt man das Bruttoinlandsprodukt zu laufenden Preisen und Kaufkraftparitäten liegt die Schweiz (1988: 16.673 US Dollar) hinter den USA (19.558 US Dollar); die Bundesrepublik Deutschland liegt mit 14.161 US Dollar über den Niederlanden und dem EG-Durchschnitt.

Quelle: OECD 1990

Im Hinblick auf geographische und demographische Faktoren sowie auf die absolute Wirtschaftskraft bestehen innerhalb der Gruppe der drei untersuchten Länder und zwischen ihnen und der Bundesrepublik erhebliche Unterschiede (siehe Tabelle 1). Schon Kalifornien allein ist flächenmäßig größer als die Bundesrepublik; der US-Bundesstaat North Carolina hat etwa gleich viel, Kalifornien ungefähr viermal soviel Einwohner wie die Schweiz. In den Niederlanden wohnen auf einem Quadratkilometer Fläche 361 Personen, in den USA aber nur 26. Die Wirtschaftskraft der USA ist, gemessen am Bruttoinlandsprodukt, 26mal so hoch wie die der Schweiz.

Dennoch gibt es zwischen den drei Staaten hinsichtlich der Rahmenbedingungen für die Umweltpolitik doch soviel Übereinstimmungen, daß ein Vergleich, der auch darauf gerichtet ist, ausländische Erfahrungen für die Bundesrepublik nutzbar zu machen, sinnvoll ist. Beim Bruttoinlandsprodukt pro Kopf liegen die drei untersuchten Staaten wie die Bundesrepublik über dem EG-Durchschnitt (siehe Tabelle 1); beim Vergleich der Daten zu laufenden Preisen und Wechselkursen liegen zumindest die Schweiz, die USA und die Bundesrepublik über dem Durchschnitt der OECD-Länder (vgl. OECD 1990). Die Veränderung der Wirtschaftsstruktur weist ebenfalls in die gleiche Richtung, der Dienstleistungsbereich ist in den letzten Jahren stets gewachsen. In der Schweiz lag der Anteil der Beschäftigten in diesem Wirtschaftssektor 1988 mit ca. 59 Prozent etwa im EG-Durchschnitt, die Niederlande und die USA lagen mit 69 Prozent bzw. 70 Prozent sogar noch weit darüber.[4] Dies ist umweltpolitisch insofern relevant, als bei hohem ökonomischen

---

[4] Siehe Tabelle A1 im Anhang.

Entwicklungsniveau mit umweltentlastenden Gratiseffekten des Strukturwandels zu rechnen ist.[5]

Was das Umweltbewußtsein anbelangt, so gilt für die Industrieländer ganz allgemein, daß von der Bevölkerung nationalen Problemen weitaus größeres Gewicht zugeschrieben wird als lokalen; selbst internationale Probleme werden als bedeutender eingeschätzt als lokale (siehe OECD 1991a). Der Anteil der Bevölkerung, der sich bei Befragungen beunruhigt über nationale Umweltprobleme wie die Luftverschmutzung, die Wasserverschmutzung oder die Deponierung von Industriemüll zeigt, liegt in den Niederlanden und in den USA deutlich höher als im Durchschnitt der EG, dem die Ergebnisse für die Bundesrepublik dagegen fast genau entsprechen (siehe Tabelle A2 im Anhang). Und auch für die Schweiz läßt sich ein - im internationalen Vergleich - überdurchschnittliches Umweltbewußtsein konstatieren (siehe ausführlicher 2.1).

Untersuchte Standardsetzungsverfahren

Im Rahmen der drei Länderstudien wurden zum einen allgemeine Informationen zur Standardsetzung erhoben, zum anderen und vor allem wurden in Form von Fallstudien einzelne Standardsetzungsverfahren näher beleuchtet. Die Länderstudien beschränken sich auf Verfahren, die sich auf der nationalen Ebene abspielen. Nicht untersucht wurde die Setzung von Standards durch die Einzelstaaten in den USA, die Kantone in der Schweiz und die Provinzen in den Niederlanden. Allerdings wurde in den Fallstudien der Einfluß berücksichtigt, den die unteren staatlichen Ebenen auf die Setzung der gesamtstaatlichen Standards haben. Darüber hinaus wurde das Verhältnis zwischen den Umweltstandards der einzelnen Staaten und den von anderen Staaten bzw. internationalen Organisationen gesetzten Standards untersucht.

In jedem der untersuchten Staaten wird eine Vielzahl von Umweltstandards erlassen, wobei sich die Standardsetzungsverfahren innerhalb eines Staates zwischen einzelnen Handlungsfeldern der Umweltpolitik zum Teil erheblich unterscheiden. Insofern kann von vornherein nicht von "dem" niederländischen, schweizerischen oder amerikanischen Standardsetzungsverfahren, sondern nur von jeweils dominierenden Elementen gesprochen werden. Um den Untersuchungsaufwand in Grenzen zu halten und zugleich dem methodischen Einwand zu begegnen, daß im internationalen Vergleich ermittelte Unterschiede gar nicht aus der jeweiligen Ausgestaltung der Standardsetzungsverfahren entspringen, sondern sich gleichsam "naturwüchsig" aus der jeweils zu regelnden Materie ergeben, wurde die Auswahl der Fallstudien auf zwei Teilbereiche der Umweltpolitik beschränkt, auf die Luftreinhaltepolitik und auf den Schutz vor Gefahrstoffen.

---

[5] Mit steigender Wirtschaftsleistung (Bruttoinlandsprodukt pro Kopf) kommt es z. B. zu einer Abnahme des Rohstahlverbrauchs und der Zementproduktion (jeweils in kg pro Einwohner, siehe Jänicke und Mönch 1988: 396 ff.).

Eine hierüber noch hinausgehende Vereinheitlichung vorzunehmen und im Rahmen der Fallstudien für alle drei Länder dieselben Regelungsmaterien (also Standards für dieselben Stoffe, Anlagen etc.) zu untersuchen, erwies sich dagegen aus mehreren Gründen als nicht praktikabel. Oberstes Ziel der Auswahl, die gemeinsam mit den Kooperationspartnern im jeweiligen Land erfolgte, war es, Fälle in die Untersuchung einzubeziehen, die im Hinblick auf die Standardsetzungsverfahren besonders informativ sind. Bei einer Auswahl nach dem Grundsatz identischer Regelungsmaterien hätten Verfahren einbezogen werden müssen, die nicht aktuell oder im Hinblick auf die verfolgte Fragestellung nicht hinreichend aussagekräftig gewesen wären, bzw. es hätte auf für das eine Land besonders instruktive Fälle deshalb verzichtet werden müssen, weil in es in den anderen beiden Staaten an den entsprechenden Pendants fehlt. Dies schien uns ein zu hoher Preis für die Auswahl gleicher Fälle zu sein, zumal auch bei einer solchen keine uneingeschränkte Vergleichbarkeit über Ländergrenzen hinweg bestanden hätte, bedenkt man den Einfluß von Faktoren wie der unterschiedlichen Bedeutung der jeweils tangierten Branchen für die Volkswirtschaft oder wie verschiedener Zeitpunkte der Regulierung.

Übersicht 1: Durchgeführte Fallstudien

	Luftreinhaltestandards	Schutz vor Gefahrstoffen/Chemikalienkontrolle
Schweiz	Feuerungsanlagen	Maßnahmenpaket zum Schutz der Ozonschicht
	Kehrrichtverbrennungsanlagen	Cadmium
Niederlande	Großfeuerungsanlagen	Cadmium
	Abfallverbrennungsanlagen	Pentachlorphenol (PCP)
USA	Benzol (Anforderungen an Anlagen und Betriebsweisen)	Ethylendibromid (EDB)
	Produktstandards für umweltfreundlichere Treibstoffe	Pentachlorphenol (PCP)

Für jedes der drei Länder wurden vier Fallstudien ausgewählt, jeweils zwei zur Luftreinhaltepolitik und zum Schutz vor Gefahrstoffen. Übersicht 1 gibt einen Überblick über die ausgewählten Fälle. Unter den erfaßten Standards befinden sich sowohl Grenzwerte (Emissionsgrenzwerte) als auch Produktstandards sowie Anforderungen an Anlagen und Betriebsweisen. Die Übersicht zeigt zugleich, daß trotz der in erster Linie unter dem Gesichtspunkt eines aufschlußreichen Verfahrensverlaufs erfolgten Auswahl, zum Teil auch identische Regelungsmaterien erfaßt wurden: bei den Grenzwerten für Abfallverbrennungsanlagen in den Niederlanden und in der Schweiz, bei der Pestizidregulierung (PCP) in den USA und den Niederlanden sowie der Cadmium-Regulierung in den Niederlanden und in der Schweiz.

Untersuchungsmethode

Das Forschungsvorhaben stützte sich vor allem auf die folgenden Untersuchungsinstrumente:

- Die zu den Standardsetzungsverfahren der drei Länder vorliegenden Arbeiten wurden sekundäranalytisch aufbereitet. Hierbei waren allerdings die Voraussetzungen im einzelnen sehr unterschiedlich. Während zur Standardsetzung in den USA eine große Zahl von Untersuchungen vorliegt, konnte für die anderen beiden Staaten nur punktuell auf entsprechende Arbeiten zurückgegriffen werden.

- Die kodifizierten Verfahrensordnungen für die Standardsetzung wurden analysiert.

- Für die Fallstudien wurden die im Rahmen der erfaßten Standardsetzungsverfahren entstandenen veröffentlichten und (soweit zugänglich) unveröffentlichten Materialien ausgewertet. Berücksichtigt wurden auch Stellungnahmen und Veröffentlichungen der relevanten Verbände (insbesondere der Wirtschafts- und Umweltverbände).

- Ergänzend wurden Interviews mit wichtigen Akteuren der Standardsetzung aus Verwaltungen und Interessengruppen geführt.

Die Auswertung der Veröffentlichungen von Umwelt- und Wirtschaftsverbänden sowie die durchgeführten Interviews dienten nicht nur dazu, die einzelnen Standardsetzungsverfahren zu rekonstruieren. Zugleich wurden auf diesem Wege Hinweise auf die Akzeptanz gewonnen, die die Standardsetzung bei diesen wichtigen Akteuren genießt. Aspekte der Implementation, also insbesondere Fragen nach der Einhaltung der gesetzten Standards, konnten dagegen im Rahmen der vorliegenden Studie nicht untersucht werden. Hier konnten nur Hinweise sekundäranalytisch ausgewertet werden, die aus anderen Studien vorliegen.

Aufbau des Forschungsberichts

Der Forschungsbericht gliedert sich im folgenden in vier Kapitel, die drei Länderstudien zur Standardsetzung in der Schweiz (Kapitel 2), in den Niederlanden (Kapitel 3) und in den USA (Kapitel 4) sowie die abschließend in Kapitel 5 aus dem Vergleich der drei Länder gezogenen Schlußfolgerungen.

Um die Vergleichbarkeit zu erleichtern, sind die Länderstudien in ihrer Grundstruktur identisch aufgebaut: Im ersten Abschnitt wird jeweils zunächst die Umweltpolitik des betreffenden Staates kurz skizziert. Der zweite Abschnitt geht auf die rechtlichen Grundlagen der Standardsetzung und dabei vor allem auf den Stellenwert ein, den Umweltstandards im Umweltrecht haben. Die wichtigsten an der Standardsetzung beteiligten Akteure werden im dritten Abschnitt vorgestellt, wobei insbesondere die zuständigen Behörden, die Wirtschaftsverbände und die Umweltverbände Berücksichtigung finden. Der vierte Abschnitt der Länderstudien geht auf die Ausgestaltung der Standardsetzungsverfahren selbst ein, beschreibt bestehende (formalisierte) Verfahrensanforderungen und skizziert den typischen Verfahrensverlauf. Die Fallstudien zu den Standardsetzungsverfahren zur Luftreinhaltung werden im fünften Abschnitt, die zur Standardsetzung bei der Gefahrstoffkontrolle im sechsten Abschnitt präsentiert. Der abschließende siebte Abschnitt unternimmt den Versuch eines Fazits für die jeweilige Länderstudie.

Innerhalb der identischen Gliederungsstruktur sind die Gewichte der einzelnen Länderstudie zum Teil unterschiedlich verteilt, was sich durch die Besonderheiten der einzelnen Staaten erklärt. So fällt insbesondere die Charakterisierung der Standardsetzung in Abschnitt 4 der Studie zu den USA weitaus ausführlicher aus als in den entsprechenden Abschnitten der anderen beiden Studien, weil sich die amerikanischen Standardsetzungsverfahren durch besondere Vielfalt und erhebliche Veränderungen im Zeitverlauf auszeichnen.

Die Erhebungen wurden im Frühsommer 1992 abgeschlossen, die Veröffentlichung basiert auf dem zu diesem Zeitpunkt vorliegenden Informationsstand.

2. Länderstudie Schweiz

2.1 Grundzüge der schweizerischen Umweltpolitik

Die Notwendigkeit umweltpolitischen Handelns wurde in der Schweiz bereits in den fünfziger und sechziger Jahren erkannt. Das erste Gewässerschutzgesetz stammt aus dem Jahr 1955, und das Natur- und Heimatschutzgesetz wurde 1966 erlassen. 1971 wurde ein Umweltschutzartikel in die Bundesverfassung eingefügt, auf dem auch das Umweltschutzgesetz (USG) basiert, das aber erst 1983 beschlossen werden konnte, nachdem ein erster Entwurf gescheitert war. Die dieses Gesetz konkretisierenden Rechtsverordnungen (z. B. Luftreinhalte-Verordnung, Stoffverordnung) entstanden daher erst in der zweiten Hälfte der achtziger Jahre, d. h. später als die vergleichbaren Regelungen in anderen Staaten. Ein Umweltministerium gibt es bis heute nicht. Umweltpolitik ist nach wie vor im Innenressort, im Eidgenössischen Departement des Innern, angesiedelt.[1] Die vielfältigen Aufgaben im Bereich des Umweltschutzes werden heute in erster Linie vom Bundesamt für Umwelt, Wald und Landschaft (BUWAL) wahrgenommen.

In der Vergangenheit beschränkte sich die schweizerische Umweltpolitik weitgehend auf regulative Politik. Sie wird bis heute eindeutig von Ge- und Verbotsregelungen dominiert. Dabei gilt der Grundsatz, daß nur solche Standards gesetzt werden, die von den Normadressaten eingehalten und von den Behörden überwacht werden können. Stellt sich heraus, daß dies (noch) nicht möglich ist, ist auch die Entschärfung von Grenzwerten kein absolutes Tabu. Vollzugsprobleme spielen bereits in der Phase der Politikformulierung eine bedeutende Rolle. Vor der Festsetzung von Umweltstandards werden neben den Wirtschafts-, Umwelt- und Fachorganisationen auch die Kantone am Verfahren beteiligt, da sie grundsätzlich für den Vollzug zuständig sind.

In den letzten Jahren entwickelte sich eine relativ breite Diskussion über die Möglichkeiten und Grenzen ökonomischer Instrumente in der schweizerischen Umweltpolitik, die von den Wirtschaftsverbänden (Gilgen u. a. 1990, Juen u. a. 1991) bis zu den Umweltverbänden (SGU 1992) reicht. In der Praxis haben Umweltabgaben aber bislang noch keine große Verbreitung gefunden.[2] In jüngster Vergangenheit standen beispielsweise Themen wie die Einführung von Emissionszertifikaten, einer CO_2-Abgabe (BUWAL 1990e), eines fahrleistungsabhängigen Ökobonus, d. h. einer Lenkungsabgabe im privaten Straßenverkehr (BUWAL 1991d), sowie die Möglichkeiten einer ökologischen Steuerreform (Mauch und Iten 1991, Mauch 1992: 4 ff.) auf der Tagesordnung. Die Einfüh-

---

[1] In der Schweiz gibt es nur sieben Ministerien. Die Schaffung weiterer Ministerien wurde in der Vergangenheit zwar hin und wieder gefordert, konnte aber nie realisiert werden.

[2] Zur Diskussion über ökonomische Instrumente in der schweizerischen Umweltpolitik siehe auch Meier und Walter 1991, Rechsteiner 1990.

rung von Lenkungsabgaben ist auch im Entwurf der Revision des USG (Eidg. Departement des Innern 1990a: 62 ff.) vorgesehen. Erste Ansätze gibt es bereits auf kantonaler Ebene. So finden sich in den Umweltschutzgesetzen der Kantone Basel-Stadt und Basel-Landschaft Vorschriften über Emissionsgutschriften und die Möglichkeit zur Bildung eines Emissionsverbundes.[3] Zumindest für die Vergangenheit läßt sich dennoch festhalten, daß ökonomische Instrumente der Umweltpolitik in der Schweiz eine weitaus geringere Rolle spielten als z. B. in den Niederlanden (siehe auch Bothe und Gündling 1990: 223 ff., 243 ff.).

Das Instrumentarium der freiwilligen Selbstverpflichtungen und Absprachen ist ebenfalls kein tragendes Element des umweltpolitischen Handlungssystems der Schweiz. Absprachen und Selbstverpflichtungen waren in der Phase vor der Verabschiedung des USG stärker verbreitet als danach, was vor allem daran liegt, daß in der Interimsphase, in der das USG noch nicht existierte, die Rechtsgrundlage für regulative Umweltpolitik in einigen Umweltbereichen weitgehend fehlte. Nachdem das USG erlassen worden war, wurde die Ermächtigung des Bundesrats, Rechtsverordnungen erlassen zu können, vom politisch-administrativen System nur selten als Drohpotential eingesetzt, um zu Selbstverpflichtungen der Industrie zu gelangen. Ein Verzicht auf regulative Politik zugunsten von Absprachen fand nicht statt. Statt dessen wurden in der Folgezeit Rechtsverordnungen in allen relevanten Bereichen beschlossen. Absprachen kamen allenfalls als flankierendes Instrument hinzu. Als Beispiel kann hier auf die Regulierung der ozonschädigenden Stoffe verwiesen werden. Hier gab die Aerosolindustrie bereits 1977 eine Selbstverpflichtungserklärung ab. Trotz einer erneuten Erklärung im Jahr 1987 wurde der FCKW-Einsatz in Spraydosen durch die Stoffverordnung reguliert, d. h. durch die Selbstverpflichtung gelang es der Branche nicht, die drohende Regulierung durch eine Rechtsverordnung abzuwenden.[4]

In der Schweiz verfügen alle potentiellen Zielgruppen umweltpolitischer Regulierungen über beachtliche Handlungspotentiale. Das Bruttoinlandsprodukt pro Kopf ist relativ hoch und der Strukturwandel der Wirtschaft weit fortgeschritten. 20 Prozent aller Schweizer vertreten rein postmaterialistische Werthaltungen, womit die Schweiz zusammen mit den Niederlanden und der Bundesrepublik Deutschland im europäischen Vergleich zur Spitzengruppe gehört (Longchamp 1991: 81, Inglehart 1989: 127). Das Umweltbewußtsein hat in den letzten Jahren erheblich zugenommen. Fast zwei Drittel aller Schweizer neigen heute eher ökologischen und technikkritischen Auffassungen zu:[5] etwa 60 Prozent der Befragten geben an, daß sie bereit wären, zugunsten des Umweltschutzes höhere Einkommenssteuern zu bezahlen (GSF 1989). Anderseits wird die Problemlösungsfähigkeit

---

[3] Siehe § 9 f. des Umweltschutzgesetzes Basel-Stadt vom 13. März 1991 sowie § 10 f. des Umweltschutzgesetzes Basel-Landschaft vom 27. Februar 1991.

[4] Siehe hierzu die entsprechende Fallstudie unter 2.6.2.

[5] Das Mittel ist von 1986 bis 1989 von 56 auf 65 Prozent gestiegen und lag 1990 bei 63 Prozent (GSF 1990; zu den einzelnen Fragestellungen siehe ebd.).

des Staates gerade in der Umwelt- und Energiepolitik als relativ gering eingeschätzt (Longchamp 1991: 63, GSF 1989), was einer der Gründe dafür sein könnte, daß 10 Prozent aller Schweizer Mitglied in einer Natur- oder Umweltschutzorganisation sind, weitere 40 Prozent sich vorstellen können, die Mitgliedschaft zu erwerben, und die Aktivitäten dieser Organisationen bei 86 Prozent auf Zustimmung stoßen (Ayberk 1991: 242 f.).

Veränderte Werthaltungen finden sich aber nicht nur auf der Seite der Konsumenten, sondern auch bei den Produzenten. So sind die Aktivitäten von Stefan Schmidheiny,[6] einem der reichsten Unternehmer der Schweiz, kein absoluter Einzelfall. Er geht davon aus, daß die ökologische Frage nur durch die Umstrukturierung des Wirtschaftssystems gelöst werden kann, und legte im Vorfeld des UN-Umweltgipfels in Rio zusammen mit einem internationalen Gremium von 48 führenden Industriellen, dem "Unternehmerrat für nachhaltige Entwicklung", Konzepte für eine nach ökologischen Prinzipien arbeitende Wirtschaft vor.[7] Untersuchungen über die Veränderung der Werthaltungen bei den Führungskräften der Wirtschaft zeigen, daß deren Umweltbewußtsein bereits weit fortgeschritten ist: 64 Prozent sind der Auffassung, daß die Umweltbelastung in der Schweiz wirklich ernst sei, bei den jüngeren[8] sind es sogar 73 Prozent. Ein überraschend hoher Anteil von 41 Prozent aller Führungskräfte erklärt sich mit Umweltschutzauflagen für die schweizerische Industrie einverstanden, die strenger sind als die des benachbarten Auslands; bei den jüngeren Befragten vertritt sogar jeder zweite diese Position (Umweltschutz 1991c: 8, Dyllick 1990: 17).

2.2 Rechtliche Grundlagen der Umweltpolitik und der Setzung von Umweltstandards

Der Umweltschutz ist in der Schweiz bereits seit 1971 verfassungsrechtlich verankert. Damals stimmten Volk und Stände mit einem Stimmrechtsverhältnis von zwölf zu eins der Aufnahme des Artikels 24septies in die Bundesverfassung (BV) zu.[9] Mit diesem Artikel wurden die Kompetenzen des Bundesgesetzgebers erweitert, da auf dem Gebiet des Umweltrechts auf der zentralstaatlichen Ebene zuvor nur der Gewässerschutz, der Strahlenschutz und der Natur- und Heimatschutz geregelt werden durften. Durch den Umweltschutzartikel wurde der Bund verpflichtet, "Vorschriften über den Schutz des Menschen und seiner natürlichen Umwelt gegen schädliche oder lästige Einwirkungen" zu erlassen; insbesondere wurde dabei an die Bekämpfung von Luftverunreinigungen und Lärm ge-

---

[6] Schmidheiny sorgte bereits vor Jahren dafür, daß in der familieneigenen Firma Eternit kein Asbest mehr verwandt wird (Catrina 1985).

[7] Schmidheiny 1992, Die Zeit vom 7. Februar 1992, Cash vom 24. Januar 1992.

[8] Befragte bis zu einem Alter von 44 Jahren.

[9] Zur Entstehungsgeschichte und zu den inhaltlichen Bestimmungen des Art. 24septies BV siehe Fleiner-Gerster 1989.

dacht. Konkretisiert wurde dieser Verfassungsauftrag durch das Umweltschutzgesetz (USG).[10]

Das Umweltschutzgesetz (USG)

Ein erster Entwurf des USG, der allerdings scheiterte, wurde von der Schürmann-Kommission bereits 1973 vorgelegt. Der zweite Entwurf, der von einer Kommission unter dem Vorsitz von T. Fleiner erarbeitet worden war, wurde vom Bundesrat weitgehend übernommen und 1983 mit geringfügigen Änderungen vom Parlament verabschiedet.[11] Das Gesetz soll "Menschen, Tiere und Pflanzen, ihre Lebensgemeinschaften und Lebensräume gegen schädliche oder lästige Einwirkungen schützen und die Fruchtbarkeit des Bodens erhalten. Im Sinne der Vorsorge sind Einwirkungen, die schädlich oder lästig werden könnten, frühzeitig zu begrenzen" (Art. 1 USG).

Neben dem Strahlenschutzrecht, das aus dem USG ausgeklammert wurde (Art. 3 Abs. 2), sind auch das Gewässerschutzrecht und das Naturschutzrecht Gegenstand selbständiger Gesetzesregelungen. Das USG geht aber dennoch über eine fragmentierte Teilgesetzgebung (wie etwa in den USA) weit hinaus und kommt der Vorstellung eines integrierten Umweltschutzgesetzes sehr nahe (Kloepfer 1989: 366). Es enthält u. a. folgende Grundsätze und Bestimmungen:

- Prinzipien der Umweltpolitik;

- Vorschriften über die Umweltverträglichkeitsprüfung;

- Regelungen über einzelne Umweltbereiche (Luftverunreinigungen und Lärmschutz, umweltgefährdende Stoffe, Abfälle, Bodenschutz);

- Verfahrensregelungen, Vollzugs- und Strafbestimmungen.

Grundsätze des Gesetzes sind - ähnlich wie im deutschen Recht - das Vorsorge-, das Verursacher- und das Kooperationsprinzip. Zentral ist das Vorsorgeprinzip, dem Rechnung getragen wird, wenn Einwirkungen, die schädlich oder lästig werden könnten, frühzeitig begrenzt werden, d. h. noch vor Eintreten von Schäden und somit unabhängig von bestehenden Umweltbelastungen (vgl. Rehbinder 1991: 205 ff.). Das Verursacherprinzip

---

[10] Grundlage des schweizerischen Umweltrechts ist neben dem USG insbesondere das Bundesgesetz über den Schutz der Gewässer gegen Verunreinigung (Gewässerschutzgesetz) vom 24. Januar 1991 (SR 814.20) und das Bundesgesetz über den Natur- und Heimatschutz vom 1. Juli 1966 (SR 451); die Kfz-Standards werden im Straßenverkehrsrecht geregelt (z. B. in der Verordnung über die Abgasemissionen leichter Motorwagen; FAV 1; SR 741.435.1). Zum Umweltrecht in der Schweiz vgl. Heine 1985, Kloepfer 1989: 364 ff., Knoepfel 1990, BUWAL 1990b, Bothe und Gündling 1990: 7 ff., Rausch 1991; zur Entstehung des Gewässerschutzgesetzes siehe Bussmann 1981.

[11] Allerdings trat das USG erst am 1. Januar 1985 in Kraft; zu seiner Entstehungsgeschichte siehe Buser 1984, Buser 1986, Gianella u. a. 1985.

wird in Art. 2 als reines Kostenzurechnungsprinzip formuliert, findet aber auch in seiner weiteren Bedeutung als verursacherbezogenes Vermeidungsgebot (z. B. in Art. 11 Abs. 1) Anwendung (Kloepfer 1989: 366, vgl. Wagner 1989). Mit dem Kooperationsprinzip soll gewährleistet werden, daß alle betroffenen und interessierten Kreise am Entscheidungsprozeß mitwirken können. Dem wird beispielsweise dadurch Rechnung getragen, daß der Bundesrat vor dem Erlaß von Verordnungen die Kantone und die interessierten Kreise anzuhören hat (Art. 39 Abs. 3 USG).

Volle Wirksamkeit erlangte das USG erst mit der Konkretisierung seiner Zielsetzungen durch entsprechende Verordnungen, z. B. durch die:

- Luftreinhalte-Verordnung (LRV), in Kraft seit 1. März 1986;

- Lärmschutz-Verordnung (LSV), in Kraft seit 1. April 1987;

- Verordnung über Schadstoffgehalte im Boden (VSBo), in Kraft seit 1. September 1986;

- Stoffverordnung (StoV), in Kraft seit 1. September 1986;

- Verordnung über den Verkehr mit Sonderabfällen (VVS), in Kraft seit 1. April 1987;

- Verordnung über die Umweltverträglichkeitsprüfung (UVPV), in Kraft seit 1. Januar 1989.

Zur Zeit steht in der Schweiz die Novellierung des USG an. Der Entwurf sieht folgende Änderungen vor (Eidg. Departement des Innern 1990a):

- Durch die Vorschriften über den Umgang mit umweltgefährdenen Organismen sollen die insbesondere bei der Freisetzung bestehenden gesetzlichen Lücken unter ausreichender Berücksichtigung der Umweltaspekte geschlossen werden.

- Die wesentlichen Elemente der ergänzenden Bestimmungen im Bereich der Abfälle sind die inländische Entsorgung von Sonderabfällen, die Sicherung der Finanzierung der Entsorgung durch eine vorgezogene Entsorgungsgebühr und die Bildung von Entsorgungsregionen.

- Ökonomische Instrumente sollen durch Lenkungsabgaben auf flüchtige organische Verbindungen, auf Heizöl "extra leicht" und Dieselöl mit einem Schwefelgehalt von mehr als 0,1 Prozent sowie auf Pflanzendünger und Pflanzenbehandlungsmittel eingeführt werden.

- Durch die Aufnahme von Bestimmungen zur Förderung von Umweltschutztechnologien soll gewährleistet werden, daß der Bund die Umsetzung wissenschaftlicher Erkenntnisse in die Praxis zukünftig auch finanziell unterstützen kann.

Kompetenzen für die Festsetzung von Umweltstandards

Umweltstandards werden in der Schweiz im allgemeinen im Rahmen von Rechtsverordnungen, d. h. durch den Bundesrat, festgesetzt. Nach Art. 39 Abs. 1 USG erläßt der Bundesrat Ausführungsvorschriften. Dies wird beispielsweise durch Art. 12 Abs. 2 sowie Art. 13 Abs. 1 des USG konkretisiert: Immissionsgrenzwerte werden vom Bundesrat festgelegt, Emissionsbegrenzungen durch Verordnungen - d. h. durch den Bundesrat - oder, soweit die erlassenen Rechtsordnungen nichts vorsehen, durch unmittelbar auf das USG abgestützte Verfügungen vorgeschrieben. Ähnlich sieht es in anderen Umweltbereichen aus. Nicht nur Emissions- und Immissionsstandards, sondern auch Produktstandards werden durch Rechtsverordnungen wie die Luftreinhalte-Verordnung, die Stoffverordnung oder die Verordnung über Abwassereinleitungen normiert. In Gesetzen finden sich allenfalls übergreifende Umweltqualitätsziele. Hier unterscheidet sich das schweizerische Recht ganz wesentlich vom deutschen, da in der Schweiz die Delegation von Einzelregelungen an den Verordnungsgeber wesentlich stärker ausgeprägt ist (Kloepfer 1989: 369). Neben der Setzung von Umweltstandards durch den Bundesrat im Rahmen von Verordnungsverfahren kommt ausnahmsweise die Möglichkeit der Festlegung von Standards durch Verfassungsinitiativen aus der Bevölkerung in Betracht, wobei jedoch darauf hingewiesen werden muß, daß diese in der Mehrzahl der Fälle abgelehnt werden. Als Beispiel für eine angenommene Volksinitiative kann die Rothenthurm-Initiative zum Schutz der Moore von 1987 angeführt werden. Andererseits bleiben auch abgelehnte Initiativen keineswegs folgenlos, sondern können die Aktivitäten des Bundesrats erheblich beeinflussen. Dies zeigt z. B. die "Albatros-Initiative", eine Initiative gegen die Luftverschmutzung durch Motorfahrzeuge, die 1977 abgelehnt wurde, dennoch aber gravierende Auswirkungen auf die Festsetzung der Kfz-Standards hatte (Ammann 1990: 97 ff.).

Verschärfung der Umweltstandards durch die Kantone

Das kantonale Umweltrecht ist in Art. 65 USG geregelt. In einigen Bereichen bestehen ausschließliche Regelungskompetenzen des Bundes (Art. 65 Abs. 2), da mit dem Erlaß des USG den Kantonen untersagt wurde, neue Immissionsgrenzwerte, Alarmwerte oder Planungswerte[12] festzulegen sowie neue Bestimmungen über Typenprüfungen und umweltgefährdende Stoffe zu erlassen. Aus Gründen der Zweckmäßigkeit, Anwendbarkeit und Wettbewerbsneutralität wurden in den genannten Fällen einheitliche Vorschriften für die gesamte Schweiz für notwendig gehalten. In allen anderen Fällen können die Kantone eigene Standards festsetzen, solange der Bund gar keine oder zumindest keine abschließenden Regelungen getroffen hat, d. h. sie können das Bundesrecht dann verschärfen, wenn durch dieses nur Mindeststandards gesetzt werden. So:

---

[12] Alarmwerte und Planungswerte beziehen sich auf den Schutz vor Lärm und Erschütterungen (Art. 19, 23 USG).

- bestimmt der Bundesrat nach Art. 21 Abs. 2 USG nur den "Mindestschutz" der neuen Gebäude gegen Lärm; da es sich um keine abschließende Regelung handelt, können schärfere Standards gewählt werden;

- haben die Kantone gemäß Art. 13 Abs. 3 LRV für eine "mindestens alle 2 Jahre" durchzuführende Ölfeuerungskontrolle zu sorgen; die Kantone können die jährliche Kontrolle vorschreiben;

- ist in Anhang 2 Ziff. 123 der LRV geregelt, daß die Stickoxidemissionen bei einem bestimmten Anlagetyp auf mindestens 150 mg/m^3 zu begrenzen sind; schärfere Grenzwerte sind möglich.

Jede durch Verordnung des Bundesrats getroffene abschließende Regelung schließt strengeres kantonales Recht aus. Unzulässig wären daher z. B. kantonale Vorschriften, durch die die Emissionsgrenzwerte für Feuerungsanlagen[13] generell verschärft werden würden. Möglich wäre hingegen eine Verschärfung der Emissionsgrenzwerte, wenn feststeht oder zu erwarten ist, daß die Einwirkungen unter Berücksichtigung der bestehenden Umweltbelastung schädlich oder lästig werden (Art. 11 Abs. 3 USG). Werden durch eine einzelne bestehende Anlage übermäßige Immissionen verursacht, obwohl sie die vorsorglichen Emissionsbegrenzungen einhält, so verfügt die Behörde ergänzende oder verschärfte Emissionsbegrenzungen für diese Anlage (Art. 9 LRV). Sind für die übermäßigen Immissionen mehrere Anlagen verantwortlich, so erstellt die Behörde (im allgemeinen: der Kanton) einen Plan der für die Verhinderung oder Beseitigung der übermäßigen Immissionen notwendigen Maßnahmen (Maßnahmenplan).[14] Bei stationären Anlagen können Sanierungsfristen verkürzt und ergänzende oder verschärfte Emissionsbegrenzungen festgelegt werden (Art. 31 f. LRV, siehe auch Rausch 1986: 2 ff.).[15]

Für die beiden untersuchten Bereiche, Luftreinhaltung und Gefahrstoffregulierung bedeutet dies, daß

- es den Kantonen durch den Erlaß des USG untersagt wurde, neue Immissionsgrenzwerte, Planungs- oder Alarmwerte sowie Bestimmungen über umweltgefährdende Stoffe und Typenprüfungen festzulegen; im Bereich der Stoffregulierung haben sie daher keine Möglichkeit, nationale Standards zu verschärfen;

- die Kantone freie Hand haben, falls der Bund (noch) gar keine Regelungen getroffen hat - es sei denn, es handelt sich um die in Art. 65 Abs. 2 USG genannten Standards (neue Immissionsgrenzwerte usw.). Auch wenn der Bundesgesetzgeber noch nicht tätig

---

[13] Nach Art. 3 Abs. 2 in Verbindung mit Anhang 3 Ziff. 4 der LRV.

[14] Zu den Maßnahmenplänen siehe Knoepfel und Imhof 1991, Imhof und Zimmermann 1991.

[15] Unberührt von diesen Regelungen bleibt das Recht der Kantone, Vollzugsvorschriften zu beschließen und Rechtsetzungskompetenzen auszuschöpfen, die nicht vom USG berührt werden (z. B. fiskalische Maßnahmen).

geworden sein sollte, dürfen die Kantone keine neuen Immissionsgrenzwerte festsetzen oder Gefahrstoffe regulieren;

- daneben eine generelle Verschärfung von Standards durch die Kantone nur dann möglich ist, wenn der Bund Mindeststandards festgesetzt hat;

- im Bereich der Luftreinhaltung ansonsten, d. h. wenn eine abschließende Regelung des Bundes existiert, eine Verschärfung der nationalen Standards nur in Belastungsgebieten zulässig ist.

Beschwerdebefugnis der Umweltverbände

Das Allgemeine Verwaltungsrecht und das Umweltrecht der Schweiz sehen nur eingeschränkte Beteiligungsrechte und Beschwerdebefugnisse der Umweltverbände vor. Auf die Beteiligung der Verbände am Standardsetzungsverfahren wird im Rahmen der Darstellung des Vernehmlassungsverfahrens näher eingegangen (siehe 2.4.2). Gegen Verfügungen[16] ist u. a. beschwerdeberechtigt, d. h. zur Einlegung von Rechtsmitteln befugt, "wer durch die angefochtene Verfügung berührt ist und ein schutzwürdiges Interesse an deren Aufhebung oder Änderung hat".[17] Umstritten bleibt dabei, ob nur eine rechtlich geschützte Position ein schutzwürdiges Interesse konstituiert oder ob ein faktisches Interesse ausreicht. Verbandsklagen sind aber in jedem Fall nur in engem Umfang zulässig (Bothe und Gündling 1990: 197).

Nach Art. 12 des Bundesgesetzes über den Natur- und Heimatschutz (NHG)[18] sind neben den Gemeinden gesamtschweizerische Vereinigungen beschwerdeberechtigt, wenn sie sich statutengemäß dem Natur- und Heimatschutz oder verwandten, rein ideellen Zielen widmen. Die Erfahrung zeigt, daß diese Rechte bereits genügen, um eine Beteiligung dieser Organisationen im Verwaltungsverfahren sicherzustellen (ebd.).

---

[16] Das sind in der Regel individuell-konkrete Normen, die dem bundesdeutschen Verwaltungsakt vergleichbar sind.

[17] Unter Beschwerdeberechtigung wird dabei die Berechtigung zur Verwaltungsbeschwerde bzw. zur Verwaltungsgerichtsbeschwerde verstanden; zur Verwaltungsbeschwerde siehe Art. 48 des Bundesgesetzes über das Verwaltungsverfahren (VwVG) vom 20. Dezember 1968 (SR 172.021); zur Verwaltungsgerichtsbeschwerde vor dem Bundesgericht siehe Art. 103 des Gesetzes über die Organisation der Bundesrechtspflege vom 16. Dezember 1943 (SR 173.110). Das Bundesgericht fungiert als Verwaltungsgerichtshof. Daneben gibt es Verwaltungsgerichte in den Kantonen.

[18] Bundesgesetz über den Natur- und Heimatschutz (NHG) vom 1. Juli 1966 (SR 451); das Gesetz befindet sich derzeit in der Revision.

Nach Art. 55 USG besteht ein Beschwerderecht der Umweltorganisationen[19] gegen Verfügungen der Kantone oder der Bundesbehörden im Zusammenhang mit UVP-pflichtigen Anlagen. Beschwerdeberechtigt sind gesamtschweizerische Umweltschutzorganisationen, sofern sie mindestens zehn Jahre vor Einreichung der Beschwerde gegründet wurden. Der Bundesrat hat auf dem Verordnungsweg[20] den Kreis der berechtigten Organisationen genau festgelegt; es handelt sich derzeit um 20 Umwelt- und Naturschutzverbände. Organisationen, die die Voraussetzungen des Art. 55 Abs. 1 USG erfüllen, werden auf Antrag in dieses Verzeichnis aufgenommen.[21] Aus der Berechtigung zur Beschwerde folgt für die zuständigen Behörden zwangsläufig die Notwendigkeit, diese Verbände in das Verwaltungsverfahren einzubeziehen.

Da es keine rechtlichen Möglichkeiten gibt, unmittelbar gegen Rechtsverordnungen vorzugehen, Umweltstandards aber in der Regel durch solche normiert werden, spielen die Gerichte in den schweizerischen Verfahren der Standardsetzung de facto keine Rolle. Zwar kann das Bundesgericht Standards inzident auf ihre Übereinstimmung mit dem USG überprüfen. Bei den ca. 40 Fällen der USG-Anwendung, die dort bislang anhängig waren, handelte es sich aber ausschließlich um Fälle der Verwaltungskontrolle, in keinem der Fälle wurde inzident über einen Umweltstandard entschieden.

2.3 Akteure bei der Setzung von Umweltstandards

2.3.1 Das Bundesamt für Umwelt, Wald und Landschaft (BUWAL)

Wie bereits ausgeführt, existiert in der Schweiz kein eigenes Umweltministerium. Zuständig ist das Eidgenössische Departement des Innern bzw. das Bundesamt für Umwelt, Wald und Landschaft (BUWAL), das 1989 aus dem Bundesamt für Umweltschutz (BUS) und dem Bundesamt für Forstwesen und Landschaftsschutz entstanden ist.[22] Grund dieser organisatorischen Veränderungen war die Absicht, die Umweltpolitik des Bundes durch die Konzentration der vorhandenen Ressourcen zu stärken. Die erste Vorläufereinrichtung dieser Behörde wurde bereits in den fünfziger Jahren geschaffen. 1964 wurde ein Eidgenössisches Amt für Gewässerschutz mit 12 Stellen eingerichtet. Im Mai 1971 - also noch vor der Volksabstimmung über den Verfassungsartikel 24septies - erließ der Bundesrat einen Beschluß über die Bildung eines Eidgenössischen Amts für Umweltschutz (AfU). 1979 wurde diese Behörde im Rahmen einer Reorganisation der gesamten

---

[19] Die Beschwerderechte der Natur- bzw. Umweltschutzorganisationen nach Art. 12 NHG bzw. Art. 55 USG gelten nur, wenn die Beschwerde an den Bundesrat oder die Verwaltungsgerichtsbeschwerde zulässig ist.

[20] Verordnung über die Bezeichnung der beschwerdeberechtigten Umweltorganisationen (VBUO) vom 27. Juni 1990 (SR 814.076).

[21] Art. 3 Abs. 1 VBUO.

[22] Zu den folgenden Ausführungen siehe auch Knoepfel und Zimmermann 1991.

Bundesverwaltung in Bundesamt für Umweltschutz (BUS) umbenannt. 1991 beschäftigte das BUWAL ca. 300 Mitarbeiter, wobei der Akademikeranteil bei ca. 75 Prozent lag. Das Haushaltsbudget des BUWAL erreichte im gleichen Jahr einen Betrag von nahezu 470 Millionen Franken. Der Organisationsaufbau des Amtes läßt sich Abbildung 1 entnehmen.

Abb. 1: Organigramm des BUWAL

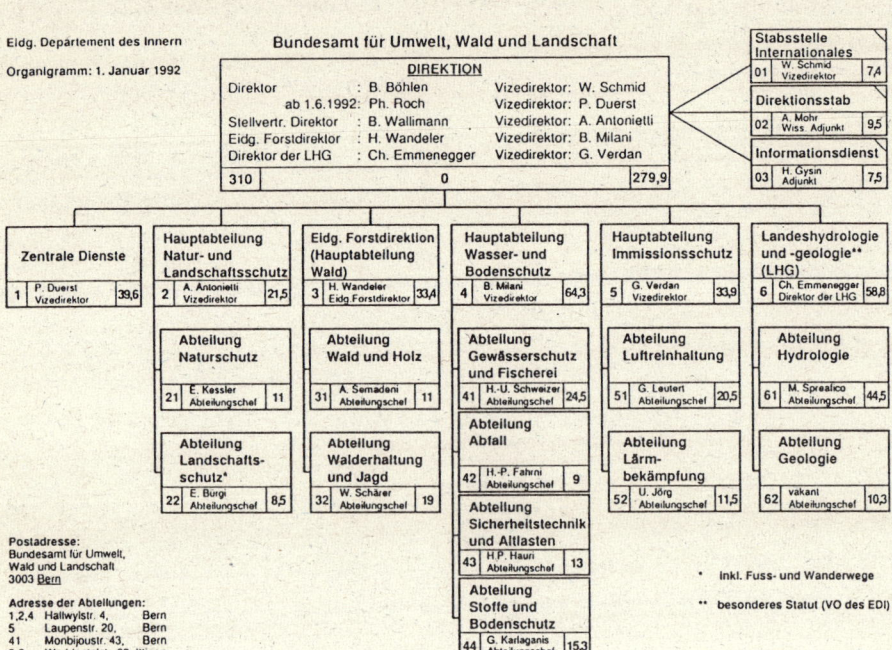

Dem AfU wurden bereits 1971 alle Aufgaben des Gewässer- und des Immissionsschutzes übertragen. Das Tätigkeitsgebiet des heutigen BUWAL ist noch weitaus umfangreicher, da es nicht nur für die klassischen Bereiche des Umweltschutzes (Gewässer-, Boden- und Immissionsschutz) zuständig ist, sondern auch für das Jagd- und Fischereiwesen, die Landeshydrologie und -geologie, die Forstaufsicht und den Landschaftsschutz. Immer wichtiger werden auch globale Umweltprobleme. Das BUWAL besitzt eine "Stabsstelle Internationales" und unterhält enge Kontakte zu ausländischen Umweltbehörden.

Umweltschutzaufgaben im weiteren Sinne fallen auch in den Kompetenzbereich des Bundesamts für Gesundheitswesen, das u. a. lebensmittelrechtliche Fragestellungen bearbeitet, des Bundesamts für Polizeiwesen, das den Erlaß von Kfz-Standards vorbereitet, und des Bundesamts für Raumplanung.

Wie sich in den Fallstudien zeigen wird, nimmt das BUWAL in den Standardsetzungsverfahren eine zentrale Stellung ein. Gesetzes- und Verordnungsentwürfe im Bereich des Umweltschutzes werden in der Regel von Mitarbeitern des BUWAL in enger Kooperation mit der Wirtschaft erarbeitet. Die schweizerischen Bundesämter können im allgemeinen ohnehin relativ autonom von ihren jeweiligen Departementen agieren, ein erheblicher Teil der Politikformulierung wird von diesen Behörden geleistet. Soweit Konflikte bei den Verfahren der Standardsetzung innerhalb des politisch-administrativen Systems auftreten, werden sie zunächst zwischen Bundesämtern ausgetragen, da in den ersten Phasen des Verfahrens nur diese beteiligt werden, nicht aber die übrigen Departemente, die erst ganz zum Schluß um ihre Stellungnahme gebeten werden.

2.3.2 Expertenkommissionen

Expertenkommissionen setzen sich im allgemeinen aus Vertretern der Bundesbehörden (einschließlich der Bundesforschungsanstalten), der Kantone, der Wissenschaft und der Interessenverbände (Wirtschaftsverbände, Umwelt- und Naturschutzverbände) zusammen. Die Verwaltung hat großen Einfluß auf die Kommissionen, da Sekretariat und Präsidium häufig nicht an Externe übertragen, sondern von Verwaltungsmitarbeitern übernommen werden. Bei einer Untersuchung von ca. 200 schweizerischen Expertenkommissionen war dies bei 61,5 Prozent der Fall. Es stellte sich heraus, daß ca. 28 Prozent der Kommissionsmitglieder aus der Bundesverwaltung kamen, ein knappes Viertel in den Kantonen arbeitete und jeweils ungefähr 12 Prozent an Hochschulen oder als Spezialisten in Privatunternehmen tätig waren. 17 Prozent vertraten referendumsfähige Wirtschaftsverbände (Industrie, Gewerbe, Gewerkschaften, Landwirtschaft usw.). Der Rest entfiel auf gemeinnützige Organisationen (Germann 1981: 108). Expertenkommissionen haben primär die Aufgabe, Regierung und Verwaltung zu beraten, wobei vor allem wissenschaftlicher Sachverstand gefragt ist. Andererseits wird von ihnen aber durchaus auch die Prüfung der politischen Realisierbarkeit der vorgeschlagenen Regulierungen erwartet, was der Innovationsfähigkeit eher abträglich ist, weil die Kommissionen sich im allgemeinen auf den kleinsten gemeinsamen Nenner einigen (Klöti 1984: 322).

Es gibt zahlreiche Kommissionen, die im Bereich des Umweltschutzes tätig sind, z. B. die Eidgenössische Natur- und Heimatschutzkommission (ENHK), die Eidgenössische Kommission für Lufthygiene (EKL) und die Eidgenössische Gewässerschutzkommission:

- Die Eidgenössische Natur- und Heimatschutzkommission (ENHK)[23] existiert bereits seit 1936 (Landolt 1988: 31). Mit dem Bundesgesetz über den Natur- und Heimatschutz von 1966 erhielt die ENHK neue Aufgaben. In ihren Tätigkeitsbereich fallen

---

[23] Vgl. Art. 7 und 8 des Bundesgesetzes über den Natur- und Heimatschutz vom 1. Juli 1966 (SR 451); zur Organisation und zu den Aufgaben der ENHK siehe Art. 24 und 25 der Verordnung über den Natur- und Heimatschutz (NHV) vom 16. Januar 1991 (SR 451.1).

heute insbesondere die Beratung des Departements und die Mitwirkung beim Vollzug sowie gutachterliche Tätigkeiten zu Fragen des Natur- und Heimatschutzes. Die Kommission besteht aus insgesamt 15 Mitgliedern, unter denen die Naturschutzverbände im Vergleich zu anderen Kommissionen sehr stark vertreten sind.

- Die Eidgenössische Kommission für Lufthygiene (EKL)[24] wurde bereits in den sechziger Jahren geschaffen. Bis zur Übernahme von Teilen ihrer Aufgaben durch das BUS hatte sie weitreichende Verfügungskompetenzen und ein eigenes Budget. In der Kommission, die 1990 aus 22 Mitgliedern bestand, sind Mitarbeiter von Bund, Bundesforschungsanstalten und Kantonen sowie Vertreter der Hochschulen schon immer sehr zahlreich vertreten. Mitglieder, die Interessenverbände repräsentieren, sind eher die Ausnahme; dies gilt vor allem für Umweltverbände.

- Die Eidgenössische Gewässerschutzkommission[25] existiert seit 1971. Sie ist beratendes Organ des EDI für den Gewässerschutz. In ihren Aufgabenbereich fällt auch die Förderung der Zusammenarbeit zwischen den Behörden von Bund und Kantonen, den Forschungsanstalten, den Organisationen der Wirtschaft und den Fachorganisationen. 1992 hat die Kommission 27 Mitglieder, davon vertraten vier Personen Wirtschaftsorganisationen. Technische Fachorganisationen, Natur- und Umweltverbände stellen zusammen sieben Mitglieder.

Wie diese exemplarische Auswahl zeigt, bestehen keine einheitlichen Regelungen über Größe und Zusammensetzung der Kommissionen. Bei näherer Betrachtung zeigt sich jedoch, daß Vertreter der Bundesbehörden (einschließlich der Bundesforschungsanstalten), der Kantone und der Hochschulen dominieren. Die Wirtschaft konnte sich erst relativ spät Zugang zu diesen Gremien verschaffen. Die Umweltorganisationen hatten noch größere Zugangsprobleme, in den meisten relevanten Kommissionen waren sie lange Zeit gar nicht vertreten. Das Sekretariat der im Bereich des Umweltschutzes tätigen Kommissionen ist grundsätzlich beim BUWAL angesiedelt. Die Sitzungen sind nichtöffentlich und die Sitzungsprotokolle der Öffentlichkeit nicht zugänglich. Sofern ein Tätigkeits- oder Rechenschaftsbericht angefertigt werden muß, ist dieser nur dem Departement vorzulegen.

Der Einfluß der Expertenkommissionen auf die Umweltpolitik ist in den letzten Jahren deutlich zurückgegangen. Hauptgrund dafür dürften die beachtlichen Kompetenzen und Ressourcen sein, über die das BUWAL mittlerweile verfügt. Die Integration von externem Sachverstand ist heute nicht mehr so wichtig wie in der Entstehungsphase des schweizerischen Umweltrechts. Bei der Festlegung konkreter Standards sind die Expertenkommissionen relativ unbedeutend. Wichtige Funktionen haben sie dagegen bei Pro-

---

[24] Zur EKL vgl. Knoepfel und Weidner 1980: 785, Nüssli 1987: 35 f.

[25] Vgl. Reglement für die Eidgenössische Gewässerschutzkommission vom 9. August 1972 (SR 814.212.11); zur Gewässerschutzkommission siehe auch Nüssli 1987: 18 ff., Bussmann 1981.

grammen mittlerer Reichweite, wie z. B. dem "Leitbild für die schweizerische Abfallwirtschaft" (BUS 1986b), das von der Eidgenössischen Kommission für Abfallwirtschaft erarbeitet wurde, oder bei der Schaffung von Grundlagenwissen für das politische Handeln. So erarbeitete die EKL einen Statusbericht zur Ozonproblematik (troposphärisches Ozon) in der Schweiz (BUWAL 1989a).

2.3.3 Wirtschaftsverbände

Die beiden wichtigsten Dachverbände der Wirtschaft, der Schweizerische Handels- und Industrieverein (SHIV) und der Schweizerische Gewerbeverband (SGV), geben im Verlauf der Standardsetzungsverfahren grundsätzlich Stellungnahmen ab. Dabei handelt es sich fast immer um recht allgemeine Aussagen; zu Detailproblemen äußern sich dagegen nur die betroffenen Branchen- und Fachverbände sowie einzelne Unternehmen. An dieser Stelle soll lediglich auf den SHIV und den SGV eingegangen werden. Außerdem wird der am stärksten mit Umweltschutzproblemen konfrontierte schweizerische Branchenverband kurz vorgestellt, die Schweizerische Gesellschaft für Chemische Industrie (SGCI), die dem SHIV angeschlossen ist.

- Der Schweizerischer Handels- und Industrie-Verein (SHIV), der seinen Sitz in Zürich hat, wurde 1870 gegründet. Er ist die wichtigste Dachorganisation der Unternehmer und hat 125 Mitglieder: vor allem Fachverbände der Industrie, des Handels, der Versicherungen, des Verkehrs und des Dienstleistungssektors, daneben aber auch 19 kantonale und regionale Handelskammern. Er bezweckt nach seinen Statuten "die Erörterung und Vertretung der Interessen von Handel und Industrie sowie ... die Beschaffung von Materialien und Auskünften über Fragen des Handels, der Industrie und des Verkehrs zuhanden der Bundesbehörden". Die Organisation wird auch häufig als "Vorort" bezeichnet, was auf die Tatsache zurückgeht, daß bis 1882 keine eigene Geschäftsstelle existierte, so daß jeweils eine beauftragte kantonale Handelskammer die Aufgaben des Vereins erfüllte.

- Die Schweizerische Gesellschaft für Chemische Industrie (SGCI) hat eine besonders verschmutzungsintensive Branche zu vertreten, die nicht erst seit dem Brandunfall bei Sandoz im Kreuzfeuer der öffentlichen Kritik steht und Umweltschutzfragen nicht mehr ignorieren kann. Der Organisationsgrad der chemischen Industrie ist relativ hoch: 1990 gab es in der Schweiz ca. 330 Chemiebetriebe;[26] im gleichen Jahr waren 259 Firmen Mitglied in der SGCI (SGCI 1991a: 38, 47, SGCI 1991b: 12). Alle bedeutenden Unternehmen der Branche gehören dem Verband an. Obwohl auch viele kleine und mittlere Unternehmen Mitglied der Gesellschaft sind, hat die Basler Großchemie (Ciba-Geigy, Hoffmann-Laroche und Sandoz) wohl den größten Einfluß auf das Verbandsge-

---

[26] In diesen Betrieben waren über 95 Prozent der in der Chemie tätigen Personen beschäftigt.

schehen - sie liefert auch mehr als die Hälfte der finanziellen Ressourcen der Organisation (Farago 1987: 59 f.). Unter den 20 Fachgruppen der Gesellschaft findet sich auch eine für Sicherheit, Gesundheits- und Umweltschutz. 1990 hatte die SGCI u. a. Vertreter in der Eidgenössischen Gewässerschutzkommission, der Eidgenössischen Giftkommission, der Eidgenössischen Kommission für Abfallwirtschaft. In der Eidgenössischen Kommission für Lufthygiene war sie sogar mit zwei Mitgliedern repräsentiert (SGCI 1991a: 42 f.). Auf der Ebene der Expertenkommissionen ist die SGCI damit besser vertreten als jeder andere Verband.

- Der Schweizerische Gewerbeverband (SGV) wurde 1879 aus 16 örtlichen Gewerbevereinen gegründet, die in dieser Zeit vor allem in der deutschen Schweiz mit der Zielsetzung entstanden waren, Gewerbeschulen einzurichten und zu betreiben. Durch die Bildung kantonaler Gewerbeverbände sollte die berufliche Bildung in den Kantonen einheitlich geregelt werden. Der SGV besteht heute aus 25 kantonalen Gewerbeverbänden, 206 Berufsverbänden (Baugewerbe, graphisches und papierverarbeitendes Gewerbe, Handel, Gastgewerbe usw.), 37 Selbsthilfeorganisationen sowie 7 Anstalten und Instituten, die der Gewerbeförderung dienen (Schweizerischer Gewerbeverband 1987). Nach seinen Statuten verfolgt der SGV das Ziel, "das Wohl des Gewerbes zu wahren und zu fördern (und) ... durch geeignete Mittel eine enge Fühlung und Zusammenarbeit zwischen Mitgliedern herbeizuführen."

Während sich der Gewerbeverband kaum zu Umweltstandards im allgemeinen äußert und nur selten zu konkreten Standards Stellung nimmt, hat der Vorort im Zusammenhang mit der Diskussion über die im Entwurf der USG-Novelle vorgesehenen Lenkungsabgaben zu der Frage nach der Notwendigkeit von Grenzwerten und deren Verschärfung klare Positionen bezogen. Die schweizerische Industrie lehnte die VOC-Lenkungabgabe ab und schlug das "Dualinstrument Lenkungsabgabe/Vereinbarung" vor. Jedes Unternehmen solle wählen können, ob es eine Abgabe zahlen oder mit der zuständigen Umweltschutzbehörde eine Vereinbarung zur Emissionsreduktion abschließen wolle. Der SHIV lehnt eine Dynamisierung der Grenzwerte ab, da die Unternehmen nie sicher sein könnten, ob ihnen nicht binnen kürzester Zeit weitere Verschärfungen auferlegt würden. Eine Phase der Konsolidierung der polizeirechtlichen Umweltschutzpolitik sei notwendig, da die derzeit geltenden Grenzwerte erst einmal konsequent umgesetzt werden müßten. Ähnlich argumentiert die SGCI. Das Grenzwert-Konzept wird grundsätzlich abgelehnt. Bei der Revision der LRV vertrat der Verband die Meinung, daß durch die "schleichende Verschärfung" der Grenzwerte die Rechtssicherheit nicht mehr gewährleistet sei. Dies komme einer Verschleuderung finanzieller und personeller Ressourcen gleich, weil sich die Firmen bei ihrer Investitionsplanung nicht auf die bestehenden Rechtsgrundlagen verlassen könnten. Diese müßten zumindest während der üblichen Abschreibungszeiträume Gültigkeit behalten. Auch von der SGCI werden marktkonforme Instrumente gefordert (SGCI 1991a: 18).

2.3.4 Umwelt- und Naturschutzorganisationen, Verbraucher- und Fachverbände

Wichtige Akteure bei Normbildungsprozessen im Bereich des Umweltschutzes sind die schweizerischen Natur- und Umweltschutzverbände[27] sowie die Verbraucherorganisationen und die technischen Fachverbände. Der Naturschutz entwickelte sich in der Schweiz bereits im 19. Jahrhundert. Wichtige Impulse kamen von der Naturforschenden Gesellschaft und vom Schweizerischen Alpenclub. Erste Aktivitäten zielten auf die Unterschutzstellung von Findlingen und auf den Erlaß von Bestimmungen zum Schutz bedrohter Pflanzen (z. B. Edelweiß). Inventare über bereits bestehende Schutzgebiete und geschützte Einzelobjekte sowie über schützenswerte Objekte wurden erstellt. Eine eigenständige Naturschutzbewegung bildete sich aber erst heraus, als ein schweizerischer Nationalpark gegründet werden sollte (Landolt 1989).

Im Vergleich zu den Naturschutzorganisationen sind die Umweltschutzverbände - ähnlich wie in vielen anderen Ländern - eine wesentlich jüngere Erscheinung; sie entstanden vor allem in den sechziger und siebziger Jahren dieses Jahrhunderts. Sowohl die Naturschutzverbände als auch die etablierten Umweltschutzverbände sind mittlerweile relativ gut in das politische System der Schweiz integriert - im Gegensatz zu einigen anderen Organisationen, die erst seit wenigen Jahren bestehen, wie z. B. Greenpeace Schweiz (gegründet 1985) oder die "Ärzte für Umweltschutz" (gegründet 1987). Letztere sind offensichtlich eher in der Lage, Bewegung in die schweizerische Umweltpolitik zu bringen. Volksinitiativen werden häufig von ziemlich unbekannten, kleinen Verbänden angestoßen, die älteren, größeren und etablierten Verbände schließen sich diesen Aktivitäten dann meist zu einem späteren Zeitpunkt an. Allerdings spricht einiges dafür, daß die Möglichkeit, direktdemokratische Rechte in Anspruch zu nehmen, die Chancen der neuen sozialen Bewegungen schwächt, die Bevölkerung für Aktivitäten außerhalb der konventionellen (plebiszitären) Einflußkanäle zu mobilisieren, auch wenn direkte Aktionen durchaus auftreten. Bei einem Vergleich der neuen sozialen Bewegungen in Frankreich, den Niederlanden, Deutschland und der Schweiz zeichnen sich die letzteren durch relativ zurückhaltende Aktivitäten aus (Kriesi 1991a: 51, mit weiteren Nachweisen; Kriesi 1991b: 220).

Im folgenden soll zunächst auf die für die Normbildung wichtigsten Verbände eingegangen werden. Es handelt sich bei den Naturschutzverbänden um den Schweizerischen Bund für Naturschutz, bei den Umweltschutzverbänden um den World Wildlife Fund Schweiz und um die Schweizerische Gesellschaft für Umweltschutz.[28]

- Der Schweizerische Bund für Naturschutz (SBN) wurde 1909 mit dem Ziel gegründet, das nötige Geld für die Gründung des geplanten Nationalparks durch Mitgliedsbeiträge

---

[27] Zu den Umweltschutzorganisationen in der Schweiz siehe Zürcher 1978, Giger 1981, Giugni und Kriesi 1990.

[28] Zu den folgenden Ausführungen siehe VGL-Umweltinformation 1/1990.

zu beschaffen, was 1914 schließlich auch gelang. Die Organisation tritt für die Erhaltung der natürlichen Lebensgrundlagen des Menschen ein, insbesondere für den Schutz der Natur und die Bewahrung der Artenvielfalt. Die Anzahl der Mitglieder liegt heute bei etwa 120 000 (Landolt 1989: 30). Die Mittel stammen vorwiegend aus Mitgliedsbeiträgen, Spenden, aus dem Verkauf von Büchern und Geschenkartikeln sowie zu einem relativ geringen Teil aus Beiträgen der öffentlichen Hand. Die Ausgaben beliefen sich 1990 auf rund 8 Millionen Franken.

- Der World Wildlife Fund Schweiz (WWF Schweiz) bemüht sich um die Erhaltung von Natur und Umwelt in allen Erscheinungsformen und setzt sich für einen ganzheitlichen Schutz von Lebensräumen und ökologischen Prozessen ein. Der WWF Schweiz wurde 1961 gegründet und hat heute ca. 135 000 Mitglieder (weltweit ca. 4 Millionen Mitglieder). Auch der WWF finanziert sich vor allem über Mitgliedsbeiträge, Spenden und Geschenkverkäufe. Die Höhe der Ausgaben lag 1990 bei 13,1 Millionen Franken.

- Die Schweizerische Gesellschaft für Umweltschutz (SGU) wurde 1971 gegründet. Sie entwickelte sich aus dem "Aktionskomitee gegen den Überschall". Ihre Aufgabe sieht die SGU in der Erhaltung der Lebensgrundlagen durch umfassenden Schutz der Umwelt. Während der Verband in der Gründungsphase von der Wirtschaft großzügig unterstützt wurde, kam es kurze Zeit später zu Austritten großer Unternehmen, durch die sogar die Existenz der SGU bedroht wurde (Spillmann 1991: 8). Ende 1990 hatte die Organisation ca. 8.000 Mitglieder; die Einnahmen lagen bei ca. 940.000 Franken (Jahresbericht der SGU 1990/91). Als wirksamstes Instrument zur Erreichung des Organisationszwecks wird die Mitarbeit bei der Ausarbeitung und beim Vollzug rechtlicher Bestimmungen sowie die Durchsetzung des Verursacherprinzips gesehen. Ökonomische Instrumente werden befürwortet. Die SGU verfügt über einen Fachausschuß Recht, der die Stellungnahmen des Verbandes bei Gesetzgebungs- und Verordnungsverfahren erarbeitet. Obwohl die SGU wesentlich weniger Mitglieder und finanzielle Ressourcen als die beiden zuvor genannten Organisationen aufweist, spielt sie in den Verfahren der Standardsetzung häufig die wichtigere Rolle.

Die fünf größten Natur- und Umweltschutzverbände (SBN, WWF Schweiz, SGU, der Verkehrsclub der Schweiz und die Naturfreunde Schweiz) arbeiten teilweise recht intensiv zusammen, was sich z. B. daran zeigt, daß sie in den Verfahren der Standardsetzung häufig gleichlautende Stellungnahmen abgeben. Die Geschäftsführer dieser fünf Verbände treffen sich regelmäßig mit dem für den Umweltschutz zuständigen Bundesrat Cotti. Gemeinsam betreiben sie seit November 1990 ein Sekretariat für Europafragen. Außerdem haben SGU, SBN und WWF Schweiz eine gemeinsame Arbeitsgruppe Umweltchemie eingerichtet. In den Eidgenössischen Kommissionen im Bereich des Umweltschutzes findet man mittlerweile auch einige Vertreter der Umweltverbände; so vertritt die SGU diese Organisationen in der Eidgenössischen Abfallwirtschaftskommission.

In der Schweiz existieren mehrere Verbraucherorganisationen, wobei die beiden Dachverbände, der Schweizerische Konsumentenbund und die Aktionsgemeinschaft der Arbeitnehmer und Konsumenten, an erster Stelle zu nennen sind. Daneben gibt es eine Stiftung für Konsumentenschutz sowie Konsumentinnenverbände in allen drei Sprachregionen.[29]

Für die Standardsetzungsverfahren ist außerdem eine Reihe technisch ausgerichteter Fachverbände von Bedeutung, die aber in den letzten Jahren an Einfluß verloren haben, da der technische Sachverstand innerhalb der Verwaltung erheblich zugenommen hat. In Standardsetzungsverfahren geben beispielsweise die Vereinigung für Gewässerschutz und Lufthygiene, der Verein zur Förderung der Wasser- und Lufthygiene und die Schweizerische Vereinigung für Gesundheitstechnik regelmäßig Stellungnahmen ab.

2.4 Verfahren der Standardsetzung

2.4.1 Bedeutung plebiszitärer Elemente

Im politischen System der Schweiz spielen plebiszitäre Elemente traditionell eine wichtige Rolle. Als plebiszitäre Elemente auf der Bundesebene sind das fakultative Gesetzesreferendum, bei dem das Volk über bereits vom Parlament verabschiedete Gesetze abzustimmen hat, und die Verfassungsinitiative zu erwähnen. Bei letzerer entscheidet das Volk über die Aufnahme eines zusätzlichen Artikels in die Bundesverfassung, wobei es sich durchaus um Detailregelungen handeln kann, die man normalerweise in einer Verfassung nicht vermuten würde. Im Gegensatz zum Referendum, durch das Innovationen eher verhindert werden und das dann zur Anwendung kommt, wenn bestimmte Gruppen ihre Positionen im Gesetzgebungsverfahren nicht durchsetzen konnten, gilt die Verfassungsinitiative als Instrument oppositioneller Gruppen, die in weitaus geringerem Ausmaß in das politische System der Schweiz integriert sind.[30]

Der politische Prozeß kann durch alle Akteure, die potentiell in der Lage sind, ein Referendum oder eine Initiative zu initiieren, maßgeblich beeinflußt werden. Meist wird alles getan, um eine drohende Volksabstimmung zu vermeiden. Während deren Ausgang nicht mit Sicherheit vorausgesagt werden kann, ist es sehr viel eher möglich, die Verhandlungen zwischen den betroffenen Interessengruppen zu beeinflussen. Es ist daher typisch für die Schweiz, daß stets nach breiten Mehrheiten gesucht wird. Alle referendumsfähigen Parteien und Verbände werden frühzeitig am politischen Prozeß beteiligt. Daraus resultiert nahezu zwangsläufig die für die Schweiz charakteristische "Verhandlungsdemokra-

---

[29] Konsumentinnenforum der deutschen Schweiz, Fédération romande des consommatrices, Associazione consomatrici della Svizzera italiana.

[30] Zu den plebiszitären Elementen im politischen System der Schweiz siehe exemplarisch Neidhardt 1970, Kriesi 1991: 44, Möckli 1991.

tie", bei der Interessenkonflikte in der Regel bereits im vorparlamentarischen Raum gelöst werden. Über die Berücksichtigung von Interessenverbänden entscheidet damit primär ihr Potential, ein Referendum zu "lancieren", d. h. ein bereits beschlossenes Gesetz über eine Volksabstimmung zu Fall zu bringen. Sind sie dazu prinzipiell in der Lage, werden sie von vornherein in das Verfahren integriert (Lehner 1989: 97 f.).

Für die Standardsetzung ist von großer Bedeutung, daß nur bei Gesetzen, nicht aber bei Rechtsverordnungen ein Referendum möglich ist. Ein entsprechendes Drohpotential steht den betroffenen Verbänden bei Verordnungsverfahren daher nicht zur Verfügung. Verfassungsinitiativen, die ebenfalls - direkt oder indirekt - zur Festsetzung von Umweltstandards führen können, sind zwar durchaus denkbar, kommen in der Praxis auch gelegentlich vor, stellen aber keineswegs den "Normalfall" der schweizerischen Standardsetzungsverfahren dar. Plebiszitäre Elemente sind bei der Analyse der schweizerischen Verfahren daher nur von untergeordneter Bedeutung.

2.4.2 Typisches Verfahren zur Setzung von Umweltstandards

Bereits in der Bundesverfassung ist geregelt, daß die Kantone und die zuständigen Organisationen der Wirtschaft vor Erlaß der Ausführungsgesetze anzuhören sind (Art. 32 Abs. 2 und 3 BV).[31] Vor dem Erlaß der auf dem USG basierenden Verordnungen hat der Bundesrat die Kantone und die "interessierten Kreise" anzuhören.[32] Die Bestimmungen in der Bundesverfassung bzw. im USG bilden die Basis für das "Vernehmlassungsverfahren", einer Phase des Verfahrens, in der die Kantone und die Interessenverbände formell beteiligt werden. Wer zu den "interessierten Kreisen" zählt, ist primär von der jeweiligen Materie abhängig. Angeschrieben werden in der Regel die Dachverbände der Wirtschaft, Branchenverbände und Gewerkschaften, Berufsverbände, der Städte- bzw. Gemeindeverband sowie technische und wissenschaftliche Fachorganisationen, die über spezielles Fachwissen verfügen. Neben diesen Verbänden sind auch die Umweltschutzorganisationen in das Verfahren einzubeziehen (Brunner 1986: 13).

Das Vernehmlassungsverfahren nimmt mit drei bis vier Monaten Dauer zwar nur einen relativ kurzen Zeitraum im gesamten Verfahren in Anspruch, ist aber der einzige wirklich formalisierte Verfahrensteil. Geregelt wurden die Verfahren der Standardsetzung in der Schweiz bis 1991 ausschließlich durch die Richtlinien über das Vorverfahren der Gesetzgebung vom 6. Mai 1970, die zum Teil auch auf die Erlasse der Verordnungsstufe Anwendung finden. Die Richtlinien enthalten z. B. Regelungen über die Ausarbeitung des Vorentwurfs und seine Weiterbearbeitung. Das bislang auch in diesen Richtlinien ge-

---

[31] Zur Beteiligung der Kantone siehe Heger 1990: 117 ff.

[32] Art. 39 Abs. 3 USG.

regelte Vernehmlassungsverfahren wird mittlerweile durch eine eigene Verordnung[33] geregelt. Mit der Änderung wurden mehrere Ziele verfolgt.[34]

- Das vorher als Teil der Richtlinien über das Vorverfahren der Gesetzgebung geregelte Vernehmlassungsverfahren sollte in einer Verordnung umfassend geregelt werden.

- Die Entwicklung der Praxis seit 1970 sollte berücksichtigt werden (Vernehmlassungsfristen, Vorankündigung der Vernehmlassungen, Berücksichtigung von Dachverbänden und Unterverbänden, unentgeltliche Abgabe der Unterlagen).

- Das Verfahren sollte gestrafft werden.

- Die Eröffnungszuständigkeit für Verordnungen wurde vom Departement auf den Bundesrat ausgedehnt, da sich vor allem bei politisch wichtigen Verordnungen diese Vorgehensweise in der Praxis durchgesetzt hatte.

Das typische Verfahren zur Festsetzung von Umweltstandards[35] in der Schweiz nimmt meistens nahezu vier Jahre in Anspruch. Kürzer sind die Verfahren nur dann, wenn es sich um die Regulierung von Detailproblemen handelt, bei denen auch nur ein eingeschränkter Kreis von Akteuren am Verfahren beteiligt wird (z. B. bei der Revision der StoV von 1988, durch die ein Zulassungsverfahren für Antifoulings eingeführt wurde). Das "Normalverfahren" bei Rechtsverordnungen läßt sich in fünf Phasen unterteilen[36] (siehe auch Übersicht 2):

1. Vorbereitungsphase

    Diese informelle Phase zu Beginn des Verfahrens ist nicht nur die wichtigste, da hier die Weichen für den weiteren Verlauf gestellt werden, sondern auch die längste. Sie dauert zumindest bei umfangreicheren Neuregelungen oder Revisionen im allgemeinen ca. zwei Jahre. In dieser Phase finden Fachgespräche zwischen BUWAL und Wirtschaft statt, die vom BUWAL initiiert und geleitet werden. Die Umweltorganisationen haben keinen Zugang zu diesen Gesprächen. Zunächst einmal geht es darum, die Zielgruppen der Regulierung zu informieren und die Position des Amtes darzulegen. Soweit es sich um komplexe Probleme handelt, werden mehrere Arbeitsgruppen gebildet. Bei Bedarf werden weitere Behörden und Bundesforschungsanstalten (z. B. die Eidgenössische Materialprüfungs- und Forschungsanstalt, EMPA) beteiligt. Die Sitzungen selbst sind nichtöffentlich.

---

[33] Verordnung über das Vernehmlassungsverfahren vom 17. Juni 1991 (SR 172.062).

[34] Schweizerische Bundeskanzlei 1990: 2; vergleiche auch die Ergebnisse des Vernehmlassungsverfahrens zum Entwurf dieser Verordnung (Schweizerische Bundeskanzlei 1991).

[35] Da sich durch die neuen Bestimmungen keine gravierenden Veränderungen ergeben haben, wird im folgenden auf die derzeit gültigen Regelungen eingegangen, auch wenn sie bei den in den Fallstudien geschilderten Standardsetzungsverfahren zum Teil noch nicht gültig waren.

[36] Zu den Entscheidungsprozessen bei Gesetzgebungsverfahren siehe Klöti 1984: 317 ff.; zur Verordnungsrechtssetzung im Bereich des Umweltschutzes siehe Ackermann 1981.

2. Ausarbeitung des Entwurfs

Durch den Beschluß des Bundesrats, eine Verordnung zu erlassen oder zu novellieren, wird das Verfahren in etwas formellere Bahnen geleitet, obgleich nach wie vor informelle Fachgespräche mit Gewerbe und Industrie stattfinden - dies vor allem dann, wenn die Verwaltung keine ausreichenden Informationen über die zu regulierende Materie, d. h. über den Stand der Technik (in der Schweiz), besitzt. Für diesen Verfahrensschritt muß ein weiteres Jahr einkalkuliert werden. In dieser Phase findet auch die erste Ämterkonsultation (1. kleines Mitberichtsverfahren) statt.

3. Vernehmlassungsverfahren

Anschließend eröffnet das zuständige Departement, d. h. im allgemeinen das EDI, das Vernehmlassungsverfahren.[37] Der Verordnungsentwurf kann jetzt "in die Vernehmlassung geschickt" werden, d. h., die "interessierten Kreise" erhalten die Möglichkeit, schriftliche Stellungnahmen vorzulegen. Der Entwurf wird relativ breit gestreut, der Adressatenkreis ist in den letzten Jahren noch ausgeweitet worden. Angeschrieben werden die Kantone, die Wirtschaftsorganisationen (einschließlich der Gewerkschaften) und die Fachorganisationen (technische Fachorganisationen und Umweltverbände). Die Vernehmlassungsunterlagen werden auch an Organisationen und Einzelpersonen abgegeben, die kein formelles Recht darauf haben, angehört zu werden. Auch diesen Kreisen steht es frei, eine Stellungnahme abzugeben.[38]

Die Nichteinhaltung der gesetzten Fristen hat übrigens kaum Auswirkungen auf die Behandlung der Stellungnahmen. Verspätet eingereichte Vernehmlassungen werden berücksichtigt - es sei denn, dies ist nach dem Stand des Verfahrens nicht mehr möglich. Die Kantone, die Umweltorganisationen, die Naturschutz- und Verbraucherverbände sowie die Dachverbände der Wirtschaft (SHIV, SGV) geben fast immer eine Stellungnahme ab. Bei den Wirtschaftsorganisationen äußern sich neben den letzteren auch die Branchen- und Fachverbände (z. B. die SGCI) sowie einzelne Unternehmen, wobei sich zwei Typen von Unternehmen unterscheiden lassen: Einerseits handelt es sich um Firmen, die als Produzenten durch die Standards unmittelbar betroffen sind, weil sie diese nach Abschluß des Verfahrens einhalten müssen. Andererseits treten aber auch Unternehmen der Umweltindustrie auf, die sich mit ihren Aussagen (zum Stand der Technik) häufig im Widerspruch zu Aussagen der betroffenen Wirtschaftskreise befinden. Diese Phase des Verfahrens ist nicht nur vergleichsweise stark formalisiert, sondern es besteht auch ein hohes Maß an Publizität. Alle interessierten Kreise, d. h. auch die Umweltorganisationen, haben Zugang zum Verfahren. Die Eröffnung des Vernehmlassungsverfahrens wird von der Bundeskanzlei im Bun-

---

[37] Art. 3 Abs. 2 der Verordnung über das Vernehmlassungsverfahren; Verordnungen von besonderer politischer Tragweite werden vom Bundesrat eröffnet (Art. 3 Abs. 1).

[38] Art. 4 Abs. 3 der Verordnung über das Vernehmlassungsverfahren.

desblatt bekanntgegeben. Die Unterlagen, die die interessierten Kreise erhalten, werden auch an die Presse weitergeleitet. Die Stellungnahmen der Vernehmlasser können eingesehen werden.

4. Ausarbeitung des Antrags an den Bundesrat

Nach dem Vernehmlassungsverfahren wird durch die Verwaltung eine Zusammenfassung der im Verfahren vorgebrachten Stellungnahmen angefertigt ("Ergebnisse des Vernehmlassungsverfahrens"),[39] die öffentlich zugänglich ist. Diese Zusammenfassung wird an den Bundesrat weitergeleitet, der abschließend über den Entwurf zu entscheiden hat. In dieser Phase finden weitere Arbeitsgruppengespräche bzw. Fachgespräche mit der Wirtschaft statt. Die Anzahl der Teilnehmer ist in dieser Phase aber geringer als in den Arbeitskreisen vor dem Vernehmlassungsverfahren, weil es nur noch darum geht, spezielle Probleme abzuklären. Die Verhandlungen können sich auf bilaterale Gespräche zwischen dem BUWAL und Vertretern einzelner Unternehmen oder Wirtschaftsbranchen beschränken. Jetzt wird auch die zweite Ämterkonsultation (2. kleines Mitberichtsverfahren) durchgeführt, bei der es durchaus zu Konflikten zwischen einzelnen Bundesämtern kommen kann.

5. Entscheidung des Bundesrates

Anschließend beantragt das EDI beim Bundesrat, die Verordnung zu beschließen. Der Antrag ist grundsätzlich innerhalb einer Frist zu stellen, deren Länge der für die Stellungnahme im Vernehmlassungsverfahren eingeräumten entspricht.[40] Diese letzte Phase des Verfahrens umfaßt auch das (große) Mitberichtsverfahren,[41] bei dem der Entwurf den anderen Departementen zur Stellungnahme vorgelegt wird. Wenn alle Meinungsverschiedenheiten weitgehend bereinigt sind, trifft der Bundesrat seine abschließende Entscheidung. Die Zusammenfassung der im Vernehmlassungsverfahren vorgelegten Stellungnahmen dient ihm dabei als Entscheidungsgrundlage, obwohl er rechtlich nicht an sie gebunden ist (Brunner 1986: 14). Abgeschlossen wird das Verfahren mit der Veröffentlichung der Verordnung.

In den letzten Jahren fand eine Öffnung des Verfahrens statt. Eine ungleichgewichtige Berücksichtigung der einzelnen Stellungnahmen ist allerdings offensichtlich. Vergleicht man die Einflußmöglichkeiten von Wirtschaftsorganisationen und Umweltverbänden, stellt man bedeutende Asymmetrien fest. Die größte Bedeutung kommt den Einwendungen der Wirtschaftsverbände zu. Gerade große Verbände haben Vorteile im Verfahren, weil sie über bedeutende Informationsvorteile verfügen. Die Stellungnahmen anderer Interessenorganisationen und der Kantone sind für das weitere Verfahren von geringerer Bedeutung. Die Umweltverbände haben zu den Fachgesprächen zwischen dem BUWAL

---

[39] Art. 8 Abs. 1 der Verordnung über das Vernehmlassungsverfahren.

[40] Art. 8 Abs. 2 der Verordnung über das Vernehmlassungsverfahren.

[41] Zum Mitberichtsverfahren existieren interne Richtlinien der Bundeskanzlei.

und der Wirtschaft keinerlei Zugang. Einen gewissen Ausgleich gewähren allenfalls die bereits erwähnten regelmäßigen Gespräche des zuständigen Ministers mit den fünf wichtigsten Verbänden (SBN, WWF Schweiz, SGU, VCS und NFS), die ebenfalls informellen Charakter haben. Daneben haben die Umweltverbände natürlich die Möglichkeit, die öffentliche Meinung in ihrem Sinne zu beeinflussen. Die Verwaltung hat während des gesamten Verfahrens sehr große Handlungsspielräume. "Insbesondere dort, wo die Stellungnahmen kontrovers und widersprüchlich sind, wo das Geschäft dringlich und die öffentliche Aufmerksamkeit relativ gering sind, wird die Verwaltung den Gang der Dinge wesentlich beeinflussen können." (Klöti 1984: 324). Dabei sollte im Falle des BUWAL nicht unterschätzt werden, daß viele seiner Mitarbeiter einem im Bereich der Umwelttechnik tätigen Fachverband oder einem Umweltverband angehören. Positionen dieser Organisationen finden daher zumindest auf diesem Wege Eingang in das Verfahren.

Übersicht 2: Typisches Verfahren zur Festsetzung von Umweltstandards in der Schweiz (Verordnungsebene)

Phasen des Verfahrens	Bundesrat	EDI/BUWAL sowie andere Bundesämter	Fachgespräche zwischen BUWAL und Wirtschaft[a]	Zeitbedarf
1. Vorbereitungsphase			vorbereitende Gespräche	bis zu 2 Jahre
2. Ausarbeitung des Entwurfs	Beschluß des Bundesrates[b]	Das EDI wird beauftragt, einen Entwurf zu erarbeiten ⇓ interner Entwurf ⇓ Überarbeitung des Entwurfs ⇓ Ämterkonsultation (1. kleines Mitberichtsverfahren) ⇓ Überarbeitung des Entwurfs	⇒ Abstimmung des Vorentwurfs mit Wirtschaft (grundsätzliche Fragen) ⇐	ca. 1 Jahr
3. Vernehmlassungsverfahren		Eröffnung des Vernehmlassungsverfahrens ⇓ Bekanntgabe der Eröffnung im Bundesblatt[c]		mindestens 3 Monate[d]

Phasen des Verfahrens	Bundesrat	EDI/BUWAL sowie andere Bundesämter	Fachgespräche zwischen BUWAL und Wirtschaft[a]	Zeitbedarf
4. Erarbeitung des Antrags an den Bundesrat		Auswertung der Stellungnahmen ⇓ Überarbeitung des Entwurfs ⇓ Ämterkonsultation (2. kleines Mitberichtsverfahren) ⇓ Überarbeitung des Entwurfs ⇓ Antrag an den Bundesrat	⇒ ⇐ Weitere Gespräche mit der Wirtschaft (Detailprobleme)	mindestens 3 Monate[e]
5. Entscheidung des Bundesrats		(großes) Mitberichtsverfahren ⇓ Beschluß des Bundesrates ⇓ Veröffentlichung		ca. 6 Monate

[a] Bei Bedarf Beteiligung weiterer Behörden und Bundesforschungsanstalten (z. B. EMPA); es handelt sich grundsätzlich um informelle Gespräche.
[b] Der Beschluß des Bundesrates kann vom Parlament beeinflußt werden (z. B. durch Postulate und Motionen).
[c] Art. 3 Abs. 3 der Verordnung über das Vernehmlassungsverfahren vom 17. Juni 1991.
[d] Vgl. Art. 5 der Verordnung über das Vernehmlassungsverfahren vom 17. Juni 1991; bei Dringlichkeit können kürzere Fristen gesetzt werden.
[e] Art. 8 Abs. 2 der Verordnung über das Vernehmlassungsverfahren vom 17. Juni 1991 lautet: "Der Antrag ist grundsätzlich innert der gleichen Frist zu stellen, wie sie für die Stellungnahme im Vernehmlassungsverfahren eingeräumt worden ist."

2.5 Fallstudien zur Luftreinhaltepolitik

2.5.1 Luftreinhaltepolitik in der Schweiz

In der Schweiz ist die Luftverschmutzung seit Beginn der fünfziger Jahre stark gestiegen (siehe Tabelle 2.1):

- Die SO_2-Emissionen stammen zu über 90 Prozent aus Haushalten sowie Industrie und Gewerbe. Sie erreichten Mitte der sechziger Jahre mit über 135.000 Tonnen ihren Höchststand, sind heute etwa so hoch wie in den fünfziger Jahren, zeigen aber leicht ansteigende Tendenz.

- Die NO_x-Emissionen werden zu rund 70 Prozent durch den Verkehr verursacht. Sie waren Mitte der achtziger Jahre am höchsten, sind mittlerweile aber wieder rückläufig.

- Die HC-Emissionen, die zu rund 60 Prozent Industrie und Gewerbe und zu rund 20 Prozent dem Verkehr zugerechnet werden können, haben seit Mitte der achtziger Jahre abgenommen; hier geht die Prognose jedoch von einem erneuten Anstieg aus.

Tab. 2: Emissionen in der Schweiz nach Schadstoff und Quellengruppe in Tonnen

	1950	1960	1970	1980	1984	1990	1995	2000	2010
Schwefeldioxid	54.400	97.100	125.600	126.300	95.300	62.600	57.700	60.500	63.800
- Verkehr	1.500	2.800	4.300	5.900	5.500	4.600	5.100	5.500	6.200
- Haushalte	25.200	34.000	34.400	31.600	23.400	14.600	14.600	15.600	16.100
- Industrie und Gewerbe	27.700	60.300	86.900	88.800	66.400	43.400	38.000	39.400	41.500
Stickoxide (NO$_x$)	31.400	67.200	184.500	195.800	214.300	183.800	140.900	124.600	123.700
- Verkehr	9.600	32.600	88.600	137.700	157.800	124.800	83.500	64.000	58.500
- Haushalte	4.200	5.300	8.000	8.600	8.500	9.100	9.400	10.100	10.600
- Industrie und Gewerbe	17.600	29.300	51.900	49.500	48.000	49.900	48.000	50.500	54.600
Kohlenwasserstoffe	83.800	146.900	287.900	311.100	339.300	297.000	264.400	272.500	318.500
- Verkehr	42.700	79.800	170.100	182.100	206.500	188.700	177.600	189.300	224.600
- Haushalte	12.200	37.000	80.600	91.900	90.300	64.000	38.200	30.000	30.500
- Industrie und Gewerbe	28.900	30.100	37.200	37.100	42.500	44.300	48.600	53.200	63.400

Quelle: Bundesamt für Statistik 1991: 64

Rechtliche Grundlage der schweizerischen Luftreinhaltepolitik ist das USG. Menschen, Tiere und Pflanzen, ihre Lebensgemeinschaften und Lebensräume sowie der Boden sollen vor schädlichen oder lästigen Luftverunreinigungen geschützt werden (Art. 1 USG und Art. 1 LRV).[42] Umgesetzt werden sollen diese Ziele durch ein zweistufiges Konzept (Art. 11 Abs. 2 und 3 USG):

- Emissionen sind, unabhängig von der bestehenden Umweltbelastung, im Rahmen der Vorsorge zunächst so weit zu begrenzen, wie dies technisch und betrieblich möglich und wirtschaftlich tragbar ist.

- Die Emissionsbegrenzungen werden verschärft, wenn feststeht oder zu erwarten ist, daß die Einwirkungen unter Berücksichtigung der bestehenden Umweltbelastung schädlich oder lästig werden, wobei die Immissionsgrenzwerte der LRV, sofern für die betreffenden Schadstoffe solche festgelegt wurden, als Maßstab dienen.

---

[42] Vgl. auch Art. 12 bis 18 USG.

Die beiden Stufen sollen ineinander greifen: Auf der ersten Stufe, durch die das Vorsorgeprinzip konkretisiert wird (Rehbinder 1991: 208 f.), soll die Luftverschmutzung auch dann auf einem möglichst niedrigen Niveau gehalten werden, wenn die Umwelt nicht unmittelbar gefährdet ist. Selbst in Gebieten, in denen die Immissionsgrenzwerte eingehalten werden können, gilt es, die beste verfügbare Technik zur Reduktion der Schadstoffemissionen zum Einsatz zu bringen, wobei wirtschaftliche Aspekte aber zu berücksichtigen sind. Durch die zweite Stufe sollen übermäßige Immissionen unter allen Umständen vermieden werden. Wenn die Immissionsgrenzwerte[43] überschritten werden, sind verschärfte Emissionsgrenzwerte festzulegen (Nyffeler 1988: 11). Die wirtschaftliche Tragbarkeit der Maßnahmen ist auf dieser Stufe nicht mehr von Bedeutung.

In der Luftreinhalte-Verordnung (LRV) vom 16. Dezember 1985 wurden zahlreiche Umweltstandards, insbesondere Emissions- und Immissionsgrenzwerte, normiert:

- allgemeine Emissionsbegrenzungen (ca. 160 Grenzwerte für Gesamtstaub; anorganische, dampf- oder gasförmige Stoffe; organische, gas-, dampf- oder partikelförmige Stoffe; krebserzeugende Stoffe);

- ergänzende und abweichende Emissionsbegrenzungen für besondere Anlagen; erfaßt werden 35 verschiedene Anlagetypen wie Zementöfen, Raffinerien, Aluminiumhütten oder Kehrichtverbrennungsanlagen;

- Emissionsbegrenzungen für Feuerungsanlagen;

- Prüfanforderungen für die Typenprüfung von Heizkesseln und Zerstäuberbrennern;

- Anforderungen an Brenn- und Treibstoffe (z. B. Schwefelgehalt von Heizöl oder Kohle, Blei- und Benzolgehalt von Benzin);

- Mindesthöhe von Hochkaminen und

- Immissionsgrenzwerte (für Schwefeldioxid, Stickstoffdioxid, Kohlenmonoxid, Ozon, Schwebestaub, Staubniederschlag sowie für Schwermetalle in Schwebestaub und Staubniederschlag).

Luftreinhalte-Verordnung 1985/86

Mit den Vorarbeiten für eine Luftreinhalte-Verordnung wurde bereits zwei Jahre vor der Verabschiedung des USG begonnen, d. h. zu einem Zeitpunkt, als die Ermächtigungsgrundlage für den Erlaß der LRV noch fehlte. Man stützte sich dabei nicht nur auf ältere

---

[43] Bei der Festlegung von Immissionsgrenzwerten wurden nicht nur die Wirkungen der Immissionen auf Personengruppen mit erhöhter Empfindlichkeit (Kinder, Kranke, Alte und Schwangere), sondern auch die Gefährdung von Menschen, Tieren, Pflanzen, ihren Lebensgemeinschaften und Lebensräumen sowie die Beeinträchtigung der Fruchtbarkeit des Bodens berücksichtigt (Art. 13 Abs. 2 und Art. 14 USG).

Richtlinien,[44] die von der Eidgenössischen Kommission für Lufthygiene erarbeitet worden waren, sondern vor allem auch auf deutsches Recht. Dem "Bericht zum Entwurf für eine Luftreinhalte-Verordnung" vom Mai 1984 ist zu entnehmen, daß sich die zuständigen Behörden bis zu diesem Zeitpunkt häufig an entsprechenden ausländischen Normen orientieren mußten, da eidgenössische Bestimmungen in vielen Bereichen nicht existierten. Sehr oft wurde dabei auf die deutsche TA Luft und auf die Richtlinien des Vereins Deutscher Ingenieure (VDI) zurückgegriffen. Soweit von diesen Bestimmungen abgewichen wurde, wurden fast ausnahmslos schärfere Standards normiert.

Im Zusammenhang mit dem Entwurf der LRV wird auf die über 20jährigen Erfahrungen der Bundesrepublik - die erste TA Luft stammt aus dem Jahr 1964 - mit Vorschriften zur Luftreinhaltung verwiesen. Die TA Luft wurde in diesem Zeitraum mehrfach dem Stand der Technik angepaßt. Die 1986 in Kraft getretene Novellierung betraf vor allem Emissionsbegrenzungen für industrielle und gewerbliche Anlagen. Der Entwurf der LRV orientierte sich besonders in den Anhängen 1 und 2 (Allgemeine Emissionsbegrenzungen, Anforderungen an besondere Anlagen) an den Bestimmungen bzw. Standards der geplanten Novellierung der TA Luft.[45] Ergänzend übernommen wurden jedoch, was für die von uns gewählten Fallstudien relevant ist, u. a. die Richtlinien des Eidgenössischen Departements des Innern (EDI) über die Luftreinhaltung beim Verbrennen von Siedlungsabfällen von 1982 sowie die Richtlinien des EDI über die Auswurfbegrenzung bei Haus- und Industriefeuerungen (Eidgenössisches Departement des Innern 1984a: 38 ff.).

Bei der Festsetzung der im internationalen Vergleich relativ scharfen Immissionsgrenzwerte (Kolar 1990: 276), bei denen grundsätzlich nicht nur auf den Schutz des Menschen, sondern auch auf den der Vegetation abgestellt wird (Bundesamt für Umweltschutz 1986a: 58 ff.), orientierte man sich in der Schweiz weitgehend an Empfehlungen ausländischer nationaler und internationaler Organisationen, insbesondere an denen der World Health Organization (WHO), des Vereins Deutscher Ingenieure (VDI) und der Economic Commission for Europe der UN (ECE).[46]

Im Rahmen des Vernehmlassungsverfahrens, das im Mai 1984 eröffnet wurde, hatten bis Mitte Oktober 1984 alle 26 Kantone, 91 Wirtschaftsorganisationen (darunter die Spitzenverbände der Arbeitgeber- und Arbeitnehmerorganisationen) sowie 16 Umweltschutzorganisationen Stellungnahmen abgegeben. Den Spitzenverbänden der Wirtschaft waren die Emissionsgrenzwerte zu streng, und von den Vertretern einzelner Wirtschaftsbranchen wurden die sie jeweils betreffenden Emissionsgrenzwerte als (unverhältnismäßig) hohe Belastung kritisiert, weil die Regelungen schärfer als vergleichbare ausländische seien

---

[44] Eine Übersicht über die Richtlinien auf der Bundesebene, die nur empfehlenden Charakter hatten, findet sich bei Widmer 1991: 51 ff.

[45] Die Novelle der TA Luft ist am 27. Februar 1986 in Kraft getreten, die Luftreinhalte-Verordnung am 1. März 1986.

[46] Siehe WHO 1987a, Ozolins 1989, BUWAL 1991a: 118, Bundesamt für Statistik 1991: 65, Knoepfel und Descloux 1988.

und deshalb mit Wettbewerbsnachteilen gerechnet werden müsse. Auch die Immissionsgrenzwerte wurden von den Wirtschaftsverbänden hart kritisiert, weil sie im Vergleich mit dem Ausland extrem scharf seien und zur Folge hätten, daß die ohnehin sehr strengen Emissionsgrenzwerte weiter verschärft würden. Die Umweltschutzorganisationen vertraten die gegenteilige Auffassung: Sie wollten die vorgeschlagenen Emissions- und Immissionsgrenzwerte allenfalls als Minimalforderung akzeptieren und tendenziell eher noch verschärfen, eine Lockerung lehnten sie generell ab (Eidg. Departement des Innern 1985a: 2 f.).

Luftreinhalte-Konzept 1986

Im September 1984 veröffentlichte das EDI den Bericht "Waldsterben und Luftverschmutzung", in dessen Zentrum die Ursache-Wirkung-Beziehung zwischen Luftverschmutzung und Waldsterben stand. In den Sessionen des Nationalrats vom 6. und 7. Februar und des Ständerats vom 8. Februar und 5. März 1985 wurde der Bericht "Waldsterben: Parlamentarische Vorstöße und Maßnahmenkatalog"[47] beraten. National- und Ständerat forderten den Bundesrat auf, bis spätestens Ende 1985 ein Konzept vorzulegen, in dem u. a. festgehalten werden sollte,

- auf welchen Stand die Luftbelastung zurückgeführt werden sollte und

- mit welchen Maßnahmen und nach welchem Zeitplan dieses Ziel zu erreichen waren (Bundesrat 1986: 3 ff.).

Der Auftrag des Parlaments wurde mit dem "Bericht Luftreinhalte-Konzept" vom 10. September 1986 erfüllt. Der Bericht geht von einer Darstellung des Ist-Zustands der Luftbelastung aus, um danach die Auswirkungen der Luftverschmutzung darzustellen. Anschließend wird der Soll-Zustand der Luftqualität beschrieben. Schließlich werden Emissionsziele vorgegeben: Durch geeignete Maßnahmen sollte bei den Schwefeldioxid-Emissionen bis 1990 der Stand von 1950 und bei den Stickoxid- und Kohlenwasserstoff-Emissionen bis 1995 der Stand von 1960 erreicht werden. Diese Reduktionsziele wurden primär aus forstwissenschaftlichen Untersuchungen abgeleitet, da angenommen wurde, daß zwischen der steigenden Luftbelastung und irreversiblen Baumschädigungen, die seit den fünfziger Jahren beobachtet werden können, ein enger Zusammenhang besteht (Bundesrat 1986: 23 ff.).[48]

---

[47] BBl. 1984/III: 1229.

[48] Verwiesen wird auf Jahrringuntersuchungen, vgl. hierzu auch Roth 1992: 81 ff.

Bei der Beratung des Luftreinhalte-Konzepts in der Frühjahrs- und Sommersession 1987 beschlossen National- und Ständerat eine Motion,[49] durch die der Bundesrat beauftragt wurde, möglichst schnell ein zusätzliches Maßnahmenpaket vorzulegen, in dem weitere Maßnahmen geprüft werden sollten, um die Einhaltung der Emissionsziele des Luftreinhalte-Konzepts zu gewährleisten. In parlamentarischen Vorstößen in den Jahren 1986/87 wurden insgesamt 54 zusätzliche Maßnahmen vorgeschlagen, die im Luftreinhalte-Konzept noch keine Erwähnung gefunden hatten (Feuerungstechnik zur Emissionsbegrenzung, Energiesparmaßnahmen, Einsatz emissionsarmer Energieträger, Senkung der Emissionen bei Motorfahrzeugen usw.). Fragen der rechtlichen, finanziellen und organisatorischen Voraussetzungen, der Implementation und der erwarteten Wirkung der vorgeschlagenen Maßnahmen wurden von den zuständigen Departementen geklärt. Darauf aufbauend konnte die lufthygienische Dimension der Maßnahmen, d. h. ihr zu erwartender Beitrag zur Verminderung der Schadstoffemissionen, ermittelt werden, womit die Elektrowatt Ingenieurunternehmung AG (EWI) beauftragt wurde, die einen umfangreichen Bericht vorlegte (Elektrowatt Ingenieurunternehmung 1989). Da festgestellt wurde, daß die Emissionsziele mit den vom Bundesrat genannten und den vom Parlament zusätzlich vorgeschlagenen Maßnahmen, die im Rahmen einer Sondersitzung des Bundesrates am 13. Februar 1989 als "möglichst rasch zu realisieren" und als "weiter zu verfolgen" bezeichnet worden waren (EWI 1989: XIII), nicht erreicht werden würden, wurde nach weiteren Möglichkeiten der Emissionsreduktion Ausschau gehalten. Unter den von der EWI selbst in die Diskussion gebrachten Maßnahmen findet sich die Festlegung von strengen NO_x-Emissionsgrenzwerten für Öl- und Gasfeuerungen. Das Institut wies auch darauf hin, daß bei der vom Bundesrat vorgeschlagenen Verschärfung der LRV die NO_x-Reduktionspotentiale der Kehrichtverbrennungsanlagen noch keine Berücksichtigung gefunden hätten (EWI 1989, Anhang 3, 5.10.). Das Gutachten kam zu dem Schluß, daß unter der Bedingung der Realisierung aller - also der von Bundesrat, Parlament und EWI vorgeschlagenen - Maßnahmen das Emissionsziel des Luftreinhalte-Konzepts innerhalb weniger Jahre erreicht werden könnte; bei den NO_x- und den HC-Emissionen zwar noch nicht bis 1995, aber zwischen 1995 und dem Jahr 2000 (ebd.: 16).

Revision der Luftreinhalteverordnung 1991/92

Nachdem der Bundesrat Ende August 1989 das Maßnahmenpaket Luftreinhaltung beschlossen hatte, wurde das EDI beauftragt, die für die Verschärfung der LRV als notwendig erachteten Maßnahmen zu konkretisieren. Im Entwurf war insbesondere die Reduktion der Luftverunreinigung mit Stickoxiden (Feuerungsanlagen, Hochtemperaturprozesse) und flüchtigen organischen Verbindungen (Gaspendelung beim Benzinumschlag,

---

[49] Amtliches Bulletin N 1987: 261, Amtliches Bulletin S 1987: 287; durch eine Motion wird der Bundesrat beauftragt, in bestimmter Richtung einen Gesetzes- oder Beschlußentwurf vorzulegen oder eine Maßnahme zu treffen.

Verschärfung der HC-Emissionsgrenzwerte) vorgesehen. Das Vernehmlassungsverfahren wurde am 12. April 1990 eröffnet und war bis zum 15. August 1990 befristet. Bis zum endgültigen Abschluß des Verfahrens im Oktober 1990 waren beim BUWAL 187 Stellungnahmen eingegangen (siehe Tabelle 3), in denen rund 2.000 Einzelanträge gestellt wurden.

Tab. 3: Eingegangene Stellungnahmen bei der Vernehmlassung zur Revision der LRV

Kantone[a]	30
Politische Parteien	2
Wirtschaft	
- Arbeitgeber- und Wirtschaftsverbände	63
- Einzelfirmen	27
- Arbeitnehmerorganisationen	3
- andere Interessenverbände	12
Fachorganisationen	
- Umweltschutzorganisationen	10
- Andere Fachorganisationen	17
Eidgenössische Fachstellen und Bundesstellen	23
Insgesamt	187

[a] Bei einzelnen Kantonen waren mehrere Stellen beteiligt.

Quelle: Eidgenössisches Departement des Innern 1991: 3

Die Kantone äußerten sich zustimmend zu den geplanten Änderungen, insbesondere begrüßten sie die Verschärfung der LRV-Grenzwerte. In Anbetracht der technischen Entwicklung und der starken Belastung der Luft seien die vorgeschlagenen Änderungen erforderlich. Die verschärften Grenzwerte kämen den Kantonen entgegen, da durch die Revision die kantonalen Maßnahmenpläne zur Luftreinhaltung bessere Realisierungschancen hätten. Von Abstrichen solle abgesehen werden. In den Stellungnahmen spielten Vorschläge, die den Vollzug der Verordnung betrafen, eine wichtige Rolle.

Die Stellungnahmen der einzelnen Wirtschaftsverbände wichen stark voneinander ab: Sie reichten von zustimmenden bis zu ablehnenden Äußerungen zu den geplanten Änderungen. Unterstützung fand der Entwurf bei Branchen, die bereits in der Lage waren, Produkte herzustellen, die weniger Schadstoffe emittieren. Hingegen stellten die Betreiber von Anlagen, die nachgerüstet werden müssen, darauf ab, daß durch die Verschärfung der Grenzwerte unangemessen hohe Folgekosten entstehen würden. Befürchtet wurde insbesondere, daß Anlagen, die erst kurze Zeit vorher in Betrieb gegangen waren, saniert werden müßten. Begrüßt wurde die Revision der LRV hingegen von den Umweltschutzorganisationen, obwohl einigen Verbänden die Änderungen nicht weit genug gingen. Kritisiert wurden die Regelungen zur Reduktion der flüchtigen organischen Verbindungen und die Vorschriften über Schwerölfeuerungen. Unterstützung fand die Vorlage zum überwiegenden Teil auch bei den technischen Fachverbänden, von denen viele Vorschläge zu technischen Details gemacht wurden (Eidg. Departement des Innern 1991: 2 ff.).

Zwischen dem Abschluß des Vernehmlassungsverfahrens und der Verabschiedung des Verordnungsentwurfs durch den Bundesrat am 20. November 1991,[50] durch den ein Teil des Maßnahmenpakets zur Luftreinhaltung umgesetzt werden konnte, verging noch über ein Jahr - ein Zeitraum, der sich durchaus im üblichen Rahmen bewegt. Nach dem Vernehmlassungsverfahren fanden Fachgespräche mit den Zielgruppen der Regulierung statt, in denen die in einzelnen Bereichen auftretenden Probleme diskutiert wurden, um zu einer Klärung der noch offenen Fragen zu gelangen. Außerdem mußte der Entwurf mit anderen Bundesbehörden abgestimmt werden.

2.5.2 Feuerungsanlagen

Emissionsbegrenzungen für Feuerungsanlagen existierten in der Schweiz bereits vor dem Erlaß der Luftreinhalte-Verordnung von 1985/86. Grundlage dieser Bestimmungen waren die Richtlinien des Eidgenössischen Departements des Innern über die Auswurfbegrenzung bei Haus- und Industriefeuerungen vom 7. Februar 1972,[51] die von mehreren Kantonen übernommen worden waren (Knoepfel und Weidner 1980: 756 f.). Gegenüber diesen Richtlinien wurde in der LRV 1985/86 der Geltungsbereich erweitert. Die Emissionsgrenzwerte wurden dem Stand der Technik angepaßt. Neu waren die Grenzwerte für Schwefeldioxid und Stickoxide, die aber nur für größere Anlagen (über 1 MW Feuerungswärmeleistung) galten. Auch die Ölfeuerungskontrolle war bereits seit Anfang der siebziger Jahre in einigen Kantonen Praxis. Die Verordnungen der Kantone lehnten sich an entsprechende Richtlinien der Eidgenössischen Kommission für Lufthygiene an (Langmack 1973: 342 f., Eidg. Departement des Innern 1984a: 22). Erstmalig wurden Ölfeuerungskontrollen in der Heizperiode 1963/64 in Zürich durchgeführt - übrigens etliche Jahre ohne gesetzliche Grundlage, da der Kanton Zürich die auf der Bundesebene erarbeiteten Richtlinien erst 1972 für verbindlich erklärte (Hess 1985: 163 f.). Auch der Anhang 4 der LRV, in dem die Anforderungen an die Typenprüfung von Heizkesseln und Zerstäuberbrennern[52] geregelt wurden, folgte inhaltlich weitgehend entsprechenden Richtlinien des EDI, die von mehreren Kantonen angewandt wurden. Da es der schwei-

---

[50] Die novellierte LRV ist seit dem 1. Februar 1992 in Kraft.

[51] Siehe BBl. 1972/I: 1089 ff., Peters 1982: 125 ff.

[52] Nach der LRV 1985/86 nur vorgeschrieben für Anlagen bis zu einer Feuerungswärmeleistung bis zu 70 kW, die ausschließlich mit Heizöl "extra leicht" (EL) betrieben werden (Anhang 4, Ziff. 1). Grenzwerte für Stickoxide wurden für diese Anlagen nicht festgesetzt.

zerische Markt für diese Geräte kaum zuläßt, daß neben typengeprüften Produkten Anlagen angeboten werden, die nicht geprüft worden sind, hatten die Richtlinien bereits vor dem Erlaß der LRV de facto den Charakter einer Rechtsnorm. Sie wurden dem neusten Stand der Technik angepaßt, in die LRV integriert und sind seitdem für die gesamte Schweiz verbindlich (Eidg. Departement des Innern 1984a: 42 ff.). Eine Liste der typengeprüften Heizkessel und Ölbrenner wird vom BUWAL in regelmäßigen Abständen veröffentlicht (BUWAL 1991e).

Im Luftreinhalte-Konzept von 1986 wurde davon ausgegangen, daß die NO_x-Emissionen durch neue Feuerungstechniken bis ins Jahr 2000 um rund 8.000 Tonnen pro Jahr bzw. um rund 40 Prozent der erwarteten NO_x-Emissionen aus Feuerungen vermindert werden könnten (Bundesrat 1986: 54). Unter den parlamentarischen Vorstößen der Jahre 1986 und 1987 finden sich Vorschläge für Emissionsbegrenzungen durch verbesserte Feuerungstechniken.[53] Durch die EWI wurde die Abschätzung der Emissionsentwicklung aktualisiert, für die geplante Verschärfung der LRV wurde nun ein NO_x-Emissionsminderungspotential von 2.900 Tonnen pro Jahr (im Jahr 1995) bzw. 9.100 Tonnen pro Jahr (im Jahr 2000) berechnet (EWI 1989: Anhang 1.23.). Von der Emissionsreduktion bis zum Jahr 2000 entfallen rund 40 Prozent auf in Haushalten installierte Anlagen, der Rest auf Industrie und Gewerbe (ebd.: Anhang 5.2.).

Unter den von der EWI selbst vorgeschlagenen Maßnahmen findet sich auch die Festlegung von strengeren NO_x-Emissionsgrenzwerten für Öl- und Gasfeuerungen, basierend auf dem technisch fortschrittlichsten Stand (ebd: VII). Im Bericht wird festgestellt, daß sich ein Reduktionspotential nach heutigem Wissensstand nur für Feuerungen für Heizöl EL und Gas ergibt. Entsprechende Brenner bzw. Brenner-Kessel-Kombinationen wurden bereits zum damaligen Zeitpunkt - der Bericht wurde 1989 veröffentlicht - vereinzelt von der Branche angeboten. Bei Schwerölfeuerungen wurde kein NO_x-Emissionsminderungspotential gesehen. Die EWI vertrat die Auffassung, daß ein zusätzliches Reduktionspotential für Öl- und Gasfeuerungen Mitte der 90er Jahre zu erwarten sei, weil dann möglicherweise eine neue Generation von Brennern auf den Markt kommen würde.

Revision der Luftreinhalte-Verordnung 1991/92

Luftreinhalte-Konzept und EWI-Bericht bildeten die Basis für die Revision der LRV. Bereits lange vor dem Abschluß der Novellierung wurden allerdings auf kantonaler Ebene Maßnahmen zur Verhinderung der Luftverschmutzung diskutiert, konkret geplant und bereits in die Tat umgesetzt, darunter auch verschärfte NO_x-Emissionsbegrenzungen für Kleinfeuerungsanlagen. Der Bund hatte gemeinsam mit Stadt und Kanton Zürich sowie der Brenner- und Kesselbranche die Grenzwerte für den "Teilmaßnahmenplan Feuerun-

---

[53] So die "Motion Hess" vom 16. Dezember 1986: Förderung der Entwicklung neuer Verfahrens-, Feuerungs- und Abgasreinigungstechniken mit dem Ziel, die Emissionsgrenzwerte für Feuerungsanlagen herabzusetzen.

gen" (Feuerungen für Heizöl EL und Gas) erarbeitet, der vom Regierungsrat des Kantons Zürich am 14. Juni 1989 beschlossen wurde. Die "Zürcher Grenzwerte" fanden auch bei der LRV-Novellierung Beachtung (EWI 1989, Anhang 5.3.). Im Kanton Zürich legte man mit dem Maßnahmenplan - von einigen Ausnahmen für bestimmte Feuerungen abgesehen - die Grenzwerte auf 120 mg NO_x/m^3 (Heizöl EL) bzw. auf 80 mg NO_x/m^3 (Erdgas) fest.[54] Gegenüber dem kantonalen Erlaß präferierte man in der Stadt Zürich[55] generellere Regelungen, d. h. einen Verzicht auf weniger scharfe Grenzwerte für Anlagen mit besonderen technischen Ausführungsformen (z. B. atmosphärische Gasbrenner), weil entsprechende Geräte bereits auf dem Markt waren. Erleichterungen sollten lediglich bei Geräten mit Vorlauftemperaturen über 130 °C bis zu Grenzwerten von 150/110 mg NO_x/m^3 (Heizöl EL/Erdgas) auf Antrag gewährt werden.[56] Im Entwurf zur neuen LRV und im verabschiedeten Verordnungstext finden sich die in Stadt und Kanton Zürich diskutierten Werte zum Teil wieder. Neben Zürich kann auch Winterthur, eine weitere im Kanton Zürich gelegene Stadt, als Vorreiter angesehen werden. Dort gelten bereits seit dem 1. Juli 1990 verschärfte Grenzwerte für Kleinfeuerungsanlagen (120 mg NO_x/m^3 für Ölbrenner, 80 mg NO_x/m^3 für Gasbrenner, siehe Umwelttechnik 1990a: 11).

Der Durchbruch scheint in diesem Fall auf kantonaler und kommunaler Ebene erzielt worden zu sein. Zürich spielte im Verfahren eine Vorreiterrolle. Die "Zürcher Grenzwerte" wurden sogar in den Entwurf des BUWAL übernommen. Alle am Verfahren der Novellierung der LRV beteiligten Organisationen (Branchenverbände der Hersteller, Gasindustrie etc.) stimmten den geplanten Regelungen grundsätzlich zu, obgleich es sich um einschneidende Maßnahmen handelt, die zumindest auf Bundesebene erstmalig festgesetzt wurden.

Die Verschärfung der Stickoxid-Grenzwerte für Feuerungen für Heizöl EL und für Gas wurde von den Kantonen begrüßt, sie äußerten sich im Vernehmlassungsverfahren vor allem zu Fragen des Vollzugs der neuen Regelungen. Zustimmende Stellungnahmen gaben auch die Umweltverbände ab. Der WWF verwies auf die Einführung der dem LRV-Entwurf entsprechenden Grenzwerte in Zürich und Winterthur zum 1. Juli 1990 und forderte die Inkraftsetzung der neuen Grenzwerte der LRV zum 1. Juli 1991. Wirtschafts- und Branchenverbände setzten sich mit Detailregelungen auseinander. Für Öl- und Gasfeuerungen wurden höhere Kohlenmonoxid-Grenzwerte und eine differenziertere Grenzwertsetzung für Prozeßanlagen mit hohen Betriebstemperaturen gefordert. Von mehreren Organisationen, u. a. von der Vereinigung der Kessel- und Radiatorenwerke (KRW) und der Vereinigung der Gasapparatelieferanten Schweiz (VGL), wurden strengere Stickoxid-

---

[54] Bezogen auf einen Bezugssauerstoffgehalt von 3 Prozent.

[55] Gemäß der geltenden Kompetenzordnung zwischen Stadt und Kanton Zürich setzt die Stadt den "Teilmaßnahmenplan Feuerungen" im Sinne des Vollzugs von Art. 31 und 32 LRV (Maßnahmenpläne), vorbehaltlich der Genehmigung durch den Regierungsrat des Kantons Zürich, selbst fest (Stadt Zürich 1988: 329).

[56] Stadt Zürich: Vernehmlassung zum kantonalen Maßnahmenplan Lufthygiene (Beschlußfassung des Stadtrates vom 25. Oktober 1989), I-2.

Grenzwerte für atmosphärische Gasbrenner vorgeschlagen, da deren Einhaltung heute technisch bereits möglich sei (EDI 1991: 8 f.).

Im Hintergrund dürfte hier aber vor allem die Absicht gestanden haben, durch diese scharfen Grenzwerte (potentielle) Konkurrenten vom Markt zu drängen. Die (verschärften) Grenzwerte erfüllen in solchen Fällen eine Marktbereinigungsfunktion, da Firmen, die (noch) nicht in der Lage sind, Geräte zu produzieren, mit denen die geforderten Grenzwerte eingehalten werden können, zwangsläufig Marktanteile verlieren werden. Durch die Festsetzung scharfer Grenzwerte werden Markteintrittsbarrieren aufgebaut.

Zustimmend äußerten sich auch der Verband der Schweizerischen Gasindustrie (VSG) und der Schweizerische Verein des Gas- und Wasserfaches (SVGW), in einer gemeinsamen Stellungnahme, die von der verbandsübergreifenden "Fachkommission Technische Koordination" (FTK) der beiden Organisationen erarbeitet worden war. Das Vorgehen, neben Emissionsgrenzwerten wärmetechnische Wirkungsgrade und Typenprüfungen auch für Kessel-Brenner-Kombinationen festzuschreiben, wurde begrüßt. Der Verband forderte aber angemessene Fristen sowie größtmögliche Rechts- und Vollzugssicherheit. Da die NO_x-Emissionsgrenzwerte an die Grenzen der technischen Möglichkeiten stoßen würden, solle der Bund die alleinige Kompetenz für die Festsetzung dieser Grenzwerte haben, Verschärfungen durch Kantone und Kommunen sollten künftig ausgeschlossen werden (Verband der Schweizerischen Gasindustrie 1991: 13).

Der Kohlenmonoxid-Grenzwert für Feuerungen für Heizöl EL lag im Entwurf bei Gebläsebrennern bei 60 mg/m^3, die Verordnung sieht hingegen 80 mg/m^3 vor (siehe Tabelle 4). Außerdem wurden die Emissionsgrenzwerte für Stickoxide bei Anlagen über 350 kW entschärft. Im Entwurf war hier bei einer Heizmediumtemperatur unter 130 °C ein Grenzwert von 120 mg NO_x/m^3 vorgesehen, über dieser Temperatur 150 mg NO_x/m^3. Im Verfahren wurde die Kesselwassertemperatur, die für den geltenden Grenzwert entscheidend ist, von 130 °C auf 110 °C abgesenkt. Dies ist darauf zurückzuführen, daß bei Geräten über 350 kW noch Schwierigkeiten bestehen, bei höheren Temperaturen die geforderten Grenzwerte einzuhalten.

Bei den Gasfeuerungen sieht es ähnlich aus; auch hier wurden die erlaubten CO-Emissionen für Gebläsebrenner von 60 auf 100 mg/m^3 angehoben. Bei den Emissionsgrenzwerten für Stickoxide findet sich für Anlagen mit einer Feuerungswärmeleistung über 350 kW auch bei den Gasfeuerungen eine analoge Regelung wie bei den Ölbrennern: Der Grenzwert richtet sich ebenfalls nach der Heizmediumtemperatur. Der schärfere Grenzwert von 80 mg/m^3 gilt, anders als zunächst vorgesehen, nicht bis zu einer Temperatur von 130 °C, sondern nur bis zu 110 °C.

Hinzu kommt, daß die Behörde bei Anlagen mit Kesselwassertemperaturen über 150 °C und einer Feuerungswärmeleistung über 350 kW (Neuanlagen) bzw. 1 MW (Altanlagen) im Einzelfall weniger scharfe Grenzwerte festlegen kann, wenn der Stickoxid-Grenzwert von 150/110 mg/m^3 (Öl/Gas) technisch oder betrieblich nicht möglich oder wirtschaftlich nicht tragbar ist. Bei atmosphärischen Gasbrennern über 12 kW Feuerungsleistung wurde der Grenzwert für Stickoxide hingegen verschärft (von 120 auf 80 mg/m^3).

Tab. 4: Emissionsgrenzwerte für Heizkessel (in mg/m^3)[a]

	Feuerungswärmeleistung		
	bis 350 kW	350 kW bis 1 MW	über 1 MW
Emissionsgrenzwerte für Heizkessel mit Gebläsebrennern für Heizöl EL			
Kohlenmonoxid	80	80	80
Stickoxide[b] als NO$_2$			
- Neue Anlagen			
Kesselwassertemperatur bis 110°C	120	120	120
Kesselwassertemperatur 110-150°C	-	150	150
Kesselwassertemperatur über 150°C	-	150[c]	150[c]
- Bestehende Anlagen			
Kesselwassertemperatur bis 110°C	-	-	120
Kesselwassertemperatur 110-150°C	-	-	150
Kesselwassertemperatur über 150°C	-	-	150[c]
Emissionsgrenzwerte für Heizkessel mit Gebläsebrennern und atmosphärischen Brennern für Gasbrennstoffe			
Kohlenmonoxid	100	100	100
Stickoxide als NO$_2$			
- Neue Anlagen			
Kesselwassertemperatur bis 110°C	80[d]	80	80
Kesselwassertemperatur 110-150°C	-	110	110
Kesselwassertemperatur über 150°C	-	110[e]	110[e]
- Bestehende Anlagen			
Kesselwassertemperatur bis 110°C	-	-	80
Kesselwassertemperatur 110-150°C	-	-	110
Kesselwassertemperatur über 150°C	-	-	110[e]

[a] Nach der Revision der Luftreinhalte-Verordnung vom 20. November 1991; für alle Anlagen gilt ein Bezugssauerstoffgehalt von 3 Prozent. Für Ölbrenner ist die Rußzahl 1 vorgeschrieben.
[b] Die Emissionsgrenzwerte für die Stickoxide beziehen sich auf einen Gehalt an organisch gebundenem Stickstoff im Brennstoff von 140 mg/kg. Bei höherem Stickstoffgehalt dürfen die Emissionen an Stickoxiden, angegeben als Stickstoffdioxid, pro 1 mg Stickstoff im Brennstoff um 0,2 mg/m^3 höher sein; bei niedrigerem Stickstoffgehalt müssen die Emissionen an Stickoxiden, angegeben als Stickstoffdioxid, pro 1 mg Stickstoff im Brennstoff um 0,2 mg/m^3 niedriger sein.
[c] Die Behörde kann im Einzelfall mildere Grenzwerte festlegen, wenn der Stickoxid-Grenzwert von 150 mg/m^3 technisch oder betrieblich nicht möglich oder wirtschaftlich nicht tragbar ist.
[d] Für Anlagen mit atmosphärischen Brennern bis 12 kW: 120 mg/m^3.
[e] Die Behörde kann im Einzelfall mildere Grenzwerte festlegen, wenn der Stickoxid-Grenzwert von 110 mg/m^3 technisch oder betrieblich nicht möglich oder wirtschaftlich nicht tragbar ist.

Quelle: Jansen 1992: 34

Insgesamt wird man die in der Schweiz heute geltenden Anforderungen für Kleinfeuerungsanlagen als relativ scharf bezeichnen können. Zur Beurteilung der Schärfe der Standards mag ein Vergleich mit den in der Bundesrepublik geforderten Grenzwerten dienen: Ähnliche Anforderungen für Kleinfeuerungsanlagen gelten in Deutschland nicht generell; sie müssen nur von Anlagen eingehalten werden, für die Hersteller den "Blauen Engel", das deutsche Umweltzeichen, erhalten will.

Von großer Bedeutung für die Festlegung der Standards für Feuerungsanlagen und ihre Änderungen im Verlauf des Verfahrens waren die Fachgespräche mit der betroffenen Wirtschaftsbranche. Hierzu wurden zwei Arbeitsgruppen mit jeweils ca. 15 Mitgliedern gebildet, eine für Ölbrenner und eine für Gasbrenner. An den Sitzungen nahmen Vertreter der entsprechenden Branchenverbände[57] - pro Verband wurden meistens drei Mitglieder eingeladen - und Mitarbeiter des BUWAL sowie der Eidgenössischen Materialprüfungs- und Forschungsanstalt (EMPA)[58] teil, die für die Durchführung der Typenprüfungen für Feuerungsanlagen zuständig ist. Insgesamt fanden ca. 25 Sitzungen statt: vor dem Vernehmlassungsverfahren für beide Arbeitsgruppen jeweils 8 bis 10; nachher gab es nur noch wenige Sitzungen, ganz am Ende standen drei gemeinsame Sitzungen der beiden Gruppen.

Erwähnt werden muß in diesem Zusammenhang die Konkurrenzsituation der Branche. Die Auseinandersetzungen zwischen Öl und Gas, die nicht nur die Hersteller und Importeure von Brennern und Kesseln, sondern ebenso die schweizerische Gasindustrie und die Heizölhändler betrifft, läßt sich bis zur Ölkrise der siebziger Jahre zurückverfolgen. Die Gesamtenergie-Kommission stellte damals die Forderung auf, den dominierenden Energieträger Erdöl durch Strom und Gas zu substituieren. Die schweizerische Erdölwirtschaft geriet dadurch in die Defensive. Atomstrom und Gas haben ihren Marktanteil im stagnierenden Wärmemarkt seither Jahr um Jahr vergrößern können, während der Verbrauch von Heizöl laufend gesunken ist.[59] Im Verfahren der LRV-Revision führte diese Konstellation dazu, daß sich die Hersteller und Importeure von Gasgeräten den recht weitgehenden Vorstellungen des BUWAL widerstandslos anschlossen, um sich mit den "umweltfreundlicheren" Gasgeräten zusätzliche Marktanteile sichern zu können.

Die Kosten der Regulierung können bei der Festsetzung von Produktstandards für Feuerungsanlagen nahezu vollständig auf den Kunden abgewälzt werden, weil die Preiselastizität der Nachfrage relativ niedrig sein dürfte. Der Käufer von Neuanlagen wird künftig tiefer in die Tasche greifen müssen, da die Geräte teurer werden. Ihm steht es allenfalls

---

[57] Wichtig waren vor allem die folgenden Verbände: Verband Schweizerischer Öl- und Gasbrennerunternehmungen (VSO), Vereinigung der Kessel- und Radiatorenwerke (KRW), Vereinigung der Gasapparatelieferanten Schweiz (VGL), Verband der Schweizerischen Gasindustrie (VSG) und Schweizerischer Verein des Gas- und Wasserfaches (SVGW).

[58] Zur Organisation, zur personellen und finanziellen Ausstattung und zum Tätigkeitsbereich der EMPA siehe Cerutti 1991: 12 ff., 137.

[59] Siehe Weltwoche vom 18. Juni 1992.

frei, geplante Neuanschaffungen auf einen späteren Zeitpunkt zu verschieben. Die eigentlich Betroffenen, d. h. die Käufer von Feuerungsanlagen, die letztendlich den überwiegenden Anteil der Mehrkosten zu tragen haben, spielten im gesamten Verfahren aber keine Rolle.

Die neuen Standards für die Feuerungsanlagen wurden von der Branche weitgehend akzeptiert. Sie forderte im Sommer 1991 sogar den unverzüglichen Beschluß der LRV-Novelle durch den Bundesrat (Umweltschutz 1991a: 21). Begründet wurde dies mit der zunehmenden Verunsicherung der betroffenen Kreise, die zu einer Stagnation bei den Sanierungen geführt habe. Die Unsicherheit über die zukünftigen Regelungen dämpfe bei potentiellen Kunden die Investitionsneigung. Keine Ausnahme, zumindest was die Gasbrenner angeht, war die Äußerung eines Vertreters des Verbandes der Schweizerischen Gasindustrie (VSG) auf einer Tagung im Herbst 1990: "Daß wir unsere Umwelt schonen müssen, steht außer Zweifel. Dies bedingt Vorschriften, welche die Schadstoffemissionen begrenzen. Daran hat sich die technische Entwicklung zu orientieren." (Stadelmann 1990: 5).

Insgesamt läßt sich festhalten, daß die Verschärfung der Emissionsgrenzwerte für Feuerungsanlagen kein Thema war, das im Mittelpunkt der öffentlichen Diskussion stand. Durch eine Konstellation, die durch die Existenz einer innovationsfähigen und innovationsbereiten Branche gepaart mit der Möglichkeit der weitgehenden Abwälzung der Kosten der Regulierung auf nicht am Verfahren Beteiligte charakterisiert werden kann, war es trotz des Fehlens einer breiten öffentlichen Diskussion möglich, relativ scharfe Grenzwerte bei gleichzeitiger Akzeptanz der Hersteller durchzusetzen. Die Konkurrenzsituation zwischen Öl und Gas auf dem Wärmemarkt wirkte sich positiv auf die Innovationsfähigkeit der Branche und die Durchsetzungsfähigkeit der relativ scharfen Grenzwerte aus. Wenn nicht Produktionsverfahren, sondern Produkte reguliert werden, das entsprechende Know-how zumindest bei einigen Unternehmen der Branche bereits vorhanden ist und die Kosten der Regulierung abgewälzt werden können, weil die eigentlichen Normadressaten im Verfahren keine Rolle spielen, ist es offensichtlich ziemlich leicht, scharfe Grenzwerte festzusetzen.

2.5.3 Kehrichtverbrennungsanlagen

Von 1950 bis 1985 hat sich in der Schweiz nicht nur das Bruttoinlandsprodukt verdreifacht, mit der gleichen Rate ist auch die Menge der Siedlungsabfälle gewachsen, wobei die von Dienstleistungssektor und Baugewerbe verursachten Abfallberge besonders stark zugenommen haben. 1988 mußten ca. 3,7 Millionen Tonnen Siedlungsabfälle entsorgt werden: 2,2 Millionen Tonnen wurden verbrannt, 650.000 Tonnen landeten auf der Deponie, die restlichen 850.000 Tonnen konnten wiederverwertet werden. Große Engpässe bestehen gegenwärtig beim Sondermüll. Von den 520.000 Tonnen, die 1989 in der Schweiz anfielen, wurden ca. 110.000 Tonnen exportiert (Bundesamt für Statistik 1991:

71). Von der Gesamtmenge wurden 220.000 Tonnen Sonderabfall als brennbar eingestuft, von denen 173.000 Tonnen im Inland und 47.000 Tonnen im Ausland verbrannt wurden. Zur Zeit fehlt nach Aussagen des BUWAL (1991b: 8) im Bereich der Sonderabfallverbrennung eine Kapazität von rund 60.000 Tonnen pro Jahr.

Leitbild der Abfallwirtschaft[60]

Zentrale Zielsetzung des 1986 von der Eidgenössischen Kommission für Abfallwirtschaft beschlossenen "Leitbilds für die Schweizerische Abfallwirtschaft" (Bundesamt für Umweltschutz 1986b) ist der Übergang zu einer "umweltgerechten" Abfallwirtschaft. In Anlehnung an dieses Leitbild hat die Kommission 1991 einen weiteren Bericht[61] vorgelegt. Zum Hauptziel der Abfallpolitik wird die umweltverträgliche Abfallbehandlung erklärt, die Maßnahmen auf mehreren Ebenen voraussetzt (siehe BUWAL 1991a: 138):

- Maßnahmen "an der Quelle", d. h. bei der Güterproduktion und beim Verbrauch (Schadstoffentfrachtung, gegebenenfalls auch Mengenreduktion, Verlängerung der Lebensdauer von Produkten);

- Maßnahmen bei der Sammlung und Aufbereitung von verwertbaren Abfällen mit dem Ziel der Verminderung der Abfälle, die einer Abfallanlage zugeführt werden müssen;

- Maßnahmen bei den Abfallanlagen selbst (Anpassung der Kapazitäten, Verminderung des Schadstoffausstoßes bestehender Anlagen).

Auffallend ist, daß dem Aspekt der Abfallvermeidung durch die Veränderung des Verbraucherverhaltens zumindest in der Vergangenheit relativ wenig Aufmerksamkeit geschenkt wurde. Das Vorsorgeprinzip ist im Recht der Abfallbeseitigung nur schwach ausgeprägt (Rehbinder 1991: 221, 240). Seit Beginn der achtziger Jahre sind allerdings Organisierungs- und Institutionalisierungsprozesse zu beobachten, die sich gegen das dominante Muster der schweizerischen Abfallpolitik, bei dem die Abfallverbrennung eine zentrale Stellung einnimmt, richten. So wurde 1982 die Schweizerische Interessengemeinschaft der Abfallbeseitigungsorganisationen (SIAO) gegründet. Die dort organisierten Schweizer Gemeinden streben eine Abfallpolitik an, die sich nicht auf die Abfallverbrennung konzentriert. Die SIAO, die Vereinigung für Gewässerschutz und Lufthygiene (VGL) und das Konsumentinnenforum der deutschen Schweiz gründeten 1985 die Schweizerische Interessengemeinschaft für Abfallverminderung (SIGA), deren Ziel eine möglichst weitreichende Vermeidung und Verminderung von Hausmüll ist. Für Abfall-

---

[60] Rechtliche Grundlage der schweizerischen Abfallpolitik ist ebenfalls das USG.

[61] "Die schweizerische Abfallwirtschaft: Konzept und Maßnahmen."

verbrennungsanlagen wird die weitergehende Rauchgasreinigung gefordert (Knoepfel u. a. 1989: 112 f.).[62]

Im Bereich der Abfallvermeidung liegen zweifelsohne noch ungenutzte Potentiale, da die Schweizer derzeit pro Kopf mehr Müll verursachen als Franzosen, Deutsche oder Italiener. Während in Deutschland die Müllberge von 1975 bis 1989 sowohl insgesamt als auch pro Kopf leicht zurückgingen, wuchsen sie im selben Zeitraum in der Schweiz insgesamt um ca. 50 Prozent und pro Kopf um über 40 Prozent. Für den Zeitraum von 1985 bis 1989 sieht es allerdings erheblich besser aus, da die Zuwachsraten in der Schweiz in diesem Zeitraum geringer als in den meisten anderen OECD-Ländern ausfallen (vgl. Tabelle A5 im Anhang).

Eine absolute Spitzenstellung nimmt die Schweiz beim Volumen des Siedlungsmülls ein, der in Kehrichtverbrennungsanlagen entsorgt wird. In schweizerischen Abfallverbrennungsanlagen wird fast soviel Müll beseitigt wie in britischen oder italienischen. Von den anderen OECD-Ländern wird nur von Luxemburg weniger Siedlungsmüll unmittelbar deponiert.[63]

Zukünftig sollen die brennbaren Bestandteile der Bauabfälle und - statt der bisherigen 80 Prozent - der gesamte nicht mehr verwertbare Siedlungsabfall in Kehrichtverbrennungsanlagen entsorgt werden. Eine ähnliche Strategie verfolgt übrigens Schweden, wo 1986 bereits annähernd 60 Prozent der anfallenden Hausmüllmenge verbrannt wurde; angstrebt wird eine Quote von 100 Prozent, wobei alle Anlagen mit Rauchgasreinigung betrieben werden sollen. Beim Vergleich von zehn europäischen Staaten ergab sich außerdem, daß 1986 bereits zwei Drittel der deutschen Abfallverbrennungsanlagen mit Verfahren der Rauchgasreinigung ausgestattet waren. In der Schweiz waren es zu diesem Zeitpunkt etwa 20, in den Niederlanden ca. 10 Prozent (Dickhäuser 1988: 72). Da von einem weiteren Anstieg der Bau- und Siedlungsabfälle ausgegangen wird, müssen die Kapazitäten der derzeit bestehenden 31 öffentlichen Kehrichtverbrennungsanlagen nach Aussage des BUWAL um 30 bis 50 Prozent erhöht werden. Mittlerweile kann zwischen einem Drittel und der Hälfte des verbrannten Mülls in Anlagen beseitigt werden, die mit modernen Rauchgasreinigungstechniken ausgestattet sind.[64] Mitte der neunziger Jahre wird dieser Anteil bei ca. 90 Prozent liegen. Kehrichtverbrennungsanlagen, die dem Stand der Tech-

---

[62] Aktuelle Beispiele für den derzeitigen Trend in der schweizerischen Abfallpolitik sind eine auf mehrere Jahre angelegte Abfallkampagne des EDI zur Steigerung des Abfallbewußtseins der Bevölkerung (BUWAL 1991a: 147) und die Diskussion über ökonomische Anreize in der Abfallpolitik (z. B. Kehrichtsackgebühr).

[63] Zum Vergleich mit den wichtigsten EG-Staaten vgl. auch Task Force Environment and the Internal Market 1990: 118.

[64] Zu den Standorten von Kehrichtverbrennungsanlagen mit Rauchgasreinigung im Betrieb oder im Bau bzw. in der Planung siehe BUWAL 1991a: 144. Zur Entwicklung der Abfallmengen und der zukünftigen Abfallwirtschaft in der Schweiz siehe Bundesamt für Statistik 1990: 70 ff., Bundesamt für Statistik 1991: 70 ff. und BUWAL 1991a: 135 ff.

nik entsprechen, emittieren - je nach Schadstoff - nur noch ein Sechstel bis ein Hundertstel der früheren Schadstoffmengen.

Da die Abfallbehandlung allerdings in der Vergangenheit häufig zu übermäßigen Umweltbelastungen geführt hat (Chudacoff 1988), stoßen heute selbst Neuanlagen, die dem neuesten Stand der Technik entsprechen, meist auf den Widerstand der Bevölkerung bzw. der potentiellen Standortgemeinde. Sowohl der Ausbau bestehender Kapazitäten als auch die Bestimmung neuer Standorte stellt ein grundsätzliches Problem dar. Konflikte entzünden sich oft an der Frage, ob zusätzliche Kapazitäten überhaupt erforderlich sind, z. B. bei der Auseinandersetzung um den Ausbau der Verbrennungskapazitäten der Kehrichtverwertungsanlage Zürcher Oberland (KEZO) um ca. 50 Prozent.[65] Als weitere Beispiele können die geplante Erweiterung der KVA Oberwallis in Gamsen (Knoepfel u. a. 1989: 189 ff.) oder die Pläne der Recytec AG, in Bôle eine Pilotanlage zur Batterieentsorgung einzurichten, genannt werden.[66] Ähnlich sieht es auch bei der Standortbestimmung für Sondermülldeponien aus, wo mittlerweile versucht wird, durch Verhandlungen eine bessere Akzeptanz der Entscheidung zu erreichen (Knoepfel und Rey 1990).[67]

Dioxin-Problematik

In die Schlagzeilen gerieten Abfallverbrennungsanlagen vor allem wegen der von ihnen ausgehenden Dioxinemissionen. Polychlorierte Dibenzodioxine (PCDD) und polychlorierte Dibenzofurane (PCDF)[68] sind Stoffe, die in der Natur praktisch nicht vorkommen und auch nicht gezielt synthetisiert werden, sondern als (unerwünschte) Nebenprodukte bei Verbrennungsprozessen (z. B. Abfallverbrennung, Holzfeuerungsanlagen) und Prozessen der industriellen Produktion (z. B. Herstellung und Anwendung von Chlorphenolen, Papier- und Zellstoffindustrie, Stahlherstellung, Eisengießereien usw.) entstehen. Als maßgebliche Expositionsquelle für den Menschen gelten Lebensmittel. Luft und Trinkwasser spielen dagegen nur eine untergeordnete Rolle. Das charakteristischste und am häufigsten feststellbare Symptom beim Menschen ist Chlorakne. Die Meinungen darüber, ob PCDD/PCDF krebserregend sind oder nicht, gehen auseinander.[69] Interessant sind in diesem Zusammenhang neuere Untersuchungen aus den USA, durch die festgestellt

---

[65] Neue Zürcher Zeitung vom 14. März 1992.

[66] Chemische Rundschau vom 11. August 1989.

[67] Die Diskussion über Verhandlungslösungen als Mittel zur Vermeidung von Akzeptanzproblemen bei Abfallentsorgungsanlagen wird seit einiger Zeit auch in der Bundesrepublik geführt, siehe z. B. Johnke 1992.

[68] Da insgesamt 210 Dioxin- und Furan-Isomere existieren, die sich in bezug auf ihre Toxizität erheblich unterscheiden, wird ihre Giftigkeit als Toxizitätsäquivalenzfaktor im Vergleich zum bekanntesten und giftigsten Stoff, dem 2,3,7,8,-Tetrachlordibenzodioxin (TEQ=1), das als "Seveso-Dioxin" bekannt wurde, angegeben.

[69] Siehe World Health Organization 1987b: 163 ff., Koch 1991: 146, Umwelt 1991: 207, Harrison 1991: 368 ff.

wurde, daß Dioxin nur in hohen Dosen schwach krebserregend wirkt und nicht als erbgutverändernd einzustufen ist 1991).[70]

Umstritten ist insbesondere die Bestimmung einer Schwellendosis. Geht man von der Existenz einer solchen Dosis (No-effect-level; NEL) aus, unterhalb der keine gesundheitsschädigenden Effekte auftreten, bleiben Unsicherheiten bzw. Spielräume, da der Sicherheitsfaktor[71] variiert werden kann. Alternativ zu diesem traditionellen Ansatz ist es - vor allem in den USA - üblich, Krebsrisiken in Abhängigkeit von der jeweiligen Exposition abzuschätzen. Die Anwendung der beiden Ansätze kann zu sehr unterschiedlichen Grenzwerten führen. So ist in Kanada, wo mit Sicherheitsfaktoren gearbeitet wurde, der ADI-Wert (Acceptable Daily Intake) für Dioxin ungefähr 1700mal so groß wie die von der amerikanischen EPA geschätzte Sicherheitsdosis,[72] deren Bestimmung auf der Anwendung eines mathematischen Modells basiert (Harrison 1991).

Als Hauptemittenten von Dioxinen gelten Abfallverbrennungsanlagen. Aus Schätzungen für die Schweiz ergibt sich derzeit ein Anteil von wenigstens 75 Prozent (siehe Tabelle 5), der bis zum Jahr 2000 jedoch erheblich sinken wird, da davon ausgegangen werden muß, daß heute erst die Hälfte des Abfalls in Anlagen verbrannt wird, die mit Rauchgasreinigungstechniken (z. B. Rauchgaswäsche) ausgerüstet sind. Wenn Mitte der neunziger Jahre alle Kehrichtverbrennungsanlagen mit weitergehender Rauchgasreinigung ausgerüstet sein werden, werden die jährlichen Emissionen nur noch etwa 25 bis 65 g TEQ betragen. Ein weiterer Rückgang der Dioxin-Emissionen wird sich durch den Einbau von Entstickungsanlagen ergeben. Geschätzt wird, daß nach Durchführung dieser Maßnahmen die Emissionen weniger als ein Zehntel der heutigen Werte betragen werden. Vom BUWAL wird die Position vertreten, daß diese Reduktion ausreicht, da zusätzliche Maßnahmen (z. B. Einbau von Aktivkohlefiltern) mit erheblichen Aufwendungen verbunden wären: "Eine weitere massive Reduktion im Bereich der KVA auf weniger als einen Zehntel des heutigen Wertes wird die Rauchgasentstickung bringen. Eine noch weitergehende Reduktion bei den KVA scheint angesichts des damit verbundenen großen Aufwands (dazu wären riesige Aktivkohlefilter erforderlich) als wenig sinnvoll und aus toxikologischer Sicht auch nicht als notwendig." (Dauwalder 1991: 37).

Bezug genommen wird dabei auf eine Abschätzung der Umweltbelastung durch Dioxine und Furane aus kommunalen Kehrichtverbrennungsanlagen, die bereits 1982 im Auftrag des BUS erarbeitet worden war. Für die KVA Zürich-Josefstrasse wurde eine Risikoanalyse durchgeführt, durch die gezeigt werden konnte, daß die durch die Nahrung aufgenommene Menge an PCDD/PCDF rund achtzigmal unter der noch als unschädlich gel-

---

[70] Chemische Rundschau vom 8. Oktober 1991, Chemical Week vom 2. Oktober 1991.

[71] Die Bestimmung eines Sicherheitsfaktors ist erforderlich, will man von der Konzentration, bei der bei Versuchstieren keine schädigenden Effekte zu beobachten sind, auf die für den Menschen "sichere" Dosis schließen.

[72] Diese Sicherheitsdosis wird aber möglicherweise demnächst revidiert.

tenden Menge liegt (Sicherheitsfaktor 80, siehe BUS 1982). 1985 wurden im Auftrag des BUS und des Bundesamts für Gesundheitswesen Kuhmilchproben von unterschiedlich belasteten Standorten untersucht. Dabei ergab sich, daß Milch aus ländlicher Gegend etwa fünfmal weniger mit PCDD/PCDF belastet war als Milch von Kühen, die in der unmittelbaren Umgebung einer Kehrichtverbrennungsanlage geweidet hatten (Schlatter und Poiger 1989: 15).

Tab. 5: Dioxinemissionen in der Schweiz (geschätzt) in g TEQ/Jahr

	1990	1995	2000
Kehrichtverbrennung (inkl. Klärschlamm)	90 - 150	25 - 65	4 - 10
Spitalabfallverbrennung	2 - 3	2 - 3	2 - 3
Sonderabfallverbrennung	< 1	< 1	< 1
Metall-Recycling	1 - 5	1 - 5	1 - 5
Stahlindustrie	5 - 11	5 - 11	5 - 11
Zementindustrie	< 2	< 2	< 2
Zellstoffindustrie	1 - 5	< 2	< 2
Holzverbrennung[a]	< 10	< 10	< 10
Motorfahrzeugverkehr	2 - 14	1 - 3	1 - 2
insgesamt (gerundet)	100 - 200	40 - 100	20 - 45

[a] Die Abschätzung der von der Holzverbrennung ausgehenden Dioxin-Emissionen ist außerordentlich schwierig. Besonders die privaten Cheminées stehen unter Verdacht, stark an den PCDD/PCDF-Emissionen beteiligt zu sein.

Quelle: Dauwalder 1991: 37

1988 wurde im Auftrag des BUWAL eine neue Beurteilung des Gesundheitsrisikos durch PCDD und PCDF vom Institut für Toxikologie der ETH und der Universität Zürich erstellt (ebd.), in der neuere Untersuchungsergebnisse berücksichtigt werden konnten.[73] In dem Gutachten finden sich Aussagen zu der Entstehung von Dioxin, seiner Toxizität, der Dosis-Wirkung-Beziehung, der täglichen Aufnahme durch die Normalbevölkerung und der Beurteilung der gesundheitlichen Belastungen. Bei der Abschätzung der jährlichen PCDD/PCDF-Emissionen in der Schweiz wird auf eine Untersuchung des *National Swedish Environmental Board* für Schweden zurückgegriffen, die auf die Bedingungen in der Schweiz übertragen wurde. Für 1988 wird von einer Gesamtbelastung von 285 bis

---

[73] Siehe auch Umwelttechnik 1990: 2.

370 g (1992: 40 bis 70 g) TEQ ausgegangen; der Löwenanteil entfällt dabei auf die Kehrichtverbrennung (1988: 260 bis 320 g TEQ, 1992: 15 g TEQ).

Das Gutachten kommt zu einem ähnlichen Schluß wie das Gutachten von 1982. Bei der derzeitigen Belastung mit PCDD/PCDF in der Schweiz seien beim Menschen keine Symptome zu erwarten. Dies würde auch bei einer zehn bis zwanzigmal höheren Belastung gelten. Erst bei einer Vervielfachung der gegenwärtigen Exposition um das Achtzig bis Hundertfache wird mit dem Auftreten erster, wahrscheinlich nur geringfügiger Effekte gerechnet. Hinsichtlich der von Kehrichtverbrennungsanlagen ausgehenden Belastungen wird festgestellt, daß bereits Maßnahmen eingeleitet wurden, die mittelfristig zu einer deutlichen Reduktion von PCDD/PCDF-Emissionen in der Schweiz führen werden. Genannt werden in diesem Zusammenhang technische Verbesserungen, die durch Rauchgasreinigung erreicht werden können.

Eine weitere von den gleichen Auftragnehmern im Auftrag des BUWAL 1990/91 durchgeführte Untersuchung von Kuhmilchproben auf ihren Gehalt an PCDD bzw. PCDF kommt zu ähnlichen Ergebnissen. Zwar zeigen sich Auswirkungen von Kehrichtverbrennungs- und Industrieanlagen auf den PCDD- und PCDF-Gehalt der Milch, die aus der näheren Umgebung der Anlagen stammt; in dem Gutachten wird aber gleichzeitig festgestellt, daß nach heutigen toxikologischen Kenntnissen selbst in Gebieten mit erhöhter Belastung keine gesundheitliche Gefährdung der Bevölkerung bestehen würde (Studer 1992: 45 f.).

Von den wenigen schweizerischen Wissenschaftlern, die sich überhaupt mit der Dioxinproblematik beschäftigen, wurde ein Grenzwert für diesen Stoff nie explizit gefordert, wobei eine Auseinandersetzung zwischen Experten, wie sie in anderen Ländern zu beobachten ist, in der Schweiz völlig fehlt. Die politische Diskussion in der Schweiz verlief ebenfalls vergleichsweise moderat. Fundamentale Kritik am Abfallwirtschaftskonzept wird nur selten, z. B. von Greenpeace, vorgebracht, während andere Umweltorganisationen, z. B. die SGU, zwar ebenfalls eine stärkere Gewichtung der Abfallvermeidung fordern, den Ausbau der Kapazitäten der Kehrichtverbrennungsanlagen - gerade für Sondermüll - aber für unverzichtbar halten. Verlangt wird der Einsatz des bestmöglichen Stands der Technik (SGU-Jahresbericht 1989/90). Die Dioxinbelastung durch Kehrichtverbrennungsanlagen scheint für die schweizerische Umweltbewegung kein vordringliches Thema zu sein. Hier zeigen sich große Unterschiede zur Diskussion in anderen Staaten wie etwa der Bundesrepublik oder den Niederlanden.

Revision der Luftreinhalte-Verordnung 1991/92

Im Vernehmlassungsverfahren zur LRV 1985/86 wurde nur vereinzelt Kritik an bestimmten Grenzwerten laut. Die Emissionsgrenzwerte dieser Verordnung orientierten sich zwar grundsätzlich an der deutschen TA Luft,[74] für die Kehrichtverbrennungsanlagen wurde aber bei einigen Schadstoffen von diesen Werten abgewichen. So wurden ein wesentlich leichter einzuhaltender Grenzwert für SO_2 und ein schärferer für Chlorwasserstoff festgesetzt. Bereits die Einhaltung der Grenzwerte der LRV von 1985/86 machte den Einbau von Rauchgasreinigungsanlagen erforderlich, weil die recht scharfen Grenzwerte für einzelne Schadstoffe (vor allem Chlorwasserstoff und Quecksilber), anders als die Grenzwerte für SO_2 und NO_x, durch alte Kehrichtverbrennungsanlagen, die nur mit Elektrofiltern ausgerüstet sind, nicht eingehalten werden konnten. Werden Anlagen mit weitergehender Rauchgasreinigung installiert, ist es möglich, die Grenzwerte der LRV 85/86 erheblich zu unterschreiten (BUWAL 1991a: 145).

Schon vor der Revision der LRV existierten auf kantonaler und kommunaler Ebene Vorschläge zur Entstickung von Kehrichtverbrennungsanlagen. So enthält der Teilmaßnahmenplan Feuerungen der Stadt Zürich u. a. verschärfte NO_x-Emissionsbestimmungen für diese Anlagen (Stadt Zürich 1989: 2). Der Nachrüstung der Kehrichtverbrennungsanlagen mit Entstickungsanlagen wurde bereits damals höchste Priorität eingeräumt. In den beiden Anlagen in Zürich, Josefstraße und Hagenholz,[75] laufen Pilotversuche, bei denen man sich auf technische Lösungen stützt, die in Japan entwickelt worden sind (Umwelttechnik 1991: 15 f.). Wichtig ist in diesem Zusammenhang, daß die in der LRV festgesetzten Grenzwerte (zumindest in den Belastungsgebieten) von den Kantonen verschärft werden können. Fast alle Kantone haben im Rahmen ihrer Maßnahmenpläne eine Verschärfung der NO_x-Grenzwerte eingeführt oder planen sie zumindest (Knoepfel und Imhof 1991: 10). Bereits vor der Revision der LRV galt in einigen Kantonen für Kehrichtverbrennungsanlagen ein Grenzwert von 100 mg/m^3 für Stickoxidemissionen.[76]

Im EWI-Bericht von 1989 findet sich eine Abschätzung des NO_x-Emissionsreduktionspotentials von Kehrichtverbrennungsanlagen, in der darauf hingewiesen wird, daß zur Stickoxidminderung bei Abfallverbrennungsanlagen Verfahren mit selektiver katalytischer (SCR) oder mit selektiver nicht-katalytischer Reduktion (SNCR) eingesetzt werden können. Bei der Berechnung der potentiellen Emissionsminderung in der Schweiz geht die EWI von einem mittleren Minderungsgrad von 80 Prozent aus, was einem Stickoxidgehalt im Abgas von 80 mg/m^3 entspricht (EWI-Bericht Anhang 5: 9 f.). Dieser Wert findet sich sowohl im Entwurf der Revision der LRV als auch in der mittlerweile verabschiedeten Änderung. Um diese NO_x-Grenzwerte einhalten zu können, ist der Einbau von Entstickungsanlagen unumgänglich. Verschärft wurden allerdings nicht nur die Grenzwerte für Stickoxide, sondern - wie Tabelle 6 zeigt - auch eine Reihe weiterer Grenzwerte. Da aber bereits durch die LRV 1985/86 der Einbau weitergehender Rauchgasrei-

---

[74] Siehe Eidgen. Departement des Innern 1984a: 38 ff.

[75] Zur aktuellen Situation in Zürich vgl. Zürich 1992: 35.

[76] So beispielsweise im Kanton Basel-Stadt, wo dieser Grenzwert in § 9 der Verordnung über die Verschärfung von Emissionsbegrenzungen für stationäre Anlagen (Maßnahmeverordnung) vom 14. August 1990 vorgeschrieben wurde. Altanlagen müssen bis zum 31. Dezember 1994 saniert werden.

nigungsanlagen erforderlich wurde, konnten durch nachgerüstete Anlagen die meisten der ursprünglich geforderten Werte bereits vor der LRV-Revision zum Teil erheblich unterschritten werden (BUWAL 1991a: 145). Eine wirkliche Verschärfung brachte die Novellierung bei den Staub-, den NO_x- und den Ammoniak-Grenzwerten.

Tab. 6: Emissionsgrenzwerte für Abfallverbrennungsanlagen in der Schweiz (in mg/m³)[a]

	RL '82[b]	LRV '85	LRV '91 Entwurf	LRV '91
Gesamtstaub	50	50	20	10
Pb, Zn und deren Verbindungen, angegeben als Metalle, als Summe	5	5	1[c]	1
Cd, Hg und deren Verbindungen, angegeben als Metalle, je	0,1	0,1	0,1	0,1
SO_x, angegeben als SO_2	-	500	50	50
NO_x, angegeben als NO_2	-	500	80	80
Gasförmige anorganische Chlorverbindungen, angegeben als HCl	100	30	20	20
Gasförmige anorganische Fluorverbindungen, angegeben als HF	5	5	2	2
NH_3 und seine Verbindungen, angegeben als Ammoniak	-	30	5	5
Gasförmige organische Stoffe, angegeben als Gesamtkohlenstoff	-	-	20	20
Kohlenmonoxid	-	-[d]	-	50
Dioxin	-	-	-	-

Bezugssauerstoffgehalt 11 %

[a] Nach der Luftreinhalte-Verordnung (LRV) gelten die Emissionsgrenzwerte als eingehalten, wenn innerhalb des Kalenderjahres:
 - keiner der Tagesmittelwerte den Emissionsgrenzwert überschreitet,
 - 97 Prozent aller Stundenmittelwerte das 1,2fache des Grenzwertes nicht überschreiten und
 - keiner der Stundenmittelwerte das Zweifache des Grenzwertes überschreitet.
[b] Richtlinien über die Luftreinhaltung beim Verbrennen von Siedlungsabfällen vom 18. Februar 1982 (BBl. 1982/I: 1331-1336).
[c] Im Entwurf war ein Grenzwert für Sb, As, Pb, Cr, Co, Cu, Mn, Ni, V und Sn und deren Verbindungen, angegeben als Metalle, als Summe vorgesehen.
[d] Das Volumenverhältnis von Kohlenmonoxid zu Kohlendioxid im Abgas darf den Wert von 0,002 nicht überschreiten.

Von den öffentlichen und privaten Betreibern von Kehrichtverbrennungsanlagen wurde im Vernehmlassungsverfahren die Entschärfung der Grenzwerte für Ammoniak und NO_x gefordert. Mehrfach wurde darauf verwiesen, daß Ammoniakgrenzwerte in anderen Ländern (z. B. in Deutschland) nicht festgelegt seien und daß die Kombination der beiden Grenzwerte Auswirkungen auf die Wahl des technischen Verfahrens habe, weil das kostengünstigere SNCR-Verfahren nur sehr eingeschränkt angewandt werden könne. Der Verband der Betriebsleiter Schweizerischer Abfallbeseitigungsanlagen (VBSA) forderte weniger scharfe Grenzwerte für Staub, Schwermetalle, Stickoxide und Ammoniak. Der Staubgrenzwert für die Abfallverbrennung sei gegenüber anderen "besonderen Anlagen" unverhältnismäßig, und NO_x-Grenzwerte von 80 mg/m^3 seien ohne Katalysator im Dauerbetrieb nicht einzuhalten.

Die wichtigsten Umweltverbände (SGU, SBN, NFS und WWF) gaben Stellungnahmen gleichen Inhalts ab. Alle Umwelt- und Fachverbände begrüßten die Vorschläge, forderten aber gemeinsam mit einigen Kantonen, die Einführung eines Grenzwerts für Dioxin. Begründet wurde dies von fast allen Einwendern mit der Entwicklung in angrenzenden Ländern (Deutschland, Österreich) und in der Europäischen Gemeinschaft. Vom TCS wurden die neuen Stickoxid-Grenzwerte für Feuerungs- und Industrieanlagen begrüßt. Er regte an, für neue Kehrichtverbrennunganlagen noch strengere Standards festzulegen.

Entgegen den Forderungen des VBSA, dem der vorgeschlagene Staubgrenzwert bereits zu scharf war, wurde dieser im Verfahren weiter verschärft.[77] Ansonsten blieben die im Entwurf enthaltenen Standards unverändert. Entscheidend war sicherlich die Phase vor Eröffnung des Vernehmlassungsverfahrens, in der durch die Verwaltung der Revisionsentwurf erarbeitet wurde. Weder die Betreiber der Anlagen noch die Umweltorganisationen spielten im Verfahren eine entscheidende Rolle. Es fanden - im Unterschied zur Standardsetzung bei den Feuerungsanlagen - keine Arbeitsgruppensitzungen bzw. Fachgespräche statt, was sich vor allem dadurch erklären läßt, daß über den Stand der Technik bereits ausreichende Informationen vorlagen. Die Forderungen der Interessenorganisationen blieben folgenlos. Ein Grenzwert für Dioxin wurde auch nach Abschluß des Vernehmlassungsverfahrens nicht festgesetzt. Vom BUWAL wird die Auffassung vertreten, bei dem in anderen Ländern festgesetzten Grenzwert für Dioxin handele es sich um eine politische Entscheidung. Die Meßverfahren seien noch nicht weit genug entwickelt, die Meßergebnisse zu ungenau, die Messungen zu teuer, Meßreihen könnten nicht durchgeführt werden. Da es in der Praxis ohnehin nicht möglich sei, den Wert zu kontrollieren, könne man gleich auf eine Festlegung verzichten.

Vergleicht man die auf zentralstaatlicher Ebene gesetzten Emissionsstandards für Abfallverbrennungsanlagen in der Schweiz, den Niederlanden und in der Bundesrepublik Deutschland (vgl. Tabelle A6 im Anhang), so ist ersichtlich, daß die schweizerischen Emissionsgrenzwerte weniger scharf sind als die der beiden anderen Länder. Allerdings muß berücksichtigt werden, daß es sich bei den Grenzwerten der LRV um Standards handelt, die - zumindest in Belastungsgebieten - auf kantonaler Ebene verschärft werden können. Im übrigen gibt es in der Schweiz keine Unterscheidung zwischen Alt- und Neuanlagen; auch Altanlagen müssen verschärften Standards entsprechen und gegebenenfalls

---

[77] Die Staubgrenzwerte wurden verschärft, weil man auf die Regulierung der ganzen Palette der Schwermetalle verzichten wollte.

nachgerüstet werden. Hier besteht ein Unterschied zu den Niederlanden, wo für Altanlagen nur Richtwerte festgelegt wurden (vgl. Abschnitt 3.5.3). Zudem verlief die Diskussion über die Notwendigkeit der Festsetzung eines Dioxin-Grenzwerts für Kehrichtverbrennungsanlagen in der Schweiz anders als in den Niederlanden, weil es weder einen Skandal noch eine breite öffentliche Diskussion zu dieser Problematik gab.

Die Orientierung an ausländischen Grenzwerten zeigt sich auch in diesem Fall, und zwar durchgängig bei allen Akteuren: Je nach Bedarf verwiesen die schweizerischen Wirtschaftsverbände auf die vorgeschlagenen NO_x-Grenzwerte der 17. BImSchV, die weniger scharf als die damals für die Schweiz geplanten Werte waren, und Umweltverbände auf die dort geplanten Dioxin-Grenzwerte. Ein allgemeines Muster zeigt sich aber auch hier: die starke Orientierung an EG-Grenzwerten. So wird im Zusammenhang mit der Revision des USG festgestellt, daß die schweizerischen Vorschriften für Kehrichtverbrennungsanlagen weitgehend den EG-Grenzwerten für Siedlungsmüll entsprechen.[78] Die Einführung eines Dioxingrenzwertes für Kehrichtverbrennungsanlagen wird auch in der Schweiz dann für möglich und notwendig gehalten, wenn durch die Europäische Gemeinschaft solche Regulierungen beschlossen werden sollten.[79]

2.6 Fallstudien zur Gefahrstoffregulierung

2.6.1 Gefahrstoffregulierung in der Schweiz

Zentraler Bestandteil des Chemikalienrechts bzw. der Gefahrstoffregulierung in der Schweiz ist die am 1. September 1986 in Kraft getretene Stoffverordnung (StoV), die auf dem USG[80] und dem Gewässerschutzgesetz basiert. Obwohl bereits vor dem Erlaß der StoV einschlägige Bestimmungen in anderen Rechtsnormen existierten, beispielsweise im Giftgesetz von 1969 oder in der Giftverordnung von 1983,[81] konnten die bestehenden Regelungslücken erst durch den Erlaß der StoV geschlossen werden. Im Unterschied zu anderen relevanten Rechtsnormen werden chemische Stoffe in der StoV nicht in erster Linie hinsichtlich der unmittelbaren Gefährdung des Menschen beurteilt. Die Verordnung folgt einem umfassenderen Ansatz, jede Schädigung der Umwelt soll verhindert werden, die direkte Gefährdung des Menschen ist keine zwingende Voraussetzung für staatliche

---

[78] Richtlinie des Rates 89/369/EWG vom 8. Juni 1989 über die Verhütung der Luftverunreinigung durch neue Verbrennungsanlagen für Siedlungsmüll (ABl. Nr. L 163 vom 14.6.1989, S. 32); der Hinweis findet sich in: Eidg. Departement des Innern 1990a: 58.

[79] Für Anlagen zur Verbrennung gefährlicher Abfälle ist damit allerdings eventuell schon 1992 zu rechnen, da derzeit ein Richtlinienvorschlag vorliegt, der Grenzwerte enthält, die zum Teil sogar schärfer (bei organisch gebundenem Kohlenstoff, anorganischen Chlorverbindungen und den Schwefeloxiden) sind als die niederländischen Werte. Für Dioxine und Furane soll ein Richtwert von 0,1 ng/m³ festgelegt werden (Vorschlag für eine Richtlinie des Rates über die Verbrennung gefährlicher Abfälle, KOM(92)9 end.; Ratsdok. 5761/92).

[80] Die umweltgefährdenden Stoffe sind in Art. 26 bis 29 USG geregelt.

[81] Zur Giftgesetzgebung in der Schweiz siehe Bosselmann 1987: 341 ff.

Eingriffe. Ziel der StoV ist es, Menschen, Tiere und Pflanzen, ihre Lebensgemeinschaften und Lebensräume sowie den Boden vor schädlichen oder lästigen Einwirkungen durch den Umgang mit umweltgefährdenden Stoffen zu schützen. Die Belastung der Umwelt durch diese Stoffe soll vorsorglich begrenzt werden (Art. 1 StoV).

In der StoV lassen sich zwei Stufen der Stoffkontrolle unterscheiden:

- Auf der ersten Stufe werden sämtliche Stoffe, Erzeugnisse und Gegenstände erfaßt. Die vorgeschriebene Beurteilung der Umweltverträglichkeit wird durch den Hersteller oder Importeur selbst vorgenommen, eine behördliche Überprüfung ist grundsätzlich nicht vorgesehen.[82] Es gilt das Prinzip der Selbstkontrolle: "Stoffe dürfen nicht für Verwendungen in Verkehr gebracht werden, bei denen sie, ihre Folgeprodukte oder ihre Abfälle bei vorschriftsgemäßer Handhabung den Menschen oder seine natürliche Umwelt gefährden können." (Art. 26 USG).

- Auf der zweiten Stufe wird für Stoffe, die aufgrund ihrer Eigenschaften, Verwendungsart oder Verbrauchsmenge die Umwelt oder mittelbar den Menschen gefährden können, eine zusätzliche Stoffkontrolle eingeführt, bei der die Behörden wesentlich stärker eingreifen können. Der Bundesrat wird durch Art. 29 USG ermächtigt, entsprechende Vorschriften zu erlassen. Die StoV enthält daher auch eine Verpflichtung zur Anmeldung neuer Stoffe und bestimmter Erzeugnisse und Gegenstände (Textilwaschmittel, Geschirrspülmittel für Maschinen, Handelsdünger usw.). Für problematische Altstoffe kann das EDI bei Bedarf "zusätzliche Abklärungen anordnen" (Art. 15 StoV). Für Antifoulings, Holzschutz- und Pflanzenbehandlungsmittel ist ein Zulassungsverfahren zwingend vorgeschrieben.

In den Anhängen der StoV finden sich vor allem Bestimmungen über die Anmeldung und Kennzeichnung von Stoffen und für spezielle Risikogruppen; sie enthalten Regelungen über:

- Piktogramme und Etiketten, Mindestangaben für die Anmeldung neuer Stoffe und für das Sicherheitsdatenblatt von Stoffen und Erzeugnissen;

- einzelne Stoffe (halogenierte organische Verbindungen, Quecksilber, Asbest und ozonschichtschädigende Stoffe);

- Gruppen von Erzeugnissen und Gegenständen (Textilwaschmittel, Reinigungsmittel, Pflanzenbehandlungsmittel, Holzschutzmittel, Dünger sowie Dünger- und Bodenzusätze, Auftaumittel, Brennstoffzusätze, Kondensatoren und Transformatoren, Druckgaspackungen, Batterien, Kunststoffe, gegen Korrosion behandelte Gegenstände, Antifoulings, Lösungsmittel, Kältemittel und Löschmittel).

---

[82] Das BUWAL stellt Herstellern und Importeuren allerdings eine Anleitung zur Selbstkontrolle zur Verfügung (BUWAL 1989c).

Der Bund ist in der Chemikalienregulierung - anders als in der Luftreinhaltung - für den Vollzug weitgehend selbst zuständig. Die Kompetenzverteilung zwischen Bund und Kantonen beim Vollzug der StoV ist in Art. 41 USG und in den Art. 47 ff. StoV geregelt: Der Bund vollzieht die Art. 26, 27 und 29 USG (Selbstkontrolle, Gebrauchsanweisung und Vorschriften über bestimmte Gefahrstoffe) selbst, kann aber für spezifische Teilaufgaben die Kantone beiziehen. Diesen fallen vor allem Kontrollfunktionen zu (Überwachung der Ein- und Ausfuhr, Marktüberwachung usw.).[83]

Die Orientierung der Schweiz an ausländischen Normen und internationalen Empfehlungen zeigt sich gerade bei der Stoffregulierung sehr deutlich. Nicht nur von staatlicher Seite, sondern auch von Wirtschaft und Verwaltung wurde von Anfang an auf die Notwendigkeit hingewiesen, die schweizerischen Regelungen insbesondere mit den entsprechenden EG-Richtlinien zu harmonisieren. Bereits bei der Ausarbeitung des Entwurfs der StoV stützte sich das BUS auf internationale Vereinbarungen und auf Rechtsnormen anderer Nationalstaaten. Die Rechtsverordnung sollte mit den auch von der Schweiz unterstützten Harmonisierungsbemühungen auf internationaler Ebene, die vor allem von der OECD getragen wurden, in Einklang stehen, um der Wirtschaft und den zuständigen Behörden unnötige Mehrarbeit zu ersparen. Daher fanden die Empfehlungen supra- und internationaler Gremien bei der Ausarbeitung der StoV ebenso Berücksichtigung wie die bestehenden Stoffvorschriften wichtiger Handelspartner (Eidg. Departement des Innern 1984b: 3 f., Buser 1986: 199, Böhlen 1986: 8).

In der Schweiz zeigt sich, unabhängig vom Einzelfall, bei der Stoffregulierung stärker als in anderen Umweltbereichen das Bestreben aller Beteiligter, eine Harmonisierung der Bestimmungen mit international empfohlenen Normen (vor allem OECD) bzw. mit den Vorschriften anderer Staaten (vor allem EG-Staaten) zu erreichen. Dies liegt vor allem daran, daß eine Branche betroffen ist, bei der die Globalisierung der industriellen Aktivitäten, zumindest soweit es sich um Unternehmen der Großchemie handelt, bereits sehr weit fortgeschritten ist (Moser 1991, Martinelli 1991, OECD 1992b). Verstärkt wird diese Tendenz bei globalen Umweltproblemen (z. B. Zerstörung der Ozonschicht), die nur von der Staatengemeinschaft insgesamt gelöst werden können.

2.6.2 Regulierung ozonschichtschädigender Stoffe

Seitdem das Ozonloch 1985 "entdeckt" wurde, sind die FCKWs immer wieder in die Schlagzeilen geraten. Daß Fluorchlorkohlenwasserstoffe (FCKWs) und Halone die stratosphärische Ozonschicht schädigen, wurde bereits in den siebziger Jahren von den beiden amerikanischen Forschern Rowland und Molina behauptet, auch wenn eindeutige wissenschaftliche Beweise damals noch fehlten. Die industrielle Produktion der FCKWs begann

---

[83] Bundesamt für Umweltschutz 1988a und 1988b.

1929 in den USA (UBA 1989b: 63). Da sie weder brennbar noch ätzend, relativ ungiftig und sehr stabil (mittlere Lebensdauer 70 bis über 200 Jahre) sind und im gasförmigen Zustand nur über eine geringe Wärmeleitfähigkeit verfügen, fanden sie schon sehr bald breite Anwendung als Treibgas in Spraydosen, als Treibmittel bei der Schaumstoffherstellung (Weich- und Hartschäume aus Polyurethan und Polystyrol)[84], als Reinigungs- und Lösungsmittel (z. B. in der elektronischen Industrie) und als Kältemittel in Kühl- und Klimaanlagen, Kühlschränken und Wärmepumpen. Halone[85] dienen als Löschmittel für stationäre Anlagen und Handfeuerlöscher. Aufgrund ihrer hohen Stabilität steigen FCKWs langsam in die Stratosphäre (10 bis 50 km Höhe) auf, wo sie erst nach mehreren Jahren anlangen. Dort werden sie durch energiereiches Sonnenlicht zerstört. Durch die von den FCKWs abgespalteten Chloratome wird die Ozonschicht zerstört, der eine wichtige Funktion zukommt, weil sie die kurzwelligen UV-B-Strahlungen des Sonnenlichts filtert.[86] Schädigende Wirkungen für Menschen, Tiere und Pflanzen (z. B. Hautkrebs) gelten als sehr wahrscheinlich.

Bei den möglichen Ersatzstoffen[87] sind neben dem Ozonabbau- und dem Treibhauspotential die ökologischen und toxikologischen Eigenschaften sowie die Arbeitssicherheit der in Frage kommenden Stoffe von Bedeutung. So besteht bei einigen potentiellen Ersatzstoffen der Verdacht, daß sie krebserzeugende Wirkungen haben. Eines der größten Probleme bei der Suche nach Ersatzstoffen war lange Zeit, daß viele der prinzipiell einsetzbaren Substanzen toxikologisch nur unvollständig untersucht waren.[88]

1986 lag die Weltjahresproduktion der FCKWs bei mehr als einer Million Tonnen, die der Halone bei ca. 25.000 Tonnen. Der schweizerische Gesamtverbrauch an FCKWs ist von 8.400 Tonnen im Jahr 1986 auf 4.450 Tonnen im Jahr 1990, d. h. um nahezu die Hälfte gesunken.[89] Wie Tabelle 7 zeigt, hat sich in der Schweiz die prozentuale Verteilung auf die einzelnen Anwendungsbereiche in den letzten Jahren stark verschoben. Dies

---

[84] Bei den Polystyrol-Hartschäumen ist zwischen Expandierten Polystyrolschaum (EPS, Styropor), der ohne FCKW hergestellt wird, und Extrudierten Polystyrolschaum (XPS und Schaumfolien) zu unterscheiden.

[85] Halone sind bromhaltige FCKWs, z. B. Bromchlordifluormethan (Halon 1211), Bromtrifluormethan (Halon 1301) und Dibromtetraflourethan (Halon 2402).

[86] Das Ozonzerstörungspotential (Ozone Depletion Potential, ODP) wird immer in Relation zum FCKW 11 (= R 11), dem schädlichsten aller FCKWs, angegeben. Die Schädlichkeit der Halone ist drei- bis zehnmal größer als die des R 11; die Bezeichungen FCKW und R (= Refrigerant) werden in der vorliegenden Arbeit, wie in der Literatur üblich, synonym gebraucht.

[87] Vgl. Umweltbundesamt 1989b; zur aktuellen Diskussion über Ersatzstoffe siehe Umwelt 1992: 189 ff., Alternativen zu FCKW und Halonen 1992.

[88] Erste Ergebnisse aus von der Wirtschaft getragenen Toxizitätsprogrammen (z. B. *Program on Alternative Fluorcarbon Toxicity Testing*, PAFT), die Ende der 80er Jahre angelaufen sind, liegen bereits vor.

[89] Die für 1986 angegebene Gesamtmenge dient in der nationalen wie internationalen Diskussion als Referenzpunkt der Reduktionsziele.

liegt daran, daß in der StoV je nach Bereich Einschränkungen und Verbote mit verschiedenen Übergangsfristen festgesetzt wurden. Die Spraydosen wurden zuerst reglementiert. Der Einsatz der FCKWs in diesem Anwendungsbereich war daher bereits 1990 erheblich zurückgegangen (Monteil 1992: 17). Neben den FCKWs wurden 1986 in der Schweiz auch 200 Tonnen Halone, 5.700 Tonnen Trichlorethan, 20 Tonnen Tetrachlorkohlenstoff[90] und ca. 1.000 Tonnen HFCKWs verbraucht (Eidg. Departement des Innern 1990c: 2 f.).

Tab. 7: FCKW-Verbrauch in der Schweiz 1986 und 1990

	1986		1990	
	Verbrauch in Tonnen	% des Gesamtverbrauchs	Verbrauch in Tonnen	% des Gesamtverbrauchs
Spraydosen	3.600	43	500	11
Schaumstoffe	2.500	30	2.500	56
Lösungsmittel	1.800	21	1.000	23
Klima- und Kältemittel	500	6	450	10
insgesamt	8.400	100	4.450	100

Quelle: Monteil 1992: 18

Die Schweiz und die internationale Diskussion über den Schutz der Ozonschicht

Da für die schweizerischen Regelungen zum Schutz der Ozonschicht Standards wegweisend waren, die im Rahmen der internationalen Kooperation und unter aktiver Beteiligung der Schweiz erarbeitet wurden, soll auf die politischen Prozesse auf internationaler Ebene kurz eingegangen werden.

Die erste internationale Vereinbarung war das "Wiener Übereinkommen zum Schutz der Ozonschicht" vom 22. März 1985.[91] Es bildete die Grundlage für das "Montrealer Protokoll über Stoffe, die zum Abbau der Ozonschicht führen", das am 16. September 1987

---

[90] Tetrachlorkohlenstoff (=Tetrachlormethan) wird in der Schweiz in geringem Maß als Lösungsmittel eingesetzt. In anderen Staaten wie der BRD wird bzw. wurde Tetra fast ausschließlich zur Herstellung von R 11 und R 12 verwendet (Umweltbundesamt 1989b: 45, 168). In vielen Ländern wird die Verwendung von Tetra daher drastisch zurückgehen, sobald die Produktion von R 11 und R 12 eingestellt sein wird.

[91] Das Wiener Übereinkommen wurde von der Schweiz am 17. Dezember 1987 ratifiziert.

beschlossen werden konnte.[92] Während im Wiener Übereinkommen noch keine verbindlichen Reduktionspläne enthalten waren, wurde im Montrealer Protokoll festgelegt,[93] daß Produktion und Verbrauch

- der FCKWs bis zum Jahre 1999[94] um 50 Prozent reduziert werden sollten;

- der Halone ab 1992 auf dem Stand von 1986 eingefroren werden sollten.

Zwar wurden diese Maßnahmen in der Schweiz als unzureichend betrachtet, das Montrealer Protokoll wurde am 28. Dezember 1988 aber trotzdem ratifiziert.

Bedingt durch neuere wissenschaftliche Erkenntnisse wurde schon bald, nachdem das Montrealer Protokoll beschlossen worden war, über einen beschleunigten Ausstieg aus den ozonzerstörenden Stoffen diskutiert. Durch die Deklaration von Helsinki vom Mai 1989 wurde eine Revision des Montrealer Protokolls in die Wege geleitet. Die Verwendung von FCKWs und Halonen sollte nun bis zum Jahr 2000 beendet werden. Diskutiert wurden auch Regelungen für weitere ozonschichtabbauende Stoffe (weitere FCKWs, HFCKWs, Trichlorethan und Tetrachlorkohlenstoff), deren Herstellung und Verwendung eingeschränkt und auf lange Sicht verboten werden sollten. Im Juni 1990 fand eine weitere Konferenz in London statt, wo das Protokoll von Montreal, der Deklaration von Helsinki folgend, modifiziert wurde. Im Londoner Zusatzprotokoll wurden die Fristen für FCKW 11, 12, 113, 114 und 115 verkürzt. Für die Halone wurde erstmals eine Frist festgesetzt (Verbot beider Stoffgruppen ab 1. Januar 2000). Zusätzlich aufgenommen wurden Fristen für eine Gruppe weiterer FCKWs (FCKW 13, 111, 112, 211, 212, 213, 214, 215, 216 und 217; Verbot ab 1. Januar 2000), Tetrachlorkohlenstoff (Verbot ab 1. Januar 2000) und 1,1,1-Trichlorethan (Verbot ab 1. Januar 2005). Im Protokoll erwähnt werden auch 34 HFCKWs, für die aber keine verbindlichen Fristen festgelegt werden konnten, weil die USA, die UdSSR, Japan und Großbritannien, d. h. die Hauptproduzenten, dies ablehnten (Oberthür 1991: 18). In London wurde von 13 überwiegend kleineren Industrieländern (u. a. die skandinavischen Staaten, die Niederlande, die Schweiz, Österreich und die Bundesrepublik Deutschland) zudem eine Deklaration verabschiedet, in der der Ausstieg aus den bereits geregelten Stoffen für das Jahr 1997 gefordert wurde (Gehring 1992: 343 f.). Die Ratifizierung des Londoner Zusatzprotokolls wurde von den schweizerischen Räten im Juni 1992 beschlossen.

Auf dem dritten Treffen der Vertragsparteien des Montrealer Protokolls im Juni 1991 in Nairobi wurde von den vier skandinavischen Ländern, der Schweiz, Österreich und

---

[92] Das Zustandekommen der Rahmenvereinbarung und des Montrealer Protokolls wurde vor allem durch Initiativen der skandinavischen Länder beeinflußt (Gehring 1992: 223 ff, 246).

[93] Die genannten Bestimmungen gelten nur für die Industrieländer, für Entwicklungsländer sind längere Fristen vorgesehen.

[94] Die konkrete Regelung bezieht sich auf den Zeitraum vom 1. Juli 1998 bis zum 30. Juni 1999 bzw. die Jahre danach.

Deutschland eine weitere Deklaration unterzeichnet. Verlangt wurde eine - gegenüber dem Londoner Zusatzprotokoll - erneute Beschleunigung des Ausstiegs aus Herstellung und Verwendung von FCKWs, Halonen, Tetrachlorkohlenstoff und 1,1,1-Trichlorethan. Außerdem wurde gefordert, die Verwendung von HFCKWs spätestens ab 1995 auf spezielle Anwendungen zu beschränken, bei denen geeignete Ersatzstoffe und -technologien noch nicht verfügbar sind (Kraemer und Köhne 1992: 11 f.).[95]

Wie noch gezeigt wird, kamen wichtige Anstöße für die Regelungen in der Schweiz von der internationalen Ebene, nicht - wie z. B. bei den Kleinfeuerungsanlagen (siehe die entsprechende Fallstudie) - von den Kantonen und Kommunen. Allerdings bestehen durchaus Interdependenzen zwischen der nationalen und der internationalen Ebene, weil die Schweiz bei der Normbildung auf internationaler Ebene eine aktive Rolle spielte. Der Mindeststandard wurde in diesem Fall quasi durch das internationale System fixiert, die Schweiz war als nationales politisches System aber stets bemüht, diesen Standard zu unterschreiten.

Stoffverordnung 1986 und Revision der Stoffverordnung 1989

Für die Entwicklung in der Schweiz war zum einen die Annahme des Montrealer Protokolls im September 1987 entscheidend, dessen Ratifizierung durch die Schweiz absehbar war. Von Bedeutung war zum anderen, daß unmittelbar nach Abschluß des Protokolls von einer internationalen Forschergruppe nachgewiesen werden konnte, daß das Ozonloch über der Antarktis weitgehend Produkt anthropogener Emissionen, insbesondere der FCKWs, ist. Innenpolitische Anstöße kamen vor allem von der parlamentarischen Ebene, von einigen Kantonen sowie von Umwelt- und Verbraucherorganisationen. Bereits im August 1987 hatte sich die Assoziation der Schweizerischen Aerosolindustrie (ASA) freiwillig dazu verpflichtet, bis Ende 1990 weitgehend auf die Verwendung von FCKWs in Spraydosen zu verzichten. Die großen Unternehmen der Branche kündigten die Umstellung ihrer Produktion sogar bereits für 1988 an (Eidg. Departement des Innern 1988a: 2 f.).

Damit stand einer Regulierung des FCKW-Verbrauchs bei der Herstellung bzw. des Imports FCKW-haltiger Spraydosen, dem damaligen Hauptanwendungsbereich der FCKWs in der Schweiz, nichts mehr im Wege. Die geplanten Bestimmungen lehnten sich weitgehend an das Montrealer Protokoll an. Geregelt wurden die dort genannten Stoffe (FCKW 11, 12, 113, 114 und 115), wobei als Übergangsfrist der 31. Dezember 1990 vorgesehen war, d. h., man hielt sich an die von der betroffenen Branche vorgegebene Frist.

Das Vernehmlassungsverfahren für die Revision der StoV wurde am 5. Juli 1988 eröffnet und dauerte bis Ende September. Da ausschließlich die Druckgaspackungen reguliert

---

[95] Zu den Perspektiven der weiteren Entwicklung siehe Gehring 1990: 706 ff. und 1992: 355 f.

werden sollten, war nur eine begrenzte Anzahl von Vernehmlassern zur Abgabe einer Stellungnahme aufgefordert worden. Angeschrieben wurden alle Kantone, 21 Wirtschafts- sowie 9 Umwelt- und Konsumentenorganisationen. Nahezu alle Organisationen stimmten den Vorschlägen zu. Kantone und Fachorganisationen waren aber für schärfere Regelungen (Ausdehnung der Bestimmungen auf die anderen Anwendungsbereiche der FCKWs und auf die Halone, Verzicht auf Ausnahmeregelungen bei den Arzneimittelsprays, kürzere Übergangsfristen). Die meisten Wirtschaftsorganisationen, einschließlich des Vororts und der SGCI, äußerten sich positiv zur geplanten Novellierung. Sie begrüßten insbesondere die vorgesehenen Ausnahmeregelungen. Moderate Kritik kam nur von der unmittelbar betroffenen Aerosolindustrie, die sich dagegen wandte, daß mit der Revision auch der Export verboten werden sollte (Eidg. Departement des Innern 1988b).

Mit dem Verbot von Import und Herstellung von FCKW-Druckgaspackungen ab 1991[96] konnte ein erster Durchbruch bei der Regulierung der FCKWs erzielt werden. Unbefristete Ausnahmeregelungen gelten seitdem für Arzneimittel, sofern nach dem Stand der Technik FCKW-freie Ersatzprodukte nicht verfügbar sind. Arzneimittel, die diese Bedingung nicht erfüllen, waren nach dieser Regelung noch bis Ende 1993 zugelassen.[97] Weitere befristete Ausnahmen sind auch heute noch auf Antrag in begründeten Fällen möglich, gedacht ist dabei insbesondere an technische Spezialanwendungen (z. B. in der Elektronik-, Druck- und Textilindustrie). Für alle anderen Fälle wurde eine Übergangsfrist bis Ende 1990 festgelegt, womit der Tatsache Rechnung getragen werden sollte, daß der schweizerischen Aerosolindustrie eine größere Anzahl mittlerer und kleiner Betriebe angehört, die nicht in der Lage waren, sich kurzfristig an die neuen Regelungen anzupassen.[98]

Revision der Stoffverordnung 1991

Die Zielsetzung des Montrealer Protokolls bei den FCKWs (Verminderung von Herstellung und Verbrauch um 50 Prozent bis zum Jahr 1999 auf der Basis von 1986) konnte in der Schweiz wegen des bereits erwähnten starken Rückgangs bei den Spraydosen bereits 1990 nahezu erreicht werden (Reduktion von 8.400 auf 4.450 Tonnen). Bei den Vorarbeiten zur erneuten Revision der StoV, dem "Maßnahmenpaket zum Schutz der Ozonschicht", wurde zumindest vom BUWAL das Ziel verfolgt, sich bei den geplanten Bestimmungen an die Deklaration von Helsinki[99] aus dem Jahr 1989 anzulehnen, d. h. die geplanten Verbrauchsbeschränkungen und Verbotsregelungen bezogen sich zum einen auf FCKWs und Halone, zum anderen aber auch auf HFCKWs, Trichlorethan und Tetra-

---

[96] Änderung der Verordnung über umweltgefährdende Stoffe (StoV) vom 22. März 1989.

[97] Diese Frist wurde im Rahmen der Revision der StoV von 1991 verkürzt.

[98] Vgl. StoV Anhang 4.9. Ziff. 22 und Ziff. 4 in der Fassung vom 22. März 1989.

[99] Die Deklaration von Helsinki hatte keinen rechtsverbindlichen Charakter.

chlorkohlenstoff. Vom BUWAL wurde ganz bewußt eine Spitzenposition der Schweiz im Vergleich zu anderen Industriestaaten angestrebt (Eidg. Departement des Innern 1990c: 7 f.). HFCKWs wurden im Bericht zum Revisionsentwurf ausdrücklich als Teil des Problems, nicht als Teil der Lösung bezeichnet. Sie sollen allenfalls kurzfristig als Ersatzstoffe eingesetzt werden. Als Ausnahme wurde allerdings von Anfang an die Kältetechnik betrachtet. Eine sofortige Umstellung sei nicht realisierbar, außerdem würden 80 Prozent der in der Schweiz verkauften Geräte im Ausland produziert, und in der Schweiz selbst würde in diesem Anwendungsbereich kaum Forschung betrieben werden. Gewarnt wurde vor einer Problemverschiebung, d. h. von einer Verlagerung der Umweltprobleme von der Ozonschicht auf bodennahe Luftschichten. Gefordert wurde die drastische Verminderung der flüchtigen organischen Stoffe, die sich als Zielsetzung auch im Luftreinhalte-Konzept des Bundesrats findet (Eidg. Departement des Innern 1990c: 7, 11).

Gestützt wurde die Position des BUWAL durch die Eidgenösischen Räte, insbesondere durch den Nationalrat. Der Ständerat hatte auf Vorschlag seiner zuständigen Kommission für Gesundheit und Umwelt bereits 1987 den Bundesrat aufgefordert, die Verwendung von FCKW-Treibgasen bei der Produktion und die Einfuhr entsprechender Erzeugnisse zu verbieten.[100] Ausnahmen sollten nur für unerläßliche Anwendungen, vor allem für medizinische Zwecke, gewährt werden. Am 6. Dezember 1988 wurde vom Nationalrat nicht nur das Montrealer Protokoll genehmigt bzw. der Bundesrat ermächtigt, dieses zu ratifizieren, sondern auch ein Postulat der Kommission für Gesundheit und Umwelt des Nationalrats vom 24. November 1988 einstimmig an den Bundesrat überwiesen, der aufgefordert wurde, über die Bestimmungen des Montrealer Protokolls hinaus bestimmte Maßnahmen zum Schutz der Ozonschicht in der Schweiz zu prüfen und in die internationale Diskussion einzubringen (möglichst schnelle Reduktion des FCKW-Verbrauchs um 95 Prozent, Totalverbot von FCKWs in Spraydosen, Verbot des Einsatzes von Halonen in Handfeuerlöschern usw.).[101] Ende 1989 gab dann der Bundesrat das generelle Ziel vor: Der Verbrauch an FCKWs und Halonen sollte bis 1995 um 85 bis 90 Prozent reduziert werden (von 8.400 Tonnen im Jahr 1986 auf 800 Tonnen im Jahr 1995).

Als flankierende Maßnahme und entscheidende Kontextbedingung fungierte die von einem landesweiten Aktionskomitee im Februar 1990 eingebrachte "Dringliche Petition zur Rettung der Ozonschicht", die nicht nur von den Umweltorganisationen (Greenpeace Schweiz, Ärzte für Umweltschutz, WWF Schweiz, SGU usw.)[102] getragen, sondern auch von Gewerkschaften, kirchlichen Organisationen, Konsumentenverbänden und Parteien unterstützt wurde. Kurz vor der internationalen Konferenz im Juni 1990 in London wurden Bundesrat Cotti ca. 167.000 Unterschriften überreicht. Diese Petition konnte ihre

---

[100] Postulat der Kommission vom 29. September 1987, Postulat des Ständerats vom 30. September 1987 (Amtliches Bulletin S 1987: 495 ff.).

[101] Siehe Amtliches Bulletin N 1988: 1697 ff.

[102] In die Wege geleitet wurde dieser Vorstoß insbesondere von Greenpeace Schweiz und den Ärzten für Umweltschutz.

größte Wirkung in der Öffentlichkeit unmittelbar vor und während des Vernehmlassungsverfahrens entfalten, das im Juni 1990 eröffnet wurde. Die Petition stärkte die Position des BUWAL bei den Verhandlungen mit Gewerbe und Industrie. Das BUWAL stand unter Handlungsdruck, und im Schatten der öffentlichen Diskussion war es in der Lage, seine restriktiven Positionen gegenüber der Wirtschaft weitgehend durchzusetzen.

Ein erster und richtungsweisender Schritt in Richtung auf ein generelles Verbot von Produktion und Verwendung von FCKWs war bereits mit dem Spraydosenverbot getan worden. Die Regulierung der zuvor unbehelligt gebliebenen Anwendungsbereiche war bereits 1987 absehbar, da das BUWAL bereits zu diesem Zeitpunkt die anderen betroffen Wirtschaftsbranchen zu ersten Gesprächen eingeladen hatte. Sämtliche Maßnahmen wurden in enger Kooperation mit der Wirtschaft erarbeitet. Da es in der Schweiz keine Hersteller ozonschichtschädigender Stoffe gibt, konzentrierten sich die Gespräche auf die mittleren und kleineren Anwender dieser Stoffe (Kälteanlagenbauer, Schaumplattenhersteller, Hersteller elektronischer Geräte, Brandschutzfirmen usw., siehe Rentsch 1992: 16). Vor dem Vernehmlassungsverfahren fanden mindestens zwei bis drei Gespräche pro Anwendungsbereich (Spraydosen, Schaumstoffe, Lösungsmittel, Kältemittel und Löschmittel) zwischen dem BUWAL und der betroffenen Wirtschaft statt. Sie dienten dem Zweck, Informationen über den Stand der Technik und über verbleibende Problembereiche zu erhalten. Außerdem sollte die Wirtschaft, auch mit Hinweis auf die internationale Diskussion, von der Notwendigkeit der Maßnahmen überzeugt werden. Bei diesen Fachgesprächen handelte es sich um informelle Veranstaltungen. Die Öffentlichkeit hatte keinen Zugang zu den Verhandlungen.

Da Konsens darüber bestand, daß früher oder später ganz auf ozonschädigende Stoffe verzichtet werden muß, waren in den Fachgesprächen vor allem Übergangsfristen und Ausnahmeregelungen umstritten, für deren Festlegung die technische Realisierbarkeit und die Umweltverträglichkeit der Ersatzstoffe als Hauptkriterien dienten. Zur Frage der Substitution FCKW-haltiger Wärmedämmstoffe im Hochbau wurde ein Gutachten in Auftrag gegeben, das aufgrund eines Vergleichs von Preis und Qualität zu dem Ergebnis kam, daß grundsätzlich in allen Anwendungsgebieten anstelle der FCKW-haltigen Produkte andere heute gebräuchliche und auf dem Markt erhältliche Dämmaterialen eingesetzt werden können (BUWAL 1989b). Bei den Lösungsmitteln spielte ein anderer Forschungsbericht, in dem Alternativen zu den herkömmlichen Verfahren mit FCKW 113 aufgezeigt wurden, eine wichtige Rolle (BUWAL 1990c). Ein drittes Gutachten beschäftigte sich mit dem FCKW-Einsatz und der Entsorgung in der Kälte- und Klimatechnik, wobei auch ein Vergleich der gängigen Kühlsysteme unter Berücksichtigung ökologischer Aspekte angestellt wurde. Daneben wurden die Perspektiven der technischen Entwicklung dargestellt (Hofstetter 1990). Insgesamt zeigt sich, daß die Suche nach Ersatzstoffen vom BUWAL tatkräftig unterstützt wurde (Rentsch 1992: 16). Allerdings gibt es in der Schweiz kaum eine Grundlagenforschung, deren Fokus die Zusammenhänge zwischen der Verwendung der FCKWs bzw. der HFCKWs, der Zerstörung der Ozonschicht und den dadurch entstehenden Gefährdungen des Menschen ist. Im wesentlichen handelt es sich um anwendungsbezogene Forschung, d. h. um die Frage, welche Ersatzstoffe in den einzelnen Anwendungsbereichen eingesetzt werden können und sollen.

Nachdem der Ende 1989 entstandene Vorentwurf intern überarbeitet und anderen Bundesbehörden zur Stellungnahme vorgelegt worden war, konnte er im Juni 1990 ins Vernehmlassungsverfahren gehen, dessen offizielle Frist Ende September endete. Durch die Revision der StoV sollte der Einsatz von FCKWs, Halonen und weiteren die Ozonschicht abbauenden Stoffen (HFCKWs, Trichlorethan und Tetrachlorkohlenstoff) sofort stark eingeschränkt und innerhalb einiger Jahre vollständig unterbunden werden. Im Entwurf war eine zeitliche Differenzierung für Fälle vorgesehen, bei denen umweltverträglichere Ersatzstoffe noch nicht in genügendem Ausmaß zur Verfügung standen. Von einem HFCKW-Verbot wurde bei den Kältemitteln ganz abgesehen, der Einsatz der teilhalogenierten FCKWs wurde in diesem Anwendungsbereich auch nicht befristet. Bei den Schaumstoffen war für die HFCKWs hingegen eine Übergangsfrist für PUR- und PS-Hartschäume bis Ende 1995 vorgesehen.

Im Vernehmlassungsverfahren äußerten sich alle Kantone sowie 45 Wirtschafts- und 27 Fachorganisationen (Umweltverbände und technische Fachverbände). Die meisten Kantone und Fachorganisationen waren für eine weitere Verschärfung des Entwurfs (kürzere Übergangsfristen, weniger Ausnahmemöglichkeiten usw.). Sie begrüßten auch die Einbeziehung der HFCKWs in die Regulierung und die umfassenden Vorschriften für alle Anwendungsbereiche. Kritik kam dagegen von einem Teil der betroffenen Wirtschaftsorganisationen, die längere Übergangsfristen und die Ausklammerung der HFCKWs verlangten. Die Notwendigkeit einer Vorreiterrolle der Schweiz wurde bestritten. Es wurde verlangt, den Zeitplan entweder an das revidierte Montrealer Protokoll oder an die aktuellen EG-Pläne anzupassen (BUWAL 1990a: 1). Eine einheitliche Meinung wurde von den Wirtschaftsorganisationen allerdings nicht vertreten. Die Aerosolindustrie war der Auffassung, daß für spezifische Anwendungen im Bereich der Druckgaspackungen (z. B. Pharmaprodukte, Trockenshampoos) auf HFCKWs noch nicht verzichtet werden könne. Bei den Kunststoffen forderten die Arbeitsgemeinschaft der Schweizerischen Kunststoffindustrie (ASKI), der Vorort und die SGCI, FCKW-haltige PUR-Hartschäume unter bestimmten Bedingungen bis Ende 1995 und HFCKW-haltige PUR- und PS-Hartschäume bis zum Jahr 2020 zuzulassen. Es wurde auf technische Probleme und offene Fragen der toxikologischen Unbedenklichkeit der Ersatzstoffe hingewiesen. Bei den Lösungsmitteln verlangte die SGCI eine Konkretisierung der vorgesehenen Ausnahmeregelungen, d. h. analog zu der in der EG geplanten Regelung eine Übergangsfrist bis 1997. Der "Fachverband Elektroapparate für Haushalt und Gewerbe Schweiz" (FEA) forderte, sich bei den Kältemitteln an den in der deutschen FCKW-Halon-Verbots-Verordnung vorgesehenen Fristen zu orientieren. Kritisiert wurde auch das Nachfüllverbot für Löschmittel bei stationären Anlagen. Es wurde vorgeschlagen, die Übergangsfrist von der Verfügbarkeit gleichwertiger Ersatzstoffe abhängig zu machen (ebd.: 3 ff.).

Wie bereits vor Eröffnung fanden auch nach Abschluß des Vernehmlassungsverfahrens weitere Gespräche mit den betroffenen Branchen statt, wobei es sich jetzt nur noch um die Klärung von Detailproblemen handelte. Die Anzahl der Gesprächsteilnehmer war grundsätzlich kleiner als bei den Gesprächen vor dem Vernehmlassungsverfahren. Es handelte sich nur noch um bilaterale Gespräche mit einzelnen Unternehmen und betroffenen Branchenvertretern. Im Verlauf des Verfahrens blieben die unbefristeten Ausnahmeregelungen beim HFCKW-Einsatz nicht auf die Kältemittel beschränkt, sondern wurden auf die Hartschäume ausgedehnt, wo für die HFCKWs eine Übergangsfrist bis Ende 1995 vorgesehen war. Dies ist auf Konflikte zwischen dem BUWAL und dem Bundesamt für Außenwirtschaft (BAWI) zurückzuführen. Der Widerstand des BAWI konnte nur dadurch gebrochen werden, daß es dem BUWAL gelang, die Industrie von der Notwendigkeit der Maßnahmen zu überzeugen, das BUWAL suchte sich also seine Koalitionspartner in den Reihen der Industrie. Die Entschärfung der Regelungen im Bereich der Hartschäume (Ausnahmeregelung für Hartschäume, die HFCKW enthalten) ist als Kompromiß zwischen den beiden Bundesämtern zu werten. In der Revision der StoV, die vom Bundesrat am 14. August 1991 beschlossen werden konnte, wurden in Anhang 3.4. die ozonschichtabbauenden Stoffe wie folgt definiert:

a. alle vollständig halogenierten Fluorchlorkohlenwasserstoffe mit bis zu drei Kohlenstoffatomen wie: Trichlorfluormethan (FCKW 11), Dichlordifluormethan (FCKW 12), Tetrachlordifluorethan (FCKW 112), Trichlortrifluorethan (FCKW 113), Dichlortetrafluorethan (FCKW 114) und Chlorpentaflourethan (FCKW 115);

b. alle teilweise halogenierten Fluorchlorkohlenwasserstoffe mit bis zu drei Kohlenstoffatomen (HFCKW) wie: Chlordifluormethan (HFCKW 22), Dichlortrifluorethan (HFCKW 123), Dichlorfluorethan (HFCKW 141) und Chlordifluorethan (HFCKW 142);

c. alle vollständig halogenierten bromhaltigen Fluorkohlenwasserstoffe mit bis zu drei Kohlenstoffatomen (Halone) wie: Bromchlordifluormethan (Halon 1211), Bromtrifluormethan (Halon 1301) und Dibromtetrafluorethan (Halon 2402);

d. 1,1,1-Trichlorethan (R 140);

e. Tetrachlorkohlenstoff (R 10).

Übersicht 3 zeigt die genaue Ausgestaltung des in der Schweiz beschlossenen Stufenplans. In einigen Bereichen sind Verbote bereits seit dem 1. Januar 1992 gültig, bis Ende 1995 sollen alle ozonschädigenden Stoffe weitgehend substituiert werden. Die Übergangsfristen weichen voneinander ab, da in einigen Bereichen noch keine geeigneten Ersatzstoffe zur Verfügung stehen. Betroffen sind alle Anwendungsbereiche, neben den bereits regulierten Spraydosen auch Schaumstoffe, technische Reinigungs- und Lösungsmittel, Kältemittel und Löschmittel für den Brandschutz. Unter bestimmten Bedingungen sind unbefristete Ausnahmeregelungen für den FCKW-Einsatz in Arzneimittel-Spraydosen und für den Einsatz von Halonen als Löschmittel vorgesehen. Unbefristete Ausnahmen für die HFCKWs sind nur bei Hartschäumen und Kältemitteln möglich, wo der unmittelbare Eintrag der HFCKWs in die Umwelt aber ohnehin relativ gering ist. Der Bundesrat hat das EDI beauftragt, für diese beiden Anwendungsbereiche bis Mitte 1993 Vorschläge zu unterbreiten, die möglichst mit den Regelungen der EG- und der EFTA-Staaten harmonisiert sein sollen. Bei der Herstellung der Hartschäume wird ein Verbot bis zum Jahr 2000 angestrebt.

Halone sind seit Anfang 1992 grundsätzlich verboten, bestehende Anlagen dürfen aber noch gewartet und nachgefüllt werden. Da die Menge an Halon, die durch Außerbetriebnahmen von Anlagen und Geräten zur Verfügung steht, über der liegt, die für die noch zulässigen Neuanlagen (siehe Ausnahmeregelungen) und zum Nachfüllen der Altanlagen benötigt wird, besteht in der Schweiz wie in vielen anderen Ländern auch ein Entsorgungsproblem. Lösungsmöglichkeiten sollen von einer von der gesamten Branche getragenen Arbeitsgruppe ausgearbeitet werden.

Übersicht 3: Maßnahmenpaket zum Schutz der Ozonschicht[a]

Anwendungsbereich	Verbot ab	Ausnahmeregelungen
Spraydosen (Anhang 4.9.)	FCKWs sind bereits verboten (außer Arzneimittel)	Arzneimittel unter bestimmten Bedingungen (unbefristet)
	01.01.1993 Arzneimittel	Befristete Ausnahmen unter bestimmten Bedingungen[b]
	01.01.1993 Spraydosen, die HFCKW oder Trichlorethan enthalten	
Schaumstoffe (Anhang 4.11.)	01.01.1992	Schaumstoffe, die HFCKW enthalten (Hartschäume)
	01.01.1993 Herstellung und Einfuhr von Schaumstoffen, die mit Hilfe von HFCKW hergestellt werden, diese Stoffe aber nicht enthalten (Weichschäume)	Befristete Ausnahmen unter bestimmten Bedingungen[a]
	01.01.1994 Herstellung und Einfuhr von FCKW-haltigen Kühlgeräten, Wasserwärmern und Warmwasserspeichern (Isolationen)	
	01.10.1994 Herstellung und Einfuhr von FCKW-haltigen Motorfahrzeugen und deren Ersatzteile	

Anwendungsbereich	Verbot ab	Ausnahmeregelungen
Reinigungs- und Lösungsmittel (Anhang 4.14.)	01.01.1993	Befristete Ausnahmen unter bestimmten Bedingungen[c]
	01.01.1995 Reinigen von Präzisionsteilen und Metalloberflächen unter bestimmten Bedingungen	
	01.01.2000 Lösungsmittel, die 1,1,1-Trichlorethan enthalten, unter bestimmten Bedingungen (außer zur Textilreinigung)	
	01.01.1996 Lösungsmittel, die der Textilreinigung dienen, unter bestimmten Bedingungen	
Kältemittel[d] (Anhang 4.15.)	01.01.1994	Kältemittel, die HFCKW enthalten
	01.10.1994 für Motorfahrzeuge	Geräte oder Anlagen, die vor dem 01.01.1994 hergestellt worden sind
		Befristete Ausnahmen unter bestimmten Bedingungen [b]
Löschmittel (Anhang 4.16.)	01.01.1992	Abgeben und Einführen zum Zwecke der Unschädlichmachung
	01.01.1998 Nachfüllen und Warten bestehender Anlagen	Abgeben zum Zwecke der Verwertung
		Einführen von Handfeuerlöschern zum Gebrauch im eigenen Fahrzeug
		Wenn die Sicherheit bestimmter Personen ohne den Einsatz des Löschmittels nicht ausreichend gewährleistet ist (Panzer, Flugzeuge, Atomanlagen); weitere befristete Ausnahmen in vergleichbaren Fällen für Inhaber von Einzelobjekten

[a] Nach der Verordnung über umweltgefährdende Stoffe vom 14. August 1991
[b] Wenn nach dem Stand der Technik ein Ersatz fehlt und nicht mehr ozonschichtabbauende Stoffe eingesetzt werden, als nach dem Stand der Technik nötig sind.
[c] Wenn nach dem Stand der Technik ein Ersatz fehlt und die nach dem Stand der Technik verfügbaren Vorkehrungen zur Verminderung von Emissionen getroffen worden sind.
[d] Kühlgeräte, Klimaanlagen und Wärmepumpen; die Wartung bestehender Geräte und Anlagen bleibt unbeschränkt zugelassen; Personen, die mit Kältemitteln umgehen, z. B. Hersteller, Installateure und Serviceleute, müssen ab 1993 eine Fachbewilligung erwerben (Spezialausbildung).

In allen Anwendungsbereichen sind unter bestimmten Bedingungen befristete Ausnahmeregelungen möglich. Diese Einzelgenehmigungen erteilt das BUWAL. Gesuchen, die sich im wesentlichen auf wirtschaftliche Gründe beziehen, soll nicht entsprochen werden (BUWAL 1990c: 6). Anträge sollen positiv beschieden werden, wenn nach dem Stand der Technik ein Ersatz fehlt und nicht mehr ozonschädigende Stoffe eingesetzt werden, als nach dem Stand der Technik nötig sind. Bis Juni 1992 wurden in allen Anwendungsbereichen zusammen 24 Anträge auf eine Ausnahmegenehmigung gestellt, von denen etwa die Hälfte genehmigt wurde. Meist handelte es sich um mengenmäßig unbedeutende Anwendungen. Die Regulierung ist damit sehr flexibel gestaltet worden. Die letzte Entscheidung liegt beim BUWAL, das für die Bewilligung von (befristeten) Ausnahmen zuständig ist. Auch wenn vereinzelt sogar die Industrie klarere Regelungen forderte, wurden durch diese Ermächtigung des BUWAL potentielle Konflikte von der Verbandsebene auf direkte Verhandlungen zwischen Behörde und Unternehmen, d. h. auf die Vollzugsebene, verlagert. Die Kantone sind hier nicht beteiligt.

Auf die Durchsetzbarkeit der relativ restriktiven Maßnahmen wirkte es sich positiv aus, daß in der Schweiz selbst keine Hersteller ozonschädigender Stoffe existieren. Im Vernehmlassungsverfahren kam der meiste Protest aus den Reihen der international tätigen Großchemie, die aber nicht unmittelbar betroffen war. Die eigentliche Zielgruppe der Regulierung, die kleinen und mittleren Unternehmen, mit denen letztendlich ein Konsens erzielt werden mußte, zeigten sich dagegen wesentlich kompromißbereiter. Ein Grund hierfür war die Tatsache, daß ein erheblicher Teil der Kosten der Regulierung auf nicht am Verfahren beteiligte Gruppen übergewälzt werden konnte. Mehrkosten sind in erster Linie vom Käufer der Produkte zu tragen. Ausgaben für Forschung und Entwicklung geeigneter Ersatzprodukte wurden vor allem von den großen Herstellerfirmen in den USA (z. B. DuPont), Großbritannien, Japan und der Bundesrepublik getätigt.

Vom BUWAL wird davon ausgegangen, daß es durch die neuen Bestimmungen möglich sein wird, den FCKW-Verbrauch in der Schweiz von mehr als 8.000 Tonnen im Jahr 1986 auf ca. 1.500 Tonnen im Jahr 1992 und auf einige hundert Tonnen im Jahr 1995 zu senken, womit eine Reduktion von etwa 95 Prozent erreicht werden würde. Der Verbrauch an Trichlorethan (1986: knapp 6.000 Tonnen, 1990: ca. 3.000 Tonnen) soll 1995 unter 1.000 Tonnen liegen, bis zum Ende des Jahrzehnts wird dieser Stoff ganz verboten sein. Die HFCKW, deren Verbrauch 1990 bei ca. 1.000 Tonnen lag, werden im Jahr 2000 allenfalls im Bereich der Kälte- und Klimatechnik (ca. 500 Tonnen pro Jahr) eingesetzt werden (Rentsch 1992: 17 ff.).

2.6.3 Cadmium

Das Schwermetall Cadmium spielt vor allem bei der industriellen Herstellung bestimmter Produkte eine wichtige Rolle. Eingesetzt wird es in Batterien (z. B. Nickel-Cadmium-Akkumulatoren), als Stabilisator von Kunststoffen (z. B. bei Hart-PVC für Fensterrahmen), als Farbstoffpigment (z. B. in Flaschenkästen), in der Galvanotechnik (u. a. zum Korrosionsschutz), für Legierungen und als Düngemittelzusatz. Der Eintrag in die Umwelt erfolgt direkt durch die Verwendung von cadmiumhaltigen Rohstoffen (fossile Brennstoffe, Phosphatmineralien und daraus hergestellte phosphathaltige Düngemittel und Metallerze), durch Kehrichtverbrennungs- oder Abwasserreinigungsanlagen, durch Düngemittel oder Klärschlämme. Zukünftige Cadmiumeinträge in die Umwelt sind vorprogrammier, da immer noch Produkte hergestellt bzw. Abfäle deponiert werden, die Cadmium enthalten (Böhm und Schäfers 1990: 3 ff.).

Cadmium ist stark giftig und vermutlich krebserregend (Koch 1991: 11 ff.). Es beeinträchtigt schon bei relativ geringen Konzentrationen die Bodenfruchtbarkeit. Der Stoff ist nicht abbaubar, reichert sich im Boden und in Organismen an, hat Langzeitwirkungen und kann beim Menschen zu Lungen- und Nierenschäden führen. Bereits in den fünfziger Jahren trat in Japan die sogenannte Itai-Itai-Krankheit auf, eine Nieren- und Knochenerkrankung, die durch den Verzehr von cadmiumhaltigem Reis verursacht wurde (Förstner 1992: 63).

In vielen Anwendungsbereichen kann heute schon auf den Einsatz von Cadmium verzichtet werden. Als schwierig galt lange Zeit die Substitution cadmiumhaltiger Stabilisatoren für langlebige Produkte im Außeneinsatz (vor allem Fensterprofile). Als Ersatzstoff kommen Ca/Zn-Stabilisatoren in Frage. Im Anwendungbereich Farbstoffpigmente bestehen immer noch Probleme bei speziellen Farbtönen, wenn an die Produkte hohe Anforderungen gestellt werden, z. B. bei der Herstellung von Flaschenkästen aus "Polyethylen hoher Dichte" (HDPE). Durch den Verzicht auf Cadmium wird entweder die Palette der herstellbaren Farbtöne stark eingeschränkt, oder es muß die Verkürzung der Lebensdauer der Flaschenkästen in Kauf genommen werden. Ersatzprodukte sind aber auch in diesem Anwendungsbereich schon in Umlauf. Schwierigkeiten bestehen auch noch beim Ersatz der geschlossenen[103] Nickel-Cadmium-Akkumulatoren, von denen ein nicht unerheblicher Teil in Elektrogeräten importiert wird. Empfehlenswert ist hier der Ersatz durch Lithium-Zellen (Böhm und Schäfers 1990: 25 ff.), Nickellegierungen oder wiederaufladbare Alkali-Mangan-Batterien. In der Schweiz wird mit der Marktreife von Ersatzstoffen ohne Cadmium in den nächsten Jahren gerechnet.[104]

Die Entwicklung des Cadmiumverbrauchs in der Schweiz zeigt Abbildung 2. In jüngster Zeit stellen die Akkumulatoren das größte Problem dar. Aus der Batteriestatistik[105] des BUWAL ergab sich ein starker Anstieg in diesem Anwendungsbereich in den Jahren 1987 bis 1989 von 16 auf 22 Tonnen; aus einer aktuellen Untersuchung, bei der ein

---

[103] In der Schweiz wurden durch die StoV von 1986 neben den sogenannten Primärbatterien (nicht wiederaufladbar) die verschlossenen Kleinakkumulatoren (wiederaufladbar) geregelt; letztere finden vor allem in Taschenlampen, Transistorradios, Taschenrechnern, Quarzuhren, Fotoapparaten usw. Anwendung (BUS 1986c: 1).

[104] BUWAL-Bulletin 1/90: 19.

[105] Die in der Batteriestatistik genannten Zahlen basieren auf den von Herstellern und Importeuren gemeldeten Mengen (Meldepflicht nach der StoV).

anderer methodischer Zugang (Befragung von Verbänden und Unternehmen) gewählt wurde, ergibt sich für 1989 sogar ein Cadmiumverbrauch von 77 Tonnen allein bei den Akkumulatoren. Trotz des Rückgangs des Cadmiumeinsatzes in der Galvanotechnik, bei Legierungen und bei Kunststoffen ist der Gesamtverbrauch an Cadmium sogar noch gestiegen; der Anteil der Nickel-Cadmium-Akkumulatoren hat dabei von ca. 2,5 Prozent im Jahr 1981 auf nahezu 75 Prozent im Jahr 1989 zugenommen.

Abb. 2: Cadmiumeinträge bzw. Cadmiumverbrauch in der Schweiz 1981 und 1989 (in Tonnen)

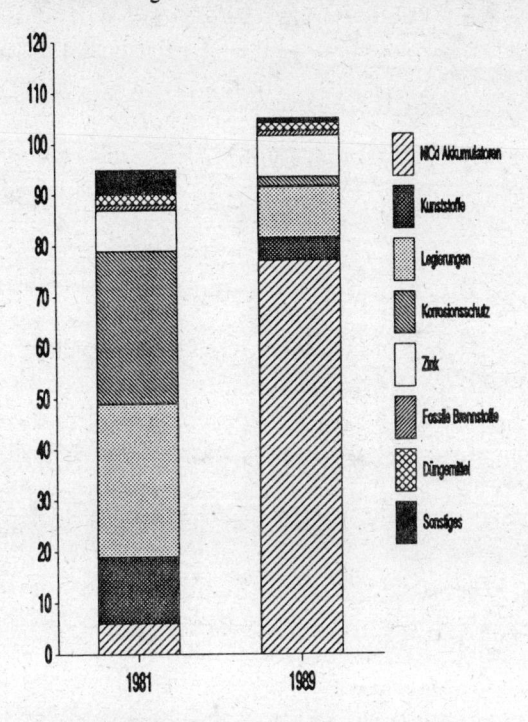

Quelle: Milani 1989: 4, Keller und Fiebinger 1992.

Bereits vor der Revision der StoV von 1991 enthielt die Verordnung mehrere einschränkende Regelungen zur Verwendung von Cadmium:

- Dünger, Dünger- und Bodenzusätze (Anhang 4.5.): In dieser Bestimmung wurde der maximal zulässige Cadmiumgehalt des Handelsdüngers mit einem Phosphorgehalt von mehr als 1 Prozent auf 50 g Cadmium je Tonne Phosphor begrenzt. Aufgrund der im Vernehmlassungsverfahren geäußerten Kritik wurde für diese Bestimmung eine Übergangsfrist von zehn Jahren festgelegt, d. h. bis zum 31. August 1996 (Eidg. Departement des Innern 1985b: 29). Für Kompost aus Kompostwerken gilt ein Grenzwert von 3 g Cadmium pro Tonne Trockensubstanz.

- Batterien (Anhang 4.10.): Für den zulässigen Cadmiumgehalt der Kohle-Zink-Batterien, die als Handelsware eingeführt oder von einem inländischen Hersteller abgegeben werden, gilt eine zweifache Beschränkung. Sie dürfen nur die Menge Cadmium und Quecksilber enthalten, die nach dem Stand der Technik erforderlich ist, höchstens aber insgesamt 250 mg pro kg Batterie. Auf die Festlegung der Bestimmungen in der StoV 1986 hatte die Stellungnahme des europäischen Dachverbandes der Batteriehersteller (Europile) großen Einfluß (ebd.: 34 f.).

- Kunststoffe (Anhang 4.11.): Vor der Revision der StoV war die Einfuhr von Gegenständen, die ganz oder teilweise aus cadmiumhaltigen Kunststoffen bestehen, als Handelsware bzw. die Abgabe derartiger Gegenstände durch den Hersteller nur zulässig, wenn für den cadmiumhaltigen Kunststoff nach dem Stand der Technik kein Ersatz existierte und der Cadmiumgehalt nicht höher war, als dies für die bestimmungsgemäße Verwendung des Gegenstandes nötig ist (Anhang 4.11. Ziff. 1 StoV in der Fassung vom 9. Juni 1986). Von einem Totalverbot der Verwendung von Cadmium bei der Herstellung von Kunststoffen wurde abgesehen, da gravierende Nachteile befürchtet wurden. Damals war der Ersatz von Cadmium in mehreren Einsatzbereichen noch nicht möglich (z. B. als Stabilisator für Fensterprofile aus Kunststoff).

- Gegen Korrosion behandelte Gegenstände (Anhang 4.12.): Die Behandlung von Werkstoffen mit Cadmium, eine durchaus verbreitete Methode des Korrosionsschutzes, ist grundsätzlich nicht zulässig. Allerdings gibt es einige generelle Ausnahmeregelungen (z. B. für Luftfahrzeuge, Lenkwaffen usw.) sowie die Möglichkeit, beim BUWAL in Härtefällen Ausnahmen für weitere Gegenstände zu beantragen. Beim Verzinken sind bestimmte Höchstwerte des Cadmiumgehalts des verwandten Zinks einzuhalten.

Da bereits Anfang der achtziger Jahre in einigen Bundesbehörden Regulierungsbedarf in bezug auf Cadmium gesehen wurde, wurde im Sommer 1981 von den beiden Bundesämtern für Umweltschutz und Gesundheitswesen, der Forschungsanstalt für Agrikulturchemie und Umwelthygiene (FAC) und der Eidgenössischen Anstalt für Wasserversorgung, Abwasserreinigung und Gewässerschutz (EAWAG) eine gemeinsame Arbeitsgruppe eingerichtet, durch die die Cadmium-Belastung der Schweiz abgeschätzt werden sollte. Ausgangspunkt war eine Umfrage bei Industrieverbänden und Bundesstellen über die Verwendung von Cadmium. Es wurde damals davon ausgegangen, daß durch den Vollzug des USG bzw. einer entsprechenden Rechtsverordnung - die StoV gab es zu diesem Zeitpunkt noch nicht - bereits mittelfristig mehr als die Hälfte des damaligen Cadmium-Eintrags in die Umwelt vermieden werden könnte (Bundesamt für Umweltschutz 1984). 1990 publizierte das BUWAL eine Studie zur "Analyse des Quecksilber- und Cadmiumgehalts von Batterien", durch die den Vollzugsbehörden ein Hilfsmittel an die Hand gegeben werden sollte, um die in der StoV vorgesehene Marktüberwachung bei den Batterien zu gewährleisten (BUWAL 1990d). Das BUWAL hat zudem ein umfassendes Cadmium-Gutachten in Auftrag gegeben, das eine Marktanalyse und eine Abschätzung der Mengen an Cadmium enthalten soll, die in der Schweiz in den verschiedenen Anwendungsbereichen noch erforderlich sind.

Im Anwendungsbereich Batterien kam es bereits 1987 zu einer Revision der StoV. Es ging dabei primär um die Knopfbatterien, deren Wiederverwertung sichergestellt werden sollte. Alle Knopfbatterien - ob schadstoffhaltig oder nicht - sind seitdem rückgabepflichtig. Durch die Novellierung wurden Kennzeichnungspflichten und Vorschriften über Hinweisschilder im "Verkaufslokal" geändert bzw. neu eingeführt (BUS 1987: 1 f.). Derzeit ist eine erneute Revision des entsprechenden Anhangs der StoV geplant, die aber mit ziemlicher Sicherheit nicht vor 1993 in die Vernehmlassung gehen wird. In diesem Zusammenhang wird auch darüber diskutiert, ob für Nickel-Cadmium-Batterien zukünftig ein Pfand[106] erhoben werden soll. Die Anpassung an EG-Bestimmungen wird für erforderlich gehalten.

Im Rahmen der Revision der StoV 1991, die primär der Umsetzung des Maßnahmenpakets zum Schutz der Ozonschicht diente, wurden auch die Vorschriften über Cadmium in Kunststoffen geändert. Die Novellierung wurde zum Anlaß genommen, den Anhang 4.11. "Kunststoffe" dem Stand der Technik anzupassen. Für eine eigene Änderung der StoV wäre der Aufwand zu groß gewesen, weil es sich eigentlich nur um ein Detailproblem handelte. Öffentlich diskutiert wurde diese Änderung der StoV nicht. Im Bericht zum Entwurf der Änderung der Verordnung wurde festgestellt, daß auf die bisher zur Qualitätssicherung in Kunststoff-Fensterrahmen und Flaschenkästen erforderlichen Cadmiumverbindungen zukünftig verzichtet werden kann.

Im Rahmen des Vernehmlassungsverfahrens äußerten sich nur drei Hersteller von Flaschenkästen, die eine gemeinsame Stellungnahme abgaben, und der Verband der Schweizerischen Mineralquellen und Soft-Drink-Produzenten (SMS). Die drei einzelnen Unternehmen wiesen darauf hin, daß sie noch nicht in der Lage seien, auf den Einsatz von Cadmium ganz zu verzichten. So seien sie trotz intensiver Forschung bei bestimmten Farben (insbesondere im Gelb- und Rotbereich) nach wie vor auf Cadmiumpigmente angewiesen. Flaschenkästen seien häufig extremen Anforderungen ausgesetzt. Ersatzpigmente auf organischer Basis würden nach heutigem Stand der Technik noch lange nicht an die Qualität der anorganischen Cadmiumpigmente heranreichen. Auch in absehbarer Zeit könnten sie den hohen Ansprüchen, die an Flaschenkästen gestellt werden, nicht genügen. Der Einsatz von Substituten würde zwangsläufig zu einer Verkürzung der Lebensdauer der Produkte führen, weil das Material schneller verspröden würde. Außerdem wurde die Frage aufgeworfen, was mit den ca. 30 Millionen Flaschenkästen geschehen solle, die sich noch im Umlauf befinden und eigentlich zu modernen Kästen umge-

---

[106] Vgl. hierzu auch die Diskussion in der EG über die Einführung eines Pfandsystems für Batterien; Richtlinie des Rates vom 18. März 1991 über gefährliche Stoffe enthaltende Batterien und Akkumulatoren (91/157/EWG).

arbeitet werden könnten. Die Unternehmen forderten daher eine vorläufige Ausnahmeregelung für die cadmiumhaltigen Kunststoffe.

Auch der SMS stellte in seiner Stellungnahme zum Entwurf der neuen StoV fest, daß der Stand der Technik - entgegen dem Bericht zum Entwurf der Novellierung (Eidg. Departement des Innern 1990c: 14) - ausreiche, um auf cadmiumhaltige Kunststoffe für Flaschenkästen verzichten zu können. Die Kunststoffindustrie sei noch nicht in der Lage, cadmiumfreie Kästen herzustellen, für die sie die erforderliche Dauerhaftigkeit, Formbeständigkeit und Sicherheit garantieren könne. In diesem Zusammenhang wurde auch auf das Sicherheitsrisiko hingewiesen, das dadurch entsteht, daß übereinander gestapelte Flaschenkästen zusammenbrechen können. Für die Erneuerung aller im Umlauf befindlichen Flaschenkästen seien mindestens zehn Jahre zu veranschlagen.

Der Einsatz von Cadmium bei der Herstellung von Kunststoffen wurde durch die Revision der StoV generell verboten. Es gibt nur einzelne Hersteller, die mit dem Verbot momentan noch nicht zurechtkommen. Ab 1. Januar 1992 dürfen Gegenstände, die ganz oder teilweise aus cadmiumhaltigen Kunststoffen bestehen, nicht als Handelsware eingeführt oder von einem Hersteller abgegeben werden; weiterhin zulässig bleiben aber die Herstellung für den Export und die Auflösung von Lagerbeständen des Handels (BUWAL 1991f). Für die Produzenten, die weiterhin auf die Verwendung von Cadmium angewiesen sind (z. B. Hersteller von Flaschenkästen), ist je nach Sachlage eine Ausnahmegenehmigung möglich. Das BUWAL wurde ermächtigt, Herstellern und Importeuren auf begründeten Antrag Ausnahmen vom generellen Verbot zu gewähren, wenn "für den cadmiumhaltigen Kunststoff nach dem Stand der Technik kein Ersatz vorhanden ist und der Gehalt an Cadmium im Kunststoff nicht höher ist, als dies für die bestimmungsgemäße Verwendung des Gegenstandes nötig ist" (Anhang 4.11. Ziff. 2 Abs. 1 StoV). Bis Juni 1992 wurde von sechs Firmen eine Ausnahmebewilligung beantragt.

Eine Änderung der als Verunreinigung noch tolerierten Höchstmenge, d. h. die Definition des Begriffs "cadmiumhaltiger Kunststoff" (provisorischer Richtwert vom Juni 1988: 10 mg Cd/kg Kunststoff; BUS 1988c), sollte eigentlich erst im Rahmen der Harmonisierungsgespräche mit der EG wieder aufgegriffen werden (Eidg. Departement des Innern 1990c: 14). Dieser Richtwert wurde 1991 vom BUWAL von 10 auf 100 mg Cadmium pro kg Kunststoff angehoben. Begründet wurde diese Änderung u. a. mit folgenden Zielsetzungen:

- Erleichterung der Verwendung von recyceltem Kunststoff, der noch Cadmium enthält;

- Abstimmung mit EG-Regelungen, durch die 1991 anläßlich der zehnten Änderung der Richtlinie des Rates 76/769/EWG[107] vom 18. Juni 1991 (91/388/EWG) ein Grenzwert von 100 mg Cd pro kg Kunststoff eingeführt wurde (BUWAL 1991f).

---

[107] Richtlinie 76/769/EWG zur Angleichung der Rechts- und Verwaltungsvorschriften der Mitgliedsstaaten für Beschränkungen des Inverkehrbringens und der Verwendung gewisser gefährlicher Stoffe und Zubereitungen.

Auch in diesem eher unbedeutenden Fall zeigt sich die Orientierung der Schweiz an internationalen Standards und EG-Regulierungen. Allerdings wurde insgesamt eine andere Herangehensweise als die der EG gewählt. Während in der Schweiz mit dem generellen Verbot und der Möglichkeit der Ausnahmebewilligung flexible Regelungen möglich sind, hat man sich in der EG dafür entschieden, die Anwendungsbereiche exakt zu bestimmen, in denen der Einsatz von Cadmium zukünftig nicht mehr zulässig ist. Wie bei den anderen Fallstudien zeigt sich auch in diesem Fall, daß das BUWAL große Handlungsspielräume hat, da es im Einzelfall entscheiden kann, ob der Einsatz von Cadmium in einem bestimmten Anwendungsbereich zumindest noch für einen befristeten Zeitraum zulässig ist oder nicht.

2.7 Fazit

Bereits bei der Auswahl der drei untersuchten Länder spielten die Rahmenbedingungen einer erfolgreichen Umweltpolitik eine entscheidende Rolle. Angenommen wurde, daß sich nur Länder, in denen die Zielgruppen der Regulierung über ausreichende Handlungspotentiale verfügen, scharfe Standards "leisten" können. Im Falle der Schweiz werden diese Voraussetzungen sehr gut erfüllt, da ein relativ hohes Bruttoinlandsprodukt pro Kopf der Bevölkerung existiert und der Strukturwandel der Wirtschaft weit fortgeschritten ist; außerdem sind die Schweizer (Konsumenten wie Produzenten) in den letzten Jahren sehr viel umweltbewußter geworden. Es überrascht daher nicht, daß in der Schweiz im allgemeinen nicht nur relativ scharfe Standards festgesetzt werden, sondern auch vergleichsweise gute Politikergebnisse erzielt werden können.

Umweltstandards werden in der Schweiz im allgemeinen im Rahmen von Rechtsverordnungen festgesetzt. Dies gilt insbesondere dann, wenn man die Betrachtung auf konkrete Grenzwerte konzentriert. Nicht nur Emissions- und Immissionsstandards, sondern auch Produktstandards werden durch Rechtsverordnungen wie die Luftreinhalte-Verordnung, die Stoffverordnung oder die Verordnung über Abwassereinleitungen normiert. In Gesetzen finden sich allenfalls übergreifende Umweltqualitätsziele. Neben der Setzung von Umweltstandards durch den Bundesrat im Rahmen von Verordnungsverfahren kommt ausnahmsweise die Möglichkeit der Festlegung von Standards durch Verfassungsinitiativen in Betracht.

Das typische Verfahren zur Festsetzung von Umweltstandards in der Schweiz, das meistens nahezu vier Jahre dauert, läßt sich in mehrere Phasen unterteilen: Das Verfahren beginnt mit einer informellen Vorbereitungsphase in der bereits wesentliche Entscheidungen getroffen werden. Diese Phase kann einen Zeitraum von bis zu zwei Jahren in Anspruch nehmen. Durch den Beschluß des Bundesrats, eine Verordnung zu erlassen oder eine bestehende Verordnung zu novellieren, wird die nächste Phase eröffnet, in der ein erster Entwurf ausgearbeitet wird. Danach folgt das Vernehmlassungsverfahren, der einzige formalisierte Teil des Verfahrens. In dieser Phase werden schriftliche Stellungnahmen der Kantone, der Wirtschafts- und der Umweltverbände eingeholt. Danach wird der Entwurf überarbeitet und an den Bundesrat weitergeleitet, der dann zu entscheiden hat.

Bei den Fallstudien zu den schweizerischen Verfahren der Standardsetzung zeigte sich, daß:

- die Bedeutung der auf der Bundesebene gesetzten Standards nicht überschätzt werden sollte, da andere Politikebenen erhebliche Auswirkungen auf die Festsetzung der zentralstaatlichen Standards haben,

- spezifische institutionelle Bedingungen von großer Bedeutung für den Ablauf und die Ergebnisse der Verfahren sind,

- sich die jeweilige Problemstruktur und die Kontextbedingungen (vor allem das Ausmaß der öffentlichen Diskussion) ganz erheblich auf die Schärfe der Standards auswirken.

Zentralstaatliche Standards können sowohl durch die subnationale als auch durch die internationale Politikebene stark beeinflußt werden. Daneben sind die Standards anderer Nationalstaaten von großer Bedeutung. In der Schweiz spielen "importierte Standards" eine ganz entscheidende Rolle. Sowohl in der Luftreinhaltepolitik als auch in der Gefahrstoffregulierung fungieren ausländische Standards bzw. Richtlinien und Empfehlungen internationaler Organisationen häufig als Referenzpunkt der Regulierung. Die Souveränität des Nationalstaats zur Festsetzung von Umweltstandards wird dabei von mehreren Seiten in Frage gestellt:

- Auf der Bundesebene festgesetzte Umweltstandards können auf Anstöße der kantonalen bzw. kommunalen Ebene zurückgehen. Dies zeigt sich bei den Fallstudien im Bereich der Luftreinhaltung sehr deutlich. Schärfere Emissionsgrenzwerte für Kleinfeuerungsanlagen gab es lange vor der Revision der Luftreinhalte-Verordnung; als Vorbild nationaler Standards dienten die "Zürcher Grenzwerte". Durch die Möglichkeit der Verschärfung von Umweltstandards auf der kantonalen Ebene kann ein dynamischer Prozeß in Gang gesetzt werden, weil die schärferen kantonalen Standards dem Bund bei der Festsetzung gesamtschweizerischer Standards als Vorbild dienen können. Dadurch werden relativ scharfe Standards im ganzen Land verbindlich, obwohl sie zunächst nur auf die Notwendigkeiten in den besonders belasteten Agglomerationen zugeschnitten waren.

- Häufig werden Standards, die durch internationale Organisationen erarbeitet worden sind, in das schweizerische Recht übernommen (z. B. Empfehlungen der OECD im Bereich der Gefahrstoffregulierung, Empfehlungen der WHO für Immissionsstandards). Neuerdings kommen auch Standards hinzu, die im Rahmen der Institutionalisierung der internationalen Kooperation ("internationale Umweltregime") entstanden sind (z. B. Regulierung ozonschädigender Substanzen).

- Als dritte Dimension externer Anstöße sind Standards anderer Nationalstaaten zu nennen; als Orientierungspunkt dienen vor allem deutsche Standards. Dies läßt sich exemplarisch am schweizerischen Luftreinhalterecht aufzeigen. Da in der Schweiz bei der Diskussion über den Erlaß der Luftreinhalte-Verordnung nur in einigen Bereichen auf eigenes Recht bzw. auf Richtlinien der Eidgössischen Kommission für Lufthygiene zurückgegriffen werden konnte, wurden zumindest bei den Emissionsnormen weitgehend die deutschen Standards (TA Luft, Empfehlungen des VDI) übernommen. Diese starke Orientierung an der Bundesrepublik Deutschland läßt sich einerseits auf die starken wirtschaftlichen Verflechtungen zurückführen, da Deutschland der Handelspartner der Schweiz ist, in den der größte Anteil der schweizerischen Exporte (1989: 20,3 Prozent) fließt und aus dem der größte Anteil der Importe in die Schweiz stammt (1989: 33,5 Prozent, siehe GATT 1991: 25). Andererseits hat die Schweiz eine ähnliche Rechtskultur wie die Bundesrepublik, das schweizerische Verwaltungsrecht hat Wurzeln vor allem im französischen und im deutschen Recht. Außerdem bestehen - zumindest was den größten Teil der Schweiz betrifft - keine Sprachbarrieren.

- Daneben wird immer stärker auf die Harmonisierung der schweizerischen Standards mit den Standards der EG geachtet. Vor allem bei den Gefahrstoffen ist dies ein entscheidendes Antriebsmoment. Eine Angleichung der Regulierungen wird nicht nur vom politischen System angestrebt, sondern auch von der Wirtschaft gefordert, was vor dem Hintergrund der Verhandlungen über den EWR-Vertrag bzw. den möglichen EG-Beitritt der Schweiz kaum überraschen dürfte. So ist beispielsweise kaum damit zu rechnen, daß die Schweiz die verschärften US-amerikanischen Kfz-Grenzwerte übernehmen wird. Vielmehr ist eine allmähliche Anpassung an die Standards der EG zu erwarten. Die Zeit der schweizerischen Alleingänge könnte damit bald der Vergangenheit angehören.

Gerade bei den Kfz-Standards, die nicht Gegenstand einer Fallstudie waren, zeigt sich die Orientierung der Schweiz an ausländischen Standards. Dieser Fall ist auch deshalb interessant, weil sich hier ein zweiter Wechsel des Referenzsystems abzeichnet. Zunächst orientierte sich die Schweiz an den ECE-Empfehlungen bzw. - da diese prinzipiell von der EG übernommen wurden - an den Standards der EG. Durch die "Albatros-Initiative", deren Hauptanliegen die Einführung scharfer Grenzwerte für Personenwagen war, wurde das politisch-administrative System derartig unter Handlungsdruck gesetzt, daß es zu einem Wechsel des Referenzsystems kam. Fortan stützte man sich in der Schweiz auf U.S.-amerikanische Normen. Heute zeichnet sich nun ein erneuter Wechsel des Referenzsystems ab, weil der weitgehenden Anpassung an EG-Standards mittlerweile Priorität eingeräumt wird.

Insgesamt können damit an dieser Stelle zwei Punkte festgehalten werden: Einerseits ist das endogene Potential zur Festsetzung von Umweltstandards in der Schweiz - anders als in den USA - relativ gering, andererseits werden Schärfe der Standards und Akzeptanz derselben bei den Zielgruppen nicht primär durch bestimmte Verfahrenselemente bestimmt. Die Schärfe der Standards ist in vielen Fällen primär vom gewählten Referenzsystem (auf der kantonalen Ebene praktizierte Standards, von internationalen Organisationen empfohlene Standards, Standards anderer Nationalstaaten, EG-Standards) abhängig. Diese Orientierung an subnationalen, ausländischen, inter- und supranationalen Standards zeigt sich bei allen beteiligten Akteuren. So verwiesen z. B. im Fall der Kehrichtverbrennungsanlagen die Anlagenbetreiber auf die NO_x-Grenzwerte der 17. BImSchV, die weniger scharf als die geplanten schweizerischen Werte waren, und die Umweltverbände auf die dort geplanten Dioxin-Grenzwerte. Am bedeutendsten dürfte allerdings der Import von Standards durch die Verwaltung, d. h. durch das BUWAL, sein. Der Prozeß der Übernahme von Standards wird primär durch die mit deren Erarbeitung beschäftigten Verwaltungseliten in Gang gesetzt. Soweit der Umweltbewegung Einflußmöglichkeiten zugestanden werden, konzentrieren sie sich wiederum auf die Spitzenfunktionäre der betreffenden Organisationen. Die Übernahme von Standards beschränkt sich damit im wesentlichen auf die Aktivitäten von Eliten; Basisbewegungen spielen allenfalls im Rahmen von Verfassungsinitiativen eine Rolle, können dann aber, wie die "Albatros-Initiative" zeigt, sogar einen Wechsel des Referenzsystems erzwingen.

Scharfe Standards werden möglich, wenn es gelingt, die Kostenbelastung auf nicht unmittelbar am Verfahren Beteiligte zu übertragen, was beispielsweise bei den Emissionsgrenzwerten für Feuerungsanlagen der Fall ist, bei denen die Kosten der Regulierung weitgehend auf die Käufer von Neuanlagen abgewälzt werden können. Auch beim Maßnahmenpaket zum Schutz der Ozonschicht gilt dies grundsätzlich, weil die Mehrkosten zu Preiserhöhungen führen und damit - je nach Preiselastizität der Nachfrage - zumindest zum Teil vom Verbraucher getragen werden müssen. Ausgaben für Forschung und Entwicklung geeigneter Ersatzprodukte fallen bei den großen Herstellerfirmen in den USA, Großbritannien und Japan an. Im Ozonfall wurden also nicht nur die Standards importiert, sondern auch die Kosten der Regulierung auf nicht am Verfahren Beteiligte abgewälzt bzw. exportiert.

Das Parlament spielt sowohl in der Luftreinhaltung als auch in der Gefahrstoffregulierung nur bei der Festlegung der politischen Programme eine entscheidende Rolle. Im National- und Ständerat bzw. in deren Kommissionen für Gesundheit und Umwelt wurde über das Luftreinhalte-Konzept und über das Maßnahmenpaket zum Schutz der Ozonschicht diskutiert. Beratungen über konkrete Standards finden im Parlament aber in der Regel nicht statt. Neben dem Parlament ist auch der Bundesrat für entscheidende Weichenstellungen verantwortlich (z. B. Luftreinhalte-Konzept des Bundesrats). Zwar schlägt er keine konkreten Grenzwerte vor, nach Abschluß des Vernehmlassungsverfahrens und der darauffolgenden Fachgespräche zwischen BUWAL und Wirtschaft ist er es aber, der die abschließende Entscheidung über die Standards zu treffen hat. Allerdings existiert zu diesem Zeitpunkt in der Regel kaum noch Entscheidungsspielraum. Gravierende Veränderungen ergeben sich in diesem Stadium des Verfahrens normalerweise nicht mehr. Völlig ohne Bedeutung für das Verfahren zur Festsetzung von Umweltstandards sind in der Schweiz die Gerichte, da die Beteiligungs- und Klagerechte nicht entsprechend ausgestaltet sind. Da Standards, die in Rechtsverordnungen festgelegt werden, auf dem Klagewege nicht angegriffen werden können, besteht - anders als in den USA - auch keine zwingende Notwendigkeit, die Umweltverbände von Anfang an in das Verwaltungsverfahren zu integrieren.

Eine dominante Rolle spielt während des gesamten Verfahrens die Verwaltung, d. h. das BUWAL. Die Behörde verfügt zwar über vergleichsweise wenig, dafür aber sehr gut qualifiziertes Personal. Da es kein Umweltministerium gibt, hat sie weitreichende Kompetenzen. Zum Teil ist sie auch selbst für den Vollzug zuständig (z. B. Erteilung von Ausnahmegenehmigungen bei ozonschädigenden Stoffen und beim Einsatz von Cadmium bei der Herstellung von Kunststoffen, Zulassungsbehörde für Holzschutzmittel und Antifoulings). Die Stärke des BUWAL zeigt sich u. a. daran, daß die von ihm erarbeiteten Verordnungsentwürfe kaum noch verändert werden. Charakteristisch für die Schweiz sind auch die außerordentlich flexiblen Regelungen. Lassen sich Meinungsverschiedenheiten zwischen BUWAL und Wirtschaft nicht vollständig aus der Welt räumen, werden Ausnahmemöglichkeiten in der Verordnung festgeschrieben, d. h. Konflikte werden auf die Vollzugsebene verlagert. Dies gilt für die Luftreinhaltung wie für die Stoffregulierung gleichermaßen (z. B. Regulierung der ozonschädigenden Stoffe, Verwendung von Cadmium bei der Herstellung von Kunststoffen, Emissionsgrenzwerte für Kleinfeuerungsanlagen). Konflikte innerhalb des politisch-administrativen Systems treten in der Schweiz primär zwischen einzelnen Bundesämtern und nicht zwischen den übergeordneten Departementen auf, letztere werden auch erst im Rahmen des (großen) Mitberichtsverfahrens in die Diskussion einbezogen.

Bei der Einschätzung der Bedeutung der Wissenschaft für das Verfahren muß differenziert werden. Grundlagenforschung bleibt den größeren Industrieländern überlassen. Die Ergebnisse solcher Untersuchungen werden weitgehend übernommen und auf die schweizerischen Verhältnisse zugeschnitten. Anwendungsorientierte Forschung, Auftragsforschung und Politikberatung spielen eine größere Rolle. Als Beispiel kann hier das EWI-Gutachten genannt werden, in dem das erste Mal Grenzwerte für die Stickoxidemissionen für Kehrichtverbrennungs- und Kleinfeuerungsanlagen genannt wurden, die das weitere Verfahren nahezu unangetastet überstanden haben.

Beteiligt sind (Natur-)Wissenschaftler auch in den diversen Expertenkommissionen, die im Bereich des Umweltschutzes eine wichtige Rolle spielen, obwohl ihre Bedeutung im Vergleich zu früher zurückgegangen zu sein scheint. Den Vorsitz bzw. das Sekretariat der meisten Expertenkommissionen im Umwelt- und Naturschutz (z. B. Eidgenössischen Gewässerschutzkommission, Eidgenössischen Kommission für Abfallwirtschaft oder Eidgenössischen Kommission für Lufthygiene usw.) führt das BUWAL, d. h., die Verwaltung hat großen Einfluß auf die Arbeit der Kommissionen. In den im Natur- und Umweltschutz tätigen Kommissionen sind traditionell die (technischen) Fachorganisationen und die Verwaltung stark vertreten. Den Normadressaten, d. h. den Wirtschaftsverbänden, ist es mittlerweile ebenfalls gelungen, sich Zutritt zu diesen Institutionen zu verschaffen. Für die Umweltverbände gilt dies nur eingeschränkt. Eine Ausnahme bildet nur die Eidgenössische Natur- und Heimatschutzkommission, in der die Naturschutzverbände recht gut vertreten sind, was aber nicht weiter verwunderlich ist, verdankt diese Kommission ihre Existenz doch weitgehend der Initiative dieser Verbände. Auf die Festlegung konkreter Grenzwerte haben die Expertenkommissionen im allgemeinen keinen Einfluß. Der Operationalisierungsgrad, der von ihnen diskutierten Umweltstandards liegt zwischen den übergreifenden Programmen, die auf der parlamentarischen Ebene von großer Bedeutung sind, und den exakt zu quantifizierenden Grenzwerten, die im Rahmen der informellen Gespräche zwischen BUWAL und Wirtschaft zustande kommen.

Vergleicht man die Einflußmöglichkeiten von Wirtschaftsorganisationen und Umweltverbänden, stellt man bedeutende Asymmetrien fest. In den Kommissionen sind die Umweltverbände unterrepräsentiert, zu den Fachgesprächen haben sie keinerlei Zugang. Einen gewissen Ausgleich gewähren allenfalls die regelmäßigen Gespräche des Departementschefs mit den fünf wichtigsten Verbänden (SBN, WWF Schweiz, SGU, VCS und NFS), die ebenfalls informellen Charakter haben. Daneben haben die Umweltverbände natürlich die Möglichkeit, die öffentliche Meinung in ihrem Sinne zu beeinflussen. So wirkte die Petition des "Aktionskomitees zur Rettung der Ozonschicht" als flankierende Maßnahme und bot dem BUWAL (zusammen mit parlamentarischen Vorstößen) eine gewisse Rükkendeckung bei der Durchsetzung der geplanten Standards im Rahmen des Maßnahmenpakets zum Schutz der Ozonschicht.

In den Fallstudien war festzustellen, daß die jeweiligen Branchen- bzw. Verbandsstrukturen (Organisationsgrad, Fragmentierung der Branche, Konkurrenzsituation usw.), die sich unmittelbar auf das Widerstandspotential von Gewerbe und Industrie auswirken, den politischen Prozeß determinieren:

- Bei den Feuerungsanlagen herrschte eine Konkurrenzsituation (Gas gegen Öl), durch die das Widerstandspotential der Hersteller und Importeure der Geräte erheblich geschwächt wurde, was der Hauptgrund für die Durchsetzungsmöglichkeit relativ scharfer Standards gewesen sein dürfte. Die Hersteller und Importeure von Gasgeräten machten sich die vom BUWAL vorgeschlagenen sehr scharfen Grenzwerte zu eigen, um den Marktanteil der umweltfreundlicheren Gasgeräte gegenüber den Ölgeräten zu vergrößern.

- Bei den ozonschädigenden Stoffen war die Großchemie, die über relativ große Widerstandspotentiale verfügt, nicht unmittelbar betroffen, weil es in der Schweiz keine Hersteller solcher Stoffe gibt. Der Durchbruch wurde bereits früher erzielt, weil dem jüngsten Revisionsverfahren der StoV ein anderes Verfahren vorausging, bei dem nur die Spraydosen reguliert wurden. Die Aerosolindustrie verwendet bereits heute kaum noch FCKWs. Von der Regulierung war eine Vielzahl von Branchen betroffen, so daß gemeinsame Gegenwehr gar nicht möglich war.

- Auch bei den Abfallverbrennungsanlagen war der Widerstand der betroffenen Anlagenbetreiber eher bescheiden, da es nur einen losen Zusammenschluß der Betriebsleiter von Abfallbeseitigungsanlagen gibt, der seine im Vernehmlassungsverfahren geäußerten Forderungen nicht durchsetzen konnte. Insbesondere der bereits von der EWI vorgegebene Grenzwert für die Stickoxide blieb im Verfahren völlig unverändert. Die festgelegten Grenzwerte entsprechen weitgehend den Vorschlägen des BUWAL.

Hinsichtlich der Schärfe der Standards bzw. der jeweiligen Definition des Stands der Technik lassen sich drei Fälle unterscheiden:

- Bei Regulierungen, die eher Detailprobleme betreffen, nicht im Licht der Öffentlichkeit stehen und vom BUWAL auch nicht als prioritäre Umweltprobleme eingeschätzt werden, werden Grenzwerte festgeschrieben, die von den betroffenen Normadressaten ohnehin eingehalten werden können. Als Beispiel kann der Cadmium-Fall dienen, bei dem die Standards an den Stand der Technik angepaßt wurden. Probleme treten nur bei einigen wenigen Firmen auf, denen aber immer noch die Möglichkeit offensteht, eine (befristete) Ausnahmegenehmigung zu beantragen.

- Bei den Emissionsgrenzwerten für Feuerungs- bzw. Kehrichtverbrennungsanlagen wurden zumindest einige Standards festgelegt, die (noch) nicht von allen bestehenden Anlagen bzw. produzierten Geräten eingehalten werden können (z. B. NO_x-Emissionsgrenzwerte). Bei den Kleinfeuerungsanlagen werden einige Unternehmen ihre Produkte nach Ablauf der Übergangsfristen vom Markt nehmen müssen, wenn diese Geräte dann den neuen Anforderungen noch nicht gerecht werden sollten. Bei den Kehrichtverbrennungsanlagen wird durch die Festsetzung der Standards eine Nachrüstung der Altanlagen erzwungen. Man ging aber auch nicht über das hinaus, was (zumindest im benachbarten Ausland) als Stand der Technik gilt.

- Bei den Maßnahmen zum Schutz der Ozonschicht ging es in der Schweiz nicht nur darum, die entsprechenden Substanzen vom Markt zu eliminieren. Darüber hinaus wollte man ganz bewußt die Rolle eines Spitzenreiters einnehmen. Obwohl es in diesem Fall zu einer Auseinandersetzung innerhalb des politisch-administrativen Systems, d. h. zwischen dem BUWAL und dem BAWI, kam, wird man festhalten können, daß die Vertretung einer solchen Position einem Land wie der Schweiz sicherlich leichter fällt als anderen Staaten, die ihre Auffassung mit den Interessen der Produzenten im eigenen Land abstimmen müssen, was in der Schweiz nicht der Fall war. In der Schweiz sind Standards, die über den Stand der Technik hinausgehen, grundsätzlich nur dann möglich, wenn keine inländischen Hersteller betroffen sind.

Insgesamt zeigt sich, daß die Schärfe der Standards von der öffentlichen Diskussion abhängig ist. Je ausgeprägter diese ist, desto schärfer fallen die Standards aus. Besonders scharfe Standards werden dann beschlossen, wenn dem Verfahren ein Umweltskandal vorausging.[108] Daneben sind primär die institutionellen Faktoren von Bedeutung, die die Struktur der von den Standards betroffenen Zielgruppen betreffen (Branchen- und Verbandsstruktur). So sind scharfe Standards bei hohem Widerstandspotential der betroffenen Branche (geschlossenes Auftreten der Branche, hoher Organisationsgrad usw.) kaum durchsetzbar.

Zusammenfassend läßt sich festhalten, daß es der Schweiz aufgrund der ökonomischen Situation, des weit fortgeschrittenen Strukturwandels und des steigenden Umweltbewußtseins der Bevölkerung leichter als anderen Staaten fällt, eine relativ erfolgreiche Umweltpolitik zu betreiben. Die Schärfe der schweizerischen Umweltstandards läßt sich kaum auf die Ausgestaltung der politischen Institutionen im engeren Sinne (Parlament, Regierung, Gerichte usw.) zurückführen. Deren Wirkung auf die Schärfe der Standards ist relativ unbedeutend. Außerordentlich wichtig ist dagegen die Übernahme von Standards, die von internationalen Organisationen empfohlen werden, im Rahmen eines internationalen Umweltregimes (z. B. Vereinbarungen über ozonschädigende Stoffe auf der internationalen Ebene) ausgehandelt oder in anderen Nationalstaaten festgesetzt wurden. Häufig dienen solche Standards als Referenzpunkt eigener Regulierungen. Die Bedeutung der Ausgestaltung der Verfahren auf nationaler Ebene wird dadurch relativiert.

---

[108] Dies zeigt sich am Beispiel der restriktiven Regulierung von PCP in der Schweiz. Hier kam es im Vorfeld zu einem Skandal, nachdem schweizerischer Käse in den USA und in Kanada beanstandet worden war.

3. Länderstudie Niederlande

3.1 Grundzüge der niederländischen Umweltpolitik

In den Niederlanden wurde der Umweltschutz Ende der sechziger Jahre zum politischen Thema, nachdem die zunehmenden Verschmutzungen der Oberflächengewässer und der Luft unübersehbar geworden waren. Im Jahre 1969 wurde das erste Umweltgesetz beschlossen, das Gesetz über die Verschmutzung von Oberflächengewässern. Ihm folgte 1971 das Luftreinhaltegesetz. Im selben Jahr veröffentlichte die Regierung ihre erste grundlegende Stellungnahme zur Umweltpolitik. Darin wurden unter Umweltschutz diejenigen Aktivitäten definiert, die verhindern sollen, daß Umweltverschmutzung die menschliche Gesundheit beeinträchtigt. Zudem wurde mit dem Regierungspapier die Strategie gewählt, für die einzelnen Umweltmedien (Luft, Wasser, Boden), für Lärm und Strahlung jeweils eine eigene (sektorale) Politik zu formulieren. In der zweiten Hälfte der siebziger Jahre stand denn auch die Erarbeitung weiterer sektoraler Gesetze im Vordergrund der Umweltpolitik. 1976 wurde das Gesetz über chemische Abfallstoffe beschlossen, 1977 das Abfallgesetz und 1979 das Lärmschutzgesetz. Das Chemikaliengesetz folgte erst deutlich später im Jahre 1985. Zwei Jahre zuvor, im Jahre 1983, war der Umweltschutz als Staatsziel in die niederländische Verfassung aufgenommen worden.[1]

In den späten siebziger und frühen achtziger Jahren wurde deutlich, daß Umweltprobleme weitaus mehr Interessen der Gesellschaft berühren als allein die menschliche Gesundheit. Die Umweltverschmutzung wurde nun als eigenes Problemfeld angesehen. Zugleich wurde erkannt, daß die Umweltprobleme weitaus komplexer als zunächst angenommen sind und daß insbesondere Verbindungen zwischen den verschiedenen Umweltmedien und ihren Problemen bestehen. Die sektorale Struktur der niederländischen Umweltpolitik wurde daher als nicht mehr ausreichend betrachtet.

Im Ergebnis wurde auf diese Erkenntnisse in zweifacher Weise reagiert. Zum einen wurde die Institutionalisierung der Umweltpolitik innerhalb der Zentralregierung durch Schaffung eines Umweltministeriums geändert, um den Stellenwert des Umweltschutzes zu erhöhen und zu einer besseren Koordination der verschiedenen Aktivitäten zu gelangen (siehe unten 3.3.1). Zum anderen wurden die Weichen in Richtung einer stärker integrierten Umweltpolitik gestellt. Den ersten Schritt in diese Richtung stellt das Gesetz über allgemeine Bestimmungen des Umweltschutzes (*Wet Algemene Bepalingen Milieuhygiene*, WABM) aus dem Jahre 1979 dar. Statt die bestehenden Gesetze auf einmal zu ersetzen, entschied man sich für den Weg, das WABM nach und nach zu einem umfassenden Umweltgesetz zu entwickeln. Das Gesetz entstand zunächst als "Umweltverwal-

---

[1] "Die Sorge der Hoheitsorgane ist gerichtet auf die Bewohnbarkeit des Landes und den Schutz und Verbesserung der Lebensumwelt." (zitiert nach Meiners 1988: 56).

tungsverfahrensgesetz" (Meiners 1982: 251). Erstmals wurden sektorübergreifende Regeln für die Genehmigungsverfahren aufgestellt. Zuvor hatten die einzelnen sektoralen Umweltgesetze jeweils eigene Anforderungen an die Genehmigungsverfahren gestellt. Durch das Gesetz erhielten die Provinzen die Aufgabe der Koordination in Genehmigungsverfahren, für die mehrere sektorale Umweltgesetze einschlägig sind.

Das WABM wurde in den folgenden Jahren durch weitere Teile ergänzt. So wurden 1986 Bestimmungen zur Umweltverträglichkeitsprüfung aufgenommen. 1988 wurden Regelungen zur Finanzierung der Umweltpolitik getroffen. Eine Reihe zuvor erhobener Abgaben wurden durch eine allgemeine Abgabe auf fossile Brennstoffe ersetzt, aus der die Ausgaben des Umweltministeriums wie die den Provinzen und Gemeinden aus dem Umweltschutz entstehenden Ausgaben bestritten werden. In den neunziger Jahren sollen alle sektoralen Umweltgesetze durch zusätzliche Teile des WABM ersetzt werden, das auf diese Weise zum Umweltgesetzbuch (*Wet Milieubeheer*) werden soll.

Die vom WABM den Provinzen zugeschriebene Rolle der Koordinierung wurde nie erfolgreich in die Tat umgesetzt. Dies lag zum einen an unzureichenden Verwaltungskapazitäten der Provinzen und zum Teil am mangelnden Interesse der Gemeinden an einer solchen Koordinierung. Zudem wurde in den achtziger Jahren erkannt, daß eine bloße Koordination der sektoralen Umweltpolitik nicht ausreiche und daß eine integrierte Umweltpolitik notwendig war. Hierzu wird vor allem auf das Instrument der Planung gesetzt, das inzwischen zu einem Markenzeichen der niederländischen Umweltpolitik geworden ist:

Während die siebziger Jahre als das Jahrzehnt der Ausformulierung der Umweltgesetzgebung gesehen werden können, können die achtziger Jahre als die Dekade der Planung in der Umweltpolitik der Niederlande bezeichnet werden.[2] Zunächst erfolgten Planungen allein sektoral und wurden im wesentlichen von den jeweiligen Experten des zuständigen Ministeriums erarbeitet worden. Ein solches sektorales Planungsdokument stellte zum Beispiel das "Mehrjahresprogramm Luft" (*Indicatief Meerjaren Programma Lucht 1984 - 1988*) dar, das die für dieses Medium relevanten Umweltprobleme und die in den nächsten fünf Jahren zu verfolgenden Politikziele aufzeigte. Entsprechende Programme entstanden auch für Wasser, Boden, Lärm, Strahlung und chemische Abfallstoffe. Die Programmdokumente wurden jährlich aktualisiert und mit den Haushaltsentwürfen für die Umweltpolitik veröffentlicht. Das Parlament diskutierte die Planungen im Rahmen der Haushaltsberatungen.

Den Wendepunkt zu einer integrierten Umweltplanung stellte im Jahre 1984 die Veröffentlichung des Dokuments "Mehr als die Summe der Teile" durch die Regierung dar. In der Folge wurde zu einem Mehrjahresprogramm für den gesamten Umweltschutz übergegangen, dem *Indicatief Meerjaren Programma Milieubeheer 1985-1989* (IMP-M

---

[2] Siehe zur Rolle der Planung in der niederländischen Umweltpolitik auch Rehbinder 1991: 147 ff.

1985-1989). Darin wurden Umweltpolitik und Umweltprobleme nicht wie bislang sektoral, sondern nach neuen Prinzipien gegliedert. Zum einen wurde zwischen einer an den Wirkungen (den Immissionen) und einer an den Quellen (den Emissionen) orientierten Politik unterschieden, wobei letztere noch einmal nach verschiedenen Zielgruppen (z. B. Verkehr, Industrie, Landwirtschaft, private Haushalte) unterteilt wurde. Zum anderen wurden bestimmte Themen (wie der Saure Regen, die Überdüngung oder die Abfallbeseitigung) gesondert herausgegriffen.

Nach zwei Fortschreibungen des IMP-M wurde von der Praxis der jährlichen Vorlage eines Mehrjahresprogramms abgegangen. Das aktuelle System besteht aus zwei Arten von Umweltprogrammen. Alle vier Jahre wird ein "Nationaler Umweltplan" (*Nationaal Milieubeleidsplan*, NMP) veröffentlicht, der die strategische Planung für einen Zeitraum zwischen 5 und 20 Jahren enthält. Er soll sowohl eine Koordinierung der verschiedenen umweltpolitischen Akteure innerhalb und außerhalb der Regierung ermöglichen als auch als Richtlinie für die konkretisierte Planung und schließlich für die umweltpolitischen Maßnahmen dienen. Die konkretisierte Planung erfolgt im Rahmen eines jährlich zu erarbeitenden Dokuments, des "Umweltprogramms". Dieses Programm hat einen Zeithorizont von vier Jahren, wird gemeinsam mit dem Haushaltsentwurf veröffentlicht und vom Parlament diskutiert.

Der erste "Nationale Umweltplan" aus dem Jahre 1989 kann als Eckpfeiler der niederländischen Umweltpolitik für die neunziger Jahre angesehen werden. Wegen seines langfristigen Charakters wurde zur Vorbereitung vom "Staatlichen Institut für öffentliche Gesundheit und Umweltvorsorge" (*Rijksinstituut voor Volksgezondheid en Milieuhygiene*, RIVM)[3] eine grundlegende Bestandsaufnahme des umweltrelevanten Wissens erarbeitet. Deren Ergebnisse wurden 1988 unter dem Titel "Sorgen für Morgen" (*"Zorgen voor morgen"*) veröffentlicht (RIVM 1989). Die Veröffentlichung bewirkte eine signifikante Zunahme der Aufmerksamkeit für Umweltprobleme in Politik und Öffentlichkeit. Der Bericht diskutierte erstmals zusammenhängend alle relevanten Umweltprobleme und gab Hinweise, wie sie zu überwinden waren. Dabei zeigte sich, daß in vielen Fällen eine Reduktion der Emissionen von ca. 90 Prozent notwendig ist.

Welche Maßnahmen zur Reduzierung der Umweltverschmutzung tatsächlich anzustreben waren, wurde zur entscheidenden Frage bei der Ausarbeitung des NMP. Die niederländischen Umweltpläne enthalten zwar keine verbindlichen Standards, wohl aber konkrete Zielsetzungen. Aus diesen lassen sich Standards mehr oder weniger ableiten. Zwar ist das Standardsetzungsverfahren damit nicht vorweggenommen, aber die Werte, die sich aus dem Plan ergeben, haben eine hohe politische Legitimation. Der Entwurf des NMP führte denn auch zu lebhaften Diskussionen innerhalb der Regierung wie mit den betroffenen Zielgruppen. Eine steuerliche Maßnahme, mit der die im Plan vorgesehenen Maß-

---

[3] Siehe zu diesem Institut auch Abschnitt 3.3.3.

nahmen finanziert werden sollten, führte sogar zu einer Koalitionskrise. Die liberale Partei (*Volkspartij voor Vrijheid en Democratie*) lehnte die Maßnahme im Parlament ab, Neuwahlen waren die Folge. Nach den Wahlen kam eine Koalition aus Christdemokraten und Sozialdemokraten an die Regierung, der bisherige, aus der Partei kommende Umweltminister wurde durch einen Sozialdemokraten abgelöst. Der neue Minister hielt es für notwendig, eine überarbeitete Fassung des NMP herzustellen, den NMP-plus. Diese Fassung enthielt zwar - zur Enttäuschung der Umweltverbände - hinsichtlich der Ziele und des Zeitraums, in dem sie erreicht werden sollten, keine Veränderungen, jedoch waren die Instrumente der zukünftigen Umweltpolitik weitaus detaillierter ausgearbeitet als in der ursprünglichen Fassung. 1992 erstellte das RIVM eine aktualisierte Fassung von "Sorgen für Morgen", das die neuesten wissenschaftlichen Erkenntnisse nutzt und deutlich macht, daß sich einige Probleme gegenüber dem ersten Bericht noch verschärft haben.

Umweltpolitik wird in den Niederlanden wie in der Bundesrepublik in erster Linie durch regulative Politik, durch Gebote und Verbote, wirksam. Jedoch haben auch Abgaben und Absprachen eine gewisse Verbreitung gefunden: Abgaben als Instrument der niederländischen Umweltpolitik haben auch international Aufmerksamkeit erregt. Dies gilt vor allem für die Abwasserabgabe, aus der die Kosten der Abwasserreinigung gedeckt werden und die für ihren großen Einfluß auf die Reduzierung der Abwassermenge bekannt ist. Allerdings werden Abgaben in den Niederlanden nicht in großem Maßstab als umweltpolitisches Instrument genutzt. Die bereits erwähnte Abgabe auf fossile Brennstoffe hat, da alle Brennstoffe mit ihr belegt sind, kaum eine Lenkungswirkung. Umweltpolitisch erfolgreich ist die Senkung der Kfz-Steuern beim Einbau eines Katalysators, die der deutschen Regelung vergleichbar ist. Das Umweltministerium möchte Abgaben in weit größerem Umfang einsetzen, dies wurde aber vom Wirtschaftsministerium und der Industrie bislang verhindert.

Absprachen zwischen der Regierung und der Wirtschaft haben in den letzten Jahren an Bedeutung gewonnen. Sie können als deutlichste Ausprägung der in der niederländischen Politik verfolgten Konsensstrategie betrachtet werden, auch wenn sie häufig Resultat von zunächst konfliktären Verhandlungen oder Drohungen der Regierung oder von Umwelt- und Verbraucherverbänden sind, eine rechtliche Regelung zu treffen bzw. einzufordern. Auch in den Niederlanden wurde eine intensive Diskussion darüber geführt, ob die Umweltpolitik sich des Instruments der Absprachen überhaupt bedienen dürfe, wobei als Einwände vor allem fehlende Möglichkeiten, die Vereinbarung vor Gericht durchzusetzen, und fehlende Verfahrensregeln für den Prozeß der Vereinbarung und damit eine mögliche Einschränkung der demokratischen Kontrolle angeführt wurden. Dennoch werden Absprachen in der niederländischen Umweltpolitik recht regelmäßig genutzt. So spielen sie auch im Rahmen der unten vorgestellten Fallstudie zur Cadmium-Regulierung eine Rolle (siehe 3.6.1).

3.2 Rechtliche Grundlagen der Setzung von Umweltstandards

Die Niederlande sind eine konstitutionelle Monarchie und ein dezentralisierter Einheitsstaat. Die Exekutive liegt in den Händen der "Krone", die vom Kabinett gemeinsam mit dem Monarchen gebildet wird. In der Verfassungswirklichkeit ist die "Krone" heute mit dem Kabinett gleichzusetzen, die Unterzeichnung der Kabinettsentscheidungen durch die Königin ist eine bloße Formalität. Die zwölf Provinzen und ca. 800 Gemeinden können zwar eigene rechtliche Regelungen treffen, und sie entscheiden über ihren eigenen Haushalt. Jedoch sind die beiden unteren Ebenen den zentralstaatlichen Gesetzen, Rechtsverordnungen und Verwaltungsvorschriften unterworfen. Im allgemeinen können sie nur dort eigene Regelungen treffen, wo keine staatlichen Regelungen existieren. Die starke Stellung der Zentralregierung wird auch dadurch deutlich, daß Provinzen und Gemeinden zwar direkt von der Bevölkerung gewählte Körperschaften sind, daß ihre Vorsitzenden - bei den Provinzen der "Kommissar der Königin" (*Commissaris van de Konigin*), bei den Gemeinden der Bürgermeister - aber von der "Krone" ernannt werden.

Trotz der Staatsform des Einheitsstaates ist die Umweltpolitik der Niederlande traditionell durch einen erheblichen Handlungs- und Entscheidungsspielraum der Provinzen und Gemeinden geprägt. Landesweite Umweltstandards spielten lange Zeit keine Rolle und sind in gewisser Weise (vor allem auf dem Gebiet der Luftreinhaltung) erst eine Entwicklung der achtziger Jahre. Lange Zeit dominierte die auf die jeweilige Anlage zugeschnittene Einzelgenehmigung, bei der - je nach Zuständigkeit - von der Gemeinde bzw. der Provinz für den einzelnen Fall Regelungen zu Grenzwerten, Richtwerten, Anforderungen an die Ausstattung der Anlage etc. getroffen wurden.

Wie bereits oben erwähnt, erfolgte mit dem "Gesetz über allgemeine Bestimmungen des Umweltschutzes" (WABM) eine Vereinheitlichung von Genehmigungsverfahren, die zuvor in den einzelnen sektoralen Umweltgesetzen unterschiedlich geregelt waren. Das WABM (siehe auch Jans 1990, Environmental Resources Limited 1982)

- begründet weitgehende Informationsrechte für die Öffentlichkeit;
- bestimmt, daß der Entwurf der Genehmigung zu veröffentlichen ist;
- regelt Widerspruchsmöglichkeiten und öffentliche Anhörungen - jede natürliche oder juristische Person hat ein Widerspruchsrecht;
- legt fest, daß die Genehmigung jedem, der Widerspruch erhoben hat, mitzuteilen ist;
- gewährt weitgehende Klagerechte gegen Genehmigungen.

Allerdings findet das WABM nicht auf alle Genehmigungsverfahren im Umweltschutz Anwendung, sondern nur in bezug auf die im Gesetz ausdrücklich aufgeführten Fachgebiete.[4] So erstrecken sich die Bestimmungen des Gesetzes z. B. nicht auf die Pestizidregulierung, der eine der Fallstudien gewidmet ist (vgl. 3.6.2).

Für Anlagen, die verschiedene sektorale Umweltgesetze betreffen und mit denen insofern verschiedene Genehmigungsbehörden befaßt sind, schreibt das WABM den Provinzen die Aufgabe zu, das Genehmigungsverfahren zu koordinieren. Vor Inkrafttreten des WABM wurden für solche Anlagen streng voneinander getrennte einzelne Verfahren durchgeführt. Die Provinzen haben nach dem WABM sicherzustellen, daß die Anträge für die einzelnen Verfahren gemeinsam veröffentlicht und in einer gemeinsamen öffentlichen Anhörung diskutiert werden und daß der Genehmigungsentwurf und die Genehmigung selbst ebenfalls gemeinsam veröffentlicht werden. Sie haben außerdem Sorge zu tragen, daß die einzelnen Genehmigungsbehörden bei ihren jeweiligen Entscheidungen die Verbindungen zu den anderen Verfahren berücksichtigen und daß die Genehmigungen entsprechend abgestimmt sind (siehe auch Robesin 1991). In der Praxis stehen die Provinzen allerdings bei der Bewältigung dieser Aufgabe dann vor erheblichen Problemen, wenn es sich bei der Genehmigungsbehörde um Gemeinden handelt, die an einer Koordinierung nicht interessiert sind, sondern versuchen, das Verfahren ganz in der eigenen Hand zu behalten.

Zwar haben Provinzen und Gemeinden hinsichtlich der Ausgestaltung von Genehmigungen noch heute einen erheblichen Spielraum, jedoch ist in den achtziger Jahren die Vorherrschaft der Festsetzung von Grenzwerten, Richtwerten etc. in der Einzelgenehmigung durchbrochen worden. Nicht zuletzt aus Unzufriedenheit mit den durch das bisherige System erzielten Ergebnissen wurde eine Reihe von landesweiten Umweltstandards geschaffen, die von den jeweiligen Genehmigungsbehörden zu beachten sind.

Umweltstandards kommen in den Niederlanden durch eine Rechtsverordnung (*Algemene Maatregelen van Bestuur*, AMvB) der "Krone", also des Kabinetts, oder als Verwaltungsvorschrift bzw. "Ministerielle Richtlinie" (*Ministeriele Richtlijn*) zustande. Für beide Varianten ist die Ermächtigung durch ein formelles Gesetz notwendig, wie sie in einer Reihe von sektoralen Umweltgesetzen und im WABM geschaffen wurde. Zu einer direkten Standardsetzung per Gesetz kommt es in den Niederlanden nicht.

Umweltstandards, die durch eine AMvB gesetzt worden sind, binden die Adressaten (natürliche oder juristische Personen) unmittelbar. Die in den Einzelgenehmigungen getroffenen Regelungen werden durch die Standards einer AMvB verdrängt. Dagegen sind die in den Verwaltungsvorschriften eines Ministers getroffenen Regelungen nicht für die Bürger, wohl aber für die unteren staatlichen Ebenen, für Provinzen und Gemeinden, bindend. Sie müssen von diesen im Rahmen ihrer Tätigkeit als Genehmigungsbehörde angewandt werden. Begründete Abweichungen in Einzelfällen sind möglich (z. B. bei

---

[4] Vgl. zum WABM auch Meiners 1982, Environmental Resources Limited 1982.

lokal besonders gravierenden Problemen der Luftverschmutzung), wenn sie in den Verwaltungsvorschriften selbst vorgesehen sind.

Wenn keine verbindlichen Standards bestehen, stützen sich die Genehmigungsbehörden für ihre Entscheidungsfindung auf ganz unterschiedliche Grundlagen. Genutzt werden wissenschaftliche Ergebnisse, Festsetzungen, die für vergleichbare Anlagen getroffen wurden, zum Teil aber auch die Rechtsvorschriften anderer Staaten (vor allem der Bundesrepublik). Eine besondere Rolle spielen die Qualitätsziele und Zielwerte, die in den Plänen und Programmen der Zentralregierung vorgesehen sind. Sie sind für die Genehmigungsbehörden keineswegs verbindlich, werden aber in der Regel schon deshalb berücksichtigt, weil sie im Falle einer gerichtlichen Auseinandersetzung mit dem Antragsteller regelmäßig von den Gerichten zur Entscheidungsfindung herangezogen werden. In die Entscheidungsfindung werden in der Regel die örtliche Umweltsituation, der Stand der Technik und Fragen der wirtschaftlichen Vertretbarkeit einbezogen.

Es besteht keine Möglichkeit, die durch AMvB oder Verwaltungsvorschriften des Ministers erlassenen Umweltstandards gerichtlich anzufechten. Klagemöglichkeit besteht nur gegen die einzelne Genehmigung und die in ihr getroffenen Festsetzungen. Wie bereits erwähnt, räumt das WABM weite Zugangsmöglichkeiten zum Gericht ein. Klage kann von jeder natürlichen oder juristischen Person erhoben werden, die in einem rechtlich geschützten Interesse betroffen ist. Umweltverbänden erkennt die Rechtsprechung seit Mitte der siebziger Jahre dann die Klagebefugnis zu, wenn sie mit der Klage für ihren satzungsmäßigen Auftrag eintreten (siehe van Buuren 1990).

3.3 Akteure bei der Festsetzung von Umweltstandards

3.3.1 Umweltministerium (VROM)

Da der Umweltschutz zunächst primär als Problem der menschlichen Gesundheit verstanden wurde, vollzog sich seine Institutionalisierung in den siebziger Jahren zunächst im Rahmen des entsprechenden Ministeriums. 1971 entstand aus dem Gesundheitsministerium das Gesundheits- und Umweltministerium. 1982 wurde eine Reorganisation der Regierung durchgeführt, bei der die Abteilung für Umweltpolitik aus dem Gesundheitsministerium ausgegliedert und dem bisherigen Wohnungsministerium zugeschlagen wurde. Es entstand das Ministerium für Wohnungswesen, Raumordnung und Umweltschutz (*Ministerie van Volkshuisvesting, Ruimtelijke Ordening en Milieubeheer*, VROM). Die gewachsene Bedeutung des Umweltschutzes wird seitdem auch dadurch betont, daß der zuständige Minister sich auf die Umweltpolitik konzentriert, während die Wohnungs- und Raumordnungspolitik im wesentlichen in der Hand eines Staatssekretärs liegt.

Die Bildung des neuen Ministeriums bedeutet jedoch nicht, daß alle Bereiche der Umweltpolitik bei ihm konzentriert sind. Seine Kompetenzen erstrecken sich vor allem auf die allgemeinen Fragen der Umweltpolitik und auf Luftreinhaltung, Boden, Abfall, Lärm, Chemikalienkontrolle und Strahlenschutz. Fragen der Wasserqualität fallen dagegen überwiegend in die Zuständigkeit des Ministeriums für Verkehr und Wasser. Der Naturschutz befindet sich seit 1982 überwiegend in der Zuständigkeit des Ministeriums für Landwirtschaft, Naturschutz und Fischerei, das auch für die Regulierung der Gülle, einem zentralen Problem der niederländischen Umweltpolitik, zuständig ist. Die Energieversorgung und die Kontrolle der Öl- und Gasbohrungen fallen in die Kompetenz des Wirtschaftsministeriums. Die Regulierung der Pestizide erfolgt gemeinsam durch das Landwirtschaftsministerium, das Gesundheitsministerium, das Umweltministerium und das Sozialministerium (siehe unten 3.6.2).

Mit den Bereichen, bei denen die Zuständigkeit bei anderen Ministerien liegt, ist der Umweltminister jedoch durch seine Kompetenz für die Koordination der Umweltpolitik ebenfalls befaßt. Er ist von den anderen Ministerien zumindest zu konsultieren und hat in der Regel einen gewissen Einfluß auf die Politikformulierung. Initiative und endgültige Entscheidung liegen jedoch auf diesen Feldern bei dem jeweils zuständigen Minister. Im Falle von ernsthaften Konflikten werden die Entscheidungen vom Kabinett getroffen.

3.3.2 Wirtschaftsverbände und Gewerkschaften

Die Organisationsstruktur der niederländischen Industrie ist durch eine große Vielfalt gekennzeichnet. Zu den Dachverbänden zählen vor allem:

- der "Verband der niederländischen Unternehmen" (*Verbond van Nederlandse Odernemingen*, VNO), in dem die großen Unternehmen zusammengeschlossen sind;

- der "Niederländische Verband der Christlichen Arbeitgeber" (*Nederland Christelijk Werkgeversverbond*, NCW) und der "Königlich Niederländische Unternehmerverband" (*Koninklijk Nederlandse Ondernemers Verbond*, KNOV), die die kleinen und mittleren Unternehmen vertreten.

Mit dem Aufkommen der Umweltverbände waren diese Dachverbände zunehmend gefordert, zu umweltpolitischen Themen Stellung zu beziehen. Um der Professionalisierung der Umweltbewegung etwas entgegenzusetzen und die Interessen der Wirtschaft in den einschlägigen Beratungsgremien besser vertreten zu können, gründeten VNO und NCW - zusammen verfügen sie über ein Budget von mehr als 45 Millionen Gulden - Ende der sechziger Jahre ein gemeinsames Büro für Fragen der Umwelt. Seit 1989 arbeitet dieses Büro als "Büro für Umwelt und Raumordnung" (*Bureau Milieu en Ruimtelijke Ordening*, BMRO). In den letzten Jahren wurde es zum zentralen Mittel der Dachverbände, um ihre umweltpolitischen Positionen zu vertreten.

Neben den Dachverbänden arbeiten etwa 200 Einzelverbände. Viele von ihnen widmen der Umweltpolitik besondere Aufmerksamkeit. Von ihrer Größe sind diese Verbände sehr unterschiedlich. Sie reichen von großen Verbänden, die wichtige Industriesektoren vertreten wie der "Vereinigung der Niederländischen Chemischen Industrie" (*Vereniging van Nederlandse Chemische Industrie*, VNCI) oder dem "Verband der Metall- und Elektrotechnischen Industrie" (*Federatie Metaal en Elektro-technische industrie*, FME) bis zu kleinen Organisationen, die nur zwei oder drei Unternehmen repräsentieren, die auf einem oligopolistischem Markt agieren. Schließlich bestehen einige Zusammenschlüsse von Unternehmen mit halböffentlichem Charakter. Hierzu zählen insbesondere der Verband der Elektrizitätsproduzenten (*Samenwerkende Electriciteits Producenten*, SEP) und die "Vereinigung der Abfallverwerter" (*Vereniging van Afvalverweteers*).[5]

Auf dem Feld der Chemikalienregulierung muß besondere Aufmerksamkeit der "Vereinigung der Niederländischen Chemischen Industrie" (VNCI) gelten. Ungefähr 90 Unternehmen sind unmittelbar Mitglieder des Verbandes. Zwölf Branchenorganisationen koordinieren ihre Arbeit im Rahmen des VNCI, der damit insgesamt ca. 400 Unternehmen (95 Prozent der niederländischen chemischen Industrie) repräsentiert. Die chemische Industrie hat einen Anteil von ca. 16 Prozent am Umsatz der gesamten niederländischen Industrie. Der VNCI wurde 1938 gegründet und verfügt heute über eine Geschäftsstelle mit ca. 30 Beschäftigten. Die Leistungsfähigkeit des Verbandes ist jedoch deutlich größer, weil er regelmäßig auf die Beschäftigten der Mitgliedsunternehmen zurückgreift. Seit dem Ende der sechziger Jahre beschäftigt sich der Verband zunehmend mit Umweltfragen. Ungefähr ein Drittel seiner Tätigkeit (und seines Personals) sind durch die Bearbeitung von Themen des Umweltschutzes gebunden. 1990 war der Verband allein in 42 Gremien vertreten, die sich mit Umweltfragen befaßten. Zwar ist der VNCI ein wichtiger eigenständiger Akteur, jedoch stimmt er viele seiner umweltpolitischen Aktivitäten innerhalb der Dachverbände ab, vor allem mit dem BRMO.

Wie die Dachverbände der Industrie sind auch die beiden niederländischen Gewerkschaftsbünde, die *Federatie Nederlandse Vakbeweging* (FNV) und der *Christelijk Nationaal Vakverbond* (CNV) im "Zentralen Rat für Umweltschutz" vertreten. Beide verfügen zudem über einige Mitarbeiter, die sich speziell mit Umweltfragen befassen.

3.3.3   Umweltverbände und Verbraucherverbände

In den Niederlanden existiert eine stark entwickelte Umweltbewegung, die in ihren Anfängen bis zum Beginn des Jahrhunderts zurückreicht, als sich eine große Naturschutzbewegung herausbildete. Die bekanntesten dieser Naturschutzverbände sind die "Vogelschutzvereinigung" (1899 gegründet) und die "Vereinigung zur Erhaltung von Naturdenkmälern" (1905 gegründet). Diese Organisationen rekrutieren sich typischerweise aus

---

[5]   Vorläufer war bis 1991 der "Verband der Niederländischen Abfallverbrenner" (*Vereniging van afvalverbranders in Nederland*, VEABRIN), in dem allein Abfallverbrennungsanlagen zusammengeschlossen waren.

den Mittelschichten, aus Mitgliedern, die in den dichtbesiedelten und hochindustrialisierten Niederlanden zumindest Teile von Natur erhalten wollen.

Als Beginn der modernen Umweltschutzbewegung können die späten sechziger Jahre angesehen werden. Die wachsende Aufmerksamkeit für Umweltprobleme und die zunehmende Kritik an der "angepaßten Mittelstandsgesellschaft" führten zur Gründung einer großen Zahl von Umweltgruppen. Einige von ihnen wandten sich eher regionalen Problemen zu (so die 1965 gebildete "Vereinigung für den Erhalt des Wattenmeers"), andere organisierten Aktionen gegen den Bau bestimmter Fabriken (z. B. Progil in Amsterdam in den Jahren 1968 und 1969), wieder andere verfolgten generellere Ziele wie die 1972 gegründete "Vereinigung für die Verteidigung der Umwelt" (*Verening milieudiefensie*).

Die Ausbreitung der Umweltgruppen führte schnell zu Zusammenschlüssen. Der wichtigste Zusammenschluß ist "Natur und Umwelt" (*Stichting Natuur en Milieu*, 1972 gegründet), in dem sowohl Naturschutz- als auch Umweltschutzgruppen vertreten sind. Wohl auch wegen ihres durch die Mittelklasse geprägten, gemäßigten Charakter hat sich "Natur und Umwelt" zum selbstverständlichen Ansprechpartner der Regierung auf seiten der Umweltbewegung entwickelt. Der Verband ist in vielen beratenden Gremien vertreten, ist hochprofessionell organisiert und verfügt über eine Geschäftsstelle mit mehreren Abteilungen. Finanziert wird "Natur und Umwelt" überwiegend (zu ca. 70 Prozent) aus Mitteln des Umweltministeriums und des Ministeriums für Landwirtschaft, Naturschutz und Fischerei.

Während "Natur und Umwelt" einen Verband aus Mitgliedern unterschiedlichster Orientierung darstellt, haben Organisationen wie die bereits erwähnte "Vereinigung für die Verteidigung der Umwelt" ihren Ursprung in der direkten Mobilisierung der Bevölkerung für Umweltprobleme. *Verenijung milieudiefensie* verfügt über ca. 31.000 Mitglieder. In ihrem Büro arbeiten 85 Mitarbeiterinnen und Mitarbeiter, davon die Hälfte ehrenamtlich. Die Finanzierung erfolgt zur einen Hälfte durch die Mitglieder und zur anderen Hälfte durch Mittel des Umweltministeriums und anderer Institutionen, wobei z. T. einzelne Projekte unterstützt werden. Die erhebliche finanzielle Abhängigkeit von der Mitgliedschaft bedeutet für diese Organisationen, daß sie in besonderem Maße auf öffentliche Aktionen angewiesen sind, um Unterstützung zu mobilisieren und die eigene Arbeitsfähigkeit zu sichern.

Die vorgestellten Organisationen sind die beiden wichtigsten Vertreter der Umweltbewegung, sofern die gesamten Niederlande betroffen sind. Lokal arbeitet eine große Zahl von Umweltgruppen, die jeweils auf der Ebene der Provinzen zusammengeschlossen sind. Diese Zusammenschlüsse werden wiederum auf der nationalen Ebene koordiniert. Das kann z. B. bedeuten, daß auf der nationalen Ebene entschieden wird, eine öffentliche Aktion gegen FCKWs durchzuführen, und daß die lokalen Gruppen dies dann umsetzen. Schließlich arbeiten in den Niederlanden auch nationale Ableger der internationalen Umweltverbände wie dem Worldwide Fund for Nature oder Greenpeace. Diese Gruppen konzentrieren sich auf die Öffentlichkeitsarbeit und sind in die Formulierung der Umweltpolitik weniger als die zuvor vorgestellten einbezogen.

Neben den Umweltverbänden spielen die Organisationen der Verbraucher in den niederländischen Verfahren zur Setzung von Umweltstandards eine Rolle. Die bedeutendsten Interessenvertretungen der Verbraucher sind der "Verbraucherbund" (*Consumentenbond*), der "Konsumenten Kontakt" und die "Hausfrauenvereinigung" (*Vereniging van Huisvrouwen*). Diese Organisationen finanzieren sich zum Teil aus Mitteln des Wirtschaftsministeriums, das für Verbraucherpolitik zuständig ist, bzw. der Gewerkschaften - "Verbraucher Kontakt" ist Teil des größten der niederländischen Gewerkschaftsbünde. Soweit Umweltprobleme im Zusammenhang mit Konsumartikeln auftreten, tendieren Umwelt- und Verbraucherorganisationen dazu, ihr Vorgehen miteinander abzustimmen. Industrie und Regierung sehen sich daher häufig einer einheitlichen "Verbraucher- und Umweltbewegung" gegenüber.

Dies bedeutet aber nicht, daß die Umwelt- und Verbraucherorganisationen ihre meiste Zeit öffentlichen Aktionen widmen. Als generelle Strategie versuchen sie, die Entscheidungsfindung in Wirtschaft und Regierung zu beeinflussen, indem sie die dortigen Akteure von der Notwendigkeit des Umweltschutzes überzeugen. Sie veröffentlichen eigene Zeitschriften und andere Publikationen, nehmen an Beratungsgremien teil, nutzen alle denkbaren formellen und informellen Kanäle für die Überzeugungsarbeit. Öffentliche Aktionen und juristische Schritte verstehen sie als letztes Mittel ihrer Arbeit.

3.3.4 Wissenschaftliche Organisationen

Die Organisation, die auf wissenschaftlichem Gebiet in Fragen des Umweltschutzes die führende Position erlangt hat, ist das "Staatsinstitut für Volksgesundheit und Umweltschutz" (*Rijksinstituut voor de Volksgezondheid en Milieuhygiene*, RIVM). Das Institut geht auf den Beginn dieses Jahrhunderts zurück und beschäftigte sich als Teil des Gesundheitsministeriums zunächst allein mit Fragen der Volksgesundheit. In dem Maße, in dem sich das Minsterium mit Umweltfragen befaßte, dehnte auch das Institut seinen Tätigkeitsbereich entsprechend aus; seit 1984 führt es seinen heutigen Namen. Obwohl die Zuständigkeiten für den Umweltschutz heute beim Ministerium für Wohnen, Raumordnung und Umwelt liegen, ist das RIVM noch immer Teil des Gesundheitsministeriums, hat dort den Status einer Abteilung, ist aber in seiner Arbeit weitgehend unabhängig. In der praktischen Arbeit bestehen vielfältige Verbindungen zum Umweltministerium.

Das RIVM spielt die zentrale Rolle in der wissenschaftlichen Vorbereitung und Evaluierung der Umweltpolitik. Es liefert die Datenbasis für die Umweltpolitik, erstellt Berichte über die aktuelle und die zukünftige Umweltsituation, schlägt Umweltqualitätsziele vor, beobachtet Verschmutzung und Strahlung, nimmt an formellen und informellen beratenden Gremien teil etc. Das Institut wird allein von der Regierung finanziert, um seine Unabhängigkeit zu sichern. Aufträge für die Industrie oder andere gesellschaftlichen Gruppen darf es nicht durchführen. Das RIVM arbeitet in einem Netzwerk mit vergleichbaren Instituten anderer Staaten zusammen.

Ein zweites wichtiges Institut ist die "Organisation für angewandte naturwissenschaftliche Forschung" (*Toegepast Natuurweetenschaappelijk Onderzoek*, TNO). TNO hat einen besonderen, unabhängigen Status, der durch ein spezielles Gesetz (TNO-Gesetz von 1930, 1985 novelliert) begründet wurde. Auf diese Weise sollte eine unabhängige und verläßliche Organisation für die angewandte technische Forschung geschaffen werden, die Unabhängigkeit sollte eine umfangreiche Finanzierung der öffentlichen Hand sicherstellen. Heute arbeitet TNO jedoch - trotz Fortbestand von gesetzlicher Grundlage und öffentlicher Grundfinanzierung - weitgehend wie ein herkömmliches privates Forschungsinstitut, das sich zum Teil aus öffentlichen und zum Teil aus privaten Aufträgen finanziert. Einer der Arbeitsschwerpunkte liegt bei Umweltfragen, wobei sich TNO stärker als das RIVM auf Umweltaspekte von Industrieprodukten konzentriert. In einer Vielzahl von Forschungsprojekten arbeiten beide Einrichtungen zusammen.

3.3.5 Raad van State und "Zentraler Rat für Umweltschutz" (CRMH)

Zwei beratende Gremien sind für das Zustandekommen niederländischer Umweltstandards von großer Bedeutung: der "Staatsrat" (sofern die Standards durch Rechtsverordnung gesetzt werden) und der "Zentrale Rat für Umweltschutz".

Der "Staatsrat" (*Raad van State*) war in der Vergangenheit das höchste Beratungsgremium des Königs. Heute ist er vor der Verabschiedung jedes formellen Gesetzes und jeder Rechtsverordnung (AMvB) zu konsultieren. Seine Stellungnahmen befassen sich im wesentlichen mit rechtlichen Aspekten der vorgesehenen Regulierung. Präsidentin des Rates ist die Königin, in der Praxis wird diese Aufgabe aber von einem Vizepräsidenten wahrgenommen. Außer der Königin und dem Vizepräsidenten gehören dem Gremium bis zu 24 Mitglieder an, die vom Innen- und vom Justizminister auf Lebenszeit ernannt werden - in der Regel aufgrund eines Vorschlags aus dem Rat selbst. Zumeist handelt es sich bei den Mitgliedern um angesehene Juristen. Der *Raad van State* entscheidet mit Mehrheitsvotum, Minderheitsvoten sind möglich, kommen aber nur in sehr seltenen Ausnahmefällen vor. Der Rat genießt großes Ansehen, seine Stellungnahmen haben großen Einfluß auf Entscheidungen der Regierung. Der Rat ist zudem die höchste Instanz im Verwaltungsgerichtsverfahren. Beratung und Rechtsprechung werden von verschiedenen Abteilungen des Rates wahrgenommen.

Während sich die Tätigkeit des *Raad van State* auf die gesamte Gesetzgebung erstreckt, ist der "Zentrale Rat für Umweltschutz" (*Centrale Raad voor de Milieu-Hygiene*, CRMH) ein besonderes Beratungsgremium für Fragen der Umweltpolitik. Er ist vor

Erlaß jedes Gesetzes und jeder Rechtsverordnung anzuhören, die sich mit Fragen der Umweltpolitik befaßt. Weitaus stärker als der Raad van State ist er materiell mit der Setzung von Umweltstandards (ihrer Schärfe, möglichen Alternativen etc.) befaßt.

Der CRMH ist eines der Beratungsgremien, die in der niederländischen Verfassung für jedes Politikfeld vorgeschrieben sind. Die Arbeit dieser Gremien wird durch ein formelles Gesetz, in diesem Falle durch das WABM, geregelt.[6] In seiner heutigen Form besteht der Rat seit 1980. Im CRMH sind vor allem Umweltorganisationen, Arbeitgeber und Gewerkschaften, Provinzen und Gemeinden sowie unabhängige Sachverständige (Wissenschaftler) vertreten. Das WABM schreibt eine Mitgliederzahl zwischen 25 und 35 vor. Die Umweltverbände stellen mindestens vier und höchsten sechs Mitglieder, sie sind damit genauso stark vertreten wie Arbeitgeber und Gewerkschaften (mit je mindestens zwei bis höchsten drei Vertretern) zusammengenommen. Die Provinzen und Gemeinden sind ebenfalls mit (gemeinsam) vier bis sechs Vertretern beteiligt.[7] Mindestens vier Mitglieder sind unabhängige Sachverständige. Das Umweltministerium und die anderen Ministerien können an den Sitzungen des Rat teilnehmen, sie verfügen aber über kein Stimmrecht. Berufen werden die Mitglieder des Rats für einen Zeitraum von vier Jahren durch die "Krone" nach Vorschlag des Umweltministers. In der Praxis schlagen die im CRMH beteiligten Gruppen ihre Vertreter vor. Die aktuelle Zusammensetzung des Gremiums kann Übersicht 4 entnommen werden.

Der Rat kann auf Aufforderung des Umweltministers oder aus eigner Initiative tätig werden. Alle Entwürfe von AMvBs und Verwaltungsvorschriften, die den Umweltschutz betreffen, werden ihm zugesandt. Behörden sind dem CRMH bei Bedarf zur Auskunft verpflichtet und haben ihm Akteneinsicht zu erteilen. Im allgemeinen werden die Stellungnahmen des Rats von seinen Ausschüssen vorbereitet, schließlich berät jedoch der Rat in seiner Gesamtheit den Umweltminister. Ständige Ausschüsse bestehen zu den folgenden Themen: Allgemeine Politik und Rechtsfragen, Abfall, Boden, Lärm, Luft, Finanzierung der Umweltpolitik, internationale Fragen, Umweltqualitätsstandards, Umweltplanung, Chemikalien, Strahlung.

Die Sitzungen sind grundsätzlich öffentlich. Der Rat soll sich um gemeinsame Stellungnahmen bemühen, in der Praxis werden jedoch häufig Mehrheitsentscheidungen getroffen. Die Minderheit hat das Recht, ihr Votum gemeinsam mit der von der Mehrheit beschlossenen Stellungnahme vorzulegen. Minderheitsvoten werden ziemlich regelmäßig abgegeben, vor allem von den Umwelt- und Verbrauchergruppen sowie von den Vertretern der Wirtschaft.

---

[6] Art. 62 bis 77 des WABM.

[7] Die Provinzen werden in Umweltfragen von einer besonderen Arbeitsgruppe vertreten, der *Interproviciaal Milieu-overleg* (IPO), die Gemeinden von der "Vereinigung der Niederländischen Gemeinden" (*Vereniging van Nederlandse Gemeenten, VNG*).

Übersicht 4: Zusammensetzung des Centrale Raad voor de Milieu-Hygiene (CRMH) nach Herkunftsorganisationen (Stand 1991)

Vorsitzender

Unabhängige Sachverständige

5 Mitglieder

Umweltorganisationen

12 Mitglieder (inklusive 6 Stellvertreter)
- Stichting Natuur en Milieu (2 Mitglieder)
- Vereniging Milieudefensie (2 Mitglieder)
- Landelijke Vereniging tot Behoud van de Waddenzee (2 Mitglieder)
- Zuid-Hollandse Milieufederatie (2 Mitglieder)
- Brabantse Milieufederatie (2 Mitglieder)
- Groningse Milieufederatie
- Friese Milieuraad

Provinzen und Gemeinden

10 Mitglieder (inklusive 5 Stellvertreter)

Wirtschaftsverbände und Gewerkschaften

12 Mitglieder (inklusive 6 Stellvertreter)
- VNO und NCW (5 Mitglieder)
- Koninklijk Nederlands Ondernemersverbond
- Federatie Nederlandse Vakbeweging (4 Mitglieder)
- Christelijk Nationaal Vakverbond (2 Mitglieder)

Andere Organisationen

6 Mitglieder (inklusive 3 Stellvertreter)
- Vrouwenorganisaties (2 Mitglieder)
- Landbouwschap (2 Mitglieder)
- Overlegorgaan Nutsvoorzieningen (2 Mitglieder)

Ministerien (Teilnahme ohne Stimmrecht)

- Algemene Zaken
- Binnenlandse Zaken
- Defensie
- Economische Zaken
- Financien
- Landbouw, Natuurbeheer en Visserij
- Sociale Zaken en Werkgelegenheid
- Verkeer en Waterstaat
- Volkshuisvesting, Ruimtelijke Ordening en Milieubeheer
- Volksgezondheid en Cultuur

3.4 Verfahren der Standardsetzung

3.4.1 Formalisierte Verfahrensanforderungen

Wie bereits oben ausgeführt, werden landesweite Umweltstandards in den Niederlanden durch Rechtsverordnungen (AMvB) der Regierung oder durch Verwaltungsvorschriften des Umweltministers gesetzt, wobei für beide Wege eine Ermächtigungsgrundlage in einem formellen Gesetz gegeben sein muß.

An das Verfahren für die Erarbeitung von Umweltstandards auf dem Wege der AMvB stellen Verfassung und WABM eine Reihe von Anforderungen:

- Der Entwurf der AMvB ist im *Staatscourant* zu veröffentlichen.

- Alle Bürger und Organisationen haben die Möglichkeit, schriftlich Stellung zu nehmen.

- Der "Staatsrat" und der "Zentrale Rat für Umweltschutz" müssen angehört werden.

- Die vom Kabinett beschlossene AMvB ist im *Staatsblad* zu veröffentlichen.

Für den Erlaß von Umweltstandards durch Verwaltungsvorschriften bestehen - insbesondere im Hinblick auf Veröffentlichungs- und Beteiligungsverpflichtungen - dagegen keine formalisierten Anforderungen.

3.4.2 Typisches Verfahren zur Setzung von Umweltstandards

Der Erlaß von Umweltstandards im Rahmen einer AMvB vollzieht sich in der Regel in den folgenden Schritten:

1. Von den Mitarbeitern des zuständigen Ministeriums wird der Entwurf der AMvB erarbeitet. Hierbei können informelle Konsultationen mit der Industrie und anderen Akteuren erfolgen, von dieser Möglichkeit wird jedoch keineswegs immer Gebrauch gemacht. Gehen Standardsetzungsvorschläge aus der Umweltplanung hervor (siehe oben 3.1), so kann es sein, daß sie im Rahmen des Planungsprozesses bereits schon einmal die Schritte durchlaufen haben, in denen sie jetzt als konkretisierter Entwurf beraten werden.

   Der Entwurf wird unter Umständen auf der Basis einer grundlegenden Bestandsaufnahme des RIVM erarbeitet, die die jeweiligen Umweltprobleme und Wege zu ihrer Lösung aufzeigt. So werden im Rahmen der Chemikalienregulierung vom RIVM "Basisdokumente" erstellt, die untersuchen, in welcher Menge ein Stoff produziert und verbraucht wird, welche Wirkungen von ihm auf Gesundheit und Umwelt ausgehen, und die Lösungsvorschläge im Hinblick auf geeignete Standards enthalten. An der Erarbeitung eines solchen "Basisdokuments" wird die betroffene Industrie beteiligt.

2. Der Entwurf wird im *Staatscourant* veröffentlicht.

3. Alle gesellschaftlichen Organisationen können nun formlos und aus eigener Initiative Stellung nehmen. Der CRMH wird zur Stellungnahme aufgefordert, und die im Rat vertretenen Gruppen versuchen, die Stellungnahme in ihrem Sinne zu beeinflussen. Eine mündliche Anhörung durch das Umweltministerium kann, muß aber nicht durchgeführt werden. In der Praxis findet sie eher selten statt.

3. Nachdem der CRMH seine Stellungnahme abgegeben hat, erfolgt in der Regel eine Beratung im Umweltausschuß des Parlaments. Eine Verpflichtung zur Beteiligung des Parlaments besteht nicht, die Einschaltung des Ausschusses ist aber üblich. Die gesellschaftlichen Gruppen versuchen, Einfluß auf die Parteien zu nehmen, die Empfehlungen des CRMH spielen in der Regel bei den Beratungen des Ausschusses eine wichtige Rolle.

5. Nach diesen verschiedenen Beratungen überarbeitet der zuständige Minister den Entwurf, der nun die Zustimmung des Kabinetts finden muß.

6. Im Anschluß daran wird der *Raad van State* konsultiert. Nach seiner Stellungnahme überarbeitet der Minister den Entwurf gegebenenfalls noch einmal. Im Anschluß daran erfolgt der Erlaß der AMvB durch einen erneuten Kabinettsbeschluß.

7. Die erlassenen AMvB werden im *Staatsblad* veröffentlicht.

Auch bei der Erarbeitung von Verwaltungsvorschriften werden in der Regel die betroffenen Branchen und der Parlamentsausschuß für Umweltfragen konsultiert. In den meisten Fällen ist eine Abstimmung mit anderen Ministerien notwendig, deren Geschäftsbereich von den Standards berührt wird. Ist ein politischer Konflikt zu erwarten, wird sich der Minister der Unterstützung der Umweltspezialisten der Regierungsmehrheit versichern, bevor er eine wichtige Entscheidung trifft. Der CRMH muß nicht befragt werden, es steht ihm aber frei, aus eigener Initiative Stellung zu nehmen. Der Entwurf der Verwaltungsvorschriften ist dem Rat zuzusenden. Die Umweltverbände sind in der Regel nicht Teil dieses informellen Konsultationsprozesses. Sie sind jedoch zumeist über das Verfahren recht gut informiert, zum Teil durch die öffentliche Debatte über die vorgeschlagenen Standards, in der Regel aber durch Mitarbeiter des Umweltministeriums, die für den Fall der Auseinandersetzung mit der Wirtschaft oder anderen Ministerien Unterstützung suchen. Verwaltungsvorschriften werden den betroffenen Behörden zugeschickt, eine offizielle Publikation erfolgt nicht. Auch sie sind aber öffentlich zugänglich, werden z. B. in Handbüchern publiziert.

Aufgrund der formellen und informellen Abstimmungsprozesse nimmt die Standardsetzung durch eine AMvB einen nicht unerheblichen Zeitraum in Anspruch. Wenn es zu keinem politischen Konflikt kommt, ist von ungefähr einem Jahr zwischen den ersten konkreten Überlegungen und der Standardsetzung auszugehen. Wenn ein Konflikt entsteht und zumindest ein gewisser Konsens hergestellt werden soll, ergibt sich eine Verfahrensdauer von zwei oder auch mehr Jahren. Gingen die Standards aus der Umweltplanung hervor, so ist der gesamte Diskussionsprozeß noch einmal deutlich länger. Die Standardsetzung durch Verwaltungsvorschriften des Ministers verläuft etwas zügiger. Im Falle eines konfliktären Verlaufs verlängert sich aber auch hier die Verfahrensdauer erheblich.

3.5 Fallstudien zur Luftreinhaltepolitik

3.5.1 Luftreinhaltepolitik in den Niederlanden

Die Luftreinhaltepolitik der Niederlande konnte sich zunächst nur auf das "Gesetz über Belästigungen" (*Hinderwet*) stützen, ein schon im letzten Jahrhundert zum Zwecke des Nachbarschutzes erlassenen Gesetzes. 1970 wurde ein spezielles Luftreinhaltegesetz (*Wet inzake de luchtverontreiniging*) verabschiedet, mit dem erstmals die Möglichkeit gegeben war, nicht nur Anlagen (auf die sich das *Hinderwet* beschränkt), sondern auch mobile Emissionsquellen, Treibstoffe sowie einige besondere verschmutzende Aktivitäten zu regulieren. Mit dem Luftreinhaltegesetz hat das *Hinderwet* seine Funktion als Umweltgesetz nicht verloren. Das Luftreinhaltegesetz beschränkt sich auf die Regulierung von ca. 350 Großanlagen mit erheblicher Luftverschmutzung, während für die Vielzahl der kleineren Anlagen auch weiterhin das *Hinderwet* Anwendung findet (siehe zu den rechtlichen Grundlagen der Luftreinhaltepolitik auch Rehbinder 1991, S. 158 ff.).

Das Luftreinhaltegesetz enthält im wesentlichen Rahmenbestimmungen, es stellt Anforderungen an das Genehmigungsverfahren und gibt die Ermächtigung für den Erlaß einer Reihe von Rechtsverordnungen (AMvB) und Verwaltungsvorschriften. Die im Genehmigungsverfahren zu stellenden Anforderungen (Grenzwerte etc.) werden entweder durch die AMvB oder im einzelnen Genehmigungsverfahren festgelegt. Für das Genehmigungsverfahren und die Durchsetzung der getroffenen Regelungen sind die Provinzen zuständig.

Auch unter dem Luftreinhaltegesetz dominierte zunächst die einzelfallbezogene Regelung, spielten Umweltstandards keine wesentliche Rolle. Für das ganze Land verbindliche Immissionswerte existierten z. B. bis 1985 in den Niederlanden nicht, sieht man von der Direktwirkung der einschlägigen EG-Richtlinien ab. In den achtziger Jahren gewann jedoch die Regulierung durch Umweltstandards an Bedeutung. Die Novellierung des Luftreinhaltegesetzes von 1985 gab der Regierung eine Reihe zusätzlicher Ermächtigungsgrundlagen. Zugleich wurde für die *Commissaris van de Konigin*, die von der "Krone" eingesetzten Präsidenten der Provinzverwaltungen, die Ermächtigung geschaffen, in Fällen von akuter hoher Luftverschmutzung drastische Schritte wie die Stillegung von Anlagen oder die Einschränkung des Kraftfahrzeugverkehrs vorzunehmen.

Für SO_2 und Staub wurden 1986 Immissionsgrenzwerte festgelegt, für Kohlenmonoxid, Blei und Stickoxid im Jahre 1987. Für Treibstoffe wurden Bestimmungen zum Schwefel- und Bleigehalt erlassen, Emissionsstandards wurden für mobile Emissionsquellen und für Großfeuerungsanlagen festgesetzt. Für Abfallverbrennungsanlagen wurden Emissionsgrenzwerte auf der Grundlage des Abfallgesetzes erlassen. Den Standardsetzungsverfahren für die Großfeuerungsanlagen und für die Abfallverbrennungsanlagen wenden wir uns im folgenden zu.

3.5.2 Großfeuerungsanlagen

Die zunächst unter dem Luftreinhaltegesetz geübte Praxis der Provinzen, Emissionsgrenzwerte für Großfeuerungsanlagen in den Genehmigungsverfahren für die einzelne Anlage individuell festzulegen, führte zu einer Vielzahl von Konflikten zwischen den Provinzen und Unternehmen, weil keine einheitliche Luftreinhaltepolitik zu erkennen war. Als somit deutlich wurde, daß die Provinzen bei der Regulierung der Großfeuerungsanlagen überfordert waren, übernahm die Zentralregierung Anfang der achtziger Jahre einen aktiveren Part. Die Großfeuerungsanlagen waren einer der ersten Bereiche, für die die Zentralregierung von der Möglichkeit, die sie durch die Novelle des Luftreinhaltegesetzes erhalten hatte, Gebrauch machte, Emissionsstandards durch Rechtsverordnung (AMvB) festzulegen.

"Mehrjahresprogramm Luft 1985 - 1989"

Ihre Absicht, SO_2- und NO_x-Standards für Großfeuerungsanlagen zu erlassen, hatte die Regierung bereits in dem im September 1984 vorgelegten Entwurf ihres "Mehrjahresprogramm Luft" (*IMP Lucht 1985 - 1989*) bekannt gemacht. Sie stieß damit auf die Zustimmung der anderen wichtigen umweltpolitischen Akteure, der Wirtschaftsverbände, der Umweltverbände und der Provinzen. Sie alle zogen eine generelle Regelung für die gesamten Niederlande der bis bisherigen Grenzwertfestsetzung im einzelnen Genehmigungsverfahren vor. Die im Entwurf des *IMP Lucht* bezifferten Emissionsstandards waren zwar bloße Politikziele, jedoch dennoch insofern von großer Bedeutung, als aus ihnen die verbindlichen Standards der AMvB von 1987 in nahezu unveränderter Form hervorgingen. Die im Mehrjahresprogramm angekündigten Emissionsbegrenzungen waren nach informellen Konsultationen mit der Industrie zustandegekommen. Die relevanten Unternehmen -die chemische Industrie, die Elektrizitätsproduzenten, die Ölraffinerien und einige andere Großunternehmen - waren dabei von den beiden wichtigsten Arbeitgeberorganisationen (VNO und NCW) vertreten worden, so daß die Industrie in Sachen Großfeuerungsanlagen mit einer Stimme sprach.

Gegenüber den Mitarbeitern des Umweltministeriums verfügten die großen Industriebetriebe über einen erheblichen Informationsvorsprung, vor allem was technische Fragen im Hinblick auf Ölraffinerien anbelangte. Der Produktionsprozeß der Raffinerien ist sehr kompliziert, und die entsprechend qualifizierten Experten arbeiten in der Industrie selbst oder in Ingenieurbüros, nicht aber im Umweltministerium. Einwände der Industrie, vorgesehene Standards seien technisch gar nicht einzuhalten, können daher vom Umweltministerium kaum angemessen beurteilt werden.

Durch die Konsultierung der Industrie in einem frühen Stadium und durch die Berücksichtigung einer Reihe ihrer Forderungen unterstützte der wichtigste Akteur von Beginn an die vom Minister für Umweltschutz vorgesehenen Standards. Der Minister, Mitglied der konservativ-liberalen *Volkspartij voor Vrijheid en Democratie*, kam selbst aus den Reihen der Industrie und sah es als seine persönliche Aufgabe an, die Beziehungen zwischen ihr und seinem Ministerium zu verbessern. Es war seine feste Überzeugung, daß eine erfolgreiche Umweltpolitik stets die Mitwirkung der Industrie voraussetze und daß daher im Standardsetzungsverfahren ein Konsens anzustreben sei. Zugleich hielt er es für nötig, das Verhältnis zu dem Ministerium zu verbessern, das traditionell die Interessen der Industrie vertritt, dem Wirtschaftsministerium. Vertreter dieses Ministeriums waren ebenfalls von Beginn an in den Standardsetzungsprozeß einbezogen und brachten ihre engen Verbindungen mit den Ölraffinerien, den Elektrizitätsproduzenten und den anderen großen Industrieunternehmen ein.

Die im "Mehrjahresprogramm Luft" vorgesehenen Standards entsprachen weitgehend der bundesdeutschen Verordnung über Großfeuerungsanlagen (13. BImSchV), die als Vorbild gedient hatte. Die wichtigsten Unterschiede zu den bundesdeutschen Regelungen waren:

- Für Emissionen aus Ölraffinerien wurden weniger strenge Emissionsstandards gewählt als in der 13. BImSchV. Die Ölraffinerien sind für die niederländische Wirtschaft von großer Bedeutung und produzieren vor allem für den internationalen Markt. Die Übernahme der bundesdeutschen Standards wurde als Verschlechterung der Wettbewerbsposition der niederländischen Ölraffinerien angesehen, deshalb wurden auch die französischen, belgischen und britischen Standards zur Entscheidungsfindung herangezogen; in diesen Ländern sind die Standards weniger strikt als in der Bundesrepublik, so daß der vollständigen Übernahme der deutschen Standards ein Wettbewerbsnachteil der niederländischen Raffinerien gesehen wurde. Zudem wurden die Standards nicht auf die einzelne Anlage, sondern auf den gesamten Betrieb bezogen.

- Die vorgesehenen NO_x-Standards entsprachen denen der 13. BImSchV. Allerdings wurde der von den deutschen Bundesländern geforderte Stand der Technik, die selektive katalytische Reduktion nicht übernommen, da sie im Verhältnis zu den mit ihr zu erreichenden Emissionsreduzierungen als zu teuer beurteilt wurde. Die Standards sollten alle fünf Jahre evaluiert und gegebenenfalls angepaßt werden, wenn neue oder weniger aufwendige Technologien zur Verfügung stehen sollten.

- Für mit Erdgas betriebene Turbinen sah das Mehrjahresprogramm keine konkreten Standards vor, es wurde jedoch angekündigt, daß andere Standards als in der 13. BImSchV festgelegt werden sollten. Erdgas verursacht geringe SO_2-, aber hohe NO_x-Emissionen. Da die Niederlande ein großer Gasproduzent sind, ist der Einsatz von Naturgas in Großfeuerungsanlagen viel weiter verbreitet als in anderen Staaten.

Durch die Anlehnung an die bundesdeutsche Verordnung über Großfeuerungsanlagen wurde im folgenden die Diskussion um die für die Niederlande vorgesehenen Standards begrenzt. Zu keinem Zeitpunkt wurden die deutschen Standards selbst in Frage gestellt, Differenzen zwischen den verschiedenen Akteuren ergaben sich nur dort, wo von den bundesdeutschen Vorschriften abgewichen werden sollte.

Am 12. Juni 1984 gab der Zentralrat für Umweltschutz (CRMH) eine Stellungnahme zum "Mehrjahresprogramm Luft" ab und machte hinsichtlich der Emissionsstandards für die Großfeuerungsanlagen die folgenden Empfehlungen:

- Der CRMH stimmte besonderen Standards für Raffinerien prinzipiell zu, wollte aber auch bei diesen Anlagen eine substantielle Emissionsreduzierung erreichen und empfahl daher schärfere Standards, als sie im Mehrjahresprogramm vorgesehen waren. Die Vertreter der Industrie im Rat trugen diese Empfehlung allerdings nicht mit.

- Er wollte die Zielvorgaben der Emissionsreduktion zügiger umsetzen. Investitionen in emissionsreduzierenden Technologien, die bereits zur Verfügung standen, sollten so früh wie möglich realisiert werden. Auch dies fand bei den Vertretern der Industrie im Rat keine Zustimmung.

Im Umweltausschuß des Parlaments wurde das Mehrjahresprogramm am 10. Dezember 1984 diskutiert. Die Oppositionsparteien (Sozialdemokraten, Liberaldemokraten, Linkspartei) setzten sich für schärfere Standards ein und argumentierten, daß zumindest die bundesdeutschen Standards erreichbar seien. Sie stützten sich in ihren Forderungen auf die Empfehlungen (der Mehrheit) des CRMH. Dagegen wies der Umweltminister darauf hin, daß schärfere Standards für Ölraffinerien und eine schnelle Umsetzung des Programms hohe Kosten verursachen würden. Es sei zu befürchten, daß die Raffinerien geplante Investitionen nicht realisieren würden, womit ein Verlust von Arbeitsplätzen drohe. Die Koalitionsparteien (Konservativ-Liberale und Christdemokraten) unterstützten diese Auffassung nachdrücklich, sprachen sich für die im Mehrjahresprogramm vorgesehenen Standards aus und lobten den Minister für seine Fähigkeit zu einer glaubwürdigen und dennoch für die Industrie akzeptablen Umweltpolitik.

AMvB zu Großfeuerungsanlagen

Am 17. Juni 1985 legte der Umweltminister den Entwurf einer Rechtsverordnung (AMvB) zu den Emissionsstandards für Großfeuerungsanlagen vor. Der Entwurf war im

Einvernehmen mit dem Wirtschaftsminister erarbeitet worden, der wegen der Bedeutung der Standards für die Großindustrie und die gesamte niederländische Wirtschaft zu beteiligen war. Für SO_2 und NO_x im allgemeinen waren dieselben Standards wie im "Mehrjahresprogramm Luft" enthalten, dagegen waren die Standards für mit Erdgas betriebene Turbinen etwas verschärft worden. Die Veröffentlichung des Entwurfs rief vielfältige Reaktionen hervor: bei den Industrieverbänden, dem Verband der Elektrizitätsproduzenten, den Provinzen, den Umweltverbänden (siehe auch Karres 1985). Die meisten dieser Gruppen waren auch im CRMH vertreten, der seine Stellungnahme am 11. September 1985 abgab:

- Der Rat stimmte der Absicht zu, an die Stelle der bislang üblichen Festsetzung von Grenzwerten in Einzelgenehmigungen allgemeingültige Emissionsstandards zu setzen. Allerdings schlug er vor, für die Ölraffinerien auch weiterhin an der individuellen Festsetzung für die einzelne Anlage festzuhalten und so unter Umständen auch zu schärferen Werten zu gelangen, als sie der Entwurf der AMvB vorsah. Die Industrievertreter im Rat unterstützten in dieser Frage den Entwurf nicht und gaben ein entsprechendes Minderheitenvotum ab.

- Die Vorschläge hinsichtlich der Standards für Gasturbinen wurden weitgehend akzeptiert, allerdings wollte die Mehrheit des Rates den Provinzen die Kompetenz geben, stärker individuell zugeschnittene Standards zu erlassen. Sowohl die Umweltverbände als auch die Vertreter der Industrie waren gegen diese Empfehlung. Die einen setzten sich für striktere generelle Standards ein, die anderen forderten, man solle an den Standards festhalten, die das "Mehrjahresprogramm Luft" vorgesehen hatte.

- Der Rat wollte den Provinzen größere Vollmachten geben, schärfere Grenzwerte festzusetzen, wenn die örtlichen Gegebenheiten dies erforderten. Der Entwurf sah entsprechende Möglichkeiten vor, jedoch war der Spielraum der Provinzen dadurch stark eingeschränkt, daß bestimmte in der AMvB selbst enthaltene Standards nicht überschritten werden durften. Falls die lokalen Luftqualitätsziele nicht eingehalten werden würden, bestand für die Provinzen nur die Möglichkeit, eine Genehmigung zu verweigern bzw. zurückzuziehen. Letzteres war angesichts der gravierenden Konsequenzen für Wirtschaft und Beschäftigung aber nicht sehr wahrscheinlich. Die Vertreter der Industrie im Rat lehnten dagegen jeglichen Spielraum der Provinzen bei der Festlegung der Emissionsgrenzwerte ab.

- Den Standards für NO_x stimmte der Rat zu, er setzte sich zugleich für eine regelmäßige Evaluierung ein, um entsprechend der technischen Entwicklung gegebenenfalls schärfere Standards festlegen zu können. Die Umweltverbände forderten allerdings, die selektive katalytische Reduktion als die beste verfügbare Technik festzulegen und die Standards entsprechend zu setzen.

- Schließlich setzte sich der CRMH auch weiterhin für eine schnellere Verwirklichung der angestrebten Ziele ein. Von der Industrie wurde dieser Vorschlag erneut abgelehnt.

Der Umweltausschuß des Parlaments beriet den Entwurf am 2. Oktober 1985. Während die Koalitionsparteien die Vorlage unterstützten, forderten die Oppositionsparteien, den Empfehlungen des CRMH zu folgen und die vorgesehenen Standards entsprechend zu verschärfen. Am stärksten wandten sich die Kritiker gegen die für die Raffinerien vorgesehenen Sonderregelungen. Entsprechende Positionen wurden vier Wochen später auch im Plenum des Parlaments vertreten, als die vorgesehenen Standards im Rahmen der Debatte um das umweltpolitische Mehrjahresprogramm (IMP-M 1986 - 1990) diskutiert wurden.

Am 28. November 1985 begründete der Umweltminister in einer besonderen Stellungnahme die in seinem Entwurf für die Ölraffinerien vorgesehenen Standards. Er verwies auf die Überkapazitäten in diesem Sektor und darauf, daß strengere Standards Investitionen und damit auch neue (umweltfreundlichere) Anlagen verhindern könnten. Die deutschen Standards, so der Minister, seien für Neuanlagen zwar tatsächlich schärfer. Jedoch seien in der Bundesrepublik überhaupt keine Anlagen gebaut worden, für die diese Standards Anwendung gefunden hätten. Die bundesdeutschen Standards für bestehende Anlagen würden denen für die Niederlande vorgesehenen weitgehend entsprechen. Auf die Meinungsbildung der politischen Parteien hatte diese Stellungnahme keinen wesentlichen Einfluß. Immerhin reichte sie aus, daß die Koalitionsparteien den im Entwurf der AMvB vorgesehenen Standards auch weiterhin uneingeschränkt ihre Unterstützung gaben.

Der *Raad van State* gab im Dezember 1986 seine Stellungnahme ab. Er empfahl, in bestimmten Fällen den Provinzen die Kompetenz zu geben, im Genehmigungsverfahren Anforderungen durchzusetzen, die über die in den AMvB festgelegten Standards hinausgehen:

- in Fällen, bei denen durch Standards, die schärfer als die in den AMvB vorgesehenen sind, verhindert werden kann, daß Genehmigungen verweigert oder zurückgezogen werden müssen, und in denen das Unternehmen bereit ist, diese Standards in Genehmigungen zu akzeptieren,

- wenn die Technologie für eine weitere Emissionsreduzierung zur Verfügung steht und ihr Einsatz für das betroffene Unternehmen keine oder nur geringe Mehrkosten verursacht.

In der Endfassung der AMvB vom 10. April 1987 (siehe zu den erlassenen Standards Tabelle 8) wurde nur der erste der beiden Vorschläge des *Raad van State* aufgegriffen. Der andere Vorschlag hätte nach Ansicht des Umweltministers das Ziel der AMvB zu stark beeinträchtigt, Standards zu setzen, die für die gesamten Niederlande Anwendung finden. Insgesamt wurde in der Begründung des Ministers zur Endfassung der AMvB das Für und Wider des ursprünglichen Konzepts, der bundesdeutschen Verordnung über Großfeuerungsanlagen (als benutztes Vorbild) sowie der Vorschläge von CRMH und *Raad van State* noch einmal ausführlich erörtert.

Tab. 8: Niederländische Grenzwerte[a] für Großfeuerungsanlagen nach der AMvB vom 10. April 1987 (Auszug, Angaben in mg pro m^3)

	SO_2	NO_x
Neue Anlagen, 300 MW$_{th}$ oder mehr		
- Kohle	400	800/400 [b]
- Öl	400	450/300 [b]
- Erdgas	-	350/200 [b]
Neue Anlagen, unter 300 MW$_{th}$		
- Kohle	700	850/500 [b]
- Öl	1.700	450/300 [b]
- Erdgas	-	350/200 [b]
Bestehende Anlagen, 300 MW$_{th}$ und mehr		
- Kohle	400	1.000
- Öl	400	700
- Erdgas	-	500
Bestehende Anlagen, unter 300 MW$_{th}$		
- Kohle	- [c]	-
- Öl	1.700	700
- Erdgas	-	500

[a] Für Raffinerien gelten besondere SO_2-Grenzwerte (ab 1987 2.500 mg/m^3, ab 1. Januar 1991 2.000 mg/m^3, ab 1. Januar 1996 1.500 mg/m^3), für Gasturbinen besondere NO_x-Grenzwerte.
[b] Der erste der beiden Werte gilt bei Genehmigung vor dem 1. August 1988, der zweite für Genehmigungen nach dem 1. August 1988.
[c] Maximaler Schwefelgehalt der eingesetzten Kohle 0,8%.

Eine besondere Maßnahme wurde für die Elektrizitätswirtschaft ergriffen. Um die Emissionsstandards einzuhalten und dennoch den Anstieg der Stromtarife begrenzen zu können, erhielten die Elektrizitätsproduzenten staatliche Förderungsmittel in Höhe von 110 Millionen Gulden.

Seit Inkrafttreten der Verordnung haben zusätzliche Informationen über das Problem des Sauren Regens verdeutlicht, daß striktere Emissionsstandards gesetzt werden müßten. Zudem wurde durch die in der AMvB vorgesehene Evaluation der Standards - eine Anpassung der Standards wird dadurch alle fünf Jahre möglich - eine erneute Diskussion in Gang gesetzt. Der Entwurf einer AMvB, der strengere Standards vorsieht, wurde jüngst nach einer informellen Diskussion mit der Industrie veröffentlicht. Die formalen Konsultationen mit den verschiedenen Interessengruppen finden derzeit statt.

3.5.3 Abfallverbrennungsanlagen

Abfallprobleme nahmen in den sechziger Jahren in den Niederlanden stark zu, wobei der hochindustrialisierte und dicht bevölkerte westliche Teil des Landes besonders stark betroffen war. Zur Lösung der Probleme wurden insgesamt zwölf Abfallverbrennungsanlagen für Hausmüll gebaut: die ersten 1965 in Rotterdam und Leiden, bald danach folgten Anlagen in Amsterdam und Den Haag. Die Betreiber der Anlagen sind privatrechtlich organisiert, elf dieser Unternehmen befinden sich aber im Eigentum der Kommunen, auf deren Gebiet die Abfallverbrennungsanlage steht. Alle Anlagenbetreiber organisierten sich 1985 in einem gemeinsamen Verband (VEABRIN).[8] Die Kosten für die Verbrennung werden von den Abfallentsorgern (in der Regel den Gemeinden) getragen, die sie wiederum über Gebühren auf die Bürger umlegen. 1987 wurde der niederländische Hausmüll zu 37 Prozent verbrannt. 57 Prozent wurden deponiert, 4 Prozent kompostiert (EG 1992: 143).

Wie für Großfeuerungsanlagen wurden auch für Abfallverbrennungsanlagen die Grenzwerte zunächst durch die Provinzen in Einzelgenehmigungen festgelegt. Die jeweiligen Grenzwerte wurden vorrangig unter dem Aspekt der - damals erkennbaren - Schädigungen in der direkten Umgebung der Anlage getroffen. Sie bezogen sich auf mögliche Gesundheitsschäden und nicht auf die nach dem Stand der Technik erreichbaren Emissionsminderungen. Das Wissen über Beeinträchtigungen der Umwelt durch Abfallverbrennungsanlagen war insgesamt gering. So wurden z. B. die Abfallverbrennungsanlagen von Rotterdam und Den Haag mitten in den dichtbesiedelten Innenstädten errichtet. Die in den sechziger und siebziger Jahren gebauten Anlagen waren im wesentlichen nur mit Technik zur Reduktion von Staubemissionen ausgerüstet (hauptsächlich Elektrofilter). Auch bei den Abfallverbrennungsanlagen waren die Provinzen mit der individuellen Setzung von Emissionsgrenzwerten überfordert. Ihre Entscheidungen hatten weitgehend ad-hoc-Charakter. Jede Provinz entschied über ihre eigenen Werte, das Fehlen allgemeiner Standards für die gesamten Niederlande führte zu Konflikten mit den Betreibern.

Seit 1988 erfolgt die Genehmigung von Abfallverbrennungsanlagen auf der Grundlage des Abfallgesetzes (*Afvalstoffenwet*), das bereits 1977 erlassen worden war. Auch dieses Gesetz schreibt den Provinzen eine zentrale Rolle zu: Sie sind für die Organisation und Aufsicht über die Abfallbeseitigung, für die Erteilung von Genehmigungen sowie die Festlegung und Kontrolle der Einhaltung von Emissionsgrenzwerten zuständig. Das Gesetz ermächtigt jedoch das Umweltministerium, durch Verwaltungsvorschriften Standards festzulegen, die für alle Anlagen Anwendung finden. Diese Vorschriften sind nicht für das einzelne Unternehmen bindend, jedoch für die Provinzen bei der Erteilung der Genehmigungen für die einzelne Abfallverbrennungsanlage. Das Ministerium kann gegenüber den Provinzen die Einhaltung seiner Verwaltungsvorschriften durchsetzen.

---

[8] 1991 ging VEABRIN (*Vereiniging van Afvalverbranders in Nederland*) in der *Vereiniging van Afvalverwerteers* auf, der auch die Betreiber von Deponien und Kompostierungsanlagen angehören.

Halten die Abfallverbrennungsanlagen die in den Genehmigungen festgelegten Grenzwerte nicht ein, so kann die Provinz die Genehmigung zurückziehen, so daß die Anlage geschlossen werden muß. In der Praxis ist die Androhung einer solchen Sanktion durch eine Provinz jedoch wenig glaubhaft, da die Stillegung einer Abfallverbrennungsanlage in der betreffenden Provinz zu erheblichen Entsorgungsproblemen führen würde und die Provinz als Verwaltungsträger selbst für die Sicherstellung der Abfallbeseitigung verantwortlich ist. Der Minister kann jedoch die Provinzen in diesen Fällen anweisen, die Genehmigung zurückzuziehen und so die Stillegung einer Abfallverbrennungsanlage herbeiführen.

In der Folge des Seveso-Unglücks des Jahres 1979 wurde die Aufmerksamkeit auch auf Abfallverbrennungsanlagen als Quelle von Dioxin-Emissionen gelenkt. Anfragen im niederländischen Parlament führten zu einer Auswertung der Fachliteratur. Diese Auswertung sah Schädigungen der menschlichen Gesundheit durch Dioxin-Emissionen aus Abfallverbrennungsanlagen als unwahrscheinlich an, hielt aber weitere Untersuchungen für notwendig. Die Literaturrecherche ergab zugleich hohe Schwermetall-Emissionen (Quecksilber, Cadmium und andere) von Abfallverbrennungsanlagen.

RV '85

Die ersten von der Zentralregierung zu den Emissionsstandards von Abfallverbrennungsanlagen erlassenen Verwaltungsvorschriften stammen aus dem Jahre 1985 (*Richtlijn Verbranden 1985*, RV '85). Da die Standardsetzung durch eine Verwaltungsvorschrift erfolgt, deren Rang niedriger als der einer AMvB oder gar eines Gesetzes ist, konnte sie durch alleinige Entscheidung des Ministers erlassen werden, ohne daß eine formelle Anhörung (insbesondere des CRMH) notwendig war.

Aufgrund der Ergebnisse der Literaturrecherche enthielten die RV '85 keine Standards für Dioxin-Emissionen und orientierten sich ansonsten weitgehend an den zu dieser Zeit in der Bundesrepublik vorbereiteten und später auch von der EG übernommenen Werten (siehe Tabelle 9). Die Vorschriften der RV '85 bezogen sich im wesentlichen nur auf neue Anlagen und fanden auf bestehende Anlagen nur im Falle eines grundlegenden Umbaus Anwendung. Die Provinzen hatten zwar versucht, dieselben Grenzwerte in die Genehmigungen für die Altanlagen aufzunehmen, waren aber am vehementen Widerstand der Anlagenbetreiber gescheitert. Das Management der bestehenden Verbrennungsanlagen - indirekt die Kommunen - sah hinsichtlich einer potentiellen Gefährdung der Bevölkerung keine Notwendigkeit für die Festlegung strikter Emissionsstandards und vertrat die Auffassung, daß die zur Einhaltung der Standards durchzuführenden technischen Maßnahmen höhere finanzielle Lasten für die Bürger mit sich bringen würde. Die Betreiber klagten gegen die Aufnahme der Standards in die Genehmigungen für die bestehenden Anlagen und verfolgten den Rechtsweg bis zur letzten Instanz, dem *Raad van State*. Die Umweltschutzorganisationen wiederum (*Natuur en Milieu*) klagten gegen die in den neuen Genehmigungen vorgesehenen Standards, war ihrer Auffassung nach doch eine weitergehende Emissionsreduzierung technisch möglich. Aufgrund der langwierigen Gerichtsverfahren arbeiteten im Jahre 1989 elf von zwölf Abfallverbrennungsanlagen immer noch mit der Technik, die bei Inbetriebnahme der Anlage installiert worden war. Eine Anlage (Nijmegen) wurde 1987 fertiggestellt und entsprach den RV '85-Standards. Für einige andere Anlagen existierten Pläne für die Einführung neuartiger Verfahren der Emissionsminderung, andere wiederum sollten innerhalb weniger Jahre stillgelegt werden.

RV '89

Seit Anfang der achtziger Jahre arbeiteten das "Staatsinstitut für Volksgesundheit und Umweltschutz" (RIVM) und die "Organisation für Angewandte Naturwissenschaftliche Forschung" (TNO) an Untersuchungen über Dioxin-Emissionen von Abfallverbrennungsanlagen. Der Abschluß dieser Untersuchungen hatte sich jedoch wegen unzureichender Meßtechnik erheblich verzögert. Die Ergebnisse wurden Ende 1988 und im Laufe des Jahres 1989 bekannt. Die festgestellten Emissionen schwankten beträchtlich, waren zum Teil aber sehr hoch. Ein vom RIVM entwickeltes Modell über die Auswirkung der Dioxin-Emissionen auf die Bevölkerung zeigte, daß eine übermäßige Belastung beim Genuß von Milch entstehen kann, wenn die Milchkühe in der Nähe von Abfallverbrennungsanlagen grasen.

Als im Juli 1989 tatsächlich hohe Dosen Dioxin in der Milch festgestellt wurden, erregte das in der Öffentlichkeit großes Aufsehen. Die Milch aus den betroffenen Regionen durfte nicht mehr verkauft werden, weitere Messungen bei anderen Abfallverbrennungsanlagen folgten. Kurze Zeit später stellte man auch dort hohe Dioxin-Emissionen fest. Zwei Anlagen wurden auf Druck des Umweltministers sofort geschlossen (Zaandam und Alkmaar, beide in der Provinz Noord-Holland). Die Provinz war mit einer solchen Sanktion zögerlich gewesen, sah sie sich doch großen Abfallbeseitigungsproblemen gegenüber. Zwei weitere Abfallverbrennungsanlagen wurden durch die Provinzen geschlossen, zwei andere werden demnächst stillgelegt.

Bereits kurze Zeit nach dem Erlaß der RV '85 war deutlich geworden, daß die darin enthaltenen Standards nicht den aktuellen technischen Möglichkeiten entsprachen. Im Jahre 1988 hatte das Umweltministerium daher einen Entwurf für neue Verwaltungsvorschriften erarbeitet, die im Jahre 1989 in Kraft treten sollten. Die darin vorgesehenen Emissionsstandards wurden auf der Grundlage von Gesprächen mit Herstellern von emissionsreduzierender Technologie (vor allem aus der Bundesrepublik) erarbeitet. Grundlage der Standards war damit erstmals nicht mehr die Reduktion der möglichen Schädigungen der Umgebung, sondern die mit der zur Verfügung stehenden Technologie mögliche weitestgehende Emissionsreduzierung.

Nach informellen Gesprächen des Ministeriums mit den Provinzen und Gemeinden wurde der Entwurf im April 1989 an VEABRIN, den Verband der Anlagenbetreiber, übersandt. Der Verband, der sich verstimmt zeigte, nicht schon früher angehört worden zu sein, gab seine Stellungnahme am 6. Juli 1989 ab, eine Woche vor dem Bekanntwerden der Dioxin-Affäre.

Durch die Dioxin-Affäre wurde ersichtlich, daß striktere Standards vonnöten waren, der Entwurf wurde deshalb vom Umweltminister erheblich verschärft. Die Grenzwerte für Staub wurden um 50 Prozent reduziert (im Vergleich zu der RV '85 um 90 Prozent). Ein Standard für Dioxin kam hinzu, der im ursprünglichen Entwurf gar nicht vorgesehen war (siehe Tabelle 9). Er orientierte sich an ausländischen Regelungen, beispielsweise hatte Schweden den gleichen Standard schon früher festgesetzt. Die erlaubten Emissionen für SO_2 und NO_x wurden erheblich reduziert. Die Standards sollten auch für die bestehenden Anlagen Anwendung finden.

Tab. 9: Emissionsgrenzwerte für Abfallverbrennungsanlagen in den Niederlanden (in mg/m³)

	RV '85	Entwurf[a] RV '89	RV '89
Gesamtstaub	50	10	5
Sb, As, Pb, Cr, Co, Cu, Mn, Ni, V, Sn und deren Verbindungen, angegeben als Metalle, Summe	5[b]	1	1[c]
Cd, Hg und deren Verbindungen, angegeben als Metalle, je	0,1	0,05	0,05
SO_x, angegeben als SO_2	-	500	40
NO_x, angegeben als NO_2	-	300	70
Gasförmige anorganische Chlorverbindungen, angegeben als HCl	50	10	10
Gasförmige anorganische Fluorverbindungen, angegeben als HF	3	1	1
Gasförmige organische Stoffe, angegeben als Gesamtkohlenstoff	-	10	10
Kohlenmonoxid	-	50	50
Dioxin[d]	-	-	0,1 ng/m³

Bezugssauerstoffgehalt 11%

[a] Entwurf vor Bekanntwerden der Dioxinaffäre.
[b] Nur Pb und Zn als Summe.
[c] In der RV '89 wird Ni nicht genannt.
[d] Gemessen in Toxizitätsäquivalent (TEQ), vgl. 17. BImschV.

Diese Veränderung des Entwurfs für die RV '89 führte zu scharfem Protest von VEABRIN. Der Verband betrachtete die Standards als technisch nicht machbar und verwies zur Begründung darauf, daß es vergleichbar scharfe Standards für Dioxine und NO_x zwar auch in anderen Ländern gebe, daß aber nirgendwo in der Welt beide Standards gleichzeitig verlangt würden. Insbesondere von den bestehenden Anlagen seien die Standards nicht einzuhalten. Die vorgesehenen scharfen NO_x-Standards stießen bei VEABRIN auf besonderen Protest, weil sie eigentlich mit der Dioxin-Affäre gar nichts zu tun hatten, sondern diese vom Umweltminister genutzt wurde, um seine Politik gegen den Sauren Regen leichter durchsetzen zu können. Dadurch aber fühlten sich die Betreiber von Abfallverbrennungsanlagen gegenüber anderen NO_x-Emittenten benachteiligt. Schließlich kündigte VEABRIN als Folge der vorgesehenen Standards eine Verdoppelung der Verbrennungskosten (von 75 Gulden auf 150 Gulden pro Tonne Abfall) an.

Bei den anderen Akteuren waren die Reaktionen auf die Verschärfung der im Entwurf vorgesehenen Standards unterschiedlich: Während die technische Machbarkeit auch von den Provinzen bezweifelt wurde, hielten die Umweltverbände sie für gewährleistet und begrüßten daher den überarbeiteten Entwurf der RV '89 nachdrücklich. Trotz der Proteste von VEABRIN, der sich auch einer Medienkampagne bediente, wurden die RV '89 mit den vom Umweltministerium vorgeschlagenen Grenzwerten am 15. August 1989 und damit nur einen Monat nach Bekanntwerden der Dioxin-Affäre erlassen. VEABRIN wandte sich gegen diese schnelle Verfahren und setzte seinen Widerstand fort.

Am 22. August 1989 wurden die RV '89 in den Parlamentsausschüssen für Umwelt, für Landwirtschaft und für Gesundheit diskutiert und fanden dort starke Unterstützung. Allerdings wurden einige Fragen zur technischen Machbarkeit aufgeworfen, und es wurde vorgeschlagen, die Betreiber davon zu überzeugen, daß die Implementation der Standards möglich war. Die Ausschüsse vertraten die Auffassung, daß ein Konsens mit den Betreibern erreicht werden sollte, um Implementationsprobleme zu vermeiden, wie sie die Provinzen bei ihrem Versuch erfahren hatten, die Standards der RV '85 auch für die Altanlagen anzuwenden. Diese Anregungen änderten jedoch nichts an der im Parlament zwischen den Parteien und den verschiedenen Fachpolitikern herrschenden Überzeugung, daß die schärferen Standards für Abfallverbrennungsanlagen notwendig waren.

Eine Reihe von Faktoren war dafür verantwortlich, daß die verschärften Standards, die auch im internationalen Vergleich als strikt gelten können (siehe Tabelle A6 im Anhang) so schnell erlassen wurden und daß sie auf so breite Zustimmung sowohl bei den einzelnen Ministerien als auch bei den verschiedenen Parteien trafen:

- Mit den in der Milch festgestellten Dioxin-Konzentrationen standen Qualität und Ruf der niederländischen Agrarprodukte auf dem Spiel. Durch schnelles Handeln sollte der Öffentlichkeit und den Handelspartnern signalisiert werden, daß ein derartiger Vorfall nicht noch einmal vorkommen würde. Da zugleich Fragen der Volksgesundheit, des

Umweltschutzes und der wirtschaftlichen Interessen der Niederlande tangiert waren, gab es zwischen den beteiligten Ministerien einen breiten Konsens.

- Die durch die Dioxin-Affäre ausgelöste Kritik an den Abfallverbrennungsanlagen stellte im Prinzip die ganze Abfallpolitik der Niederlande in Frage, soll doch die Deponierung nach dem Jahre 2000 möglichst vollständig gestoppt und die Verbrennung weiter ausgedehnt werden. Solange aber die Abfallverbrennung im Ruf stand, die Gesundheit zu gefährden, wäre keine Gemeinde länger bereit gewesen, eine Anlage auf ihrem Gebiet zu akzeptieren.

- Die zögernde bis ablehnende Haltung der Betreiber der Abfallverbrennungsanlagen hinsichtlich der Umsetzung der Standards der RV '85 bei bestehenden Anlagen wirkte sich nun zu ihrem Nachteil aus. In der öffentlichen Debatte stießen ihre Einwände gegen die Standards der RV '89 auf große Skepsis. Zudem hatte kurz vor der Dioxin-Affäre der Umweltminister eine Untersuchung gegen die Abfallverbrennungsanlage Rotterdam eingeleitet, gab es doch Hinweise darauf, daß dort Chemieabfälle mit Haushaltsabfällen gemischt und bei zu niedrigen Temperaturen verbrannt wurden. Dieser Verdacht erwies sich zwar später als gegenstandslos, er schwächte aber ebenfalls die Position von VEABRIN im aktuellen Standardsetzungsverfahren.

Zwar wurden die Standards der RV '89 ohne umfangreiche Konsultationen und gegen den Protest der Anlagenbetreiber erlassen. Dies bedeutet jedoch nicht, daß auf die für niederländische Standardsetzungsverfahren typische Konsensbildungsstrategie ganz verzichtet wurde. Der Umweltminister bemühte sich vielmehr, diesen Konsens (insbesondere mit den Betreibern der Abfallverbrennungsanlagen) im nachhinein herzustellen und so die Implementation der Standards sicherzustellen. Eine Situation, bei der die Regierung an Emissionsstandards festhält, obwohl den Betreibern der betroffenen Anlagen keine Technologie zur Verfügung steht, um diese Standards auch einzuhalten, ist für die Niederlande unvorstellbar.

Der Umweltminister rief daher eine Arbeitsgruppe ins Leben, deren Aufgabe es sein sollte, einen Plan für die Umsetzung der Verwaltungsvorschriften zu erarbeiten und dazu die Frage der technischen Machbarkeit weiter zu untersuchen. An der Arbeitsgruppe waren das Umweltministerium, VEABRIN sowie Vertreter der Provinzen und der Forschungseinrichtungen RIVM und TNO beteiligt. Die Arbeitsgruppe konsultierte die wichtigsten Produzenten von emissionsreduzierenden Technologien. Sie stellte große Unterschiede in den vorgeschlagenen technischen Lösungen fest, aber einige Hersteller versicherten, daß sie eine Abfallverbrennungsanlage bauen könnten, die den geforderten Standards entsprechen würde. Die Arbeitsgruppe besuchte zudem zwei Anlagen (in München und Wien), deren Emissionen den Standards bereits entsprachen. Sie kam daraufhin zu dem Ergebnis, daß die technische Machbarkeit der Standards prinzipiell gewährleistet war. Im Detail unterbreitete sie dem Umweltminister jedoch einige Änderungsvorschläge:

- Der Dioxin-Standard sollte nicht als absoluter, unter allen Umständen einzuhaltender Wert verstanden werden, sondern als Zielwert, der in der Regel eingehalten werden muß, dessen gelegentliche Überschreitung aber keine Sanktionen auslösen sollte.

- Für die Quecksilbergrenzwerte sollten Ausnahmeregelungen für den Fall vorgesehen werden, daß der zu verbrennende Abfall hohe Quecksilberkonzentrationen enthält.

- Für die NO_x-Standards wurde ein Zeitaufschub vorgeschlagen, um nähere Informationen über die verschiedenen Möglichkeiten der Emissionsreduzierung einzuholen.

Hinsichtlich der Umsetzbarkeit der Standards bei bestehenden Anlagen hatte sich die Arbeitsgruppe von einem Ingenieurbüro beraten lassen, das zu dem Ergebnis kam, durch zusätzliche Technologie seien die Standards im allgemeinen einzuhalten, es werde aber Probleme bei den Standards für Staub und Dioxine geben. In ihrer abschließenden Stellungnahme für den Minister vom Januar 1990 schloß sich die Arbeitsgruppe diesen Bedenken jedoch nicht an. Zwar stimmte in dieser Einzelfrage VEABRIN mit der Arbeitsgruppe nicht überein, insgesamt war aber durch die Tätigkeit der Arbeitsgruppe eine "Arbeitsatmosphäre" entstanden, in der die Anlagenbetreiber nicht mehr drohten, die Umsetzung der Standards durch juristische Schritte zu blockieren.

Als Reaktion auf die Stellungnahmen der Arbeitsgruppe und von VEABRIN nahm der Umweltminister schließlich die folgenden Veränderungen an der RV '89 vor:

- Während die anderen Standards bis zum Dezember 1993 umgesetzt werden müssen, wurde für die NO_x-Standards die Frist bis zum Januar 1995 verlängert. Auch diese Standards gelten für die bestehenden Anlagen als Richtwerte und für die Neuanlagen als Grenzwerte.

- 40 Millionen Gulden wurden für die Erforschung und Demonstration von Technologie zur Verminderung von NO_x-Emissionen zur Verfügung gestellt.

Zudem werden die Dioxin-Standards so interpretiert, daß sie bei Altanlagen als Richtwerte, die in der Regel einzuhalten sind, und bei neuen Anlagen als stets einzuhaltende Grenzwerte angewandt werden.

Die Provinzen und VEABRIN akzeptierten die modifizierten Verwaltungsvorschriften. Für die Provinzen hätte eine noch längere Diskussion weiteren Zeitverzug und damit noch größere Probleme bei der Abfallbeseitigung bedeutet, war doch noch immer ein Teil der Abfallverbrennungsanlagen stillgelegt. Je eher feststand, an welche Standards sich die Anlagen in Zukunft würden halten können, desto besser war es für die Provinzen. VEABRIN lehnte die verschärften Standards und das Verfahren, in dem sie zustande gekommen waren, zwar im Prinzip noch immer ab, sah aber keine andere Möglichkeit als die Kooperation. Durch die Tätigkeit der Arbeitsgruppe waren die Einwände der Betreiber gegen die technische Machbarkeit der Standards stark erschüttert, wobei das Beispiel der beiden besuchten ausländischen Anlagen und die von den Anlagenbauern gewonnenen Informationen eine besondere Rolle spielte. Schließlich war VEABRIN (wie auch die Provinzen und die Zentralregierung) daran interessiert, die öffentliche Diskussion möglichst schnell zu beenden und die Abfallverbrennung vom Geruch des Umweltverschmutzers zu befreien.

Von den Betreibern wird seither an der Planung und Einführung von technischen Verfahren gearbeitet, um die neuen Standards einhalten zu können. Eine der geschlossenen Anlagen (Alkmaar) ist nach der Modernisierung wieder in Betrieb, und die vorläufigen Meßergebnisse zeigen, daß die Grenzwerte nicht überschritten werden. Zu Dioxin sind allerdings noch keine Zahlen verfügbar. VEABRIN bezweifelt immer noch die Machbarkeit der NO_x-Standards für bestehende Abfallverbrennungsanlagen.

3.6 Fallstudien zur Gefahrstoffregulierung

3.6.1 Cadmium

Chemikalienregulierung in den Niederlanden

Durch das Chemikaliengesetz von 1985 wurde EG-Recht zur Chemikalienregulierung in niederländisches Recht umgesetzt. Die Erarbeitung und Diskussion dieses Gesetzes hatte sich über einen sehr langen Zeitraum hingezogen (1981 bis 1985). Dies war vor allem den Differenzen geschuldet, die es zwischen dem Umweltministerium und der Industrie bzw. ihren Verbänden (VNCI, VNO und NCW) hinsichtlich der Anzeigepflicht und der Zulassungspolitik für Neustoffe gab. Das Chemikaliengesetz regelt das Inverkehrbringen und Verwenden von gefährlichen Stoffen, Zubereitungen und Erzeugnissen, deren Einstufung, Verpackung und Kennzeichnung. Das Gesetz unterscheidet zwischen neuen Stoffen und Altstoffen.[9] Als letztere gelten nur Substanzen, die vor dem 18. September 1981 in der Europäischen Gemeinschaft auf dem Markt erhältlich waren. Die wichtigsten Regelungen des Gesetzes beziehen sich auf:

- Anzeigepflicht für neue Stoffe;

- Überprüfung der Altstoffe;

- Verpackungs- und Kennzeichnungspflicht für gefährliche Stoffe und Zubereitungen;

- Einschränkungen für Stoffe und Zubereitungen, die als gefährlich gelten.

Nach dem niederländischen Chemikaliengesetz müssen Stoffe bereits vor der Herstellung (nicht erst vor der Vermarktung) angemeldet werden. Anmeldepflichtig sind auch Zwi-

---

[9] Das Chemikaliengesetz beschränkt sich auf Regelungen zu Grundstoffen und Produkten. Anfallende Abfallprodukte werden nach dem Chemieabfallgesetz reguliert.

schenprodukte, die nicht selbst auf den Markt kommen, sondern während des Produktionsprozesses chemisch umgewandelt werden.

AMvB zu Cadmium

In den Niederlanden gehen Cadmium-Emissionen vor allem von zwei Quellen aus. Zum einen handelt es sich um die metallverarbeitende Industrie. Zum anderen werden aufgrund der intensiven Viehhaltung große Düngermengen produziert und verbraucht; sowohl bei der Produktion als auch beim Verbrauch von Düngemitteln, die Cadmium enthalten, wird eine Cadmium-Belastung der Umwelt verursacht (siehe RIVM 1990).[10]

Die ersten alarmierenden Anzeichen für eine Schädlichkeit von Cadmium kamen aus Japan. Dort waren Reisfelder aus Flüssen bewässert worden, die durch Cadmium verunreinigt waren. Knochenschäden der Bevölkerung waren die Folge. Diese Vorfälle setzten nicht nur in Japan, sondern auch international die Regulierung des Cadmium-Einsatzes in Gang. 1972 legte die Weltgesundheitsorganisation (WHO) einstweilige Standards (ADI-Werte)[11] fest. Die EG-Mitgliedstaaten setzten die Substanz aufgrund der nachgewiesenen schädlichen Wirkungen auf die "schwarze Liste",[12] zudem wurden Standards für die Abgabe von Cadmium in offene Gewässer gesetzt.[13]

Die ersten niederländischen Standards für Cadmium wurden in den sektoralen Umweltgesetzen (zu Luft, Wasser und Boden) erlassen und bestanden aus Angaben zur Cadmium-Konzentration. In das Lebensmittelrecht wurden Höchstwerte für den Cadmium-Gehalt aufgenommen. Mitte der siebziger Jahre wurde Cadmium in der niederländischen Umweltpolitik als Substanz der "schwarzen Liste" eingestuft (im Gegensatz zur EG aber nicht nur Cadmium im Wasser, sondern auch in Boden und Luft). 1987 wurde Cadmium von der Regierung zu einer Substanz der Prioritätenliste erklärt. Die Substanzen auf dieser Liste haben wegen ihrer Umweltschädlichkeit Vorrang bei der Standardsetzung.[14] 1987 schlug die niederländische Regierung schließlich ein vollständiges Verbot der Anwendung von Cadmium bei gleichzeitiger Gewährung von begründeten Ausnahmen vor.

Als Ergänzung zu diesen auf die Umweltmedien gerichteten Aktivitäten der Cadmium-Regulierung kündigte der Umweltminister die Erarbeitung eines grundlegenden Plans

---

[10] Siehe allgemein zur Cadmium-Problematik die einleitenden Ausführungen zur Cadmium-Fallstudie für die Schweiz (2.6.3).

[11] ADI = *Acceptable Daily Intake*: tolerierbare tägliche Aufnahme eines Schadstoffes; von der WHO festgelegte Grenzwerte, die ein unschädliches Niveau der Aufnahme von Schadstoffen aufgrund von Tierversuchen und Erwartungswerten definieren sollen.

[12] EG-Richtlinie 76/464/EWG (1976 Pb. EG L 129).

[13] EG-Richtlinie 83/513/EWG (1983 Pb. EG L 291).

[14] Bezüglich einer ersten Übersicht der Stoffe auf der Prioritätenliste der niederländischen Umweltpolitik, siehe IMP-M 1985 - 1989.

zum Cadmiumproblem an. Anlaß dieser Initiative waren wachsende Erkenntnisse über die Schädlichkeit von Cadmium und die Entdeckung, daß in zwei südlichen Regionen, in Gebieten mit intensiver Viehzucht und metallverarbeitender Industrie, der Boden stark mit Cadmium belastet war.

Am 9. Mai 1984 wurde dieser Plan vom Umweltministerium und vom Landwirtschaftsministerium dem Parlament vorgelegt,[15] nachdem er auch mit dem Ministerium für Verkehr und Wasser und dem Gesundheitsministerium abgestimmt worden war. Die Übereinstimmung der verschiedenen Ministerien über den Plan kann als erstes Anzeichen für einen breiten politischen Konsens betrachtet werden, das Cadmium-Problem zu lösen. Die im Plan vorgesehenen Maßnahmen waren ausdrücklich nicht als kurzfristige Lösung der gerade entdeckten Cadmium-Probleme gedacht, auf die mit einem vorläufigen Bodenschutzgesetz eingegangen werden sollte. Der Plan selbst beschäftigte sich grundsätzlich mit der Cadmium-Frage und basierte auf intensiven Forschungen zu den möglichen Gefährdungen. Schließlich zeigte er fünf Lösungsansätze auf, die in der Zukunft verfolgt werden sollten:

1. Die Verwendung von Erzen (Zinkerz, Eisenerz, Phosphaterz) sollte reduziert werden.

2. Der Einsatz von Erzen mit geringem Cadmiumgehalt sollte stimuliert werden.

3. Die Reinigungstechniken sollten verbessert werden, um insbesondere bei der Herstellung von Düngemitteln aus Phosphaten die Cadmium-Emissionen zu reduzieren.

4. Der Gebrauch von Cadmium sollte dort reduziert werden, wo er zur Ausbreitung des Metalls in der Umwelt führt.

5. Schließlich sollte die Beseitigung cadmiumhaltigen Abfalls verbessert werden.

Nachdrücklich wies der Plan darauf hin, daß angesichts der Verbreitung kleiner Cadmiummengen in einer großen Zahl von Produkten ein international abgestimmtes Vorgehen notwendig sei. Eine Regulierung, die sich allein auf die niederländischen Produkte bezöge, würde nur einen geringen Effekt haben und zugleich die Wettbewerbsposition der niederländischen Wirtschaft beeinträchtigen.

Die Beendigung des Cadmiumsgebrauchs bei der Oberflächenbehandlung, in Pigmenten und Stabilisatoren erklärte der Plan bis auf wenige Ausnahmen für technisch und wirtschaftlich machbar. Zur Begründung wurde auf entsprechende Standards in Schweden bzw. auf vergleichbare Absichten in Dänemark und in der Bundesrepublik hingewiesen. Das Umweltministerium angesiedesterium erklärte, es werde in Zusammenarbeit mit der Industrie eine Liste der auch weiterhin notwendigen Einsatzgebiete von Cadmium erar-

---

[15] "Cadmium in der Umwelt", Schreiben der Minister für Umweltschutz und Landwirtschaft/Fischerei, Tweede Kamer, 1983 - 1984, 18 364, nrs. 1-2.

beiten und mit ihrer Hilfe versuchen, eine entsprechende EG-weite Regelung zu erreichen. Mit der Erarbeitung der Liste wurde ein Ingenieurbüro beauftragt, das mit nahezu der gesamten niederländischen Industrie zusammenarbeitete. Die Regierung forderte die Unternehmen auf, alle Ausnahmeregelungen für das beabsichtigte Cadmium-Verbot zu benennen, die ihrer Auffassung nach notwendig waren. Die Industrie nannte eine große Zahl von notwendigen Einsatzbereichen, die von der Regierung nahezu ohne Einschränkungen akzeptiert wurden.

Am 26. März 1987 wurde der Entwurf einer entsprechenden Rechtsverordnung (AMvB) veröffentlicht. Er beinhaltete das Verbot der Produktion, des Imports und der Lagerung von Produkten, bei denen Cadmium zur Oberflächenbehandlung, als Pigment oder als Stabilisator verwandt wird - mit der Ausnahme der notwendigen Anwendungen von Cadmium, die im Entwurf aufgezählt wurden. Einige dieser Anwendungen sollten auf unbegrenzte Zeit erlaubt sein, andere wurden befristet, um der Industrie Gelegenheit zur Entwicklung von Ersatzprodukten zu geben.

Die folgenden Diskussionen bezogen sich vor allem auf die technischen Konsequenzen des vorgesehenen grundsätzlichen Verbots. Die niederländische Industrie gab insgesamt 25 schriftliche Stellungnahmen zum Entwurf ab. Sie setzte sich insbesondere für weitere Ausnahmeregelungen bei der Anwendung von Cadmium als Pigment in keramischen Produkten und Emaillen ein. Zudem hielt sie es für erforderlich, die Standards für Cadmium in Zink abzuschwächen. Die Schärfe dieses Standards war vor allem für die Rückgewinnung von Cadmium während der Verzinkung von Bedeutung. Neben diesen technischen Stellungnahmen legte die Industrie großen Nachdruck darauf, zu einer einheitlichen europäischen Regelung zu gelangen.

Am 7. Mai 1987 wurde der Entwurf im Umweltausschuß des Parlaments diskutiert. Die Ausschußmitglieder unterstützten einstimmig das vorgesehene Verbot mit Ausnahmeregelungen. Auch das Parlament vertrat die Auffassung, daß es das erste Ziel der Niederlande sein sollte, eine entsprechende EG-Richtlinie durchzusetzen. In Abhängigkeit von den Ergebnissen einer solchen Initiative auf europäischer Ebene sollte dann über die nationale Regulierung durch eine AMvB entschieden werden.

Der "Zentrale Rat für Umweltschutz" (CRMH) stimmte in seinen Empfehlungen vom 5. Oktober 1988 einstimmig der Absicht zu, den Gebrauch von Cadmium zu reduzieren und die Verbreitung des Stoffes soweit wie möglich zu begrenzen. Das vorgesehene generelle Verbot mit Ausnahmeregelungen wurde als guter Ausgangspunkt dafür angesehen, eine Regulierung auf EG-Ebene zu erreichen. Obwohl sich also auch der Rat für eine internationale Lösung einsetzte, trat er - anders als das Parlament - zugleich dafür ein, die niederländischen Regelungen so schnell wie möglich in Kraft zu setzen. Lediglich die Vertreter der Industrie und der Gemeinden im Rat fanden das Inkraftsetzen einer solchen nationalen Regulierung nicht wünschenswert und wollten nicht, daß die Niederlande innerhalb der EG eine Vorreiterrolle einnahmen. Darüber hinaus stellte der Rat in seiner Stellungnahme in Frage, daß tatsächlich alle in den Ausnahmeregelungen vorgesehenen Anwendungen notwendig waren, und verlangte hinsichtlich der Bestimmung dieser notwendigen Anwendungen nähere Informationen.

Der *Raad van State* vertrat in seiner Stellungnahme die Auffassung, daß ein generelles Verbot von Cadmium die Industrie ermuntern werde, alternative Lösungen zu entwickeln. Er regte an, keine neuen Anwendungen von Cadmium zuzulassen. Kritisch wandte er ein, der Entwurf der AMvB schenke Fragen der Durchsetzung der Bestimmungen nicht genügend Beachtung.

Trotz der breiten Zustimmung trat die AMvB erst 1990 und damit drei Jahre nach Veröffentlichung des Entwurfs in Kraft. Grund für diese Verzögerung war die Diskussion innerhalb der EG. Der niederländische Entwurf war der EG-Kommission zur Notifizierung gesandt worden. Die Kommission teilte die Besorgnis der niederländischen Regierung hinsichtlich der Verbreitung von Cadmium und deren negativen Wirkungen auf Mensch und Umwelt, kündigte eigene Initiativen an und rief zur Vorbereitung einer entsprechenden EG-Richtlinie eine Arbeitsgruppe aus Experten der Mitgliedstaaten ins Leben. Deren Ergebnisse waren aus niederländischer Sicht sehr enttäuschend. Unter dem Druck Großbritanniens, Frankreichs und der Bundesrepublik gab die EG-Kommission die von den Niederlanden vorgeschlagene Regelungsvariante - ein generelles Verbot für Cadmium mit Ausnahmen - auf. Der Vorschlag der EG beinhaltete das genaue Gegenteil: Für einzelne Anwendungen sollte der Gebrauch von Cadmium verboten werden, im allgemeinen sollte er aber weiter erlaubt sein. Nach Schätzungen von Vertretern des niederländischen Umweltministeriums wären nur 10 Prozent bis 25 Prozent der Anwendungen, die nach dem Entwurf der niederländischen AMvB verboten werden sollten, auch von der EG-Regelung erfaßt worden.

Während in der EG die Diskussion über die Cadmium-Regulierung lief, wurde in den Niederlanden in den Jahren von 1987 bis 1990 zur weiteren Vorbereitung der Standardsetzung ein Basisdokument erarbeitet, das alle Erkenntnisse zu dieser Substanz zusammenstellte (RIVM 1990): Emissionsquellen, Verbreitung in der Umwelt, Belastungspfade, (öko)toxikologischer Charakter sowie Wege der Emissionsreduzierung. Wie auch bei anderen Basisdokumenten erfolgte die Erarbeitung in enger Kooperation mit der Industrie, die die notwendigen technischen Informationen lieferte.[16]

Als im Verlauf des Jahres 1989 klar wurde, daß sich der Entscheidungsprozeß in der EG weiter verzögern würde, begann man in den Niederlanden, an der endgültigen Version der AMvB zu arbeiten. Das Wirtschaftsministerium wandte sich allerdings gegen ein solches Vorgehen und wies auf mögliche Beschwerden der EG-Kommission gegen Alleingänge der Niederlande hin. Das Ministerium bezog zudem Stellung gegen die Regelungen, die für den Cadmium-Gehalt in Gips und für das Recycling von cadmiumhaltigen

---

[16] Siehe zur Risikoabschätzung bei der Kontrolle von Gefahrstoffen in den Niederlanden auch Arentsen 1991.

Kunststoffen vorgesehen waren. Nach Auffassung des Wirtschaftsministers hätten die im Entwurf vorgesehenen Regelungen den weiteren Einsatz von Gipsabfällen in der Bauwirtschaft verhindert.

Mit seinen Einwänden zu Gips und Kunststoffrecycling konnte sich der Wirtschaftsminister durchsetzen, nicht aber mit seinem Wunsch, zu diesem Zeitpunkt keine niederländische Regelung zu erlassen. Am 1. Mai 1990 trat die AMvB in Kraft. Sie verbot dem Import, das Zuverfügungstellen und die Lagerung von cadmiumhaltigen Produkten mit den in der Vorschrift aufgezählten Ausnahmen.

Vereinbarungen zu Cadmium in Batterien und Getränkekästen

Neben dem Erlaß der AMvB wurde in den Niederlanden noch ein weiterer Weg zur Cadmium-Regulierung beschritten. Bereits im Entwurf der Cadmium-AMvB hatte das Umweltministerium auf die Möglichkeit hingewiesen, Einsatz und Verbreitung von Cadmium in der Umwelt auch durch Absprachen mit der Wirtschaft zu begrenzen. Zwei solcher Vereinbarungen wurden tatsächlich geschlossen. Die eine von ihnen bezieht sich auf Nickel-Cadmium Batterien. Hier haben sich die Produzenten in einer Vereinbarung vom 29. August 1989 verpflichtet, den Cadmium-Gehalt der Batterien zu reduzieren und ein Sammelsystem für gebrauchte Batterien einzurichten. Mit der Absprache konnte die Industrie Pläne des Umweltministeriums abwenden, ein Pfandsystem einzuführen und so die Rückgabe der (wiederaufladbaren) Batterien zu gewährleisten. Die Produzenten fürchteten ein solches System wegen möglicher Mehrkosten und des schlechten Images, das für ihre Produkte entstehen könnte. Mit dem von der Industrie eingerichteten Rückgabesystem soll innerhalb von zwei Jahren ein Rücklauf von 80 Prozent der Batterien erreicht werden. Werden diese Werte - was wahrscheinlich ist - nicht erreicht, soll doch noch das Pfandsystem eingeführt werden, dann mit Zustimmung der Hersteller.

Die zweite Vereinbarung bezieht sich auf Flaschenkästen aus cadmiumhaltigem Kunststoff für Bier und Erfrischungsgetränke. Die Flaschenkästen wurden in der AMvB vom generellen Verbot ausgenommen, da in einer Vereinbarung bereits eine Reduzierung des Cadmium-Gehaltes geregelt worden war. Das Zustandekommen dieser Vereinbarung soll im folgenden näher betrachtet werden.

Ausgangspunkt war die Einführung eines neuen Flaschentyps durch die Bierbrauereien, mit der auch neue Flaschenkästen notwendig wurden. Umwelt- und Verbraucherverbände forderten, bei den neuen Kästen auf die Verwendung von Cadmium zu verzichten. Die Brauereien lehnten dies ab und führten zur Begründung Kostenaspekte und Fragen des Marketing ins Feld: Das Cadmium sei notwendig, um den Flaschenkästen die gewünschte Farbe zu geben.

Für das Umweltministerium hatte die Regulierung von Cadmium in Flaschenkästen keine besondere Priorität. Es hielt diese Anwendung des Stoffes für nicht besonders problematisch. Angesichts der beschränkten Verwendung, der langen Lebensdauer und der guten Möglichkeiten für ein Recycling der abgenutzten Kästen war man bereit, für den Ersatz des Cadmiums in den Flaschenkästen auch längere Fristen zu akzeptieren. Nachdem es zu einigen Anfragen im Parlament gekommen war, wurde 1985 eine Arbeitsgruppe zur Frage des Cadmiums in Flaschenkästen eingerichtet, in der das Umweltministerium, das Wirtschaftsministerium, die Hersteller der Kästen, die Getränkeindustrie sowie die Umwelt- und die Verbraucherverbände beteiligt waren. Die Gruppe befaßte sich vor allem mit zwei Fragen: zum einen mit der umweltverträglichen Entsorgung (bzw. dem Recycling) abgenutzter cadmiumbelasteter Kästen und zum anderen mit möglichen Ersatzstoffen.

Während man in der Frage der Entsorgung abgenutzter Kästen schnell zu einer Einigung kam - die Kästen werden zermahlen und das so gewonnene Material wird zur Herstellung neuer Kästen genutzt -, wurde die Frage der Ersatzstoffe sehr kontrovers diskutiert. Die Umwelt- und Verbraucherverbände gingen davon aus, daß Cadmium durch andere Pigmente zu ersetzen war. Dagegen betonte die Industrie, die gewünschten Farben ("eurorot" und "signalgelb") seien nur mit Cadmium zu erreichen. Als die Verhandlungen in der Arbeitsgruppe mehr oder weniger zu einem Stillstand gekommen waren, wiesen die Vertreter des Umweltministeriums darauf hin, daß sich die AMvB zur Cadmium-Regulierung (siehe oben) auch auf die Flaschenkästen beziehen würde, es sei denn, man käme zu einer freiwilligen Absprache.

Die Ankündigung, die Regulierung des Cadmium-Gehalts der Flaschenkästen gegebenenfalls im Rahmen der AMvB vorzunehmen, führte bei der Industrie jedoch nicht sofort zu größerer Bereitschaft, eine freiwillige Absprache zu treffen, wurde doch die Cadmium-Regulierung durch den Versuch, eine europaweite Lösung zu finden, erheblich verzögert. Als die Umwelt- und Verbraucherverbände daraufhin vermuteten, daß die Industrie nicht zu einer Einigung bereit war, verließen sie den Verhandlungstisch und riefen Anfang November 1986 einen Verbraucher-Boykott gegen die Brauerei Heineken aus, den wichtigsten Abnehmer der cadmiumhaltigen Kästen.

Der Boykott war sehr erfolgreich. Heineken wollte die öffentliche Debatte um seine Flaschenkästen beenden und schloß am 8. Dezember 1986 eine Vereinbarung mit den Umwelt- und Verbraucherverbänden. Danach

- soll die Zahl der im Umlauf befindlichen cadmiumhaltigen Kästen nach dem 1. April 1988 nicht mehr erhöht werden;

- sollen ab 1995 keine cadmiumhaltigen Kästen mehr produziert werden - es sei denn, es lassen sich mit anderen Pigmenten keine Kästen entsprechender Qualität herstellen;

- soll die Verwendung von Cadmium als Pigment bei der Herstellung von Flaschenkästen auf jeden Fall im Jahre 2000 beendet werden.

Die von Heineken getroffene Absprache führte bei anderen Getränkeherstellern zu heftigen Reaktionen, konnten sie doch nun ihr Argument nicht mehr länger aufrechterhalten, das Cadmium lasse sich nicht ersetzen. Nach einigen Verzögerungen und Verhandlungen über weitere Details wurde am 21. Januar 1988 zwischen dem Umweltminister, dem Wirtschaftsminister und dem Landwirtschaftsminister auf der einen und dem "Unternehmerverband Frischgetränke", dem "Marktverband für Bier" und der "Gesellschaft Verpackung und Umwelt" auf der anderen Seite eine Vereinbarung getroffen, die in ihren Grundzügen der Absprache mit Heineken entsprach, jedoch längere Fristen vorsah:

- Ab dem 1. Januar 1990 soll die Zahl der im Umlauf befindlichen cadmiumhaltigen Kästen nicht mehr erhöht werden.

- Ab dem 1. Januar 2006 sollen keine neuen cadmiumhaltigen Kästen mehr hergestellt werden.

- Mit dem 1. Januar 2010 soll der Gebrauch der cadmiumhaltigen Kästen beendet werden.

Ausnahmebestimmungen sind für den Fall vorgesehen, daß es sich als unmöglich erweisen sollte, Kästen in vergleichbarer Qualität ohne Cadmium herzustellen. Seit der Vereinbarung hat die Industrie erhebliche Summen investiert, um die Forschung und Entwicklung von möglichen Ersatzstoffen voranzutreiben.

Die Gültigkeit der weitergehenden Vereinbarung zwischen Heineken und den Umwelt- und Verbraucherverbänden wurde nicht berührt. Sie wird von Heineken eingehalten. In der Praxis dürfte sich der Unterschied in den Fristen der beiden Vereinbarungen nicht besonders gravierend auswirken. Angesichts der langen Lebensdauer der Kästen (ca. 15 Jahre) macht es, wenn die Verwendung cadmiumhaltiger Kästen im Jahre 2010 eingestellt werden soll, eigentlich schon ab 1995 wirtschaftlich keinen Sinn mehr, weitere solcher Kästen zu produzieren. Auf der anderen Seite muß jedoch auch die negative Wirkung auf die Öffentlichkeit berücksichtigt werden, die dadurch entsteht, daß 1988 ein Ende der Verwendung der Kästen erst für das Jahr 2010 vereinbart wurde. Die Umwelt- und Verbraucherverbände betrachteten die Vereinbarung als Rückschritt gegenüber der von ihnen mit Heineken getroffenen Absprache. Sie hatten an den Verhandlungen nicht mehr teilgenommen, die Unterzeichnung der Ergebnisse zu der sie dennoch aufgefordert wurden, lehnten sie wegen der ihrer Auffassung nach zu langen Frist ab.

3.6.2 Pentachlorphenol (PCP)

Pestizidregulierung in den Niederlanden

Pentachlorphenol (PCP) und andere Pestizide werden nicht durch das Chemikaliengesetz reguliert, sondern durch ein spezielles Pestizidgesetz, das 1972 erlassen und 1975 novelliert wurde. Kern des Gesetzes ist das generelle Verbot von Pestiziden, sofern sie nicht zugelassen sind. Die Zulassung erfolgt für das jeweilige Produkt, nicht für den Stoff (in diesem Fall PCP). Wollen mehrere Hersteller Pestizide verkaufen, die PCP enthalten, braucht also jeder von ihnen für jedes Produkt eine eigene Zulassung.

Die Zulassung erfolgt durch die gemeinsame Entscheidung von vier Ministerien: dem Landwirtschaftsministerium, dem Gesundheitsministerium, dem Umweltministerium und dem Sozialministerium.[17] Die Entscheidung hat im Einvernehmen zu erfolgen, jedes der vier Ministerien hat ein Vetorecht und kann die Entscheidung (die Zulassung) damit blockieren. Die Entscheidungen werden in einem interministeriellen Ausschuß (*Commissie Toelating Bestrijdingsmiddelen*) vorbereitet, an dem jedes der vier Ministerien mit einem Vertreter beteiligt ist.[18] Der Vorsitz wird von einer unabhängigen Person übernommen, zur Zeit von einem ehemaligen Mitarbeiter des Gesundheitsministeriums. Die Geschäftsstelle des Komitees ist im Landwirtschaftsministerium angesiedelt.

Obwohl das Komitee formell lediglich für die Vorbereitung der Ministerentscheidung zuständig ist, trifft es in den meisten Fällen selbst die Entscheidungen über die Zulassung des Pestizids (siehe auch Vogelezang-Stoute und Matser 1990). Die eigentliche Arbeit wird dabei in Unterkomitees geleistet. Das zuständige Unterkomitee entscheidet selbst über die Zulassung, wenn unter seinen Mitgliedern Konsens besteht. Nur wenn dies nicht der Fall ist, befaßt sich das Komitee insgesamt mit der Angelegenheit. Unterkomitees bestehen für:

- Pestizide für die Landwirtschaft;[19]

- Desinfektionsmittel;

- Holzschutzmittel;

- Produkte für Haushalt und Industrie sowie

- tiermedizinische Produkte.

In jedem Unterkomitee sind die relevanten Ministerien und das "Staatsinstitut für Volksgesundheit und Umweltschutz" (RIVM) vertreten.

Das Zulassungsverfahren beginnt in der Regel mit einem entsprechenden Antrag des Produzenten bzw. Importeurs. Diesem Antrag sind Informationen hinsichtlich der eventuellen Schädigungen für Mensch und Umwelt beizufügen, die von dem Produkt ausgehen können. Zumeist erfolgt die Entscheidung über die Zulassung auf der Grundlage dieser

---

[17] Das Sozialministerium ist für Fragen des Arbeitsschutzes zuständig und deshalb in das Verfahren einbezogen.

[18] Vor 1989 war das Landwirtschaftsministerium mit drei und das Gesundheitsministerium mit zwei Personen beteiligt.

[19] Dieses Komitee ist stark vom Landwirtschaftsministerium dominiert.

vom Hersteller zur Verfügung gestellten Materialien. Die Zulassung ist im allgemeinen mit Regeln für die Anwendung des Produktes verbunden. Die Zulassung kann für einen Zeitraum von bis zu zehn Jahren erteilt werden, in der Regel erfolgt sie jedoch für einen kürzeren Zeitraum, für zwei bis vier Jahre.

Der Entscheidungsprozeß bei der Pestizidregulierung ist weitaus weniger transparent als bei den zuvor vorgestellten niederländischen Standardsetzungsverfahren. Nur die Mitglieder des Komitees bzw. der Subkomitees (also verwaltungsinterne Gremien) sind beteiligt. Will das Komitee eine Zulassung ablehnen, so hat es zuvor den Antragsteller anzuhören, wobei das Pestizidgesetz über die Form und den Zeitpunkt dieser Anhörung keine Festlegung trifft. Andere Akteure (Umweltverbände, Benutzer der Produkte) haben kein Recht zur Stellungnahme. Der geschlossene Charakter des Verfahrens wird noch dadurch verstärkt, daß die Informationen, die die Mitglieder des Komitees erhalten, nach dem Gesetz der Geheimhaltung unterliegen. Hintergrund dieser Bestimmung ist die Befürchtung, daß im Falle einer Veröffentlichung von Informationen Konkurrenten des Anragstellers dessen Betriebsgeheimnisse in Erfahrung bringen und für ihre eigenen Zwecke nutzbar machen können. Die Pestizidregulierung fällt auch nicht unter die im WABM an Anhörungen von interessierten Gruppen und Dritten (in Genehmigungsverfahren) und an die Zugänglichkeit von Informationen gestellten Anforderungen. Zwar wurde eine entsprechende Ausweitung des WABM diskutiert, das Landwirtschafts- und das Gesundheitsministerium konnte dies jedoch verhindern. Das Gesetz über die Öffentlichkeit der staatlichen Verwaltung (*Wet Openbaarheid Bestuur*, WOB) findet prinzipiell Anwendung. Nach diesem Gesetz sind jedoch Unterlagen, die der Behörde als vertrauliche Informationen vorgelegt wurden, geheimzuhalten (Jans 1990).

Wird die Zulassung erteilt, wird dies dem Antragsteller schriftlich mitgeteilt und im *Staatscourant* veröffentlicht, wird die Zulassung verweigert, wird lediglich der Antragsteller informiert. Gegen die Ablehnung einer Zulassung kann der Antragsteller beim "Widerspruchsamt für die Wirtschaft" (*College van Beroep voor het Bedrijfsleven*) Widerspruch einlegen. Dieses Amt wurde für staatliche Entscheidungen nach einer Reihe von Gesetzen gegründet, die sich auf die Wirtschaft beziehen. Andere Akteure haben dagegen keine Möglichkeit, die nach dem Pestizidgesetz erfolgte Entscheidung vor diesem Organ anzufechten. Ob eine Klage vor einem Zivilgericht oder vor dem *Raad van State* zulässig ist, ist umstritten.

Ist ein Produkt einmal zugelassen, so gibt es zwei Wege, um seine Produktion bzw. seine Nutzung zu beenden: (1) Die Zulassung wird, nachdem sie ausgelaufen ist, nicht verlängert; (2) die Zulassung wird während ihrer Laufzeit widerrufen. Der Widerruf einer Zulassung erfordert eine entsprechende Entscheidung des Komitees (formal der Minister). Das Vetorecht jedes einzelnen Ministeriums gilt aber auch hier. Bereits ein einzelnes Ministerium kann den Widerruf der Zulassung also verhindern. In gewisser Weise ist es damit schwerer, ein bereits auf dem Markt befindliches Produkt aus dem Verkehr zu ziehen als die Zulassung eines neuen zu verhindern. Wer erreichen will, daß eine Zulassung zurückgezogen wird, muß alle vier Ministerien von der Schädlichkeit des Produkts überzeugen.

Der Widerruf der Zulassung wird veröffentlicht und kann von den betroffenen Firmen angefochten werden. Vor der Entscheidung kann die Anhörung der Produzenten oder anderer Akteure stattfinden, jedoch gibt es keine Regelungen, wie das zu geschehen hat. Zu den wenigen Anhörungen dieser Art, die bislang stattfanden, wurden nur Produzenten und Anwender eingeladen. Umwelt- und Verbraucherverbände, die den Rückzug der Zulassung vielleicht unterstützt hätten, wurden nicht beteiligt. Wird die Zulassung schließlich doch nicht zurückgezogen, können gegen diese Entscheidung keinerlei Rechtsmittel eingelegt werden. Insgesamt wurden bislang bei lediglich drei Produkten auf Initiative des Komitees die Zulassung widerrufen. Größer ist die Zahl der Fälle, in denen Zulassungen auf Initiative von Produzenten zurückgezogen wurden, die Ersatzprodukte entwickelt hatten.

Der einfachere Weg, die weitere Produktion und Anwendung eines Pestizids zu verhindern, ist, eine ausgelaufene Zulassung nicht zu verlängern. Rechtlich kann die Verlängerung einer Zulassung als Entscheidung über eine neue Zulassung verstanden werden. Angesichts der begrenzten Zeit der Mitglieder des Komitees und der Vielzahl von Produkten und Stoffen erfolgt in der Praxis die Verlängerung der Zulassung automatisch, es sei denn, es liegen Anhaltspunkte dafür vor, daß eine neue Prüfung notwendig ist. Zum Teil werden Zulassungen um lediglich ein Jahr verlängert, um neue Informationen sammeln zu können. Auch die Entscheidung, die Zulassung zu verlängern, bedarf der Zustimmung aller Minister. Angesichts der wirtschaftlichen Nachteile, die den Produzenten im Falle einer abgelehnten Verlängerung drohen, kann in der Praxis aber eine solche Entscheidung nicht einfach von einem Ministerium durchgesetzt werden. Vielmehr müssen die anderen Mitglieder des Komitees durch entsprechende Nachweise davon überzeugt werden, daß der im Falle der Verlängerung entstehende Schaden gravierender wiegt als die wirtschaftlichen Nachteile, die den betroffenen Unternehmen durch die Verweigerung der Verlängerung entstehen. Entscheidungen, die Zulassung zu verlängern, werden veröffentlicht - im Gegensatz zu Entscheidungen, die Verlängerung zu versagen. Materiell erfolgt die Prüfung, ob eine Verlängerung erfolgen soll, nicht für das einzelne Produkt, sondern für den darin enthaltenen Stoff (bzw. die Stoffe). Werden die von einem Stoff für Mensch und Umwelt ausgehenden Risiken als nicht akzeptabel beurteilt, wird den Produkten, in denen sie enthalten sind, die Verlängerung der Zulassung versagt.

PCP-Verbot

Pentachlorphenol (PCP) wird bzw. wurde wegen seiner fungiziden und bakteriziden Wirkung als Konservierungsmittel vor allem für Holz und schwere Textilien eingesetzt. Zudem kann es als Insektizid und Herbizid Einsatz finden. An die Umwelt gelangt PCP vor allem über Verdampfung und Auswaschung. PCP-Produkte sind durch eine Reihe von anderen Stoffen verunreinigt, sie enthalten andere chlorierte Phenyle und Aromate sowie polychlorierte Dibenzodioxine (PCDDs) und Dibenzofurane (PCDFs). PCP-Produkte sind eine der wesentlichen Quellen für das Auftreten von PCDDs und PCDFs (siehe BUA 1986).

Die PCP-Belastung von Oberflächengewässern kann Schäden an Wasserorganismen hervorrufen, die wahrscheinlich durch das PCP selbst verursacht werden. Dagegen ist die bei Tierversuchen festgestellte Toxizität "im wesentlichen auf die produktionsbedingten Verunreinigungen im technischen Produkt zurückzuführen", eine krebserzeugende Wirkung beim Menschen läßt sich nicht ausschließen (ebenda 140 f.). Personen, die sich längere Zeit in PCP-belasteten Innenräumen aufgehalten haben, klagen über Müdigkeit und Kopfschmerzen. Als Langzeitwirkungen treten u. a. Reizungen von Augen, Nasenschleimhäuten und Haut auf.

Das niederländische Pestizidgesetz trat zwar bereits 1962 in Kraft, da aber für die Pestizidregulierung nur geringe Kapazitäten zur Verfügung standen, setzte eine Beschäftigung mit den Holzschutzmitteln insgesamt und PCP im besonderen erst Mitte der siebziger Jahre ein. Die niederländische Diskussion um PCP begann Ende der siebziger Jahre als Antwort auf Erkenntnisse aus Schweden und aus der Bundesrepublik über die Schädlichkeit des Stoffes. Die niederländischen Behörden gingen aber davon aus, daß die entsprechenden Probleme auf den falschen Umgang mit dem PCP zurückzuführen waren und daß insofern unter Umständen eine Verbesserung der Sicherheitsbestimmungen und Veränderungen hinsichtlich der Produktzusammensetzung vorzunehmen waren, ein Verbot aber nicht erforderlich war. PCP wurde in den Niederlanden angewandt, dort aber nicht produziert, sondern importiert.

Am 22. Februar 1980 wurden Standards für die Reinheit von PCP festgesetzt, von denen man sich die Verhinderung schwerer Schäden erhoffte (siehe Tabelle 10).

Tab. 10: Niederländische Grenzwerte für Verunreinigungen von PCP-Produkten vom Februar 1980

	Maximum pro kg PCP
Hexachlorbenzen	1 g
Hexachlordibenzodioxin	10 mg
Heptachlordibenzodioxin	100 mg
Trichlorphenol	1 g
chlorierte Dibenzofurane	500 mg

Am 18. Mai 1982 erfolgte das Verbot der Anwendung von PCP als Holzschutzmittel für Innenräume, die für Wohnzwecke, für die Haltung von Vieh und Geflügel oder für die Lagerung bzw. Zubereitung von Nahrungsmitteln und Getränken benutzt werden. Für anders genutzte Räume wurden für den PCP-Einsatz bestimmte Sicherheitsbestimmungen (z. B. Ventilation) getroffen. Die Anwender von PCP bewerteten diese Regelungen als zu strikt, sahen aber ein, daß einige Regulierungen angesichts der internationalen Diskussion über PCP unausweichlich waren. Sie konnten zufrieden sein, daß die ausländischen Ereignisse nicht zu einem generellen Verbot geführt hatten.

Am 31. Januar 1984 wurden neue Standards für die Maximalkonzentration einer großen Anzahl von Pestiziden in Lebensmitteln gesetzt, die zum Teil ein Ergebnis der EG-Harmonisierung waren. Für PCP setzten die neuen Bestimmungen eine Maximalkonzentration von 0,005 mg pro kg in Pilzen und 0,001 mg pro kg in allen anderen Nahrungsmitteln fest.

Im Gegensatz zu den Niederlanden, wo es nie eine breite öffentliche Diskussion über PCP gegeben hatte, hielt die Debatte in anderen Ländern an. Für niederländische Anwender, die für den internationalen Markt produzierten, wurde der Einsatz wirtschaftlich immer weniger attraktiv, war doch in einigen Ländern ein Verbot bereits erfolgt und in anderen Ländern sehr wahrscheinlich. Außerdem waren bereits Ersatzstoffe entwickelt worden, die zwar etwas teurer sind, aber eine ähnliche Wirksamkeit wie PCP aufweisen. Die internationale Diskussion trug im übrigen dazu bei, daß die politische Akzeptanz des Stoffes sank. So entschieden die vier Ministerien, die Zulassungen für PCP-haltige Produkte nicht über den 1. Januar 1989 hinaus zu verlängern. Die Entscheidung wurde aus den genannten Gründen von der betroffenen Industrie akzeptiert.

Für die Beurteilung der PCP-Regulierung ist daran zu erinnern, daß sich das Pestizidgesetz auf den Gebrauch der Pestizide bezieht. Mit dem PCP-Verbot ist also die Holzbehandlung durch PCP erfaßt. Nicht verboten ist die Einfuhr von Holz, das in anderen Ländern mit PCP behandelt wurde. Insofern ist davon auszugehen, daß in den Niederlanden immer noch mit PCP behandeltes Holz verwandt wird.

3.7   Fazit

Niederländische Verfahren zur Setzung von Umweltstandards zeichnen sich, das zeigen alle vier Fallstudien, durch ein hohes Maß an internationaler Orientierung aus. Von großer Bedeutung sind die auf der Ebene der Europäischen Gemeinschaften getroffenen Festlegungen, wobei die Niederlande häufig eine Vorreiterrolle einnehmen. Beispiele sind die (im Rahmen dieser Studie nicht untersuchte) Festsetzung von Kfz-Standards und die Cadmium-Regulierung. Das in den Niederlanden erarbeitete Verbot der Verwendung von Cadmium mit abschließend aufgezählten Ausnahmen wurde als Ausgangspunkt für die Verhandlungen auf EG-Ebene genutzt und erst dann von den Niederlanden im Alleingang erlassen, als sich nach mehreren Jahren Verhandlungen die EG zunächst nur zu einem Verbot einzelner Anwendungen entschließen wollte.

Zudem orientieren sich die Niederlande in erheblichem Maße an den Umweltstandards anderer Staaten. Referenzpunkt der Festsetzung niederländischer Emissionsstandards für Großfeuerungsanlagen war die bundesdeutsche 13. BImschV. Deren Festlegungen waren im niederländischen Standardsetzungsverfahren weitgehend unumstritten. Die Debatte, die vor allem zwischen der Regierung und den betroffenen Branchen auf der einen Seite und den Umweltverbänden auf der anderen Seite geführt wurde, setzte dort ein, wo aus vor allem wirtschaftlichen Gründen von den bundesdeutschen Standards abgewichen und eine weniger strikte Regulierung vorgenommen werden sollte.

Aber auch in den anderen Fallstudien spielte der Verweis auf das Beispiel des Auslands eine wichtige Rolle. Daß sich die Betreiber von Abfallverbrennungsanlagen den verschärften Standards von 1989 schließlich nicht mehr verweigerten, war vor allem auch dem Beispiel von Abfallverbrennungsanlagen in der Bundesrepublik und Österreich geschuldet, die die vorgesehenen Grenzwerte bereits weitgehend einhielten. Und beim Einsatz von PCP als Holzschutzmittel war das in anderen Ländern ebenfalls in Erwägung gezogene oder bereits erfolgte Verbot und damit die mögliche Benachteiligung niederländischer Anwender, die für den internationalen Markt produzieren, ein wichtiges Argument für die niederländische Regulierung.

Die Abhängigkeit der niederländischen Wirtschaft vom Ausland ist überhaupt einer der Gründe für die internationale Orientierung der Standardsetzungsverfahren. Darüber hinaus wirkt sich die teilweise Übernahme der naturwissenschaftlichen und technischen Basis der Standardsetzung aus den größeren Industriestaaten aus. Die Bedeutung der naturwissenschaftlichen Debatte für den Verfahrensverlauf ist verhältnismäßig begrenzt. Eine intensive wissenschaftliche Auseinandersetzung um die "richtige" Einschätzung der zu regelnden Risiken ist in den Niederlanden unüblich. Die vier Fallstudien zeigen ein erhebliches Maß an Übereinstimmung zwischen den wesentlichen Akteuren im Hinblick auf den grundsätzlichen Regulierungsbedarf, umstritten war im wesentlichen "nur" noch die Schärfe der Standards.

Umweltstandards werden in den Niederlanden vor allem durch AMvB des Kabinetts bzw. durch Verwaltungsvorschriften des Umweltministeriums gesetzt, jeweils auf der Grundlage einer gesetzlichen Ermächtigung. Die niederländischen Verfahren zeichnen sich durch eine relativ hohe Transparenz und Offenheit aus. Weitaus weniger als in den USA gehen die Zugangsmöglichkeiten aber auf formalisierte, rechtlich abgesicherte Beteiligungsrechte zurück. Als getroffene Formalisierung ist vor allem die Beteiligung des "Zentralen Rats für Umweltschutz" (CRMH) zu nennen. Die Stellungnahmen des vor allem aus Vertretern der Wissenschaft, der Umweltverbände, der Wirtschaftsverbände und Gewerkschaften sowie von Provinzen und Gemeinden zusammengesetzten Beratungsgremiums, das bei der Setzung von Umweltstandards auf dem Wege der AMvB anzuhören ist und bei der Standardsetzung durch Verwaltungsvorschrift von sich aus Stellung nehmen kann, genießen in den Verfahren einen hohen Stellenwert. Daneben tragen auch die weitgehenden Zugangsrechte, die in den Niederlanden im Hinblick auf den Zugang zu umweltrelevanten Informationen der Behörden bestehen, zur Transparenz der Verfahren bei.

Von der Tätigkeit des Rates abgesehen, erfolgt die Beteiligung der relevanten Interessen jedoch weitgehend informell. Zwar gibt es ein allgemeines Recht zur schriftlichen Stellungnahme, jedoch anders als in den USA keinerlei Verpflichtung der Behörde, auf die erhobenen Einwendungen auch einzugehen. Mündliche Anhörungen sind nicht vorgeschrieben, sie werden auf freiwilliger Basis und eher selten durchgeführt. Jedoch existiert ein hohes Maß an informellen Kontakten zwischen dem Ministerium und den Wirtschaftsverbänden sowie den Umweltverbänden.

Obwohl sie für die Wirksamkeit der Standards nicht notwendig ist, erfolgt in der Regel während des Standardsetzungsverfahrens eine Konsultierung des Umweltausschusses des Parlaments. Auf diese Weise wird zum einen das Verfahren einer breiteren Öffentlichkeit zugänglich gemacht und zum anderen den Interessengruppen ein weiterer Weg der Einflußnahme eröffnet.

Schließlich trägt die Einbettung der Standardsetzung in die längerfristige Umweltplanung, eine Besonderheit der niederländischen Umweltpolitik, erheblich zur Transparenz der Verfahren bei. Werden die vorgesehenen Umweltstandards, wie beim Beispiel der Grenzwerte für Großfeuerungsanlagen, bereits in den Planungsdokumenten konkret beziffert, bedeutet dies nicht nur eine frühzeitige Information der relevanten Akteure, diesen wird auch die Möglichkeit eingeräumt, bereits während der Erarbeitung des Planes und vor dem eigentlichen Standardsetzungsverfahren Einfluß zu nehmen. Denn auch in den Prozeß der Aufstellung der Umweltplanung sind der CRMH und das Parlament einbezogen, und die Interessengruppen werden durch das Ministerium konsultiert.

Anders als in der Schweiz genießen in den Niederlanden Wirtschaftsverbände und Umweltverbände in der Regel die gleichen Zugangsmöglichkeiten zu den Standardsetzungsverfahren, was bereits an der Zusammensetzung des CRMH deutlich wird. Zwar verfügen die Unternehmen und ihre Verbände zumeist über einen erheblichen Wissensvorsprung hinsichtlich der naturwissenschaftlichen und technischen Aspekte der Standardsetzung; dieser ist jedoch in den Niederlanden aufgrund der Professionalisierung der Umweltbewegung, die wiederum nicht zuletzt auch durch staatliche Zuschüsse ermöglicht wird, eher geringer als in anderen Staaten.

Typisch für den Verlauf niederländischer Verfahren, das zeigen vor allem die Fallstudien zu den Großfeuerungsanlagen und zur Cadmium-AMvB, ist die Orientierung auf konsensuale Lösungen. Der Konsens mit der jeweils betroffenen Branche spielt dabei eine besondere Rolle, in weitaus stärkerem Maße als in der Schweiz wird jedoch Wert darauf gelegt, auch mit den Umweltverbänden eine Übereinstimmung zu erzielen. Das Streben nach einem konsensualen Verlauf von Standardsetzungsverfahren wird durch eine Reihe von Faktoren begünstigt: Das - jedenfalls im Vergleich zu den USA - überschaubare Akteursfeld auf Seiten der Umweltbewegung und wohl noch mehr bei den Wirtschaftsverbänden macht die Tätigkeit eines Repräsentativorgans wie des CRMH überhaupt erst möglich, können doch nur so die im Rat vertretenen Organisationen mit einiger Gewähr für die tangierten Interessen sprechen. Und die Tatsache, daß es in den Niederlanden keine Möglichkeit gibt, die Standards selbst gerichtlich anzufechten, bedeutet für alle Akteure einen erheblichen Anreiz, auf dem Wege des Kompromisses im Standardsetzungsverfahren selbst Einfluß zu nehmen. Gerichte spielen insofern in niederländischen Standardsetzungsverfahren praktisch keine Rolle. Eine Besonderheit stellt die auf Rechtsfragen gerichtete Stellungnahme des *Raad van State* während der Erarbeitung einer AMvB dar, die dieser jedoch als Beratungsgremium und nicht als Gericht abgibt.

Die konsensuale Orientierung ist schließlich keine Besonderheit der Standardsetzungsverfahren. Niederländische Politik ist zutiefst durch die Existenz der drei Lager des Katholizismus, des Calvinismus und der (sozialistischen) Arbeiterbewegung geprägt, von denen keines allein über eine (parlamentarische wie gesellschaftliche) Mehrheit verfügen kann. Seit dem ersten Weltkrieg hat sich die auf Interessenausgleich ausgerichtete "versäulte Demokratie" ausgebildet, die sich in der Existenz von Koalitionsregierungen (mit wechselnden Mehrheiten), der großen Bedeutung von Beratungsgremien, die die verschiedenen Lager und Interessen repräsentieren, sowie einer politischen Kultur niederschlägt, die den Kompromiß begünstigt (vgl. z. B. Katzenstein 1985).

Daß im Rahmen des grundsätzlich auf Konsens angelegten Verfahrens Standards von durchaus unterschiedlicher Schärfe zustande kommen, macht der Vergleich zwischen den Fallstudien zu den Großfeuerungsanlagen, zur Cadmium-AMvB und zu den Abfallverbrennungsanlagen deutlich. Während die ersten beiden als Beispiele des typischen Verlaufs eines niederländischen Standardsetzungsverfahrens gelten können, zeichnet sich der dritte Fall durch die Besonderheit einer Standardsetzung unter den Bedingungen eines Skandals aus.

Die beiden "Normalverfahren" sind durch die frühzeitige Konsultation der betroffenen Branchen geprägt, an die hinsichtlich der Schärfe der Standards erhebliche Zugeständnisse gemacht wurden. Die Standards wurden im wesentlichen so erlassen, wie sie vom Umweltministerium nach den Konsultationen mit der Industrie erarbeitet worden waren. Bei den Grenzwerten für Großfeuerungsanlagen blieb man bei zwei für die Niederlande besonders wichtigen Gruppen von Anlagen (Raffinerien, mit Erdgas betriebene Turbinen) hinter den bundesdeutschen Standards zurück. Zugleich erfolgte eine erhebliche finanzielle Kompensation, die die Elektrizitätswirtschaft in die Lage versetzen sollte, die Standards einzuhalten. Durch Stufenpläne - längerfristig sind schärfere Standards einzuhalten - und die Verpflichtung, nach relativ kurzer Zeit eine Evaluierung durchzuführen, wurde zugleich versucht, die Zustimmung der Umweltverbände zu erhalten, die für schärfere Standards eintraten. Ähnlich das Muster der Cadmium-Regulierung: Mit ihrer

AMvB zur Verwendung von Cadmium, einem Verbot mit Ausnahmen, erzielten die Niederlande gerade im internationalen Vergleich einen wichtigen umweltpolitischen Erfolg; mit den Ausnahmeregelungen wurde jedoch wesentlichen Wünschen der betroffenen Branchen entsprochen.

Der Fall der Emissionsgrenzwerte für Abfallverbrennungsanlagen zeigt, daß es in den Niederlanden zu schärferen Standards kommt, wenn das Verfahren, verursacht durch einen vorangegangenen Skandal, großes öffentliches Interesse findet. Als Antwort auf die Entdeckung von Dioxin in der Milch wurde das laufende Standardsetzungsverfahren in kurzer Zeit abgeschlossen, die Grenzwerte für Staub wurden verschärft, und Grenzwerte für Dioxin wurden aufgenommen, die im Entwurf nicht vorgesehen waren. Zudem kam es insofern zu einer "überschießenden Regulierung", als der Umweltminister die Situation nutzte und - im Sinne seiner Politik gegen den Sauren Regen - scharfe NO_x-Grenzwerte für Abfallverbrennungsanlagen erließ.

Die zügige Standardverschärfung ohne die für niederländische Verfahren typische intensive Abstimmung vor allem auch mit der betroffenen Branche läßt sich auf eine besondere Konstellation zurückführen. Durch die Dioxin-Affäre waren die Interessen der Landwirtschaft und vor allem ihre Exportchancen beeinträchtigt, zugleich war die Abfallpolitik der Regierung gefährdet, die eine wachsende Bedeutung der Abfallverbrennung vorsah. Die Position der Anlagenbetreiber war zudem dadurch geschwächt, daß sie sich in der Vergangenheit durch Beschreiten des Rechtsweges gegen den Versuch zur Wehr gesetzt hatten, die weitaus weniger weitgehenden Grenzwerte der Standards von 1985 in die Einzelgenehmigungen für die bestehenden Anlagen aufzunehmen.

Der besondere Entscheidungsstil der niederländischen Standardsetzungsverfahren schlägt aber selbst bei diesem Fall insoweit durch, als nach dem zügigen Erlaß der Standards eine Konsultationsphase mit den Anlagenbetreibern einsetzte, um die Implementation der Standards sicherzustellen. Ein Erlaß von Standards (z. B. im Sinne eines *technology enforcement*), die mit der jeweils zur Verfügung stehenden Technologie gar nicht einzuhalten sind, ist für niederländischen Verfahren nicht vorstellbar. Nach den Konsultationen wurden zwar insofern gewisse Zugeständnisse gemacht, als die Standards für bestehende Anlagen zum Teil abgeschwächt und öffentliche Mittel bereitgestellt wurden, um die Einhaltung der NO_x-Werte zu erleichtern. Insgesamt war das Entgegenkommen an die Vorstellungen der Branche jedoch deutlich geringer als im Fall der Großfeuerungsanlagen.

Das Zusammenspiel zwischen freiwilligen Absprachen und rechtlich normierten Standards, wie es bei der Cadmium-Regulierung erfolgte, kann als eine Besonderheit der niederländischen Umweltpolitik angesehen werden. Die Regulierung des Cadmium-Einsatzes in Getränkekästen wurde von den Umwelt- und Verbraucherverbänden vorangetrieben. Die Regierung maß ihr kein besonders großes Gewicht bei; durch die Ankündigung, gegebenenfalls auch diese Anwendung im Rahmen der Cadmium-AMvB zu regeln, förderte sie jedoch die Verhandlungsbereitschaft der Getränkeindustrie. Zu einem Durchbruch kam es jedoch erst, nachdem es den Umwelt- und Verbraucherverbänden mit ihrem Verbraucherboykott gelungen war, eine Bresche in die Front der Getränkehersteller zu schlagen und mit einer besonders wichtigen Brauerei eine Vereinbarung zum schrittweisen Ausstieg aus der Nutzung cadmiumhaltiger Kästen zu schließen. Im Anschluß daran kam es zur - allerdings mit längeren Übergangsfristen versehenen - Vereinbarung zwischen der gesamten Branche und der Regierung. Die Vorgeschichte der Cadmium-Vereinbarung zeigt zugleich, daß die niederländische Umweltbewegung auf erhebliche Druckmittel zurückgreifen kann, was ihre Position in den Standardsetzungsverfahren entsprechend stärkt.

Das Beispiel Pestizide schließlich macht deutlich, daß zuvor die meisten, keineswegs aber alle niederländischen Standardsetzungsverfahren durch Transparenz gekennzeichnet sind. Die Zugangsmöglichkeiten bei der Pestizidregulierung in den Niederlanden sind insofern asymmetrisch ausgestaltet, als zwar Beteiligungsrechte für Produzenten und Anwender, kaum aber für die Umweltverbände bestehen. Der CRMH ist in diese Verfahren nicht einbezogen, die Informationsrechte der Öffentlichkeit sind begrenzt. Der besondere Stellenwert der Interessen der Nutzer wird durch die hervorgehobene Rolle des Landwirtschaftsministeriums im Verfahren dokumentiert. Daß es trotz dieses geschlossenen Charakters der niederländischen Pestizid-Regulierung im untersuchten Fall zu einer scharfen Entscheidung, dem Verbot von PCP, kam, dürfte in der vergleichsweise geringen wirtschaftlichen Bedeutung des Einsatzes des Stoffes für die Niederlande begründet liegen: PCP wurde in den Niederlanden selbst nicht hergestellt, der Einsatz (vor allem als Holzschutzmittel) war weniger wichtig als z. B. in den USA. Vor allem aber waren die landwirtschaftlichen Interessen mit ihrem erheblichen Widerstandspotential nicht tangiert.

Insgesamt wird auch in den Niederlanden die Schärfe von Umweltstandards nicht in erster Linie von der Ausgestaltung der Verfahren bestimmt; andere Erklärungsfaktoren wie wirtschaftliche Aspekte, die besondere Bedeutung von Umweltproblemen für die dichtbesiedelten Niederlande oder die öffentliche Aufmerksamkeit für die zu regelnden Umweltprobleme dominieren. Das Umweltbewußtsein der niederländischen Bevölkerung ist in den letzten Jahren - vor allem auch im Zusammenhang mit der Diskussion um den Bericht "Sorgen für Morgen" und den "Nationalen Umweltplan" - deutlich gewachsen. Jedoch trägt auch das Verfahren mit seinen spezifischen Elementen zu den im internationalen Vergleich relativ scharfen niederländischen Standards bei. Die (in der Mehrzahl der Fälle) bestehende Transparenz der Verfahren und das Bestreben, auch die Umweltverbände einzubinden, können zu schärferen Standards führen. Durch die konsensuale Orientierung der Verfahren werden zugleich verhältnismäßig günstige Implementationsvoraussetzungen geschaffen.

4. Länderstudie USA

4.1 Grundzüge der Umweltpolitik der USA

Als eigenständiges Politikfeld auf nationaler Ebene wurde die Umweltpolitik in den USA Ende der sechziger und Anfang der siebziger Jahre etabliert. 1970 richtete Präsident Nixon seine berühmt gewordene Umweltbotschaft an den *Congress*, in der er die siebziger Jahre zum "Jahrzehnt der Umwelt" erklärte (Kraft und Vig 1990: 12 f.). Wesentliche Umweltgesetze resultieren aus diesen Jahren: so z. B. der *National Environmental Policy Act* (NEPA) von 1969, der *Clean Air Act* (CAA) von 1970 und die grundlegende, umweltpolitisch motivierte Novelle des *Federal Environmental Pesticide Control Act* (FIFRA) von 1972. Schließlich wurde von Präsident Nixon im Jahre 1970 die *Environmental Protection Agency* (EPA) als neuer zentraler Akteur der Umweltpolitik ins Leben gerufen.

Weitaus weniger als in den beiden anderen untersuchten Staaten kann in den USA von einer einheitlichen und integrierten Umweltpolitik ausgegangen werden. Vielmehr besteht die Umweltpolitik aus einem "Flickwerk von verschiedenen Gesetzen, Zielen, Instrumenten, Behörden und staatlichen Ebenen" (Andrews 1992: 3). Kennzeichnend sind ein fragmentiertes System der umweltpolitischen Akteure und - trotz erfolgter Zentralisierung - ein erheblicher Handlungsspielraum von Einzelstaaten und Gemeinden. Dieser Fragmentierung in Programme und Behörden, die jeweils an einzelnen Problemen orientiert sind, entspringen die Stärken wie die Schwächen der Umweltpolitik der USA.

Ein Umweltministerium existiert in den USA nicht. Mit der Gründung der *Environmental Protection Agency* wurden zwar die sich auf den Umweltschutz beziehenden Aufgaben der Regulierung zu großen Teilen zusammengefaßt, die EPA deckt aber bei weitem nicht den ganzen Bereich der Umweltpolitik ab (siehe auch Rosenbaum 1991: 96 ff., Harris und Milkis 1989). Vielmehr erfüllt eine ganze Reihe weiterer Institutionen auf Bundesebene umweltpolitische Aufgaben, wie sich Abbildung 3 entnehmen läßt. Die von Präsident Bush zu Beginn seiner Amtszeit angekündigte Aufwertung der EPA zu einem Umweltministerium wurde nicht in die Tat umgesetzt.

Auch über ein allgemeines Umweltschutzgesetz, das mit dem der Schweiz bzw. der Niederlande zu vergleichen wäre, verfügen die USA nicht. Der *National Environmental Policy Act* (NEPA) beschränkte sich im wesentlichen auf die Deklaration einiger Prinzipien der Umweltpolitik, auf die Einrichtung des *Council on Environmental Quality* (CEQ) und - die wohl bedeutendste Bestimmung des Gesetzes - auf die Verpflichtung, für alle wichtigen Maßnahmen des Bundes eine detaillierte Abschätzung der Einwirkungen auf die Umwelt und eine Beurteilung möglicher Alternativen vorzulegen (*environ-*

mental-impact-statement), die von den relevanten anderen Behörden, der Bevölkerung und von den Gerichten überprüft werden kann.

Abb. 3: Umweltpolitische Zuständigkeiten auf der Ebene des Bundes in den USA

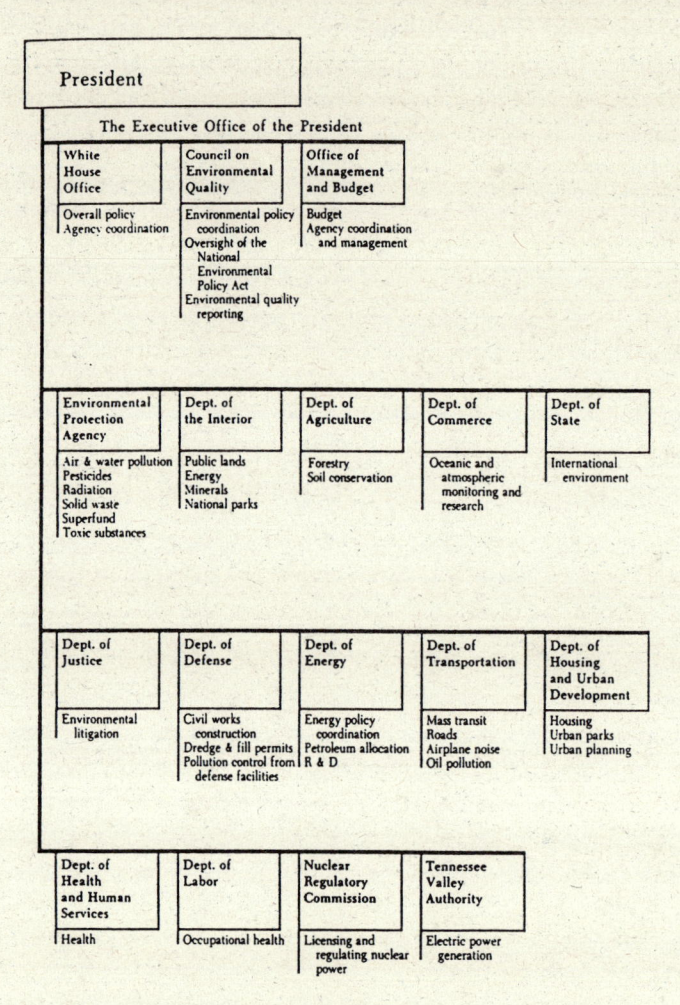

President				
The Executive Office of the President				
White House Office	Council on Environmental Quality	Office of Management and Budget		
Overall policy Agency coordination	Environmental policy coordination Oversight of the National Environmental Policy Act Environmental quality reporting	Budget Agency coordination and management		
Environmental Protection Agency	Dept. of the Interior	Dept. of Agriculture	Dept. of Commerce	Dept. of State
Air & water pollution Pesticides Radiation Solid waste Superfund Toxic substances	Public lands Energy Minerals National parks	Forestry Soil conservation	Oceanic and atmospheric monitoring and research	International environment
Dept. of Justice	Dept. of Defense	Dept. of Energy	Dept. of Transportation	Dept. of Housing and Urban Development
Environmental litigation	Civil works construction Dredge & fill permits Pollution control from defense facilities	Energy policy coordination Petroleum allocation R & D	Mass transit Roads Airplane noise Oil pollution	Housing Urban parks Urban planning
Dept. of Health and Human Services	Dept. of Labor	Nuclear Regulatory Commission	Tennessee Valley Authority	
Health	Occupational health	Licensing and regulating nuclear power	Electric power generation	

Quelle: Council of Environmental Quality 1987, nach Kraft und Vig 1990: 7

Auch eine integrierte Planung der Umweltpolitik, wie sie die Niederlande auszeichnet, fehlt in den USA. Ansätze einer solchen Funktion sind am ehesten beim *Council on Environmental Quality* zu sehen, der nach dem *National Environmental Policy Act* den Präsidenten in Umweltfragen berät und die Implementierung des NEPA durch die verschiedenen Teile der Administration kontrolliert, dessen Einwirkungsmöglichkeiten allerdings begrenzt sind. Der CEQ besteht aus drei Mitgliedern und ist im *Executive Office* des Präsidenten angesiedelt. In den siebziger Jahren nahm der CEQ mit seinen jährlichen Berichten und speziellen Studien entscheidenden Einfluß auf die umweltpolitische Diskussion in den USA. Die bekannteste dieser Aktivitäten ist der 1980 veröffentlichte Bericht *Global 2000* zu den weltweiten ökologischen Trends und Problemen. Die Möglichkeit, den *Council* zu einer konkretisierten Planung und Koordination der Umweltpolitik einzusetzen, wurde von den bisherigen Präsidenten nicht genutzt. Im Gegenteil: In den Jahren der Reagan-Administration ging die Bedeutung des Gremiums deutlich zurück.

Bis 1970 hatte die amerikanische Politik zwar langjährige Praxis im Umgang mit wichtigen umweltrelevanten Ressourcen wie Land, Wäldern, Gewässern und Fauna; sie verfügte z. B. über eine langjährige Erfahrung in der Einrichtung und Verwaltung von Nationalparks. Regulative Politik zur Verbesserung der Umweltpolitik war dagegen auf der Ebene des Bundes weitgehend ungebräuchlich. Die Kontrolle der von der Industrie oder den privaten Haushalten ausgehenden Verschmutzungen wurde als vor allem lokale Aufgabe angesehen. Lediglich eine Handvoll einschlägiger Regulierungen und Umweltstandards existierte. Ab 1970 verlagerte sich der Schwerpunkt der Politik in dramatischer Weise auf Ge- und Verbote. Zwischen 1970 und 1980 wurden auf der Ebene des Bundes ca. 130 neue regulierende Gesetze verabschiedet. Ein Großteil von ihnen bezog sich auf die Umwelt und erforderte die Setzung einer Vielzahl von Umweltstandards.

Im Zusammenhang mit dem Vordringen regulativer Politik hat sich seit den sechziger Jahren die umweltrelevante Aufgabenverteilung im föderalen System der USA deutlich verändert. Seit 1970 wurde ein Fülle von bundesweit gültiger Standards gesetzt, die die früher weitaus größeren Unterschiede zwischen den 50 Staaten reduziert haben. Während der Bund bis in die sechziger Jahre im wesentlichen nur technische Unterstützung für die umweltrelevanten Aktivitäten der Einzelstaaten geleistet hatte, sind diese heute verpflichtet, ein umfängliches und komplexes Regulierungsprogramm des Bundes umzusetzen. Trotz dieser erheblichen Zentralisierung verbleibt jedoch den Staaten unter den meisten Umweltgesetzen ein erheblicher Spielraum für eine Umweltpolitik. Im Resultat ist Umweltpolitik in den USA trotz der vollzogenen Zentralisierung noch immer sehr vielgestaltig - sowohl im Hinblick auf die Umweltprobleme als auch auf die von den einzelnen Staaten verfolgte Umweltpolitik und die für sie bereitgestellte Ressourcen (siehe z. B. Davis und Lester 1989, Lester 1990).

Die Umweltpolitik der USA wurde in den achtziger Jahren, und auch hierin unterscheidet sie sich von der Politik der anderen beiden untersuchten Staaten, von erheblichen Brüchen geprägt. Die Ursachen für diese Diskontinuitäten liegen im Regierungswechsel von Carter zu Reagan begründet. Ausdrückliches Ziel der Reagan-Administration war es, "der Wirtschaft den Rücken freizuhalten" und hierzu Regulierungen abzubauen. Die Auswirkungen dieser Politik waren im Bereich des Umweltschutzes besonders deutlich: Präsident Reagan entließ alle Mitarbeiter des *Council on Environmental Quality*, reduzierte dessen Budget drastisch und besetzte das Gremium mit Personen seines Vertrauens. Das Führungspersonal der EPA wurde ebenfalls mit Vertretern eines entsprechenden politischen Kurses besetzt, zugleich wurde der Behörde ein Personalabbau verordnet. Standardsetzungsverfahren wurden verzögert, gar nicht erst in Angriff genommen oder aber unter besonderer Berücksichtigung der wirtschaftlichen Interessen abgeschlossen (siehe ausführlicher unter 4.4.2).

Der umweltpolitische Kurswechsel konnte von der Regierung jedoch nicht durchgehalten werden. Nach einer Reihe von Umweltskandalen geriet die EPA wegen ihrer Zögerlichkeit in die Schußlinie von Congress und Öffentlichkeit. 1983 mußte Präsident Reagan Anne Burford-Gorsuch, die von ihm ins Amt berufene Leiterin der EPA, entlassen, weitere ca. 20 Beschäftigte auf der Führungsebene der Behörde folgten. Im selben Jahr trat Innenminister James Watt, auch er mit wichtigen umweltpolitischen Zuständigkeiten versehen, zurück (siehe auch Vig 1990). Um die EPA aus der Schußlinie der Kritik zu nehmen, wurde William Ruckelshaus an die Spitze der Behörde berufen, der als erster *Administrator* die EPA aufgebaut und sich als engagierter Umweltschützer einen Namen gemacht hatte. Mit diesem personellen Revirement war eine weitgehende Rückkehr zur Politik der Umweltregulierung der Vor-Reagan-Jahre verbunden, wenn auch die stärkere Verankerung wirtschaftlicher Überlegungen im Standardsetzungsverfahren erhalten blieb. Zugleich wurde in der zweiten Hälfte der achtziger Jahre die Umweltgesetzgebung wieder aktiviert: der *Resource Conservation and Recovery Act*, der *Safe Drinking Water Act*, der *Clean Water Act* und die Bestimmungen zum *superfund* wurden grundlegend novelliert. Schließlich unterzeichnete Präsident Bush im Jahr 1990 eine Novelle des *Clean Air Act*, die für die Luftreinhaltepolitik der USA sehr ehrgeizige Ziele setzt.

In der bundesdeutschen Diskussion werden die USA vor allem als Beispiel für marktkonforme Instrumente der Umweltpolitik angeführt (siehe z. B. Wicke 1991: 191 ff.). Und tatsächlich haben entsprechende Ansätze in den USA während der letzten Jahre an Bedeutung gewonnen, wie es z. B. der in der Novelle des *Clean Air Act* von 1990 in wichtigen Bereichen vorgesehene Einsatz von handelbaren "Emissionsrechten" zeigt (siehe unten 4.5.3). Mit entsprechenden Instrumenten wird eine flexiblere Implementation der Umweltstandards angestrebt. Dies ändert jedoch nichts daran, daß die amerikanische Umweltpolitik ganz überwiegend durch regulative Politik, durch auf Umweltstandards beruhende Ge- und Verbote, geprägt ist.

4.2 Rechtliche Grundlagen der Setzung von Umweltstandards

Standardsetzung durch *Regulatory Agencies*

Nur in seltenen Ausnahmefällen, die sich vor allem im Bereich der Regulierung von Kraftfahrzeugemissionen finden,[1] kommen Umweltstandards in den USA auf dem Weg

---

[1] Siehe Andrews 1992: 5, Portney 1990b: 285.

der Gesetzgebung zustande. Die ganz überwiegende Mehrzahl der Standards - wie auch der vergleichbaren Regulierungen in anderen Politikfeldern - wird auf der Basis einer gesetzlichen Ermächtigung als untergesetzliche Rechtsnorm, als *rules* erlassen. Erarbeitung und Erlaß (*rulemaking*) liegen in den Händen von *regulatory agencies*, von besonderen Verwaltungsträgern, die für spezielle Einzelaufgaben geschaffen wurden. Für die Setzungs von Umweltstandards ist auf der Bundesebene ganz überwiegend die *Environmental Protection Agency* (EPA) zuständig.

Die Übertragung von (quasi-)gesetzgeberischen Kompetenzen auf Verwaltungsträger reicht weit in die amerikanische Geschichte zurück (siehe Bryner 1987: 12 ff.). Entscheidend für das Vordringen des *rulemaking* durch *regulatory agencies* waren jedoch die Jahre des *New Deal* mit ihren weitreichenden Eingriffen in das Wirtschaftsleben. Die Gesetzgebung beschränkte sich hier vor allem darauf, Ziele und Grundsätze aufzustellen, während die detaillierte Regulierung neu geschaffenen *agencies* überlassen wurde. Eine zweite große Welle der Regulierung und der Einrichtung von *regulatory agencies* erlebten die sechziger und frühen siebziger Jahre, in denen Aufgaben des Gesundheitsschutzes, des Arbeitsschutzes, des Verbraucherschutzes und vor allem auch des Umweltschutzes in kurzer Zeit große Bedeutung gewannen. In praktisch jedem Umweltgesetz findet sich Ermächtigungen, *rules* zu erlassen.

Die Mehrzahl der *agencies* ist nicht in die Hierarchie der Regierung eingegliedert, ist keinem Ministerium untergeordnet und unterliegt nicht den Weisungen des Präsidenten (*independent agencies*). Aber auch die *agencies*, die Teil eines Ministeriums sind -wie die ebenfalls in Teilbereichen mit umweltpolitischen Fragen befaßte *Occupational Health and Safety Administration*, die organisatorisch eine Abteilung des *Department of Labor* ist -, besitzen "zum Teil ein erhebliches Maß an faktischer Selbständigkeit" (Jarass 1985: 379). Die EPA ist als "Mischfall" anzusehen (Giebeler 1991 23): Sie entstand nicht aufgrund eines Gesetzes, sondern durch einen Erlaß des Präsidenten. Dennoch ist sie diesem nicht unterstellt und von ihm nicht weisungsabhängig.

Die Übertragung von Regulierung und Standardsetzung auf weitgehend eigenständige Verwaltungsträger folgt der Vorstellung, daß diese in der Lage sind, die entsprechenden Aufgaben kompetenter, kontinuierlicher, flexibler und unter geringerem politischen Druck wahrzunehmen, als der *Congress* oder auch ein Ministerium es könnten. Auf der anderen Seite sehen sich die so entstandenen *agencies*, die - obwohl in der Verfassung gar nicht explizit vorgesehen - auch als *fourth branch of government* bezeichnet werden, häufig dem Verdacht ausgesetzt, über einen zu großen Handlungsspielraum (*discretion*) zu verfügen und jenseits ihrer gesetzlichen Ermächtigungsgrundlage zu handeln.

Hinsichtlich der Detailliertheit ihrer Regelungen fallen die in den einzelnen Umweltgesetzen enthaltenen Ermächtigungen, Umweltstandards zu erlassen, sehr unterschiedlich aus, wie zwei Beispiele zeigen: Bei der Standardsetzung für umweltfreundlichere Treibstoffe macht der *Clean Air Act* der EPA detaillierte Vorgaben hinsichtlich der zu erreichenden

Zusammensetzung der Treibstoffe und des einzuhaltenden Zeitplans. Hingegen war bei der Standardsetzung für gefährliche Luftschadstoffe der Spielraum der EPA in der Vergangenheit besonders groß. Das Gesetz überließ nicht nur die Identifizierung der Stoffe der *agency*, es beschränkte sich auch hinsichtlich der Schärfe der Standards auf recht allgemein gehaltene Vorgaben.[2]

Unabhängig davon, wie konkret die gesetzlichen Vorgaben sind, richten sie sich nicht unmittelbar an die natürlichen und juristischen Personen (z. B. Anlagenbetreiber), deren Verhalten reguliert werden soll, sondern an die *agency*, die jeweils für die Setzung der Standards zuständig ist. Der Erlaß der Standards ist "unabdingbare Voraussetzung für den Vollzug der Gesetze" (Giebeler 1991: 37), erst die auf dem Wege des *rulemaking* erlassenen Vorschriften binden - sofern sie rechtmäßig zustandegekommen sind - die Betroffenen. Anders als vergleichbare bundesdeutsche enthalten die amerikanischen Gesetze keine unbestimmten Rechtsbegriffe und Generalklauseln, aus denen sich ein unmittelbares Eingriffsrecht von Vollzugsbehörden ergibt. Den Unterschied zur Bundesrepublik faßt Giebeler prägnant zusammen: "Es werden keine Rechtsnormen konkretisiert, sondern es werden neue ausfüllende Rechtsnormen innerhalb eines vorgegebenen Rahmens geschaffen" (ebenda: 37).

Bei der Setzung von Umweltstandards auf dem Wege *rulemaking* hat die EPA eine Fülle von Verfahrensvorschriften einzuhalten (siehe ausführlich 4.4). Diese ergeben sich aus dem allgemeinen verwaltungsrechtlichen Regelungen (vor allem des *Administrative Procedure Act*), aus dem zum Erlaß der *rules* ermächtigenden Gesetz sowie aus den von der Rechtsprechung aufgestellten Anforderungen.

Standardsetzung im Bundesstaat

Wie bereits dargestellt, hat sich durch die Fülle von Umweltstandards, die seit Ende der sechziger Jahre auf der Ebene des Bundes gesetzt worden sind, die umweltpolitische Arbeitsteilung im Bundesstaat erheblich verändert. Die Einzelstaaten haben heute vor allem die gewaltige Aufgabe, die bundesweit gültigen Standards zu implementieren. Dies bedeutet jedoch nicht, daß sie selbst mit der Standardsetzung nichts mehr zu tun haben. Vielmehr spielen Umweltstandards der Einzelstaaten für die amerikanische Umweltpolitik auch weiterhin eine erhebliche Rolle.

Das Verhältnis zwischen bundesweiten Standards und Standards der Einzelstaaten unterscheidet sich je nach den in den einzelnen Umweltgesetzen getroffenen Regelungen und kann hier nicht umfassend dargestellt werden. Die folgenden Beispiele sollen jedoch die Bedeutung der Standardsetzung durch die Einzelstaaten zeigen:

---

[2]   Siehe detailliert die beiden entsprechenden Fallstudien (4.5.2 und 4.5.3).

- Nach dem *Federal Water Pollution Control Act* haben die Einzelstaaten Qualitätsstandards (*water quality standards*) zu erlassen. Diese bedürfen der Genehmigung der EPA, die dafür Mindestanforderungen aufstellt. Die Einzelstaaten können also weitergehende Standards erlassen.

- Die Umsetzung des bundesweiten Immissionsstandards nach dem *Clean Air Act* (*national ambient air quality standards*) obliegt den Einzelstaaten. Sie haben dazu Implementationspläne aufzustellen und der EPA zur Genehmigung vorzulegen, die die notwendigen Emissionsbegrenzungen (also Emissionsstandards) enthalten. Auch hier besteht für die Staaten der Spielraum, über die für die Einhaltung der Immissionsstandards notwendigen Begrenzungen hinauszugehen.

In der Mehrzahl der Fälle können die auf der Ebene des Bundes erlassenen Standards als Mindeststandards betrachtet werden, die den Erlaß schärferer Anforderungen zulassen (siehe auch Giebeler 1981: 29 f.). Einzelne Staaten (wie Kalifornien oder New Jersey) spielen denn auch immer wieder eine Vorreiterrolle und erlassen weitergehende Bestimmungen, die später zum Teil in bundesweite Standards einfließen.

4.3 Akteure bei der Setzung von Umweltstandards

4.3.1 Environmental Protection Agency (EPA)

Die *Environmental Protection Agency* (EPA) ist der wichtigste Akteur in Verfahren zur Setzung von Umweltstandards in den USA, der Löwenanteil der Umweltstandards wird von ihr erlassen.[3] Die EPA wurde im Dezember 1970 durch eine *Executive Order* Präsident Nixons eingerichtet. Die von Nixon zur Neuorganisation der Regierung eingesetzte Kommission hatte ursprünglich ein Umweltministerium vorgeschlagen, dessen Zuständigkeiten weit über die Regulierung hinausreichen und sich insbesonde re auch auf Planung und Umsetzung erstrecken sollten. Dieser Vorschlag scheiterte jedoch schließlich, und der Präsident entschloß sich zur Gründung einer *regulatory agency*. Da es sich hierbei lediglich um eine Zusammenfassung bislang über verschiedene Organisationseinheiten verstreuter Zuständigkeiten handelte, für die die gesetzliche Grundlage bereits bestand, war für die Gründung der EPA kein eigenes Gesetz notwendig. Zusammengefaßt wurden Aufgaben (vor allem der Regulierung), die bislang vom Innenministerium, vom Gesundheitsministerium, vom Bildungs- und Sozialministerium, vom Landwirtschaftsministerium, von der *Atomic Energy Commission*, dem *Federal Radiation Council* und dem *Council on Environmental Quality* wahrgenommen wurden. Im Laufe der Jahre wurden

---

[3] In den Bereich des Umweltschutzes hinein reicht die Tätigkeit einer weiteren *regulatory agency*, der *Occupational Safety and Health Administration* (OSHA). Bei ihr handelt es sich um eine Abteilung des Arbeitsministeriums, die aber in der Praxis über eine erhebliche Unabhängigkeit verfügt. Die OSHA ist vor allem für die Standardsetzung im Bereich des Arbeitsschutzes zuständig (siehe z. B. Bryner 1987: 119 ff.).

der EPA durch Gesetz weitere Aufgaben übertragen (siehe Andrews 1992: 12 f., Portney 1991: 9 f.).

Im Zentrum der Arbeit der EPA steht die Aufgabe, auf dem Wege des *rulemaking* die gesetzlich vorgesehenen Regulierungen vorzunehmen, also vor allem Umweltstandards zu setzen (siehe auch Bryner 1987: 92 ff., Rosenbaum 1991: 96 ff.). Die wichtigsten Teile dieser Aufgabe lassen sich Übersicht 5 entnehmen. Darüber hinaus ist die EPA auch für die Umsetzung dieser Standards zuständig bzw. hat dort, wo die Implementation der Standards den Einzelstaaten obliegt (z. B. bei den bundesweit gültigen Immissionsstandards nach dem *Clean Air Act*), diese zu überwachen. Sie führt ein umfangreiches Förderprogramm durch, bei dem die Staaten für Maßnahmen der Abwasserbehandlung Zuschüsse erhalten. Schließlich verwaltet sie den *superfund*, aus dem die Behandlung von Altlasten finanziert wird.

Übersicht 5: Wichtige Standardsetzungsaufgaben der EPA

Gesetz	Standards
Clean Air Act	bundesweite Immissionsstandards, Emissionsstandards für neue Quellen, Emissionsstandards für mobile Quellen, Emissionsstandards für gefährliche Luftschadstoffe, Standards für SO_2- und NO_x-Emissionen von Kraftwerken, Standards für Stoffe, die die Ozonschicht abbauen
Federal Water Pollution Control Act	Standards für Abwassereinleiter
Safe Drinking Water Act	Standards für Trinkwasserverschmutzungen
Clean Water Act	Kriterien für Wasserqualitätsstandards der Einzelstaaten
Resources Conservation and Recovery Act	Standards für den Umgang und die Lagerung von gefährlichen Abfällen
Federal Environmental Pesticide Control Act	Registrierung von Pestiziden
Toxic Substances Control Act	Standards für Chemikalien, die ein Risiko für den Menschen oder die Umwelt darstellen
Noise Control Act, Aviation Safety and Noise Abatement Act	Standards für die Begrenzung von Lärm
Atomic Energy Act	Erlaß von Standards zum Strahlenschutz

Quelle: Zusammengestellt nach Bryner 1987: 92 f.

Die EPA ist die größte der *regulatory agencies*. 1972 hatte sie bereits ca. 8.000 Beschäftigte, 1981 waren es 13.900. Zwischen 1981 und 1984 wurde die Zahl der Beschäftigten um ca. 20 Prozent abgebaut (Rosenbaum 1989: 226 f.). Zur Zeit arbeiten in der Washingtoner Zentrale sowie in zehn regionalen Büros ca. 15.000 Personen (Rosenbaum 1991: 97, Vig und Kraft 1990: 400). Der Haushalt der EPA für das Haushaltsjahr 1989 umfaßte 4,7 Milliarden Dollar, von denen 1,6 Milliarden Dollar für die eigenen Ausgaben der Behörde und 1,6 Milliarden Dollar für den *superfund* verwandt wurden. Gegenüber 1980 (1,5 Milliarden Dollar) sind die von der EPA selbst verausgabten Mittel damit kaum angestiegen (Portney 1990a: 10).

An der Spitze der EPA steht der *Administrator*, der durch den *Deputy Administrator* vertreten wird. Die Behörde ist in neun Abteilungen eingeteilt, an deren Spitze jeweils ein *Assistant Administrator* steht (siehe Abbildung 4). Alle diese Positionen werden vom Präsidenten besetzt, wobei die Zustimmung des Senats notwendig ist. Vier der Abteilungen orientieren sich an Problemfeldern der Umweltpolitik (*water, solid waste and emergency response, air and radiation, pesticides and toxic substances*), die anderen fünf nehmen Querschnittsaufgaben wahr.

Abb. 4: Organisationsaufbau der EPA

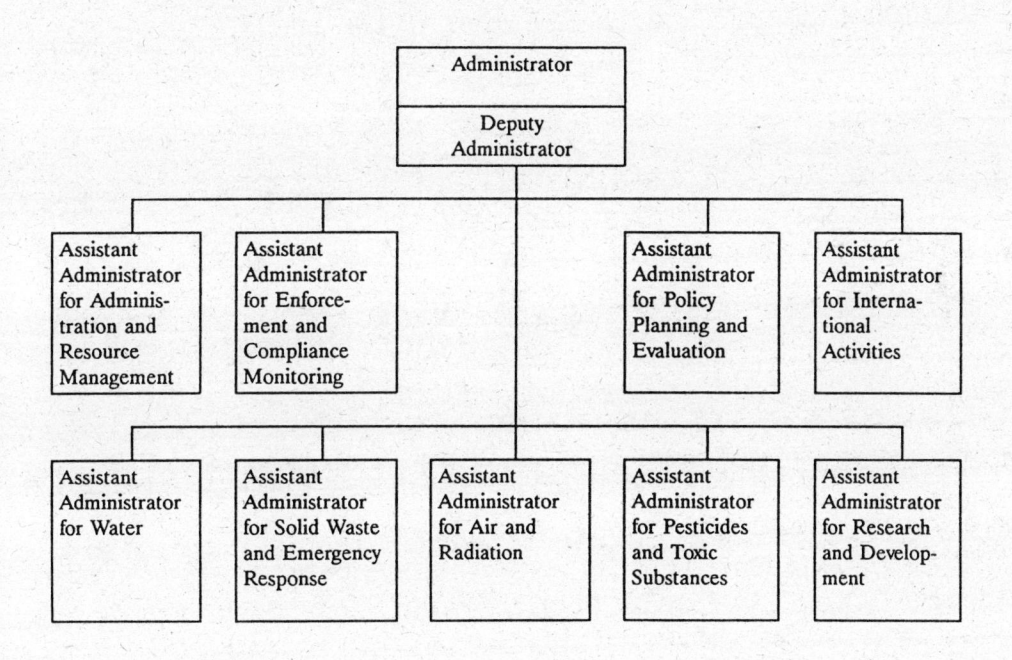

Umweltstandards werden zwar in der jeweiligen Fachabteilung erarbeitet, der Erlaß erfolgt aber durch Entscheidung des *Administrator*. An Verfahren werden neben der unmittelbar fachlich zuständigen weitere Abteilungen beteiligt (siehe Melnick 1983: 39 ff.). Das *Office of Planning and Management*, vor allem aus Ökonomen zusammengesetzt, beschäftigt sich in erster Linie mit den wirtschaftlichen Konsequenzen der Standardsetzung. Durch die gewachsenen Anforderungen, die Kosten der vorgesehenen Standards zu berücksichtigen (siehe 4.4.2), ist die Bedeutung dieser Abteilung im Standardsetzungsverfahren deutlich gewachsen. Das *Office of General Counsel* beschäftigt sich mit den rechtlichen Aspekten von Standardsetzung und vertritt die EPA in Gerichtsverfahren. Das *Office for Research and Development* ist beteiligt, wenn für die Standardsetzung Forschungsarbeiten durchzuführen sind.

Schließlich verfügt die EPA über eine Reihe von wissenschaftlichen Beratungsgremien, die auch bei der Standardsetzung eine Rolle spielen. Allgemeine Beratungsfunktionen erfüllt das *Science Advisory Board* (SAB). Speziell für die Luftreinhaltungspolitik ist das *Clean Air Scientific Advisory* Committee (CASAC), für die Pestizidregulierung das *Scientific Advisory Panel* (SAP) zuständig. Letzteres muß nach den Bestimmungen des *Federal Insecticide, Fungicide, and Rodenticide Act* (FIFRA) am Standardsetzungsverfahren beteiligt werden. Trotz ihrer Größe ist die EPA in erheblichem Maße auf externen naturwissenschaftlichen Sachverstand angewiesen. Dieser Bedarf wird sowohl durch Konsultation von Institutionen wie der *National Academy of Science* als auch durch Vergabe von Aufträgen an einzelne Wissenschaftler und Wissenschaftlergruppen befriedigt (siehe Jasanoff 1990, Bryner 1987: 47.).

4.3.2 Wirtschaftsverbände

Das Vertretung wirtschaftlicher Interessen ist in den USA weitaus unübersichtlicher strukturiert als in den anderen beiden untersuchten Staaten. Das Verbandsystem zeichnet sich durch ein hohes Maß am Fragmentierung aus, zur Zeit existieren ca. 3.400 Wirtschaftsverbände (*trade associations*). Die großen branchenübergreifenden Organisationen wie die *U.S. Chamber of Commerce* und die *National Association of Manufacturers* spielen für die Interessenvertretung der Unternehmen nur eine sehr begrenzte Rolle. Weitaus wichtiger sind die branchenspezifischen Verbände, die allerdings "spezialisierter, aufgesplitterter und zahlreicher" als ihre europäischen Pendants sind (Lösche 1990: 422). Nicht nur auf der Ebene des Bundes werden die Unternehmen einer Branche häufig von mehreren Verbänden vertreten, sondern auch auf der regionalen Ebene existieren besondere branchenspezifische Verbände. Und schließlich nehmen vor allem die großen Unternehmen ihre Interessen direkt wahr und stützen sich nicht auf Unternehmensverbände (ebenda).

Tab. 11: Am Standardsetzungsverfahren zu umweltfreundlicheren Treibstoffen beteiligte Wirtschaftsverbände (Auswahl)

	Gründung	Mitglieder	Budget	Mitarbeiterzahl
American Petroleum Institute	1919	mehr als 200 Unternehmen (große Ölgesellschaften, unabhängige Ölproduzenten, Treibstoffgroßhändler)	45 Mio. Dollar	455
American Independent Refiner Association[a]	1983	25 unabhängige Raffinerien	250.000 - 500.000 Dollar	2 - 5
National Petroleum Refiners Association	1902	350 Unternehmen (Öl, Petrochemie, Raffinerien)	1 - 2 Mio. Dollar	25
Oxygenated Fuels Association	1983	10 Unternehmen	50.000 - 100.000 Dollar	2
Renewable Fuels Association	1981	50 - 60 Produzenten und Verbraucher von Äthylalkohol	500.000 - 1.000.000 Dollar	2 - 25
National Council of Farmer Cooperatives	1929	100 landwirtschaftliche Genossenschaften (Marketing-, Verkaufs-, Kreditgenossenschaften), Genossenschaftsverbände von 39 Einzelstaaten	2 - 5 Mio. Dollar	26
National Corn Growers Association	1957	25.000 getreideanbauende Unternehmen	2 - 5 Mio. Dollar	30
Petroleum Marketers Association of America	1941	44 Verbände auf einzelstaatlicher und regionaler Ebene mit zusammen 12.000 Mitgliedern	2 - 5 Mio. Dollar	18 - 20
Independent Liquid Terminals Association	1974	ca. 440 Unternehmen	500.000 bis 1.000.000 Dollar	7
Motor Vehicle Manufacturers Association of the U.S.	1913	7 Unternehmen (97% der einheimischen Fahrzeugproduktion)	mehr als 10 Mio. Dollar	100
Association of Imported Automobile Manufacturers	1964	40 Unternehmen	2 - 5 Mio. Dollar	16

a) Zusammenschluß von drei regionalen Verbänden, deren ältester 1936 gegründet wurde.

Quelle: Zusammengestellt nach National Trade and Professional Associations of the United States 1992

Am Beispiel der chemischen Industrie läßt sich diese allgemeine Charakterisierung vertiefen: Hier sind mindestens 60 Verbände tätig, von denen vier eine größere Bedeutung haben. Chemische Unternehmen sind häufig in mehreren Verbänden organisiert, die

Mehrzahl von ihnen verfügt zudem über eigene *governmental relations units*, mit denen sie ihre Interessen gegenüber der Regierung direkt wahrnehmen (siehe Schneider 1985: 185 f.).

Auch in den amerikanischen Verfahren zur Setzung von Umweltstandards tritt eine Vielzahl von (zum Teil hochspezialisierten) Wirtschaftsverbänden, treten aber auch die einzelnen Unternehmen auf, deren Interessen tangiert sind. Der Kreis der beteiligten Verbände ist je nach Regelungsmaterie von Standardsetzungsverfahren zu Standardsetzungsverfahren sehr unterschiedlich. Daher können - anders als bei den anderen beiden Länderstudien - an dieser Stelle keine einzelnen Verbände näher vorgestellt werden, die generell in amerikanischen Standardsetzungsverfahren eine wichtige Rolle spielen. Die Breite, mit der Wirtschaftsinteressen in diesen Verfahren vertreten werden, sollen aber exemplarisch am Fall der Standardsetzung für umweltfreundlichere Treibstoffe (siehe unten 4.5.3) dargestellt werden. An dem für dieses Verfahrens ins Leben gerufenen Aushandlungsgremium waren 15 Wirtschaftsverbände beteiligt. Elf von ihnen werden in Tabelle 11 hinsichtlich ihrer Mitgliedschaft, ihres Budgets und ihrer Mitarbeiterzahl näher vorgestellt, wobei deutlich wird, wie unterschiedlich die den Verbänden zur Verfügung stehenden Ressourcen sind.

4.3.3 Umweltverbände

In den USA arbeitet eine große Zahl von Umweltverbänden, die - insgesamt betrachtet - über beachtliche Mitgliederzahlen und Ressourcen verfügen (siehe Gifford 1990). Hinsichtlich ihres Alters, ihrer Größe, ihrer Ziele, der von ihnen verfolgten Strategie und ihrer hauptsächlichen Arbeitsgebiete bilden die einzelnen Verbände ein sehr breites Spektrum.

Die neun größten Verbände sind mit ihren Mitgliederzahlen und Budgets in Tabelle 12 dargestellt. Neben ihnen existiert eine große Zahl von mittleren und kleineren Verbänden, die durchaus auch in der bundesweiten Umweltpolitik eine Rolle spielen. Gruppen wie *Friends of the Earth, Environmental Action, National Toxics Campaign* oder *Citizen Clearinghouse for Hazardous Wastes* haben zwischen 7.000 und 100.000 Mitglieder und verfügen über Budgets zwischen 1 und 3 Millionen Dollar.

Die Gründung der Umweltverbände vollzog sich im wesentlichen in zwei Wellen (siehe auch Ingram und Mann 1990). In der ersten Welle, die um die Jahrhundertwende einsetzte und bis in die dreißiger Jahre hineinreichte, bildete sich eine Reihe von Natur- und Tierschutzverbänden (*conservationists*), die bis heute aktiv sind: Der *Sierra Club* (1892) war der erste dieser Verbände, es folgten die *National Audubon Society* (1905), die *Izaak Walton League* (1922), die *National Wildlife Federation* (1935) und *Ducks Unlimited* (1937). Diesen Organisationen ging es vor allem um den vernünftigen Umgang mit der

Natur, sie setzten sich z. B. für den Schutz der einheimischen Fauna durch Jagdbeschränkungen oder für Gründung und Erhalt von Nationalparks ein.

Tab. 12: Mitgliedszahlen und Budgets der größten Umweltverbände der USA

	Mitglieder	Budget (in Mio. Dollar)
Greenpeace USA	2.300.000	50
National Wildlife Federation	975.000	87
World Wildlife Fund	940.000	36
Nature Conservancy	600.000	156
National Audubon Society	600.000	35
Sierra Club	560.000	35
Ducks Unlimited	550.000	67
Wilderness Society	370.000	17
National Resources Defense Council	168.000	16
Environmental Defense Fund	150.000	13

Quelle: Gifford 1990

Die zweite Welle von Verbandsgründungen erfolgte in den sechziger und siebziger Jahren und ging von den Problemen der Umweltverschmutzung aus, die in diesen Jahren erstmals in das Blickfeld einer breiteren Öffentlichkeit getreten waren. Zu diesen Verbänden gehören Organisationen wie der *Environmental Defense Fund* (1967) und der *Natural Resources Defense Council* (1970). Diese *environmentalists* legten den Schwerpunkt ihrer Arbeit auf die Bekämpfung von Umweltverschmutzung (z. B. durch Giftstoffe oder Abfälle). Weitaus stärker als die älteren Naturschutzverbände führten sie politische Aktionen durch und beschritten den Rechtsweg.

Die ursprünglichen Unterschiede zwischen *conservationists* und *environmentalists* sind allerdings in den letzten zehn Jahren weitgehend verschwunden. Auch die älteren Verbände beschäftigen sich heute mit der Bekämpfung der allgemeinen Umweltverschutzung, was durch die Erkenntnisse über die Zusammenhänge zwischen den verschiedenen Ökosystemen gefördert wurde. Wenn Vertreter der *Audubon Society* oder von *Ducks Unlimited* sich heute dafür aussprechen, die Emissionen von Luftschadstoffen strikt zu kontrollieren, können sie sich darauf berufen, daß diese Schadstoffe schließlich auch die Ökosysteme schädigen, auf die die Tiere angewiesen sind, deren Schutz ursprünglich ganz im Vordergrund der Arbeit dieser Verbände stand. In der Wahl ihrer Mittel haben sich die beiden Gruppen von Verbänden ebenfalls weitgehend angenähert. Auch die älteren Organisationen wie der Sierra Club nutzen heute die Klage vor Gericht, um ihre Ziele durchzusetzen.

Dies bedeutet jedoch nicht, daß die Arbeitsfelder der Verbände heute identisch sind. Jede Organisation verfügt über spezielle Felder, denen sie ihre besondere Aufmerksamkeit widmet (siehe Gifford 1990). Für einige der älteren Verbände (*Ducks Unlimited*, *National Wildlife Federation*, *Audubon Society*) steht immer noch der Tierschutz im Vordergrund ihrer Arbeit. Andere Gruppen wie der *Sierra Club* oder (von den neueren Verbänden) *Greenpeace* haben ihre ursprünglich beschränkten Aktivitäten weit ausgedehnt und decken heute annähernd jedes Umweltproblem ab. Ähnlich ist die Entwicklung beim *National Resources Defense Council* (NRDC) und beim *Environmental Defense Fund* (EDF). Ihr Tätigkeitsfeld reicht heute vom Tierschutz über die Bekämpfung von Schadstoffen bis zu Fragen des globalen Klimas. Dagegen beschränkt sich *Nature Conservancy*, der Verband mit dem größten Budget, fast ausschließlich auf den Ankauf und Schutz von Land. Viele der kleineren Verbände konzentrieren sich ganz auf eine Aufgabe, die zum Teil schon aus ihrem Namen deutlich wird. Beispiele sind *American Rivers* (Schutz von Wildwassergebieten), *National Toxics Campaign* (Bekämpfung von Giftstoffen), *Citizens Clearinghouse for Hazardous Wastes* (Bekämpfung von Deponien und Müllverbrennungsanlagen) oder *Chesapeak Bay Foundation* (Verbesserung der Wasserqualität in diesem einzelnen Gebiet).

Was ihre grundlegendere, "ideologisch"-strategische Orientierung angeht, lassen sich die Verbände in drei Gruppen einteilen (siehe zu dieser Einteilung Dryzek und Lester 1990):

- Die erste Gruppe, die als "konservativ" bezeichnet werden kann, sucht den Ausgleich zwischen Umweltschutz und Wirtschaftsinteressen. Verbände dieser Gruppen (wie *Conservation Foundation*, *National Wildlife Federation*) werden häufig zu erheblichen Teilen von der Wirtschaft finanziert und versuchen, gemeinsam mit dieser eine "vernünftige" Umweltpolitik zu entwickeln.

- Die zweite Gruppe, die "gemäßigten" Verbände, stehen der Industrie eher skeptisch gegenüber und treten als deren Opponent auf. Um ihre Ziele zu erreichen, setzen sie auf eher traditionelle Mittel, sie betreiben Lobbying, strengen Gerichtsverfahren an und versuchen, die Öffentlichkeit in ihrem Sinne zu beeinflussen. Die Mehrheit der Umweltverbände der USA (unter ihnen *Sierra Club*, *Environmental Defense Fund*, *Natural Resources Defense Council*) kann dieser Gruppe zugerechnet werden.

- Die dritte Gruppe von Verbänden, die als "radikal" bezeichnet werden können, steht der Industrie ebenfalls eher ablehnend gegenüber. Anders als die der zweiten Gruppe setzen diese Verbände jedoch nicht auf die herkömmlichen Mittel der Interessendurchsetzung bzw. konzentrieren sich nicht auf sie. Vielmehr greifen Gruppen wie *Greenpeace*, *Earth First!* oder *Sea Shepherd Conservation Society* zur direkten Aktion gegen diejenigen, die sie als Verantwortliche für den Niedergang der Umwelt ansehen.

Diese Einteilung in drei Gruppen vom Umweltverbänden ist zwar analytisch hilfreich, sie wird der Realität aber nur zum Teil gerecht. In Einzelfragen können Verbände durchaus einer anderen Orientierung folgen, als sie es in der Regel tun. Und einige Verbände nehmen eine gewisse Zwischenstellung zwischen zwei Kategorien ein. So kann z. B. *Greenpeace* zwischen "gemäßigt" und "radikal", kann der *Environmental Defense Fund* zwischen "konservativ" und "gemäßigt" eingeordnet werden.

Die amerikanischen Umweltverbände finanzieren ihre Arbeit aus einer Vielzahl von Quellen; die Abhängigkeit von einem einzelnen Finanzier wird nach Möglichkeit vermieden. Wie bereits erwähnt, decken die "konservativen" Verbände ihre Ausgaben zu einem größeren Teil aus Mitteln der Wirtschaft als die anderen Gruppen. Für die Verbände, die einer Finanzierung durch die Wirtschaft zurückhaltend gegenüberstehen, sind die wichtigsten Quellen Mitgliedsbeiträge und -spenden, Großspenden von einzelnen Spendern und Mittel aus Stiftungen. Öffentliche Mittel (z. B. durch vergebene Forschungsaufträge) spielen eine eher kleine Rolle. Die Finanzierung des einzelnen Verbandes folgt seiner jeweiligen "Philosophie". So stützt sich der *Sierra Club* vor allem auf Mitgliedsbeiträge, *Nature Conservancy* dagegen auf einzelne Großspenden. Der *Natural Resources Defense Council* finanziert sich zur Hälfte durch seine Mitglieder und zur anderen Hälfte aus Mittel der Stiftungen und der Wirtschaft. Der *Environmental Defense Fund* lehnt Gelder der Wirtschaft ab, finanziert sich aber zu erheblichen Teilen aus Großspenden von Personen, die häufig enge Kontakte zur Wirtschaft haben. Die Mehrzahl der wichtigeren Umweltverbände hat Kapitalrücklagen gebildet bzw. Stiftungen eingerichtet.

Bei allen verbleibenden Unterschieden in der ideologischen Orientierung wird die Arbeit der meisten Umweltverbände durch ein hohes Maß an Professionalisierung geprägt. Die Verbände verfügen über Geschäftsstellen und über Fachpersonal mit Kompetenz und Erfahrung in Organisationsfragen, Finanzbeschaffung, Interessenvertretung, Durchführung von Gerichtsverfahren etc. Zumindest die wichtigeren Verbände sind aktiv am Lobbying gegenüber Parlament und Regierung in Washington beteiligt.

Seit 1980 hat die Zusammenarbeit zwischen den einzelnen Verbänden deutlich zugenommen. Zehn der größeren Umweltverbände - jeder von ihnen ist in Washington vertreten - treffen sich regelmäßig, um ihr Vorgehen abzustimmen. Beteiligt sind: *Environmental Defense Fund, Friends of the Earth, Izaak Walton League, National Audubon Society, National Parks and Conservation Association, National Wildlife Federation, National Resource Defense Council, Sierra Club, Wilderness Society* und das *Environmental Policy Institute*. Allerdings wäre es zu früh, aus der Tatsache, daß diese Gruppen häufig zusammenarbeiten, auf einen bevorstehenden organisatorischen Zusammenschluß in der Umweltbewegung der USA zu schließen (vgl. Ingram und Mann 1990, Mitchell 1990).

4.4 Verfahren der Standardsetzung

4.4.1 Kontrollmöglichkeiten von Congress und Präsident

Werden Umweltstandards im Wege des *rulemaking* durch die EPA oder eine andere *agency* gesetzt, spielt der *Congress* im Rahmen des eigentlichen Standardsetzungsverfahrens in aller Regel keine bzw. nur eine sehr begrenzte Rolle. Ihm steht zwar eine Reihe von Kontrollmöglichkeiten zur Verfügung (siehe Gellhorn und Boyer 1981: 33 ff., Bryner 1987: 73 ff.), diese beziehen sich aber nur zum Teil auf das einzelne Verfahren:

- Der *Congress* hat erheblichen Einfluß auf die allgemeinen Handlungsbedingungen der EPA. Im Rahmen seines Haushaltsrechts bestimmt er über die den *agencies* zur Verfügung stehenden Ressourcen. Die Ernennungen des Präsidenten für die Spitzenpositionen der Behörden bedürfen der Zustimmung des Senats.

- Hilfsdienste des Parlaments beobachten die Arbeit der *regulatory agencies*. So hat z. B. das *United States General Accounting Office* in einer ganzen Reihe von Studien untersucht, inwieweit die EPA den ihr vom *Congress* gesetzten Aufgaben der Standardsetzung gerecht wird (siehe z. B. GAO 1986a, 1986b, 1991).

- Jede *agency* ist verpflichtet, dem Parlament nach Aufforderung Bericht zu erstatten. Auf diese Weise können sich der *Congress*, seine Ausschüsse und Unterausschüsse über den Verlauf der Standardsetzungsverfahren vor oder nach deren Abschluß informieren. In der Praxis wird diese Möglichkeit aber nur in Einzelfällen realisiert, vor allem bei Verfahren, die in das Blickfeld der Öffentlichkeit geraten bzw. mit "Skandalen" verbunden sind. Von einer systematischen Kontrolle der einzelnen Verfahren durch den *Congress* ist nicht auszugehen.

In der Vergangenheit wurden Entscheidungen von *agencies* hin und wieder durch Beschlüsse des *Congress'*, eines seiner Häuser oder eines Ausschusses auf dem Wege des *legislative veto* aufgehoben. Im Jahre 1983 erklärte der Oberste Gerichtshof diese Praxis als verfassungswidrig, weil beim *legislative veto* die von der Verfassung an die Gesetzgebung gestellten Anforderungen verletzt würden. Heute ist in einzelnen Gesetzen vorgesehen, daß Regulierungsvorschläge vor dem Erlaß dem zuständigen Ausschuß zur Stellungnahme vorgelegt werden müssen (vgl. Bryner 1987: 77 f.). Will der *Congress* erlassene *rules* aufheben oder ändern, muß er dies auf dem Wege der Gesetzgebung tun.

Auch die Eingriffsmöglichkeiten des Präsidenten sind begrenzt. Wie oben bereits ausgeführt, unterstehen die die Standardsetzungsverfahren durchführenden *agencies* nicht seiner Weisung, sofern sie nicht Teil eines Ministeriums, sondern (wie die EPA) *independent agencies* sind. Im wesentlichen verfügt der Präsident gegenüber der EPA über die folgenden Kontroll- und Eingriffsmöglichkeiten (siehe Gellhorn und Boyer 1981: 41 ff., Bryner 1987: 65 ff.):

- Er ernennt das Leitungspersonal (mit Zustimmung des Senats). Sein *Office of Management and Budget* (OMB) stellt den Entwurf des Haushaltsplans auf, der auch den Einzelhaushalt der EPA enthält.

- Das OMB besitzt seit 1981 bestimmte Möglichkeiten zu überprüfen, inwieweit der Nutzen von Regulierungen ihre Kosten überwiegt (siehe ausführlicher unten 4.4.2).

4.4.2 Formalisierung der Standardsetzungsverfahren

Die *agencies* unterliegen bei der Standardsetzung durch *rulemaking* dem *administrative law*, das sich vor allem auf Verfahrensfragen konzentriert und, will man den Vergleich zur Bundesrepublik ziehen, am ehesten dem Allgemeinen Verwaltungsrecht entspricht (Jarass 1985: 378). Die entsprechenden Anforderungen ergeben sich aus:

- dem *Administrative Procedure Act* (APA),

- weiteren Gesetzen, die sich an die gesamte Bundesverwaltung richten, wie dem *Freedom of Information Act* oder dem *Federal Advisory Committee Act*,

- den jeweiligen Fachgesetzen (hier also den Umweltgesetzen wie dem *Clean Air Act)*,

- der Rechtsprechung.

In den sechziger und siebziger Jahren erfolgte unter der *new era in administrative law* eine fundamentale Ausdehnung der beim *rulemaking* zu beachtenden Verfahrensanforderungen. Anfang der achtziger Jahre stieß das Streben der Reagan-Administration nach einem *regulatory relief* auf heftigen Protest und blieb schließlich weitgehend folgenlos. Die Standardsetzungsverfahren wurden durch die Verpflichtung zu neuen Verfahrenselementen allerdings noch anspruchsvoller. In den letzten Jahren wird gegen die amerikanischen Verfahren zur Setzung von Umweltstandards eine grundlegende Kritik geführt, die im bisherigen Verlauf der Verfahren ein Hindernis für eine wirkungsvolle Umweltpolitik sieht und sich zum Teil in Verfahrensänderungen niedergeschlagen hat. Im folgenden wird diese Entwicklung der Standardsetzungsverfahren näher beschrieben.

a)   *New Era in Administrative Law*

Politische Streitfragen eher durch prozedurale Vorkehrungen denn durch inhaltliche Lösungen beizulegen, ist ein traditionelles Kennzeichen amerikanischer Politik und amerikanischen Rechts (siehe Bryner 1987: 16). Nach dem *Fifth Amendment* zur Verfassung der USA aus dem Jahre 1791 sind Einschränkungen der persönlichen Freiheit oder des Privateigentums nur dann zulässig, wenn sie in einem *due process* zustandegekommen sind.[4] Um den Bürger und - vor dem Hintergrund der seit dem *New Deal* zunehmenden Regulierung - die Wirtschaft vor willkürlichen Eingriffen durch den Staat zu schützen, wurde im Jahre 1946 der *Administrative Procedure Act* erlassen, der insbesondere auch Verfahrensvorschriften enthält, die beim *rulemaking* zu berücksichtigen sind.

Bis in die fünfziger Jahre dominierte in Politik und Rechtsprechung wie in der Öffentlichkeit ein hohes Maß an Vertrauen in die Expertise der Verwaltung, die *regulatory agencies* wurden im allgemeinen als leistungsfähige Wahrer öffentlicher Interessen angesehen (Hoberg 1990: 260, Andrews 1992). Die von den Verwaltungen einzuhaltenden Verfahrensvorschriften waren denn auch zunächst begrenzt - jedenfalls im Vergleich zur späteren Entwicklung.

Seit der zweiten Hälfte der sechziger Jahre vollzog sich ein fundamentaler Wandel des *administrative law*. Während das alte Verwaltungssystem und Verwaltungsrecht durch begrenzte gesetzliche Verpflichtungen und erheblichen Entscheidungsspielraum der Verwaltung gekennzeichnet waren, zeichnet sich das heutige System durch weitergehende gesetzliche Vorgaben und abnehmenden Spielraum der einzelnen *agency* gerade im Hinblick auf die Gestaltung der Verfahren aus. Hinter dieser Entwicklung steht ein verändertes Verhältnis zur Verwaltung. An die Stelle der traditionellen Auffassung, die vom Bild politisch neutraler, im Sinne des Gemeinwohls handelnder *agencies* geprägt war, trat eine grundsätzlich andere Sicht. Sie geht davon aus, daß die *agencies* im Spannungsfeld konkurrierender Interessen handeln und ständig gefährdet sind, zum Gefangenen einzelner Interessensgruppen zu werden (*capture*). Die Vorstellung, die regulierenden Behörden hätten sich in der Vergangenheit im wesentlichen von den Interessen der zu regulierenden Branchen leiten lassen (siehe z. B. Stewart 1975: 1713), und hätten gemeinsam mit diesen und Teilen des Congress' Zweckbündnisse (*iron triangles*) gebildet, fand weite Verbreitung.

Vor dem Hintergrund dieses veränderten Bildes von Verwaltung änderte sich der Fokus der verwaltungsrechtlichen Verfahrensvorschriften grundlegend. Unter der *new era in administrative law* wurde die begrenzte Aufgabe, den einzelnen vor rechtswidrigen Eingriffen zu schützen, vom Ziel überlagert, die ausgewogene Vertretung aller berührten Interessen in den von den *agencies* durchgeführten Verfahren sicherzustellen und zugleich eine größtmögliche und weitgehend öffentliche Diskussion der verschiedenen Argumente zu ermöglichen (siehe Stewart 1975, Melnick 1983: 9 ff., Brickman, Jasanoff und Ilgen 1985: 118 f.). Die von den *agencies* beim *rulemaking* zu beachtenden Verfahrensvorschriften wurden erheblich ausgedehnt, vor allem - wie noch detailliert darzustellen sein wird - in Hinsicht auf:

---

[4] "No person shall ... be deprived of life, liberty, or property, without due process of law".

- einen erweiterten Zugang von Interessengruppen und Öffentlichkeit zum Entscheidungsverfahren,

- umfangreiche Pflichten der Behörden zur Begründung ihrer Entscheidungen,

- die Möglichkeit, eine gerichtliche Kontrolle der Verfahren zu erwirken.

Grundsätzlich bezogen sich diese Entwicklungen auf die Tätigkeit aller *regulatory agencies*. Bei den Verfahren zur Setzung von Umweltstandards durch die EPA schlugen sie sich jedoch in besonderem Maße nieder. Die Standardsetzungsverfahren bestimmten ganz wesentlich das Bild, das sich Politik, Rechtsprechung und Öffentlichkeit von den Verwaltungsverfahren machten (siehe Bryner 1987: 91).

Die Gerichte spielten bei der Herausbildung zusätzlicher Verfahrensvorschriften keineswegs eine hemmende Rolle. Im Gegenteil: Melnick (1983: 4) weist darauf hin, daß die Bemühungen der Gerichte, Gesundheit und Sicherheit der Bürger stärker als in der Vergangenheit zu schützen und den Einfluß der Industrie auf die Entscheidungen der *regulatory agencies* einzudämmen, entsprechenden Anstrengungen von *Congress* und Weißem Haus vorrangingen. Zahlreiche Richter nahmen in den sechziger und siebziger Jahren Vorstellungen der *capture* der Behörden durch einflußreiche Industriegruppen bereitwillig auf und sahen es als die Aufgabe der Rechtsprechung an, durch stärkere Beteiligungsrechte für anderen Interessen zu einer ausgewogenen Entscheidungsfindung zu gelangen (ebenda: 361). Ein Großteil der zusätzlichen Verfahrensvorschriften geht ursprünglich auf die Rechtsprechung zurück und wurde erst danach vom Gesetzgeber übernommen.

Eine Entscheidung des *Supreme Court* aus dem Jahre 1978 stoppte die Entwicklung neuer Verfahrenselemente durch die Rechtsprechung. Der Oberste Gerichtshof entschied, daß die Gerichte nur in sehr beschränktem Maße Verfahrensanforderungen aufstellen dürfen, die über die des *Administrative Procedure Act* und der einzelnen Fachgesetze hinausgehen (Gellhorn und Boyer 1981: 262 ff.). Zu einem Verzicht auf die bereits entwickelten Verfahrensanforderungen führte dies jedoch nicht. Sie waren in vielen Fällen bereits vom Gesetzgeber übernommen worden, so z. B. in der Novelle des *Clean Air Act* von 1977.[5] Allerdings gehen seit der Entscheidung Innovationen im Standardsetzungsverfahren kaum noch von der Rechtsprechung, sondern in aller Regel vom Congress oder von der *agency* selbst aus.

Die stärkere Formalisierung der Standardsetzungsverfahren durch eine große Zahl neuer Verfahrensanforderungen entsprach auch den Vorstellungen der verschiedenen Interessengruppen. Während Wirtschaft und Umweltverbände materiell in vielen Fragen der Umweltpolitik unterschiedliche Auffassungen vertraten, waren sie sich in ihrem Mißtrauen gegenüber der EPA einig und präferierten Entscheidungsverfahren, in denen ihre gegen-

---

[5] 42 U.S.C. § 7607 (d).

sätzlichen Positionen möglichst offen aufeinandertreffen und der Spielraum der Behörde eingeschränkt ist.

Das durch die ausgedehnten Verfahrensvorschriften strukturierte Verfahren ist darauf gerichtet, daß die betroffenen Interessen wirkungsvoll einbezogen sind und - in Anlehnung an das U.S.-amerikanische Gerichtsverfahren - ihre Gegensätze offensiv austragen. In den USA besteht ein breites Vertrauen, daß durch ein in dieser Weise konfliktär angelegtes Verfahren der einzelne am wirkungsvollsten gegen willkürliche Regierungseingriffe geschützt wird, eine *capture* der Behörde durch einzelne Interessen verhindert wird und Konflikte zugleich am befriedigsten gelöst werden können. Kagan (1991) bezeichnet diese Art von Verfahren einprägsam als "*adversarial legalism*". Die wesentlichen Merkmale dieser Art von Verfahren stellen wir im folgenden näher dar.

Erweiterter Zugang der verschiedenen Interessen zum Standardsetzungsverfahren

Seit Ende der sechziger Jahre wurde der Zugang der Öffentlichkeit zu den Standardsetzungsverfahren deutlich verbessert, wobei zugleich auf eine Gleichbehandlung der verschiedenen Interessen im Hinblick auf den Zugang zur *agency* geachtet wurde. Diese Entwicklung wurde sowohl von den Gerichten als auch vom Gesetzgeber und den *agencies* selbst getragen. Sie entspricht der traditionellen, bis auf Thomas Jefferson zurückgehenden Vorstellung, nach der eine informierte Bürgerschaft die beste Vorkehrung gegen ein mißbräuchliches Handeln der Regierung darstellt (Brickman, Jasanoff und Ilgen 1985: 313). Heute verfügen der amerikanische Bürger und die amerikanische Bürgerin über weitaus mehr Möglichkeiten der Teilnahme an der Standardsetzung, als sie sich aus der *due process*-Klausel der Verfassung ergeben (Brickman, Jasanoff und Ilgen 1985: 88). Vogel (1986: 172) geht davon aus, daß die von den jeweiligen Regulierungen betroffenen Industriezweige anders als in der Vergangenheit kaum noch einen bevorzugten Zugang zu den Standardsetzungsverfahren haben.

Zwar sehen die Beteiligungsmöglichkeiten der Öffentlichkeit in den einzelnen Verfahren sehr unterschiedlich aus, wie unten noch näher darzustellen sein wird (siehe 4.4.4). Es lassen sich jedoch über diese Unterschiede hinweg Gemeinsamkeiten ausmachen:

Für die Öffentlichkeit bestehen ausgedehnte Möglichkeiten, sich über den Verlauf des Standardsetzungsverfahrens und die ihm zugrundeliegenden Erwägungen und Argumente zu informieren. Die Absicht, *rules* zu erlassen, ist gemeinsam mit einer fundierten Begründung im *Federal Register* zu veröffentlichen. Ebenso hat die *agency* am Ende des Verfahrens im *Federal Register* ihre abschließende Entscheidung zu begründen und dabei auch auf die während des Verfahrens erhaltenen Einwände einzugehen. Die Veröffentlichungen sind so zu verfassen, daß sich der interessierte Laie auch mit den naturwissenschaftlich-technischen Grundlagen der Standardsetzung vertraut machen kann (siehe Giebeler 1991: 56 f.). Die amerikanische Öffentlichkeit kann so - oft über Hunderte von Seiten - im *Federal Register* das Standardsetzungsverfahren nachvollziehen.

Der Zugang der Öffentlichkeit zu den Informationen, die von der standardsetzenden Behörde genutzt werden, geht aber noch weiter. Die wesentlichen Unterlagen, unter Einschluß von Gutachten, Daten und Arbeitspapieren, die die EPA ihren Entscheidungen zugrunde legt, müssen in einer *public docket* zusammengefaßt und der Öffentlichkeit zugänglich gemacht werden. So schreibt z. B. der *Clean Air Act* vor, daß der *Administrator* spätestens zum Zeitpunkt seines Regulierungsvorschlages die *public docket* anzulegen, alle im Vorfeld von der EPA angefertigten Dokumente und die Stellungnahmen anderer Behörden aufzunehmen und die *docket* während des Standardsetzungsverfahrens fortzuschreiben hat.[6] Auf diese Weise entsteht eine Akte, die oft mehrere tausend Seiten umfaßt und an der sich alle wesentlichen Schritte des Verfahrens nachvollziehen lassen.[7] Eine Einschränkung des Zugangs für die Öffentlichkeit erfolgt zwar insoweit, als Geschäftsgeheimnisse betroffen sind, diese werden jedoch eher eng verstanden (Brickman, Jasanoff und Ilgen 1985: 44).

In aller Regel besteht für jeden, der in amerikanischen Standardsetzungsverfahren Stellung zu den Absichten der *agency* nehmen will, auch Recht und Gelegenheit, dies zu tun. Bei jeder Regulierung auf dem Wege des *rulemaking* sind zumindest die schriftlichen Stellungnahmen der Öffentlichkeit einzuholen und bei der Entscheidungsfindung zu berücksichtigen. Von Gesetz und Rechtsprechung sind in vielen Fällen darüber hinaus mündliche Anhörungen vorgesehen, zum Teil in einer besonders formalisierten, einer Gerichtsverhandlung angenäherten Form (siehe ausführlicher zum *formal rulemaking* unten 4.4.4). Aber auch dort, wo sie nicht vorgeschrieben sind, werden häufig mündliche Anhörungen durchgeführt.

Auch bei der mündlichen Anhörung besteht ein weites Zugangsrecht. Einschränkungen auf "beteiligte Kreise", wie sie z. B. das deutsche Bundesimmissionsschutzgesetz in § 51 für Anhörungen vor Erlaß von Rechtsverordnungen und allgemeinen Verwaltungsvorschriften vorsieht, finden sich in den USA nicht (Giebeler 1991: 59). Eine der wesentlichen Einschränkungen des behördlichen Spielraums im amerikanischen Standardsetzungsverfahren ist vielmehr, daß die Behörde nicht darüber entscheiden kann, von wem sie Stellungnahmen entgegennimmt, wen sie anhört und wem sie Informationen zur Verfügung stellt (Vogel 1986: 280). Einzelne Gesetze wie insbesondere der *Toxic Substances Control Act* ermächtigen die EPA sogar, die Teilnahme von Vertretern öffentlicher Interessen zu finanzieren, wenn diese nicht über hinlänglich eigene Ressourcen verfügen.

Die vorgestellten Informationsrechte der Öffentlichkeit über die von der *agency* bei der Standardsetzung genutzten Informationen ergeben sich aus den von Gesetzgeber und

---

[6]. 42 U.S.C. § 7607 (d) (2), siehe ausführlicher zur *public docket* nach dem *Clean Air Act* Berry 1984: 190 ff.

[7] Siehe die Übersicht über die wesentlichen Bestandteile einer *public docket* der EPA bei Bryner 1987: 104 f.

Rechtsprechung an die Standardsetzung gestellten Anforderungen. Daneben wirken die weitgehenden Rechte auf Akteneinsicht nach dem *Freedom of Information Act* (siehe Gurlitt 1989 und 1990).

In der Tätigkeit der EPA im allgemeinen wie in konkreten Standardsetzungsverfahren spielen beratende Gremien aus Mitgliedern außerhalb der *agency* immer wieder eine bedeutende Rolle. Es ist besonders kennzeichnend für den *adversarial legalism*, unter dem sich das *rulemaking* in den USA vollzieht, daß das Wirken der Gremien durch ein eigenes Gesetz, den *Federal Advisory Committee Act* (FACA) von 1972, geregelt wird. Das Gesetz trifft detaillierte Anforderungen zur Mitgliedschaft solcher Gremien sowie zu den Zugangsmöglichkeiten der Öffentlichkeit (öffentliche Sitze, einsehbare Protokolle).[8] Durch diese Vorschriften soll sichergestellt werden, daß es auch über die Einschaltung von Beratungsgremien keine einseitige Beeinflussung der *agency* durch einzelne Interessen geben kann.

Verpflichtung zur Begründung der getroffenen Entscheidungen

Die gesetzlichen Vorgaben, an die sich die EPA bei Setzung von Umweltstandards zu halten hat, unterscheiden sich von Umweltgesetz zu Umweltgesetz erheblich (siehe auch Bryner 1987: 41 ff.), wie auch die folgenden Fallstudien deutlich machen werden. Während z. B. der *Federal Insecticide, Fungicide, and Rodenticide Act* (FIFRA) der EPA auferlegt, Risiken und Nutzen des Pestizideinsatzes zu erfassen und gegeneinander abzuwägen (siehe unten 4.6.1), sind andere Gesetze in ihren Vorschriften weniger präzise. Generell ist jedoch die Tendenz zu beobachten, daß der *Congress* striktere Vorgaben hinsichtlich der in das Verfahren einzubeziehenden Argumente und ihrer Gewichtung macht (Portney 1990b), wie es auch am Beispiel der Fallstudie zur Regulierung der *hazardous air pollutants* deutlich wird.

Anforderungen an die *agency*, ihre bei der Standardsetzung getroffenen Entscheidungen zu begründen, ergeben sich vor allem aus der Rechtsprechung. Die Maßstäbe, unter denen die gerichtliche Überprüfung der *rules* erfolgt, resultieren aus dem *Administrative Procedure Act* (APA), z. T. aber auch aus Spezialvorschriften der jeweiligen Fachgesetze (vgl. zum folgenden Giebeler 1919: 108 ff.). Generell wird von den Gerichten überprüft,

- ob der Erlaß der *rules* auf der Basis einer gesetzlichen Ermächtigungsgrundlage erfolgt und die konkrete Behörde die Zuständigkeit besitzt;

- ob die vorgeschriebenen Verfahrensregeln eingehalten wurden.

Verfahrensfehler führen nicht generell dazu, daß eine *rule* vom Gericht zurückgewiesen wird. Verfahrensfehler führen dann zur Rechtswidrigkeit, wenn ohne sie die *rules* nicht

---

[8] Siehe auch unten 4.4.4 zum *negotiated rulemaking*.

oder mit wesentlich anderem Inhalt erlassen worden wäre: In der Praxis widmet die Rechtsprechung Verfahrensfehlern dann stärkeres Gewicht, wenn sich die Regulierung auf materiell bedeutsame Sachverhalte bezieht (Giebeler 1991: 117).

In der Tradition des angelsächsischen Rechts sind die den Verwaltungsentscheidungen zugrundeliegenden Tatsachenfeststellungen an sich nicht Gegenstand der gerichtlichen Kontrolle (siehe Jarass 1985; Brickman, Jasanoff und Ilgen 1985: 114). Hinsichtlich der Überprüfung von *rules* durch die Rechtsprechung hat sich jedoch eine Berücksichtigung auch der sachlichen Grundlagen weitgehend durchgesetzt. Nach dem Wortlaut des *Administrative Procedure Act* ist zwischen zwei Gruppen von *rules* zu unterscheiden: Für *rules*, die auf dem Wege des *formal rulemaking*, also mittels einer gerichtsähnlichen, Kreuzverhöre zulassenden Anhörung zustandegekommen sind (siehe unten 4.4.4), legt der APA fest, daß die Entscheidung der *agency* auf der Basis von *substantial evidence* zu erfolgen hat.[9] Bei diesen Verfahren überprüfen die Gerichte, ob die von der Behörde getroffene Entscheidung in der Sache trägt.

Bei der großen Masse der *rules*, die in einem informelleren Verfahren zustandekommt, hielten sich die Gerichte dagegen früher bei der Beurteilung der faktischen Grundlagen der Regulierung zurück. Bei dieser Art des *rulemaking* hat das Gericht nach dem Wortlaut des APA lediglich zu überprüfen, ob die *rules* willkürlich ("*arbitrary and capricious*") zustandegekommen sind.[10] In den siebziger Jahren hat sich jedoch eine Auffassung durchgesetzt (*hard-look-doctrine*), nach der es Aufgabe der Gerichte ist, "die Beachtung der gesetzlichen Vorgaben auch in materieller Hinsicht zu überprüfen" (Giebeler 1991: 112, siehe auch Zimmermann 1990: 251). Danach haben die Gerichte zwar nicht die Fachkunde der Behörde durch eigene Entscheidungen zu ersetzen, sie haben jedoch zu kontrollieren, ob die Behörde bei ihrer Entscheidung einen *hard look* auf alle relevanten Informationen gerichtet hat. Die getroffene Entscheidung muß von der Behörde erläutert werden, sie muß nachvollziehbar und in sich konsistent sein. Sofern Einwände von Beteiligten nicht berücksichtigt werden, muß dies ebenfalls begründet werden.

Nach der Auffassung der Gerichte ließen die in der Vergangenheit von der EPA geführten Akten nur unzureichend deutlich werden, ob die *agency* tatsächlich einen *hard look* vorgenommen hatte. Gefordert wurde, alle Entscheidungsgrundlagen in einem *reviewable record* zusammenzufassen (Bryner 1987: 26, Brickman, Jasanoff und Ilgen 1985: 12 ff.). Vor allem auch in diesen Anforderungen, die sich aus der gerichtlichen Überprüfung ergeben, liegt die oben bereits dargestellte Anlage eines umfänglichen *public docket* durch die EPA begründet.

Als Antwort auf die Anforderungen von Gesetzgeber und Gerichten sowie auf das konfliktäre Umfeld, in dem sie sich abspielen, sind amerikanische Verfahren zur Setzung

---

[9] 5 U.S.C § 706 (2) (E).

[10] 5 U.S.C § 706 (2) (A).

von Umweltstandards durch ein weitaus höheres Maß an (wissenschaftlich fundierter) Begründung der getroffenen Entscheidungen gekennzeichnet als die anderer Staaten. Die Durchführung intensiver wissenschaftlicher Studien zur Bestimmung der Risiken ist eine Selbstverständlichkeit; die einfache Übernahme von Standards, die andere Staaten gesetzt haben, ist unvorstellbar. Formalisierte quantitative Risikoeinschätzungen (*risk assessment*) sind in der Regel ein zentraler Verfahrensbestandteil (siehe Andrews 1992: 21 ff., Brickman, Jasanoff und Ilgen 1985: 40 f., Harrison 1986, Ashford 1986). Weitere quantifizierende Instrumente wie Kostenschätzungen oder die Gegenüberstellung von Nutzen und Kosten einer Regulierung (*regulatory impact analysis*) sind ebenfalls weit verbreitet und zum Teil vorgeschrieben. In der Praxis der Standardsetzungsverfahren führt dies zu der Situation, daß die EPA und andere *agencies* versuchen, ihre Entscheidungen durch genaue naturwissenschaftliche, technische und ökonomische Analysen abzusichern, daß aber eben diese Grundlagen selbst zum Gegenstand der Auseinandersetzung im Standardsetzungsverfahren werden. Die wissenschaftliche Begründbarkeit der vorgesehenen Standards wird von der betroffenen Industrie bzw. den Umweltverbänden häufig angegriffen, Risikoeinschätzungen werden nicht selten als unzureichend oder falsch kritisiert, und zum Teil werden eigene Modelle und Berechnungen ins Feld geführt (vgl. auch Bryner 1987: 55 ff.).

Ausdehnung der gerichtlichen Kontrolle der Standardsetzungsverfahren

Das *administrative law* der USA erlaubt es, nicht nur Einzelmaßnahmen der Verwaltung gerichtlich anzufechten, sondern auch unmittelbar auf dem Wege der abstrakten Normenkontrolle gegen die als *rules* erlassenen Umweltstandards vorzugehen. In der Vergangenheit war es nach der *ripeness doctrin* eine Voraussetzung der Klage, daß die *rules* im Einzelfall angewandt wurden bzw. eine solche Anwendung zumindest bevorstand. Seit den fünfziger Jahre setzte sich jedoch eine andere Interpretation durch. Seit einer Schlüsselentscheidung des Supreme Court aus dem Jahre 1967 kann gegen eine *rule* in der Regel unmittelbar nach ihrem Erlaß geklagt werden. Und in der Praxis wird gegen Umweltstandards - sei es von seiten der Industrie, sei es durch die Umweltverbände - in aller Regel auf dem Wege der abstrakten Normenkontrolle vorgegangen (siehe Giebeler 1991: 106 f., Gellhorn und Boyer 1981: 266 ff.).

Eine weite Ausdehnung erfuhr seit Ende der sechziger Jahre die Klagebefugnis (*standing to sue*).[11] Ursprünglich hatten die Klägerin oder der Kläger nachzuweisen, daß sie in einem rechtlich geschützten Interesse (*legally protected interest*) beeinträchtigt waren. Nach der aktuellen Rechtsprechung zur Klagebefugnis, die wesentlich durch eine Entscheidung des Supreme Court aus dem Jahre 1970 geprägt wurde, ist dagegen nur noch

---

[11] Siehe hierzu ausführlich: Stewart 1975: 1723 ff., Giebeler 1991: 107 ff., Brickman, Jasanoff und Ilgen 1985: 106 ff., Gellhorn und Boyer 1981: 310 ff.

notwendig, daß der Kläger auf eine tatsächliche Beeinträchtigung seiner Interessen, seien sie ökonomischer oder anderer Art, verweisen kann ("*injury in fact, economic or otherwise*", zitiert nach Brickman, Jasanoff und Ilgen 1985: 107). Der Begriff der Interessen wird dabei eher großzügig ausgelegt, gerade auch nicht materielle Gesichtspunkte werden einbezogen. In einer berühmt gewordenen Entscheidung aus dem Jahre 1983 bestätigte der *Supreme Court* das Klagerecht einer Gruppe von Studenten gegen die Erhöhung einer Frachtrate. Die Studenten sahen in der Maßnahme eine Behinderung des Recycling und eine Förderung der Umweltverschmutzung. Als Interesse, das durch die Frachtrate beeinträchtigt wurde, führten sie die zu erwartende Verschmutzung eines Parkes an, in dem sie ihre Freizeit verbrachten.

Zwar ist die Verletzung von persönlichen Interessen des Klägers Voraussetzung der Klagebefugnis, ist sie aber gegeben, kann der Kläger sich im Gerichtsverfahren auch auf allgemeine Interessen wie den Schutz der Umwelt oder der Volksgesundheit berufen. Für den amerikanischen Bürger ist es daher relativ einfach, in Gerichtsverfahren als Vertreter allgemeiner Interessen aufzutreten (Brickman, Jasanoff und Ilgen 1985: 108). Von der Rechtsprechung wird zudem weitgehend akzeptiert, daß Umweltverbände in den Gerichtsverfahren für diejenigen auftreten, deren Interessen verletzt werden (Ingram und Mann 1990: 149).

Allerdings werden im Prozeß nur die Einwände anerkannt, die bereits während des *rulemaking* der zuständigen *agency* zur Kenntnis gebracht wurden. Dabei ist es nicht notwendig, daß diese Einwände vom Kläger selbst erhoben wurden. Sie müssen nur überhaupt während des Verfahrens vorgebracht worden sein (Giebeler 1991: 108).

Die - gerade im Vergleich zur Bundesrepublik - weitgehende Klagebefugnis gegen Umweltstandards wurde nicht nur durch die Rechtsprechung begründet. Vielmehr hat der Gesetzgeber in einer Reihe von Umweltgesetzen, darunter der *Clean Air Act* (CAA), der *Toxic Substances Control Act* (TSCA) und der *Water Pollution Control Act* den Bürgern ein weitgehendes Klagerecht eingeräumt (*citizens' suit*).

Die gerichtliche Kontrolle der Setzung von Umweltstandards in den USA ist nicht auf erlassene *rules* beschränkt. Vielmehr ist eine Klagebefugnis auch dort gegeben, wo die *agency* einer gesetzlichen Vorschrift, innerhalb einer bestimmten Frist ein Standardsetzungsverfahren zu beginnen bzw. abzuschließen, nicht nachkommt, bzw. wo sie schließlich auf den Erlaß von Standards verzichtet. So räumt der *citizens' suit* nach dem *Clean Air Act*,[12] "jedermann das Recht ein, gegen die EPA zu klagen, und die Behörde zur Setzung solcher Standards verpflichten zu lassen, die sie trotz des Verstreichens gesetzlicher Fristen noch nicht erlassen hat" (Giebeler 1991: 44). Gerade für die Umweltverbände spielt diese Art von Klagen eine große Rolle.

---

[12] 42 U.S.C. § 7604 (a) (2).

Welches Gericht für das Verfahren zuständig ist, ergibt sich aus den jeweiligen einzelgesetzlichen Regeln. Mit der Kontrolle der *rules* sind in der Regel die Gerichte der zweiten Instanz befaßt, die *Circuit Courts of Appeal*. Besondere Verwaltungsgerichte existieren in den USA nicht, zuständig sind die allgemeinen Gerichte. Auch innerhalb der einzelnen Gerichte besteht keine Spezialisierung auf Fälle des *administrative law*. Richter, die den Vorsitz bei Verwaltungsprozessen führen, beschäftigen sich auch mit Zivil- und Strafsachen. Eine gewisse Ausnahme stellt der *U.S. Court of Appeal for the District of Columbia Circuit* dar. Da diesem Gericht besonders viele Fälle des *administrative law* und gerade auch der gerichtlichen Kontrolle des *rulemaking* obliegen, ist hier in der Praxis eine gewisse Spezialisierung eingetreten (vgl. Jarass 1985).

Von den weitgehenden Möglichkeiten, die Rechtsprechung und Gericht eingeräumt haben, gegen Umweltstandards gerichtlich vorzugehen, machen die verschiedenen Interessenten in der Praxis intensiven Gebrauch. Der Gang vor Gericht ist quasi zum "normalen" Bestandteil der Standardsetzungsverfahren in den USA geworden. William Ruckelshaus, ehemaliger *Administrator* der EPA schätzt, daß 80 Prozent der von der *agency* erlassenen *rules* vor Gericht angefochten werden (Bryner 1987: 117). Eine jüngere Analyse der EPA beziffert den Anteil der *rules*, gegen die Klage erhoben wird, auf 75 Prozent (EPA 1987). Als Kläger treten - in annähernd gleicher Häufigkeit - sowohl die Verfechter eines aktiveren Umweltschutzes, also vor allem die Umweltverbände, als auch die betroffenen Wirtschaftszweige auf. Joseph Cannon, *Assistant Administrator für die Luftreinhaltung*, beklagt: "everybody sues us" (Olin 1987: 3). In der Praxis führt diese Prozeßhäufigkeit dazu, daß die *agency* während des gesamten Standardsetzungsverfahrens davon ausgeht, daß sie schließlich vor Gericht gezogen wird und das Verfahren so auszugestalten versucht, daß es - vor allem hinsichtlich der prozeduralen Anforderungen - vor Gericht Bestand haben wird.

b) **Stärkere Berücksichtigung wirtschaftlicher Interessen durch die Reagan-Administration - *regulatory impact analysis***

Die nach dem Wahlsieg Ronald Reagans neu ins Amt gekommene Administration verfolgte ausdrücklich den Zweck, Regulierungen in großem Maßstab abzubauen und so die Wirtschaft von Belastungen zu befreien (*regulatory relief*). Die neue Strategie wurde schon dadurch deutlich, daß in Spitzenpositionen der EPA Personen mit guten Kontakten zur Wirtschaft berufen wurden. So war Anne Burford-Gorsuch, nunmehr *Administrator* der EPA, in der Vergangenheit als Rechtsvertreter in der Industrie in Umweltfragen aufgetreten (Rosenbaum 1991: 97 f.). Der von der Reagan-Administration und der neuen EPA-Leitung verfolgte Kurs beinhaltete die folgenden Bestandteile (siehe Rosenbaum 1989: 226 ff., Hoberg 1990, Harris und Milkis 1989: 251 ff.):

- Das Budget der EPA wurde gekürzt und die Mitarbeiterzahl wurde reduziert. Von beiden Maßnahmen waren gerade auch die mit der Standardsetzung befaßten Arbeitsbereiche betroffen.

- Die Standardsetzungsaktivitäten wurden zurückgefahren, die Zahl der insgesamt (also nicht nur im Umweltbereich) neu erlassenen *rules* sank zwischen 1981 und 1983 um 25 Prozent, der Umfang des *Federal Register* ging im gleichen Zeitraum um ca. ein Drittel zurück (Bryner 1987: 72). Zum Teil wurde den zu regulierenden Branchen in den Standardsetzungsverfahren eine privilegierte Position eingeräumt, so wurden z. B. bei der Pestizidregulierung Besprechungen mit den Herstellern durchgeführt, von denen die Umweltverbände ausgeschlossen waren (siehe die Fallstudie zu EDB unter 4.6.2).

- Die *regulatory agencies* wurden verpflichtet, eine *regulatory impact analysis* (RIA) durchzuführen und gemeinsam mit ihrem Regulierungsvorschlag dem *Office of Management and Budget* (OMB) des Präsidenten zur Stellungnahme vorzulegen. Auf diese Weise sollten ökonomische Gesichtspunkte stärker berücksichtigt und so eine - nach den Vorstellungen der Reagan-Administration - ausgewogenere Standardsetzung ermöglicht wird (Harris und Milkis 1989: 257 ff.).

Die ersten zwei Elemente des *regulatory relief* hatten keinen längeren Bestand. Nach einer Reihe von Skandalen und einem Personalwechsel in der Führungsetage der EPA kehrte die Behörde wieder weitgehend zur Praxis der Standardsetzungsverfahren vor der Reagan-Administration zurück. Die stärkere Verpflichtung, Nutzen und Kosten der Regulierung miteinander abzuwägen, und die Beteiligung des OMB blieben jedoch bestehen.

Nach der *Executive Order 12291* des Präsidenten vom Februar 1981 hat eine Behörde, die eine Regulierung vornehmen will, eine *regulatory impact analysis* anzufertigen, sofern dies nicht ausdrücklich per Gesetz ausgeschlossen wird und es sich um eine wesentliche Regulierung handelt. Dies ist dann der Fall, wenn

- die Regulierung Kosten für die Wirtschaft erzeugt, die voraussichtlich 100 Millionen Dollar übersteigen;

- ein wesentlicher Preisanstieg zu erwarten ist;

- erhebliche Nachteile für Beschäftigung, Investitionen und Produktivität zu erwarten sind oder die Wettbewerbsfähigkeit amerikanischer Unternehmen beeinträchtigt wird (siehe Bryner 1987: 99 f.).

In der RIA hat die Behörde nachzuweisen, daß

- der potentielle Nutzen der beabsichtigten Regulierung für die Gesellschaft ihre potentielle Kosten überwiegt,

- die angestrebten Ziele den Nutzen für die Gesellschaft maximieren werden,

- zur Erreichung des Zieles der Weg gewählt wird, der für die Gesellschaft die geringsten Kosten erzeugt.

Bei der Bemessung des Nutzens der Regulierung hat die Behörde die Lage des betroffenen Industriezweiges wie der gesamten Volkswirtschaft zu berücksichtigen. Es sind auch die Kosten und der Nutzen zu benennen, die sich nicht beziffern lassen. Die Behörde hat gegebenenfalls alternative Lösungen aufzuzeigen, die dasselbe Ziel zu niedrigeren Kosten erreichen, und auszuführen, welche rechtlichen Gründe der Anwendung dieser Alternativen entgegenstehen (siehe Bryner 1987: 47 f.). Die *regulatory impact analysis* ist dem OMB zusammen mit dem Standardsetzungsvorschlag vorzulegen, erst nach seiner Stellungnahme können die *rules* erlassen werden. Um diese Aufgabe wahrzunehmen, wurde im OMB ein spezielles *Office of Information and Regulatory Affairs* eingerichtet. Dem OMB wurde zudem das Recht eingeräumt, die Einhaltung der *Executive Order* durch die *agency* zu überwachen und dazu mit dieser *off the record*, also ohne zwingende Aufnahme in die *public docket*, in Kontakt zu treten.

Der tatsächliche Einfluß dieser Regelungen auf die Standardsetzung durch die EPA ist umstritten (siehe Bryner 1987: 82 ff., Rosenbaum 1989: 277 ff.). Für einen verhältnismäßig großen Teil der durchgeführten Regulierungen wird überhaupt keine RIA angefertigt, weil sie zu unbedeutend sind bzw. weil das jeweils zum *rulemaking* ermächtigende Gesetz eine Entscheidungsfindung durch Gegenüberstellung von Kosten und Nutzen ausschließt (z. B. Standards nach dem *Clean Air Act*, die allein auf der Basis des *risk* zu bestimmen sind). Das OMB ist mit der Prüfung der großen Zahl von Regulierungen offenbar überfordert; dem überwiegenden Teil der Standardsetzungsvorschläge stimmt es ohne Änderungswünsche zu.

Es gibt jedoch auch Hinweise darauf, daß die Einbeziehung des OMB in das Verfahren durchaus Auswirkungen hat. In der Praxis hat es sich bislang auf die Kosten der Regulierungen konzentriert und nicht auf die Gegenüberstellung von Nutzen und Kosten. In Einzelfällen wurden Standardsetzungsvorschläge, die von der EPA in aufwendigen mehrjährigen aufwendigen Verfahren erarbeitet worden waren, nach der Stellungnahme des OMB plötzlich fallengelassen. Auf Kritik stößt vor allem, daß der Einfluß des OMB auf das Standardsetzungsverfahren nicht festzustellen ist, da seine Kontakte zur regulierenden Behörde nach der *Executive Order* nicht in den Akten festgehalten werden müssen. Allerdings einigten sich EPA und OMB 1985, die Interventionen des letzteren künftig in den Akten zu dokumentieren (Bryner 1987: 82 ff., 117 f.).

Während sich der materielle Einfluß, den die *regulatory impact analysis* und die Überprüfung durch das OMB auf das Standardsetzungsverfahren haben, nur schwer beurteilen läßt, sind ihre Auswirkungen auf das Verfahren eindeutig: Durch die Erfordernis, weitere Entscheidungsgrundlagen beizubringen und einen weiteren Akteur einzubeziehen, haben Verfahrensdauer und -komplexität weiter zugenommen.

4.4.3 Aktuelle Kritik an den amerikanischen Standardsetzungsverfahren

Die Kritik der frühen Reagan-Administration an der Standardsetzung war letztlich recht vordergründig angelegt und blieb - jedenfalls auf Dauer betrachtet - weitgehend folgenlos. Anders könnte es mit einer grundsätzlicheren Diskussion aussehen, die seit einigen Jahren von Wissenschaft und Praxis über die Zukunft der umweltpolitischen Regulierung in den USA geführt wird.[13] Die Kritiker erkennen an, daß sich die amerikanischen Standardsetzungsverfahren durch ein hohes Maß an Transparenz und Beteiligungsmöglichkeiten für die Öffentlichkeit auszeichnen. Die Rechte und Möglichkeiten von Verbänden, Unternehmen, Initiativen sowie einzelnen Bürgerinnen und Bürgern, in den Standardsetzungsverfahren eine Rolle zu spielen, sind nach ihrem Vorteil so ausgestaltet, daß sie im internationalen Vergleich wohl kaum ihresgleichen finden dürften. Daß amerikanische Umweltstandards, was ihre Schärfe anbelangt, im internationalen Vergleich oft am oberen Ende, wenn nicht an der Spitze rangieren, wird ebenfalls nicht bezweifelt.

Strittig ist allerdings, ob dem einzigartig hohen Aufwand, unter dem die Standardsetzung in den USA erfolgt, ein entsprechend großer umweltpolitischer Erfolg entspricht, der sich in einer Reduzierung der Umweltbelastung bzw. in einer Verbesserung der Umweltqualität messen läßt. Die Kritiker haben hier ihre Zweifel und führen vor allem die folgenden Argumente an:

- Die Lage der Umwelt habe sich in den USA in den letzten zwanzig Jahren keineswegs signifikant besser entwickelt als in anderen westlichen Industriestaaten (siehe z. B. zum Vergleich mit Großbritannien Vogel 1986: 146 ff.).

- Die amerikanische Umweltpolitik sei auf einzelne Probleme und auf einzelne Standards konzentriert, in vielen wichtigen Fällen habe sie aber überhaupt noch keine Standards erlassen. Während auf der einen Seite erhebliche Anstrengungen unternommen würden, schärfere Standards zu erlassen, die in der Praxis nur noch marginale Verbesserungen bewirken würden, seien auf der anderen Seite noch erhebliche Regelungsdefizite vorhanden (vgl. Bryner 1987: 209). Verwiesen wird auch darauf, daß die in Gesetzen aufgestellten Fristen, innerhalb derer eine Regulierung zu erfolgen hat, regelmäßig überschritten werden.

- Die scharfen Standards würden nur in begrenztem Maße implementiert, Grenzwerte würden häufig nicht eingehalten, gesetzliche Fristen überschritten, nicht selten mit Wissen oder gar Zustimmung der Vollzugsbehörden, die vor den wirtschaftlichen Folgen einer konsequenten Implementation zurückschrecken würden (vgl. Vogel 1986: 164 ff.).

---

[13] Siehe vor allem Kagan 1991, Andrews 1992, Bryner 1987, Brickman, Jasanoff und Ilgen 1985, Vogel 1986.

- Die amerikanischen Standardsetzungsverfahren seien zwar in der Lage, eine *capture* der EPA und der anderen *regulatory agencies* durch die zu regulierenden Interessen zu verhindern, sie würden aber zugleich zu Stillstand und Blockaden führen. Da jedes Verfahren durch "legally 'bulletproof' scientific evidence" abgesichert sein müsse, würde die Verfahrensdauer gewaltig in die Länge gezogen mit den entsprechenden Kosten für die *agency* wie für die beteiligten privaten Akteure (Kagan 1991: 376 f.). Diese Einschätzung wird zum Teil auch von Praktikern aus der Behörde selbst geteilt. William Ruckelshaus, ehemaliger *Administrator* der EPA: "Conducting environmental business through attacks and counter-attack, suit and counter-suit, is wasteful, expensive, and exhausting" (zitiert nach Olin 1987: 3).

- Da das einzelne Standardsetzungsverfahren einen so hohen Aufwand erfordert, seien die Ressourcen der EPA ständig überbeansprucht. Dies verursache die erwähnten Regelungslücken und sei auch dafür verantwortlich, daß die *agency* bislang Gesichtspunkten der Implementation zu geringe Aufmerksamkeit schenkt (siehe auch Andrews 1992: 17 f.). Die Ursachen der Implementationsprobleme werden allerdings nicht allein in fehlenden Verwaltungskapazitäten gesehen. Nach Ansicht der Kritiker wird das Verhältnis zwischen Wirtschaft und Staat durch die Art der amerikanischen Standardsetzungsverfahren negativ beeinflußt.

- Der Ausgang des Verfahrens und damit die auf sie zukommenden Anforderungen seien für die einzelnen Parteien nicht absehbar. Das konfliktär angelegte Verfahren verfüge zudem über keinerlei Mechanismen, um den Konsens zwischen den beteiligten Interessen und Parteien zu fördern (Bryner 1987: 208 ff.). Diese würden kaum noch selbst, sondern nur noch über ihre Anwälte und Lobbyisten aufeinandertreffen. Wirtschaft und Staat würden dazu tendieren, sich gegenseitig böse Absichten zu unterstellen (Vogel 1986: 22). Einwände der Industrie, vorgesehene Standards seien mit der aktuell verfügbaren wie der in den nächsten Jahren zu erwartenden Technologie gar nicht zu implementieren, würden auch dort auf Ablehnung bei der *agency* stoßen, wo sie gerechtfertigt seien. Aus der Sicht der Wirtschaft, so Melnick (1983: 383 f.), wiederum nehme die EPA auf das technisch Machbare gar keine Rücksicht. Die Umweltverbände vermuten eine Allianz zwischen EPA und Wirtschaft zu Lasten der Umwelt. In einer solchen auch nach abgeschlossenem Standardsetzungsverfahren fortwährenden konfliktären Situation sei die Implementation der Umweltstandards von vornherein erschwert.

Selbst mit Ausmaß und Tempo unzufrieden, mit denen die EPA in der Vergangenheit seine Regulierungsaufträge erfüllt hat, ist der *Congress* dazu übergegangen, detailliertere Vorgaben für die Behörde zu machen (siehe z. B. Portney 1990b). Zum einen sind die gesetzlichen Vorschriften im Hinblick auf die Auswahl der zu regulierenden Stoffe und die Härte der zu erlassenden Standards spezifischer geworden. Zum anderen ist der Gesetzgeber immer stärker dazu übergegangen, der EPA Fristen vorzugeben, innerhalb derer sie bestimmte Standards zu erlassen hat. Zum Teil wird mit sogenannten *hammer clauses* gearbeitet, um die EPA zum Handeln zu bewegen. So sieht die Novelle des

Clean Air Act von 1990 vor, daß die Standardsetzung, wenn sie innerhalb der gesetzlich vorgeschriebenen Fristen nicht durch die EPA erfolgt, an die Einzelstaaten übergeht. Die Detailliertheit der Gesetzesnovelle wird von Parlamentariern ausdrücklich mit ihrem Mißtrauen gegenüber der EPA begründet: "... we don't trust EPA" (Lee 1991: 16).

Gesetzliche Regelungen dieser Art führen dazu, daß das Ausmaß der Regulierungen, die von der EPA vorzunehmen sind, wächst, ohne daß der *agency* auch die notwendigen personellen und finanziellen Ressourcen zur Verfügung gestellt würden. Überhaupt wird konstatiert, die Ziele der Umweltgesetzgebung würden zu wenig Rücksicht auf die administrative Praxis nehmen (Brickman, Jasanoff und Ilgen 1985: 314). Kagan sieht hier ein grundsätzliches Problem, würden doch die Amerikaner von ihrer Regierung erhebliche Leistungen erwarten, ohne auch bereit zu sein, sie mit den notwendigen Möglichkeiten auszustatten: "Americans want government to do more, but governmental power is fragmented and mistrusted." (Kagan 1991: 397). Die amerikanischen Umweltgesetze seien mit Rüstungskontrollverträgen zwischen feindlichen Staaten vergleichbar. Trotz ihrer vielen hundert Seiten würden sie die wirklich offenen Fragen nicht klären (ebenda).

Als mögliche Abhilfe gegen die konstatierten Probleme wird diskutiert, das amerikanische Standardsetzungsverfahrens grundlegend zu verändern, wobei vielfach auf die - stärker konsensual angelegten - europäischen Verfahren verwiesen wird (siehe z. B. Bryner 1987; Brickman, Jasanoff und Ilgen 1987, Vogel 1986, Kagan 1991). Zwar warnen die Kritiker davor, Verfahren einfach in ein anders strukturiertes nationales System zu transplantieren. Dennoch sehen sie gewisse Möglichkeiten, die amerikanischen Verfahren durch Aufnahme von konsensual orientierten Elementen zu verbessern. In der Praxis zeigen sich entsprechende Ansätze beim *negotiated rulemaking*, auf das noch näher einzugehen sein wird.

4.4.4 Varianten der Standardsetzungsverfahren

Wie bereits dargestellt, unterscheiden sich die einzelnen U.S.-amerikanischen Standardsetzungsverfahren zum Teil erheblich voneinander. Dabei bestehen vier Grundtypen von Verfahren:

- *formal rulemaking*,

- *informal rulemaking*,

- *hybrid rulemaking*,

- *negotiated rulemaking*.

In der aktuellen Praxis spielt das *informal rulemaking* keine Rolle mehr; vielmehr ist aus ihm das durch komplexere Verfahrensvorschriften gekennzeichnete *hybrid rulemaking* entwickelt worden.

Die gesetzlichen Mindestanforderungen, die beim *rulemaking* einzuhalten sind, ergeben sich aus dem *Administrative Procedure Act*. Sie sind grundsätzlich bei jedem Verfahren anzuwenden, Ausnahmen sieht der APA für *rules* im Bereich von Außenpolitik und Verteidigung, *rules* zu öffentlichem Eigentum und öffentlichen Krediten sowie zu *rules* vor, die sich mit allgemeinen Stellungnahmen, Interpretationen, Behördenorganisation oder Verfahren beschäftigen. Schließlich kann von den Verfahrensanforderungen des APA auch abgewichen werden, wenn ihre Einhaltung nicht praktikabel, unnötig oder gegen das öffentliche Interesse wäre.[14]

a) *Formal rulemaking*

Wo es um den Erlaß einer Verfügung (*order*) in streitigen Einzelfällen geht, spielt in der amerikanischen Verwaltung ein spezielles Verfahren, die *formal adjudication*, eine wichtige Rolle (siehe Jarass 1985, Gellhorn und Boyer 1981: 180 ff.). Vor allem wenn gravierende Interessen, insbesondere solche ökonomischer Art, tangiert werden, wird dieses Verfahren häufig durch die einzelnen Gesetze vorgeschrieben. So werden z. B. in den USA Genehmigungen zum Betrieb von Kernkraftwerken nach einem solchen Verfahren vergeben.

Bei der *formal adjudication* handelt es sich um eine Anhörung, die in ihrem Ablauf weitgehend an einem Gerichtsverfahren orientiert ist. Die Durchführung dieser Anhörung ist streng von den Ermittlungen getrennt, die die Verwaltung zuvor in der Sache durchgeführt hat. Die Leitung der Anhörung liegt in den Händen eines *administrative law judge*, bei dem es sich allerdings nicht um einen Richter, sondern um einen Angestellten der betreffenden Behörde handelt. Dieser ist jedoch weitgehend persönlich unabhängig und unterliegt keinen Weisungen der Behördenleitung. Außerhalb der Verfahrens sind ihm Kontakte zu den beteiligten Parteien versagt, ebenso darf er außerhalb des Verfahrens nicht mit den beteiligten Ermittlungsinstanzen seiner eigenen Verwaltung in Kontakt treten. Vor dem *administrative law judge* treten die Abteilung der *agency*, die die strittige Maßnahme vorantreibt, und der Adressat, an den sie sich richtet, als Parteien auf. Dritte haben unter bestimmten Voraussetzungen das Recht, am Verfahren beteiligt zu werden. Auf Anwälte gestützt, bestimmen die Parteien mit den von ihnen vorgetragenen Positionen, beigebrachten Dokumenten und benannten Experten das Verfahren. Von besonderer Bedeutung ist das Recht, die andere Seite und ihre Experten ins Kreuzverhör nehmen zu können. Nach Abschluß des Verfahrens trifft der *administrative law judge* seine Entscheidung, die für die Behördenleitung allerdings nicht bindend ist.

Ein Verfahren, das weitgehend der *formal adjudication* bei Einzelfallentscheidungen entspricht, wird auch bei einem Teil der Standardsetzungsverfahren angewandt. Überall

---

[14] 5 U.S.C. § 553 (b), *Administrative Procedure Act*, siehe auch Gellhorn und Boyer 1981: 241 ff.

dort, wo ein Gesetz vorschreibt, vor Erlaß der *rules* ein *agency hearing* durchzuführen, sind nach dem APA die Bestimmungen des Gesetzes zur *adjudication* anzuwenden.[15] Entsprechende Verfahren werden als *formal rulemaking* oder *rulemaking on the record* bezeichnet (siehe ausführlich Gellhorn und Boyer 1981: 251 ff.). Im Umweltbereich finden sie zwar nur bei der Minderheit der Standardsetzungsverfahren Anwendung, darunter aber in durchaus wichtigen Fällen. Vorgesehen ist das *formal rulemaking* zum Beispiel bei der Setzung von Standards für giftige Stoffe nach dem *Federal Water Pollution Control Act* (FWPCA) (siehe Giebeler 1991: 59). Bei der Pestizidregulierung kann es von Unternehmen, denen die Registrierung für ein Pestizid entzogen werden soll, beantragt werden (siehe auch die Fallstudie zu PCP unter 4.6.3).

Beim *formal rulemaking* im Bereich der EPA treten vor dem *administrative law judge* als Parteien stets die EPA selbst (de facto der Teil der *agency*, der den Standardentwurf erarbeitet hat) und die betroffene Branche auf. Angesichts der bereits dargestellten weitgehenden Zugangsrechte ist der Teilnehmerkreis in aller Regel jedoch deutlich größer.

Die *agency* hat als die Partei, die Regulierung vorantreibt, die Beweislast.[16] Die Teilnehmer können schriftliche und mündliche Stellungnahmen abgeben und die Durchführung von Kreuzverhören verlangen.[17] Anders als bei der *adjudication* vor der Einzelfallentscheidung sind Kontakte des *administrative law judge* mit den die Regulierung vorantreibenden Beschäftigten der *agency* zulässig. Kontakte mit den Parteien außerhalb der Behörde sind aber auch beim *formal rulemaking* auf das Verfahren selbst zu beschränken (Gellhorn und Boyer 1981: 254 f.). Das Verfahren ist in aller Regel öffentlich, ausführliche Protokolle sind anzufertigen, zusammen mit schriftlichen Stellungnahmen und Gutachten in die Akten (*public docket*) aufzunehmen und ebenfalls öffentlich zugänglich zu machen.

Am Ende der Anhörung steht entweder eine *initial decision* oder eine *recommended decision* des *administrative law judge*. Erstere ist verbindlich, solange nicht die Leitung der Behörde eine andere Entscheidung fällt, zweitere bedarf der Zustimmung der Behördenleitung, um wirksam zu werden. Beim *formal rulemaking* hat die Behördenleitung aber auch die Möglichkeit, vor der Entscheidung des *administrative law judge* ihrerseits eine Entscheidung zu treffen (*tentative decision*), wenn dies nach den gewonnenen Informationen und von der Sache her geboten ist.[18] In der Praxis hat die Entscheidung des *administrative law judge* erhebliches Gewicht; die Behördenleitung weicht selten von ihr ab. Vor der Entscheidung ist jedoch in jedem Fall den Teilnehmern Gelegenheit zu geben, noch einmal zum Verlauf des Verfahrens Stellung zu beziehen und ihre Position durch weitere Ausführungen abzustützen.

---

[15] 5 U.S.C. § 553 (c), *Administrative Procedure Act*.

[16] 5 U.S.C. § 556 (d), *Administrative Procedure Act*.

[17] 5 U.S.C. § 556 (d), *Administrative Procedure Act*.

[18] 5 U.S.C. § 557 (b), *Administrative Procedure Act*.

Das *formal rulemaking* ist der aufwendigste Typ von Verfahren zur Setzung von Umweltstandards in den USA. Die Anhörungen ziehen sich über mehrere Tage, nicht selten über mehrere Wochen hin. Häufig umfaßt die angelegte Akte mehr als 100.000 Seiten (siehe auch Giebeler 1991: 62).

b) *Informal rulemaking*

Nach dem APA ist das *informal rulemaking*, auch als *notice-and-comment* bezeichnet, an sich das Regelverfahren für die Erarbeitung und den Erlaß von *rules*. Das Attribut *informal* ist allerdings insofern etwas mißverständlich, als auch für Verfahren diese Typs durchaus gesetzlich festgelegte Anforderungen existieren. *Informal rulemaking* soll überall dort Anwendung finden, wo nicht per Gesetz ein anderes Verfahren, also das *formal rulemaking*, verlangt wird. Während das *formal rulemaking* als "quasi-judicial" bezeichnet werden kann, gilt das *informal rulemaking* als "quasi-legislative" (Andrews 1992: 13 f.). Die Anforderungen, die der APA an das *informal rulemaking* stellt, sind relativ begrenzt[19]:

- Die Behörde hat eine Ankündigung (*notice*) der beabsichtigten *rules* im *Federal Register* zu veröffentlichen.

- Sie hat danach allen interessierten Personen Gelegenheit zu geben, am *rule-making* durch das Einreichen schriftlicher Stellungnahmen (*comment*) teilzunehmen. Die Durchführung einer mündlichen Anhörung steht der Behörde frei.

- Zusammen mit den schließlich erlassenen *rules* hat die Behörde kurze Stellungnahmen zu deren Grundlagen und Zielsetzungen zu veröffentlichen.

Während die ersten Standards nach dem *Clean Air Act* noch auf dem Wege des *informal rulemaking* erlassen wurden (vgl. Melnick 1983: 263 f.), findet es in seiner ursprünglichen kargen Form bei der Standardsetzung im Umweltbereich heute keine Anwendung mehr. In der *new era of administrative law* wurde es in seinen prozeduralen Anforderungen als unzureichend gesehen. Die oben dargestellten Entwicklungen zu einem breiten Zugang der Öffentlichkeit zum Standardsetzungsverfahren und zu einer erweiterten Pflicht der Behörde, ihre Entscheidungen zu begründen, fanden ihren Niederschlag in der Fortentwicklung von *informal rulemaking* zum *hybrid rulemaking*.

---

[19] 5 U.S.C. § 553, *Administrative Procedure Act*.

c)   *Hybrid rulemaking*

Anders als die der zuvor vorgestellten Typen des Standardsetzungsverfahrens lassen sich die charakteristischen Elemente des *hybrid rulemaking* nicht dem Administrative Procedure Act entnehmen. Das *hybrid rulemaking* bildete sich vielmehr, wie oben beschrieben, durch Bestimmungen in zahlreichen Einzelgesetzen[20] und durch eine Fülle von Gerichtsentscheidungen heraus. Insofern können nur Grundelemente benannt werden, die im einzelnen Verfahren mehr oder weniger Anwendung finden. Gegenüber dem *informal rulemaking* unterscheidet sich das *hybrid rulemaking* (siehe auch Gellhorn und Boyer 1981: 255 ff.) durch:

- die bereits dargestellten besseren Zugangsmöglichkeiten für die Öffentlichkeit; so ist eine öffentliche mündliche Anhörung weitgehende Praxis, wenn nicht (wie z. B. im *Clean Air Act*) gesetzlich vorgeschrieben;

- die erweiterte Pflicht zu Aktenführung; in die *reviewable record* bzw. *public docket* sind alle wesentlichen Entscheidungsgrundlagen der Behörde aufzunehmen und grundsätzlich der Öffentlichkeit zugänglich zu machen;

- höhere Anforderungen an die von der Behörde im *Federal Register* vorzunehmende Veröffentlichung des Standardsetzungsvorschlag und der schließlich gesetzten Standards;

- die erweiterte Pflicht der Behörde, ihre Entscheidungen zu begründen, und den daraus folgenden umfänglichen wissenschaftlichen und technischen Gutachten, Risikoanalysen, Kostenabschätzungen, *regulatory impact analyses* etc.

Durch diese Elemente ist ein Verfahren entstanden, das quasi eine Zwischenform zwischen *formal rulemaking* und *informal rulemaking* darstellt. Von letzterem unterscheidet es sich aber immer noch erheblich. So tritt beim *hybrid rulemaking* kein *administrative law judge* auf. Die durchgeführten Anhörungen ähneln meist weniger Gerichtsverfahren als Anhörungen vor Parlamentsausschüssen. Kreuzverhöre sind bei Anhörungen im Rahmen des *hybrid rulemaking* in aller Regel nicht üblich.

Eine analoge Bestimmung zu den strengen Regelungen des *formal rulemaking*, die Kontakte zwischen der Leitung der Anhörung und den Interessengruppen außerhalb des eigentlichen Verfahrens ausschließt, wird zwar auch für das *hybrid rulemaking* diskutiert und ist in einzelnen Gerichtsentscheidungen auch verlangt worden. Generell besteht ein solches Verbot jedoch nicht. Vielmehr haben die Gerichte in der Mehrzahl der Fälle gegen Anträge entschieden, der *agency* beim *hybrid rulemaking* solche Kontakte zu verbieten. Die Rechtsprechung zeigte sich also bestrebt, die Behörde bei *hybrid rulemaking* nicht in ein zu enges Korsett zu pressen (siehe auch Giebeler 1991: 121 ff.).

---

[20]   Siehe z. B. zum Standardsetzungsverfahren nach dem *Clean Air Act* 42 U.S.C. § 7607 (d).

Die große Mehrzahl der Verfahren zur Setzung von Umweltstandards findet heute auf dem Wege des *hybrid rulemaking* statt, dieser Verfahrenstyp dominiert daher auch in den von uns durchgeführten Fallstudien. Zwei der Fälle (Benzol, EDB-Regulierung) stellen reines *hybrid rulemaking* dar, ein dritter (PCP) ist eine Mischform mit Elementen des *formal rulemaking*.

d) *Negotiated rulemaking*

Negotiated rulemaking, auch als *regulatory negotiation* oder *reg neg* bezeichnet, stellt den Versuch dar, konsensual orientierte Elemente in das amerikanische Standardsetzungsverfahren einzubeziehen, auf diesem Wege die Verfahren zu beschleunigen und die Chancen für eine zügige Implementation der Umweltstandards zu erhöhen. Es baut auf der Überzeugung auf, daß es unter bestimmten Bedingungen möglich ist, Standards zwischen der EPA und den verschiedenen relevanten Interessen auszuhandeln. Dabei ersetzt das *negotiated rulemaking* nicht das bisherige Standardsetzungsverfahren (in der Regel also das *hybrid rulemaking*), sondern wird diesem vorgeschaltet. Das Verhandlungsergebnis wird zum Ausgangspunkt des Regulierungsvorschlags der EPA gemacht - in der Hoffnung, daß die zwischen den Verhandlungsteilnehmern erzielte Übereinstimmung über das nun folgende Verfahren hinweg hält, so daß dieses zügig, ohne größere Konflikte und nach Möglichkeit ohne ein anschließendes Gerichtsverfahren durchgeführt werden kann.

Im Jahre 1983 begann die EPA ein *regulatory negotiation project*, dessen Aufgabe es war zu ermitteln, inwieweit Verhandlungen und andere konsensbildende Verfahrenselemente zu einer besseren Regulierung führen können, die in der Implementationsphase auf größere Akzeptanz stößt, ohne gegen die rechtlichen Anforderungen zu verstoßen.[21] Im Rahmen des Projekts wurde eine Reihe von Forschungsaufträgen vergeben,[22] seit 1985 wurde das *negotiated rulemaking* zudem in einzelnen Verfahren erprobt (siehe Pritzker und Dalton 1990). Die relevanten Interessenverbände waren zuvor aufgefordert worden vorzuschlagen, für welche Materien dieser Verfahrenstyp eingesetzt werden sollte.

1984 kam die EPA zu dem Ergebnis, daß

- *negotiated rulemaking* zu einer Regulierung führen kann, die bessere Ergebnisse für die Umwelt bewirkt und dennoch den gesetzlichen Anforderungen entspricht;

- die auf diesem Wege zustandegekommenen *rules* eher als die in herkömmlichen Verfahren erarbeiteten von den betroffenen Branchen, den Umweltverbänden sowie von Einzelstaaten und Gemeinden akzeptiert werden;

---

[21] Federal Register 56 (1991): 5168.

[22] Siehe Susskind, Bacow und Wheeler 1983; Susskind und McMahon 1985, 1990; Bacow und Wheeler 1984.

- die Dauer des Verfahrens bis zum Erlaß der Umweltstandards gegenüber den herkömmlichen Standardverfahren verkürzt werden kann.

William Reilly, der von Präsident Bush berufene *Administrator* der EPA und früher für den Worldwide Fund for Nature tätig, galt als Verfechter des *negotiated rulemaking*. Und generell geht die *agency* davon aus, daß sie die umfängliche zusätzliche Regulierungslast, die die Novelle des *Clean Air Act* ihr auferlegt hat, nur im Konsens mit den wichtigen Interessengruppen bewältigen kann ("consulting, communicating, and consensus", siehe Lee 1991: 16).

Die EPA beurteilt das *negotiated rulemaking* nicht als ein Modell, das in allen Standardsetzungsverfahren eingesetzt werden sollte. Nach den Erfahrungen des *regulatory negotiation project* sieht sie es vielmehr nur unter besonderen Konstellationen als erfolgversprechend an. Die wichtigste Voraussetzung ist, daß für die zu regulierende Materie ein überschaubares Spektrum von Interessen besteht, dessen Vertreter prinzipiell auch bereit sind, zu einer Verhandlungslösung zu kommen.

Negotiated rulemaking stößt in der Diskussion aber nicht nur auf Zustimmung, sondern auch auf Skepsis und Kritik. So kritisiert Funk - basierend auf der Vereinbarung zu Emissionen von Holzöfen -, daß sich die EPA zu einem bloßen Verhandlungsteilnehmer unter anderen reduziere, nur noch die Übereinstimmung mit den anderen Teilnehmern suche und der Frage nicht mehr genug Gewicht einräume, inwieweit das getroffene Ergebnis auch den gesetzlichen Vorgaben entspricht (siehe Funk 1987).

Die EPA kann das *negotiated rulemaking* nicht in beliebiger Weise gestalten, sondern sie ist spezifischen gesetzlichen Anforderungen unterworfen. Für die acht zwischen 1985 und 1990 durchgeführten Verfahren war der *Federal Advisory Committee Act* (FACA) von 1972 anzuwenden. Er regelt, wie bereits dargestellt, die Bildung und Arbeit von Gremien, die von Bundesbehörden zur Beratung herangezogen werden, und verlangt insbesondere, daß

- die Behörde nachweist, daß die Bildung des Gremiums im öffentlichen Interesse ist,

- die Mitgliedschaft ausgewogen zusammengesetzt wird,

- die Sitzungen für die Öffentlichkeit zugänglich sind und alle interessierten Personen ein Recht auf Teilnahme und Stellungnahme haben,

- die vom Gremium benutzten Arbeitsgrundlagen, die Protokolle und die Berichte von der Öffentlichkeit eingesehen werden können.

Im Jahre 1990 hat der *Congress* mit dem *Negotiated Rulemaking Act* spezielle Anforderungen für diesen Typ von Verfahren erlassen,[23] wobei die Bestimmungen des FACA

---

[23] 5 U.S.C. § 581 bis 590.

weiterhin Anwendung finden. Aufbauend auf den Erfahrungen des *regulatory negotiation project* definiert das Gesetz die Anforderungen, unter denen ein *negotiated rulemaking* von der zuständigen *agency* in Erwägung gezogen werden soll:

- Aushandlungsprozesse sollen nur dort stattfinden, wo eine beschränkte Anzahl von deutlich erkennbaren Interessen vorhanden ist.

- Das Verhandlungsgremium soll ausgewogen zusammengesetzt sein; alle Parteien sollen mit dem Willen zur Einigung verhandeln.

- Es wird ein Zeitpunkt festgesetzt, bis zu dem die Verhandlungen abzuschließen sind, oder ein anderer Mechanismus soll sicherstellen, daß sie innerhalb einer vernünftigen Dauer beendet sind.

- Die Verhandlung darf das Standardsetzungsverfahren nicht unangemessen verzögern.

- *Negotiated rulemaking* soll nur dann erfolgen, wenn die EPA über genügend Ressourcen verfügt, um das Verfahren angemessen durchzuführen.

- Die *agency* soll, unter Berücksichtigung ihrer gesetzlichen Verpflichtungen, bereit sein, den im Verhandlungsgremium erreichten Konsens zur Basis ihres Standardsetzungsvorschlags zu machen.

Hinsichtlich des Verfahrens selbst trifft der *Negotiated Rulemaking Act* im wesentlichen die folgenden Bestimmungen:

- Um im Vorfeld zu bestimmen, ob eine Materie für ein *negotiated rulemaking* geeignet ist, kann die Behörde einen *convener* (einen Mitarbeiter der Behörde oder einen Außenstehenden) einsetzen.

- Die Behörde hat ihre Absicht, ein Verhandlungsgremium zu berufen, im *Federal Register* gemeinsam mit einer Beschreibung des zu verhandelnden Gegenstands, einer Liste der berührten Interessen, einer Liste der vorgesehenen Teilnehmer, einem Vorschlag zum Verhandlungsablauf und einer Übersicht über die zur Verfügung stehenden Ressourcen zu veröffentlichen.

- Personen, deren Interessen von der vorgesehenen Regulierung betroffen sind und die sich von keinem der vorgeschlagenen Teilnehmer hinreichend vertreten sehen, müssen die Gelegenheit erhalten, sich selbst oder einen anderen Vertreter als Teilnehmer vorzuschlagen.

- Hat die Behörde zunächst die Bildung eines Ausschusses vorgesehen und nach Einholung der Stellungnahmen der Öffentlichkeit hierzu dann doch entschieden, auf ein *negotiated rulemaking* zu verzichten, hat sie dies im *Federal Register* zu begründen.[24]

---

[24] U.S.C. § 585 (a) (2).

- Teilnehmern, deren Mitwirkung am Aushandlungsprozeß notwendig ist und die über keine hinreichenden eigenen Mittel verfügen, kann eine angemessene Aufwandsentschädigung gewährt werden.[25]

- Um die Aussicht auf ein Verhandlungsergebnis zu fördern, kann die Behörde einen *facilitator* (auch als *mediator* bezeichnet) als Vorsitzenden des Gremiums bestimmen, der seine Aufgaben in unparteilicher Weise wahrzunehmen hat. Hierbei kann es sich um einen Mitarbeiter der Behörde oder um einen Außenstehenden handeln.

- Schließlich sieht das Gesetz vor, daß Einrichtung, Unterstützung und Auflösung des Verhandlungsgremiums durch die jeweiligen Behörde nicht Gegenstand der gerichtlichen Prüfung sein können. Diese Einschränkung betrifft aber nicht die gerichtliche Kontrolle der *rules* als solche. Hier bestimmt das Gesetz ausdrücklich, daß die Gerichte eine durch *negotiated rulemaking* zustandegekommene Regulierung wie die aus anderen Verfahren resultierenden zu behandeln haben.[26]

Wie die Gerichte die Bestimmungen hinsichtlich der gerichtlichen Kontrolle des Ablaufs des *negotiated rulemaking* tatsächlich handhaben werden, bleibt abzuwarten. In der Vergangenheit basierten viele Zurückweisungen von Regulierungen der EPA auf den Bestimmungen des *Administrative Procedure Act*, nach denen abgewogene Entscheidungen auf der Basis der in der öffentlich zugänglichen Akte enthaltenen Informationen zu treffen sind. Wie Verhandlungen in diese Doktrin passen, kann zur Zeit noch nicht festgestellt werden, da bislang noch keine Urteile zu entsprechenden Verfahren ergangen sind.

Das in der unten vorgestellten Fallstudie dargestellte Standardsetzungsverfahren zu umweltfreundlicheren Treibstoffen (siehe 4.5.3) war das erste, das die EPA nach den Bestimmungen des *Negotiated Rulemaking Act* durchführte.

4.4.5 Typisches Verfahren zur Setzung von Umweltstandards

Verfahren zur Setzung von Umweltstandards in den USA zeichnen sich, wie bereits mehrmals betont, durch eine große Vielfalt aus, die im wesentlichen durch differierende Anforderungen der einzelnen Umweltgesetze bzw. der relevanten Rechtsprechung verursacht wird. Diese Einschränkung ist beim folgenden Versuch, dennoch ein typisches Standardsetzungsverfahren zu skizzieren, zu beachten.

---

[25] 5 U.S.C. § 588 (c).

[26] "Any agency action relating to establishing, assisting, or terminating a negotiated rulemaking committee under this subchapter shall not be subject to judicial review. Nothing in this section shall bar judicial review of a rule if such judicial review is otherwise provided by law. A rule which is the product of negotiated rulemaking and is subject to judicial review shall not be accorded any greater deference by a court than a rule which is the product of other rulemaking procedures." (5 U.S.C. § 590.)

Übersicht 6:   Typischer Verlauf der Setzung von Umweltstandards in den USA (*hybrid rulemaking*)

Einleitung des Verfahrens

- Entscheidung, das Verfahren zu beginnen
- Vorbereitung von Hintergrundmaterialien
- Einrichtung der *public docket*

Entwicklungen der Inhalte der vorgesehenen Standards

- Einrichtung einer Arbeitsgruppe
- Ausarbeitung eines *development plan*
- Konsultierung von Beratungsgremien der EPA
- Einbeziehung von Beratern außerhalb der EPA
- Konsultierung von Interessengruppen, anderen Behörden etc.
- Überprüfung durch Leitung der EPA und Zustimmung des *Administrator*
- Veröffentlichung einer *advanced notice of proposed rulemaking* im *Federal Register*

Erarbeitung und Überprüfung des Entwurfs der Standards

- Erarbeitung des Entwurfs der Standards (*proposed rulemaking package*)
- Überprüfung durch die Leitung der EPA
- Überprüfung durch das OMB
- Zustimmung des *Administrator*
- Veröffentlichung des Entwurfs im *Federal Register* (*notice of proposed rulemaking*)
- Durchführung der Öffentlichkeitsbeteiligung

Erarbeitung und Erlaß der endgültigen Fassung der Standards

- Überarbeitung des Entwurfs der Standards (*final rulemaking package*)
- Überprüfung durch die Leitung der EPA
- Überprüfung durch das OMB
- Erlaß der Standards durch Unterschrift des *Administrator*
- Veröffentlichung im *Federal Register* (*notice of final rulemaking*)

Quelle: nach Bryner 1987: 99.

Die Mehrzahl der Standardsetzungsverfahren wird im Rahmen des *hybrid rulemaking* vorgenommen. Beschrieben wird daher ein solches Verfahren, wobei wir uns stark an eine Beschreibung anlehnen, die Gary C. Bryner (1987: 98 ff.) vorgelegt hat. Wir gehen von der Annahme aus, daß sich das Verfahren um einen Gegenstand von größerer Relevanz handelt, andernfalls ist von einem weniger aufwendigeren Verfahren auszugehen, bei dem einige der vorgestellten Stationen wegfallen.

Übersicht 6 stellt die einzelnen Stationen des Verfahrens dar, das sich nach Bryner in vier Phasen einteilen läßt: (1) Einleitung des Verfahrens, (2) Entwicklung der Inhalte der vorgesehenen Standards, (3) Erarbeitung und Überprüfung des Entwurfs der Standards, (4) Erarbeitung und Erlaß der endgültigen Fassung der Standards. Dabei folgt die EPA in den ersten beiden Phasen im wesentlichen eigenen Routinen, während sie vor allem in den anderen beiden Phasen den dargestellten detaillierten Verfahrensanforderungen von Gesetzgeber und Rechtsprechung unterworfen ist.

Phase 1: Einleitung des Verfahrens

Die Einleitung des Standardsetzungsverfahrens geht in der Regel auf das Bestreben der EPA zurück, einem gesetzlichen Auftrag nachzukommen. Nicht selten wird die *agency* aber auch per Gerichtsurteil (in erster Linie nach Klage von Umweltverbänden) gezwungen, das Verfahren zu beginnen. Die Federführung liegt bei dem *office*, also der Fachabteilung, in dessen Tätigkeitsfeld das anzugehende Problem fällt. Dort wird zunächst Hintergrundmaterial zusammengestellt, die vorgesehene Regulierung wird skizziert. Am Ende dieser Phase wird die *public docket* eingerichtet, jene öffentlich zugängliche Akte, in die nun alle für das weitere Verfahren wesentlichen Dokumente und Materialien aufzunehmen sind.

Phase 2: Entwicklung der Inhalte der vorgesehenen Standards

Zu Beginn der zweiten Phase wird eine Arbeitsgruppe gebildet, die unter der Leitung eines Mitarbeiters des federführenden *office* steht. Weitere Teilnehmer werden häufig von für Forschung, Recht, und Implementation zuständigen *offices* sowie von den Regionalbüros entsandt. Diese Arbeitsgruppe ist im folgenden für das Standardsetzungsverfahren verantwortlich. Sie erarbeitet einen *development plan*, der einen Entwurf der Standards, das hinsichtlich der Eigenschaften und Gefahren des zu regulierenden Stoffes vorliegende Material (*criteria document*), eine Erörterung möglicher Alternativen sowie einen Zeitplan und eine Kostenschätzung für das weitere Verfahren enthält. Ist nach den Anforderungen der *Executive Order 12291* des Präsidenten eine *regulatory impact analysis* - also im wesentlichen eine Gegenüberstellung von Kosten und Nutzen der Regulierung - notwendig, wird auch diese vorbereitet. In dieser Phase werden einschlägige wissenschaftliche Beratungsgremien der EPA konsultiert. Unter Umständen werden auch Berater und Auftragnehmer von außerhalb der EPA in die Arbeit einbezogen. Erste (informelle) Konsultationen mit den betroffenen Interessengruppen können stattfinden.

Der so erarbeitete Regulierungsvorschlag wird nun von der Führung der EPA überprüft. Dies erfolgt zum einen in einem *steering committee* aus Vertretern der *Assistant Administrators* und zum anderen auf dem Wege der schriftlichen Stellungnahme durch die *Assistant Administrators* und die Leiter der Regionalbüros. Danach geht der Regulierungsvorschlag an den *Administrator*. Hat er dessen Zustimmung und Unterschrift erhalten, wird im *Federal Register* eine *advanced notice of proposed rulemaking* veröffentlicht. Sie enthält eine kurze Darstellung der ins Auge gefaßten Regulierung, ihrer Hintergründe und Ziele.

Phase 3: Erarbeitung und Überprüfung des Entwurfs der Standards

Die Arbeitsgruppe arbeitet nun den konkreten Entwurf für die Standards aus, der zusammen mit den verschiedenen ihn begründenden Dokumenten und Materialien (vor allem wissenschaftliche und technische Analysen und Gutachten, gegebenenfalls die *regulatory impact analyses*) das *proposed rulemaking package* bildet. Dieses wird erneut durch die Leitung der EPA geprüft. Wenn erforderlich, geht es danach zur Stellungnahme an das *Office of Management and Budget*. Anschließend erhält es der *Administrator*. Nach dessen Zustimmung erfolgt eine Veröffentlichung im *Federal Register* (*notice of proposed rulemaking*). Sie enthält neben dem Entwurf des Standards zusätzliche Informationen wie eine Darstellung der verfolgten Ziele, der verworfenen Alternativen, der Rechtsgrundlagen der Regulierung und - zusammenfassend - die Ergebnisse der durchgeführten Analysen und Gutachten. Schließlich beschreibt sie, wann und auf welchem Wege die Stellungnahmen der Öffentlichkeit eingeholt werden (auf jeden Fall schriftlich, in der Regel auch mündlich) und wie detailliertere Informationen über den Standardsetzungsvorschlag zugänglich gemacht werden. Zum Abschluß dieser Phase erfolgt die eigentliche Öffentlichkeitsbeteiligung.

Phase 4: Erarbeitung und Erlaß der endgültigen Fassung der Standards

Nach Abschluß der Öffentlichkeitsbeteiligung ist das endgültige *rulemaking package* zu überarbeiten, wobei die EPA die erhaltenen Stellungnahmen zu berücksichtigen hat. Die auf diese Weise überarbeiteten Standards erfahren nun dieselbe Überprüfung durch die Leitungsebene der EPA und gegebenenfalls durch das OMB wie in der vorangegangenen Phase. Sie werden danach durch Unterschrift des *Administrator* erlassen. Im *Federal Register* wird die *notice of final rulemaking* veröffentlicht. Sie enthält die eigentlichen Standards sowie eine Zusammenfassung der Stellungnahmen der Öffentlichkeit, des OMB und anderer Behörden samt der Kommentare der EPA zu diesen Stellungnahmen, einen Abriß der Entstehungsgeschichte der *rules* sowie eine Erläuterung der wesentlichen Unterschiede zwischen dem Entwurf und der endgültigen Fassung der Standards.

Nach Erlaß der Umweltstandards bestehen die oben vorgestellten umfangreichen Möglichkeiten der Anfechtung vor Gericht (siehe 4.4.2). Da die Wahrscheinlichkeit, daß eine solche Klage erhoben wird, gerade bei den wichtigeren Regulierungen sehr hoch ist, kann das Gerichtsverfahren als weitere Phase in einem typischen Standardsetzungsverfahren in den USA angesehen werden.

Verfahrensdauer

Das komplexe Standardsetzungsverfahren der USA schlägt sich in entsprechend langen Verfahrensdauern nieder. Die EPA selbst beziffert die Dauer eines typischen Verfahrens wie folgt:

Phase 1   1 Monat,

Phase 2   6 Monate,

Phase 3   10 Monate,

Phase 4   20 Monate.

Bei Einbeziehung des OMB erhöht sich die Dauer um mindestens drei weitere Monate (Bryner 1987: 99). Berry (1984: 223 ff.) kommt in seiner statistischen Auswertung der Standardsetzungsverfahren für die *national ambient air quality standards* zu einer durchschnittlichen Verfahrensdauer von 43 Monaten. Die angegebenen Fristen enthalten noch nicht die Verzögerungen, die dadurch verursacht werden, daß Klage erhoben wird. Ein Gerichtsverfahren kann, vor allem wenn es im Anschluß eine Überarbeitung der Standards durch die EPA erfordert, das Verfahren um mehrere Jahre verlängern. Die Verfahrensdauer der Standardsetzung für Benzol, EDB und PCP (siehe 4.5.2, 4.6.2 und 4.6.3) überschreiten u. a. deshalb die angegebenen Durchschnittswerte.

4.5   Fallstudien zur Luftreinhaltepolitik

4.5.1   Luftreinhaltepolitik in den USA

Im Zentrum der Luftreinhaltepolitik der USA steht der *Clean Air Act* (CAA), der 1970 erlassen und 1977 sowie 1990 novelliert wurde. Vor der Novelle von 1990 wurde das Gesetz vor allem durch vier Regelungskomplexe bestimmt:[27]

- Der CAA schreibt die Setzung von bundesweit gültigen Immissionsstandards (*national ambient air quality standards*, NAAQS) vor. Mit den Standards wird eine einheitliche Mindestqualität für die Luft in den gesamten USA angestrebt. Die EPA hat NAAQS für Staub, Schwefeldioxid, Kohlenmonoxid, Stickoxide, Ozon und Blei erlassen (siehe GAO 1986b; Rehbinder 1991: 31 f.). Die Einhaltung dieser Standards sicherzustellen, obliegt den einzelnen Staaten. Sie haben dazu Implementationspläne aufzustellen (*state implementation plans*, SIPs), die der Zustimmung der EPA bedürfen. Die Implementationspläne enthalten die Maßnahmen, die innerhalb der gesetzlich vorgesehenen Frist zur Einhaltung der bundesweiten Immissionsstandards führen. Solche Maßnahmen sind

---

[27]   Siehe hierzu z. B. Worobec 1986: 99 f.; Rehbinder 1991: 29 ff.; Giebeler 1991: 33 f.

im wesentlichen Emissionsbegrenzungen und Anforderungen an den technischen Betrieb von Anlagen.

Durch die Novelle von 1977 wurde in den *Clean Air Act* ein weitgehendes Verschlechterungsverbot (*prevention of significant deterioration*, PSD) aufgenommen, das zuvor von der Rechtsprechung entwickelt worden war (siehe Melnick 1983: 71 ff.). Mit ihm soll sichergestellt werden, daß sich die Luftqualität in den Gebieten, in denen sie deutlich besser ist, als es die NAAQS erfordern, nicht wesentlich verschlechtert. Der *Clean Air Act* selbst schreibt hierfür Höchstgrenzen für den Zuwachs der Immissionen von Schwefeldioxid und Staub vor, für die anderen relevanten Stoffe hat die EPA entsprechende *rules* zu erlassen.

- Größere Neuanlagen sowie wesentlich geänderte Altanlagen müssen Standards (Emissions- oder Ausstattungsstandards) entsprechen (*new sources performance standards*), die von der EPA zu erlassen sind. Diese Standards gelten bundesweit, also unabhängig davon, ob sie in einem Gebiet liegen, in dem die NAAQS eingehalten werden oder nicht. Sie sollen zum einen zur Einhaltung der Immissionsgrenzwerte beitragen und zum anderen verhindern, daß Betreiber ihre Anlagen in Staaten mit einer weniger strikten Luftreinhaltepolitik verlagern. Die Standards werden für einzelne Anlagengruppen erlassen, in der Regel handelt es sich um Emissionsgrenzwerte, die auf die jeweilige Produkteinheit bezogen sind.

- Die Regulierung mobiler Emissionsquellen erfolgt nach dem *Clean Air Act* durch Emissionsstandards für Kraftfahrzeuge und Flugzeuge sowie durch Anforderungen an die Zusammensetzung von Treibstoffen. Die Emissionsstandards für Kraftfahrzeuge waren schon frühzeitig verhältnismäßig scharf und nur mit geregelten Katalysatoren einzuhalten.

- Schließlich sieht das Gesetz den Erlaß von Emissions- oder Ausstattungsstandards für gefährliche Luftschadstoffe (*hazardous air pollutants*, HAPs) durch die EPA vor. Die gesetzlichen Vorgaben werden in der folgenden Fallstudie zur Standardsetzung für Benzol ausführlicher dargestellt.

Die Novelle des *Clean Air Act* von 1990 bedeutet für die amerikanische Luftreinhaltepolitik einen Sprung zu weitaus anspruchsvolleren Zielen. Das Gesetz selbst ist zu einem noch detaillierten und komplexeren Geflecht von Regelungen geworden. Während der usprüngliche *Clean Air Act* aus weniger als 50 Seiten bestand, umfaßt das Gesetz heute annähernd 800 Seiten (Lee 1990: 16 f.). Die Novelle sieht in allen wichtigen Bereichen eine Verschärfung bisheriger Standards vor. Darüber hinaus umfaßt sie vor allem die folgenden wesentlichen Veränderungen (siehe ausführlicher Lee 1991, Pytte 1991):

- Die Gebiete, in denen die bundesweiten Immissionsstandards für Ozon, Kohlenmonoxid und Staub überschritten werden (*non-attainment-areas*), werden nach dem Grad der Überschreitung in verschiedene Gruppen eingeordnet. Für die einzelnen Gruppen werden unterschiedliche Fristen festgelegt, innerhalb derer die Standards zu erreichen sind - je größer die Überschreitung, desto länger die Frist. Zugleich steigen mit dem Ausmaß der Überschreitung der NAAQS die Anforderungen an, die die Bundesstaaten in ihren Implementationsplänen zu berücksichtigen haben. So sind z. B. in den Gebieten, in denen die Immissionsgrenzwerte für Ozon besonders gravierend überschritten werden, nun auch - anders als in der Vergangenheit - die kleineren Quellen in emissionsbegrenzende Maßnahmen einzubeziehen.

- Bei der Regulierung der gefährlichen Luftschadstoffe macht der *Clean Air Act* der EPA detailliertere Vorgaben als in der Vergangenheit. Sie werden am Ende der Fallstudie zur Benzol-Regulierung näher erläutert.

- Bei der Regulierung der mobilen Emissionsquellen sieht die Novelle in Gebieten, in denen die NAAQS für Ozon und Kohlenmonoxid überschritten werden, den Einsatz umweltfreundlicherer Treibstoffe vor (siehe im einzelnen die entsprechende Fallstudie unter 4.5.3).

- Zur Bekämpfung des Sauren Regens sollen die SO_2-Emissionen gegenüber 1980 um 10 Millionen Tonnen und die NO_x-Emissionen um 2 Millionen Tonnen reduziert werden. Von den entsprechenden Maßnahmen sind vor allem Kraftwerke betroffen. Die Reduzierung der Emissionen von Stickoxiden sollen durch von der EPA zu setzende Emissionsstandards erreicht werden, deren Inhalt vom *Clean Air Act* selbst bereits weitgehend vorgegeben wird. Um die Ziele bei Schwefeldioxid zu erreichen, ist die Vergabe von Emissionsrechten (*allowances*) vorgesehen, die in zwei Stufen (in den Jahren 1995 und 2000) reduziert werden sollen. Emissionen sind nur in den Maße zulässig, in dem Rechte gehalten werden. Die Rechte können zwischen einzelnen Emittenten gehandelt werden, ungenutzte Rechte können in Folgejahren genutzt werden. Eine Nutzung zukünftiger Rechte im Vorgriff ist dagegen nicht zulässig.

- Stoffe, die die Ozonschicht schädigen, müssen nach einem Stufenplan aus dem Verkehr gezogen werden.

- Wer eine stationäre Quelle betreibt, für die der *Clean Air Act* Vorschriften trifft, bedarf in Zukunft einer Genehmigung. Zuständig für die Erteilung der Genehmigungen sind die Einzelstaaten, für die Verwirklichung des gesetzlichen Auftrages haben sie ein Programm zu erarbeiten (*permit program*), das der Zustimmung der EPA bedarf. Die Genehmigungen sind für eine Dauer von bis zu fünf Jahren zu erteilen und müssen die für die jeweilige Anlage einschlägigen Anforderungen nach dem *Clean Air Act*, gegebenenfalls einen Zeitplan für deren Einhaltung und Regelungen hinsichtlich der durchzuführenden Kontrollmaßnahmen enthalten.

4.5.2 Benzol

Mit der Regulierung von Benzol, im folgenden als Benzol bezeichnet, folgte die EPA dem ihr durch den *Clean Air Act* gestellten Auftrag, Standards für gefährliche Luftschadstoffe (*hazardous air pollutants, HAPs*) festzulegen. HAPs sind nach der Definition des *Clean Air Act* Luftschadstoffe, für die kein bundesweiter Immissionsstandard anwendbar ist und die eine Verschmutzung der Luft verursachen bzw. zu ihr beitragen, von der begründet angenommen werden kann, daß sie zu einer erhöhten Mortalität oder zu einem Anstieg von schwerwiegenden Gesundheitsschäden führen.[28] HAPs zeichnen sich dadurch aus, daß sie nur in relativ kleinen Mengen emittiert werden, aber schon bei geringer Konzentration erhebliche Gesundheitsschäden verursachen können.[29] Berücksichtigt man, daß die EPA von 15.000 in die Luft abgegebenen Chemikalien ausgeht, die unter Umständen die menschliche Gesundheit oder die Umwelt beeinträchtigen können (siehe GAO 1991: 9; Roque 1991), so wird deutlich, daß Hunderte, wenn nicht Tausende mögliche gefährliche Luftschadstoffe existieren. Die schiere Zahl der Stoffe und die vielfach unbekannten ökologischen und gesundheitlichen Auswirkungen haben dazu beigetragen, daß die HAPs heute als ein bedeutendes Umweltproblem angesehen werden.

Die Standardsetzung für HAPs nach dem *Clean Air Act* 1977

Vor der Novelle von 1990 verzichtete der *Congress* darauf, im *Clean Air Act* selbst konkrete Stoffe als gefährliche Luftschadstoffe zu definieren. Vielmehr erhielt der Leiter der EPA, der *Administrator*, die Aufgabe, die als HAPs in Frage kommenden Stoffe zu identifizieren und in einer Liste zu veröffentlichen. Innerhalb von 180 Tagen nach der Veröffentlichung in der Liste mußte die EPA den Entwurf nationaler Emissionsstandards (*national emission standards für hazardous air pollutants*, NESHAPs) für diese Stoffe veröffentlichen und danach innerhalb von weiteren 180 Tagen die Stellungnahmen der Öffentlichkeit einholen, auf diese antworten und ihre endgültige Entscheidung treffen, also die *rule* - gegebenenfalls in gegenüber dem Entwurf geänderter Fassung - in Kraft setzen oder entscheiden, daß der Stoff doch keinen gefährlichen Luftschadstoff darstellt und deshalb ihren Regulierungsvorschlag zurückziehen.

Die Novelle des *Clean Air Act* von 1977 gab der EPA die Vollmacht, für die gefährlichen Luftschadstoffe, für die Emissionsstandards nicht festgesetzt werden können, Anforderungen an die Ausstattung von Anlagen sowie zu Arbeitspraktiken zu erlassen. Die Festsetzung eines Emissionsstandards gilt dann als nicht möglich, wenn Emissionen an

---

[28] 42 U.S.C. § 7412 (a) (1), *Clean Air Act* 1977.

[29] Siehe detaillierter zu den HAPs Cannon 1986 und Feldstein 1987.

der Quelle nicht gemessen werden können bzw. wenn die Messung aus technischen oder ökonomischen Gründen nicht praktikabel ist.[30]

Der *Clean Air Act* verpflichtete den *Administrator*, Standards für *hazardous air pollutants* innerhalb "einer breiten Sicherheitsmarge" festzusetzen ("at the level ... which provides an ample margin of safety to protect the public from such hazardous air pollutant"[31]). Dies war das einzige im Gesetz selbst hinsichtlich der Schärfe der Standards enthaltene Kriterium und Ausgangspunkt unterschiedlicher Interpretationen, die sich in einer Reihe von Klagen und Gerichtsentscheidungen niederschlugen.

Die EPA stand vor dem Problem, daß sich für die meisten *hazardous air pollutants* keine Schwellen festlegen lassen, bei deren Unterschreitung eine Beeinträchtigung der Gesundheit auszuschließen ist. Dies ist insbesondere bei karzinogenen Stoffen der Fall - die Reduzierung des Krebsrisikos steht bei der Eindämmung der von HAPs ausgehenden Gefahren im Vordergrund. *Ample margin of safety* konnte bei diesen Stoffen als Beseitigung aller Emissionen interpretiert werden und damit auf die Stillegung ganzer Industrien hinauslaufen. Die Arbeit der EPA in diesem Feld war durch das Ziel geprägt, eine vertretbare Strategie der Regulierung zu entwickeln, die die Öffentlichkeit vor Gesundheitsschäden schützt, ohne solche gravierenden ökonomischen Lasten zu bewirken. Ohne daß es dafür eine Grundlage im Wortlaut des Gesetzes gab, bezog sie technische Fragen und ökonomische Gesichtspunkte in das Verfahren ein (siehe ausführlicher Martin 1990; Giebeler 1991: 91 ff.).

Zum Teil wegen dieses Konflikts zwischen verschiedenen Zielsetzungen machte die EPA in den zwanzig Jahren seit Inkrafttreten des *Clean Air Act* wenig Fortschritte bei der Regulierung der gefährlichen Luftschadstoffe. Während die Bundesregierung Milliarden von Dollar ausgab, um die allgegenwärtigen Luftschadstoffe wie Schwefeloxide, Stickoxide oder Kohlenmonoxid zu kontrollieren, kamen die bei den HAPs ergriffenen Maßnahmen nur im Schneckentempo voran. 1980 hatte die EPA erst sechs Stoffe in die Liste der HAPs aufgenommen und nur vier von ihnen reguliert (Conservation Foundation 1987: 495). Und auch 1986 standen erst 8 Stoffe auf der Liste, von denen für sieben Standards vorlagen (O'Connor 1986). 1991 waren immer noch nur dieselben sieben Stoffe reguliert: Für Arsen, Beryllium, Quecksilber, Vinylchlorid und Kokereigase existieren Emissionsstandards, für Asbest und Benzol Standards zur Ausstattung von Anlagen und Arbeitspraktiken (Rehbinder 1991: 37).

Benzol ist also einer der wenigen Stoffe, die tatsächlich als gefährliche Luftschadstoffe identifiziert und für die schließlich auch Standards festgelegt wurden. Das hierbei durch-

---

[30] 42 U.S.C. § 7412 (e) (1-2), *Clean Air Act* 1977.

[31] 42 U.S.C. § 7412 (b) (1) (B), *Clean Air Act* 1977.

geführte Standardsetzungsverfahren kann als typisch für die HAP-Regulierung in den USA gelten.[32]

Benzol-Regulierung

Benzol ist eine farblose, stark lichtbrechende Flüssigkeit mit charakteristischem Geruch. Es gelang vor allem durch die folgenden Emissionsquellen in die Umwelt:[33]

- mobile Quellen (vor allem benzingetriebene Motoren ohne Katalysatoren),

- Raffinerien und Kokereien,

- chemische Industrie,

- Kraftwerke und Heizungen,

- Transport und Lagerung von Treibstoffen,

- Einsatz als Lösungsmittel.

Durch die Verbrennung fossiler Energieträger werden jährlich etwa 400.000 Tonnen Benzol emittiert. In der chemischen Industrie (weltweite jährliche Herstellung 15 Millionen Tonnen, davon in den USA 6,5 Millionen Tonnen) findet Benzol eine weite Bandbreite von Anwendungen und damit vielfältige Emissionsquellen, wobei die Herstellung von Maleinsäureanhydrid im Bereich der chemischen Industrie für die größten Benzolemissionen verantwortlich ist bzw. es in der Vergangenheit war.

Benzol kann beim Menschen Schädigungen des Knochenmarks und des Kapillarsystems hervorrufen sowie Degenerationserscheinungen bei Leber, Niere und Milz. Darüber hinaus kann Benzol Leukämie verursachen.

Bereits 1971 hatte die Arbeitsschutz- und Gesundheitsbehörde (*U.S. Occupational Safety and Health Administration*, OSHA) begonnen, Freisetzungen von Benzol am Arbeitsplatz zu regulieren, die in einer Reihe von Studien mit einem Anstieg der Leukämierate in Verbindung gebracht worden waren. Diese Regulierungsbestrebungen der OSHA verliefen kontrovers, führten zu Gerichtsverfahren und lenkten die Aufmerksamkeit auf die Benzol-Problematik.

Als Antwort auf diese Entwicklungen wurde von der EPA erwogen, Benzol in die Liste der *hazardous air pollutants* aufzunehmen. Bevor sie selbst handelte, erhielt die EPA am 14. April 1977 einen Antrag der Umweltorganisation *Environmental Defense Fund* (EDF), entsprechend zu verfahren. Nach Konsultationen mit der OSHA und dem *Natio-*

---

[32] Siehe ausführlich zur Benzen-Regulierung Bartman 1982, Graham, Green und Roberts 1988: 80-96.

[33] Siehe OECD 1986, Koch 1991: 82 ff.

nal Institute for Occupational Safety and Health (NIOSH) wurde Benzol am 8. Juni 1977 auf die Liste der HAPs aufgenommen. Die EPA erklärte, im Standardsetzungsverfahren die gesetzlich vorgeschriebene *ample margin of safety* so wie bei anderen Stoffen anwenden zu wollen, bei denen von jeglicher Emission ein Gesundheitsrisiko ausgehen kann. Emissionen und Konzentration in der Luft sollten auf das niedrigstmögliche Maß reduziert werden. Um dieses Maß zu bestimmen, sollte sowohl die technische Verfügbarkeit von emissionsreduzierender Technologie als auch das relative Risiko für die Bevölkerung vor und nach der Installation solcher Technologie berücksichtigt werden.[34]

Trotz der gesetzlich festgelegten Frist von 180 Tagen bis zur Vorlage des Entwurfs der *rules* kam der Regulierungsprozeß nur schleppend voran. Im Laufe des Jahres 1978 überprüfte die *Carcinogen Assessment Group* der EPA die vorhandenen Daten über die gesundheitlichen Auswirkungen von Benzol-Freisetzungen. Trotz einiger Informationslücken bildete der Bericht der Arbeitsgruppe die wissenschaftliche Basis für die später vorgeschlagenen Standards. Vor allem ergab sich das Problem, daß sich die vorliegenden Studien zu gesundheitlichen Auswirkungen von Benzol fast ausschließlich auf die signifikant höheren Freisetzungen am Arbeitsplatz bezogen und nun die Frage der Umrechnung auf die Auswirkungen geringerer Konzentrationen zu beantworten war. Hierfür lag eine Reihe von konkurrierenden Modellen vor, die jeweils von unterschiedlichen Annahmen ausgingen und zu entsprechend großen Unterschieden in der Risikoeinschätzung führten. Die *Carcinogen Assessment Group* wählte ein lineares Modell ohne Schwellenwerte und folgte damit ihrer Überzeugung, daß eine umsichtige öffentliche Gesundheitspolitik davon auszugehen habe, daß jegliche Freisetzung von Karzinogenen mit einem gewissen Krebsrisiko verbunden ist.[35]

Daß sich die Erarbeitung des Entwurfs der *rules* für Benzol über einen sehr langen Zeitraum hinstreckte, ist zum Teil darauf zurückzuführen, daß sich die EPA darum bemühte, eine starke wissenschaftliche Absicherung für die konkret vorgesehenen Standards zu erhalten und gleichzeitig eine allgemeine Politik hinsichtlich der Regulierung von Karzinogenen in der Luft zu erarbeiten. Mit letzterem Versuch war die Behörde zwei Jahre beschäftigt, bis sie im Jahre 1980 am Widerstand der Industrie, von Interessengruppen und der neu ins Amt gekommenen Reagan-Administration scheiterte. Die Bemühungen um eine konsistente Politik im Umgang mit Karzinogenen in der Luft spielten im Endergebnis für die Benzol-Regulierung keine Rolle, außer daß sie das Verfahren verzögerten.

Im April 1980, annähernd drei Jahre nach der Aufnahme von Benzol auf die Liste der HAPs, veröffentlichte die EPA schließlich den Entwurf der ersten Standards, der sich auf Maleinsäureanhydrid-Anlagen bezog. Nach der Wahlniederlage Carters beeilten sich die von ihm ernannten Mitarbeiter der Behörde, Entwürfe für drei weitere Standards nachzuschieben (für Ethylbenzol- und Styrol-Anlagen, für Benzol-Lagertanks und für Emissio-

---

[34] Federal Register 42 (1977): 29332.

[35] Federal Register 44 (1979): 58646.

nen, die aus Undichtigkeiten von Anlageteilen wie Pumpen oder Ventilen resultieren). Bei allen diesen Vorschlägen handelte es sich nicht um Emissionsstandards, sondern um Anforderungen an die Ausstattung bzw. die Betriebsweisen der betreffenden Anlagen.

Trotz der Befürchtungen, daß die neue Administration die vorgesehene Regulierung nicht weiter verfolgen würde, nahm das Verfahren zunächst seinen Gang. Nach der Auswertung und Beantwortung der Stellungnahmen aus der Öffentlichkeit wurde das überarbeitete Paket um einen weiteren Standardsetzungsvorschlag zu Rückgewinnungsanlagen für Nebenprodukte von Kokereien ergänzt und Ende Mai 1982 Kathleen Bennett übergeben, die als neuer, von Präsident Reagan ernannter *Assistant Administrator* für die Luftreinhaltung zuständig war. Als daraufhin keine weiteren Schritte unternommen wurden und die zweite 180 Tage-Frist verstrichen war, kündigten im Dezember 1982 die Umweltorganisationen *Environmental Defense Fund* und *Natural Resources Defense Council* an, die EPA wegen Untätigkeit, d. h. wegen Nichteinhaltung der Frist, in denen nach dem Gesetz die Entscheidung über die *rules* erfolgen sollte, verklagen zu wollen. Vier Monate später sandten dieselben Verbände eine ähnliche Ankündigung in bezug auf das Versäumnis der EPA, Standards zu den Benzol-Emissionen aus Rückgewinnungsanlagen für Nebenprodukte von Kokereien, aus chemischen Fabriken und aus dem Vertrieb von Treibstoffen vorzulegen.

Im Frühjahr 1983 kam es nach heftiger öffentlicher Kritik an der bisherigen Umweltpolitik der Reagan-Administration zu einem umfassenden Personalwechsel auf der Führungsebene der EPA. Der neue *Administrator* William Ruckelshaus und seine Mitarbeiter bemühten sich, das Image der Behörde zu verbessern, das durch Sparmaßnahmen, Untätigkeit und Inkompetenz in den letzten zwei Jahren schwer angeschlagen war. Der (ebenfalls neue) *Assistant Administrator* für die Luftreinhaltung Joseph Cannon und die Juristen der EPA nahmen zu den Standards für Benzol Verhandlungen mit den Umweltorganisationen auf. Diese wurden jedoch abgebrochen, als der *Natural Resources Defense Council* darauf bestand, die EPA solle sich schriftlich verpflichten, die Standards bis zum September 1983 zu erlassen. Im Frühjahr erhoben *Environmental Defense Fund* und *Natural Resources Defense Council* schließlich Klage, um die EPA gerichtlich zum Erlaß der Emissionsstandards zu verpflichten.

Ein Grund für die neuerlichen Verzögerungen von seiten der EPA waren interne Meinungsverschiedenheiten über die von Benzol ausgehenden Gesundheitsgefährdungen. Die Wissenschaftler des *Office of Air Quality Planning and Standards* hielten an den von ihnen vorgeschlagenen Standards fest. Demgegenüber war das *Office of Policy, Planning, and Evaluation* der Auffassung, daß nach veränderten Risikoeinschätzungen von der aktuellen Luftverschmutzung durch Benzol kein signifikantes Risiko ausgehe und die Einhaltung der vorgeschlagenen Standards zudem zu hohe Kosten verursache. Cannon und Ruckelshaus legten diese Kontroverse schließlich mit einer Entscheidung bei, die im Frühjahr 1984 im *Federal Register* veröffentlicht wurde:[36]

- Bei Maleinsäureanhydrid-Anlagen, bei Ethylbenzol- und Styrol-Anlagen sowie bei Benzol-Lagertanks wurde auf eine Regulierung verzichtet, da die EPA die von diesen Anlagen ausgehenden Risiken als unbedeutend ansah.

- Für die Emissionen aus Undichtigkeiten von Anlagenteilen wurden Standards erlassen.

- Für die Rückgewinnungsanlagen für Nebenprodukte von Kokereien wurden überarbeitete *rules* vorgeschlagen.

Der Rückzug der drei zunächst vorgeschlagenen Standards erfolgte auf der Basis überarbeiteter Risikoabschätzungen, nach denen das Risiko, durch die entsprechenden Emissionen an Krebs zu erkranken, niedriger als 1 zu 1.000 lag. Hierbei orientierte sich die EPA an einer Entscheidung des Obersten Gerichtshofes aus dem Jahre 1980, der in seiner Entscheidung zu Benzol-Standards der OSHA diejenigen Risiken als wesentlich (*significant*) bezeichnet hatte, die 1 zu 1.000 überschreiten (siehe Martin 1990: 106 f.).

Am 23. Mai 1984 wurde die EPA durch Gerichtsurteil verpflichtet, eine abschließende Entscheidung über die *rules* zu Benzol zu treffen. Im folgenden Monat wurden die *rules* nach Einholung der Stellungnahmen und geringfügigen Änderungen schließlich erlassen.[37]

Der *Natural Resources Defense Council* erhob daraufhin Klage gegen den Rückzug der Standards für drei Emissionsquellen (Maleinsäureanhydrid-Anlagen, Ethylbenzol- und Styrol-Anlagen, Benzol-Lagertanks) vor dem *U.S. Court of Appeals for the District of Columbia Circuit*. Nach Auffassung der Umweltorganisation ließ die gesetzlich vorgeschriebene *ample margin of safety* nicht zu, daß die EPA eine Risikoschwelle definierte und erst bei ihrer Überschreitung eine Regulierung vornahm. Vielmehr stellten auch die drei Emissionsquellen ein Risiko dar und seien von der Behörde daher zu regulieren. Die Klage war noch anhängig, als die Entscheidung desselben Gerichts zur Regulierung eines anderen *hazardous air pollutant*, zu Vinylchlorid, erging.

1985 hatte die EPA ihre zunächst vorgeschlagenen neuen Standards für Vinylchlorid mit der Begründung zurückgezogen, daß die Kosten unverhältnismäßig hoch seien und keine ausreichende Kontrolltechnologie zur Verfügung stehe. Daraufhin hatte ebenfalls der *Natural Resources Defense Council* geklagt und die Auffassung vertreten, die EPA habe sich bei ihren Entscheidungen über die Regulierung von gefährlichen Luftschadstoffen ausschließlich nach den Gesundheitsrisiken zu richten, nicht aber nach ökonomischen und technologischen Erwägungen. Das Gericht folgte dieser weitgehenden Auffassung nicht

---

[36] Federal Register 49 (1984): 8386.

[37] Federal Register 49 (1984): 23478 ff.

und beschied, daß die EPA nicht verpflichtet sei, alle von den *hazardous air pollutants* ausgehenden Risiken zu eliminieren, da sicher (*safe*) nicht mit risikolos gleichzusetzen sei, wobei sich das Gericht auf eine entsprechende Entscheidung des Obersten Gerichtshofes berief. In seiner Begründung führte Richter Bork aus, daß es keinen Hinweis darauf gebe, daß der Gesetzgeber mit dem *Clean Air Act* für HAPs, für die kein Schwellenwert festgelegt werden kann, generell die "Null-Emission" und die damit verbundene Einstellung der betroffenen wirtschaftlichen Aktivitäten habe erreichen wollen.[38]

Auf der anderen Seite entschied das Gericht jedoch, die EPA habe in rechtswidriger Weise ihre Entscheidung zu Vinylchlorid allein an der technischen Machbarkeit sowie an ökonomischen Erwägungen orientiert und es unterlassen, ein akzeptables Gesundheitsrisiko (*acceptable risk*) festzulegen. Der *Clean Air Act* verlange aber, die Entscheidung primär an Fragen des Gesundheitsschutzes auszurichten.

Das Gericht erachtete einen zweistufigen Prozeß zur Bestimmung der vom *Clean Air Act* vorgeschriebenen *ample margin of safety* als notwendig. In der ersten Stufe hat die EPA danach allein auf der Basis von Kriterien des Gesundheitsschutzes zu entscheiden, was für den konkreten Luftschadstoff als akzeptables Risiko (*acceptable risk*) bzw. als sicher (*safe*) zu gelten hat. Gesichtspunkte der technischen Machbarkeit und Kostenerwägungen sind hier nicht zulässig. Stellt die EPA fest, daß für einen gefährlichen Luftschadstoff ein akzeptables Risiko auf keinem noch so niedrigem Niveau besteht, hat sie die Standards entsprechend festzusetzen, also jegliche Emission zu verbieten.

Nachdem das *acceptable risk* definiert ist, wird in einer zweiten Stufe entschieden, ob noch schärfere Standards erlassen werden sollen, um die *ample margin of safety* zu erreichen. Diese über das *acceptable risk* hinausgehenden Standards finden nach Auffassung des Gerichts ihre Rechtfertigung in den Unsicherheiten und inhärenten Grenzen, die mit jeglicher Risikoeinschätzung verbunden sind. Erst in diese zweite Stufe können nach dem Vinylchlorid-Urteil Fragen der technischen Machbarkeit und der wirtschaftlichen Folgen in die Entscheidung einbezogen werden.

Angesichts dieser Gerichtsentscheidung, die ihr bisheriges Vorgehen bei der Festlegung von Standards für *hazardous air pollutants* weitgehend hinfällig machte, mußte die EPA ihre bisherige Politik der Benzol-Regulierung grundlegend überprüfen. Mit Einverständnis des Gerichts zog sie die erlassenen Standards im Dezember 1987 freiwillig mit der Verpflichtung zurück, innerhalb von sechs Monaten einen neuen Entwurf vorzulegen und innerhalb eines Jahres[39] die Standards in Kraft zu setzen.

Am 28. Juli 1988 schlug die EPA vier Methoden vor, um für die fünf Quellen von Benzol-Emissionen in der vom Gericht geforderten ersten Stufe der Entscheidungsfindung

---

[38] Das Urteil ist in Giebeler 1991: 182 ff. abgedruckt.

[39] Die Frist wurde später auf den 31. August 1989 verlängert.

den Begriff "sicher" (*safe*) bzw. "akzeptables Risiko" (*acceptable risk*) auszufüllen. Diese Methoden bestanden darin,

1. alle relevanten Einzelinformationen einzubeziehen, sie nach der unterschiedlichen Qualität des wissenschaftlichen Nachweises zu gewichten und so das akzeptable Risiko festzulegen;

2. die Entscheidung allein auf der Basis der in einem Umkreis von 50 km um die Emissionsquelle zusätzlich zu erwartenden Krebsfälle aufzubauen und dabei das akzeptable Risiko bei einem Fall pro Jahr und Art der Emissionsquelle anzusiedeln;

3. nur das *maximum individual risk*, bei lebenslanger Aussetzung an Krebs zu erkranken, zu berücksichtigen und das akzeptable Risiko bei 1 zu 10.000 oder weniger festzulegen;

4. nur das *maximum individual risk*, bei lebenslanger Aussetzung an Krebs zu erkranken, zu berücksichtigen und das akzeptable Risiko bei 1 zu 1.000.000 festzulegen.

Die vier Vorgehensweisen unterschieden sich erheblich in ihren Auswirkungen auf die relevante Industrie. So hätte z. B. das zweite Vorgehen im wesentlichen zu Standards geführt, wie sie 1984 von der EPA vorgeschlagen worden waren. Das vierte hätte dagegen Emissionsbegrenzungen erfordert, für die die notwendige Kontrolltechnologie nur zum Teil zur Verfügung stand. So schätzte die EPA, daß dieser weitestgehende Ansatz zur Stillegung aller ca. 130 mit Benzol arbeitenden Anlagen führen und dadurch den Verlust von 35.000 Arbeitsplätzen bewirken könnte (Martin 1990: 127-128).

Nachdem die EPA in den folgenden sechs Monaten auf dem Postweg 275 Stellungnahmen aus der Öffentlichkeit erhalten hatte und nachdem sie im September 1988 eine öffentliche Anhörung durchgeführt hatte, entschloß sie sich schließlich für eine Kombination der verschiedenen Ansätze.[40] Danach betrachtete sie ein Risiko, das bei lebenslanger Aussetzung nicht höher als 1 zu 10.000 ist, als im allgemeinen sicher. Sie betonte, daß dies einen wesentlichen Bezugspunkt zur Bestimmung des akzeptablen Risikos darstellen würde, daß aber auch andere gesundheitsrelevante Meßgrößen (wie die Häufigkeit von Krebs und anderen schweren Krankheiten insgesamt oder die Verteilung des Risikos auf bestimmte Bevölkerungsgruppen und nicht quantifizierbare Auswirkungen auf die Gesundheit) in die Entscheidung einfließen würden.

Auf der Basis der so gewonnenen Ergebnisse werde sie, so kündigte die EPA an, im zweiten Schritt ihrer Verpflichtung nach dem *Clean Air Act* entsprechen, eine *ample margin of safety* festlegen, dazu für eine größtmögliche Anzahl von Personen ein nicht größeres Risiko als 1 zu 1.000.000 anstreben und dies in dem Maße verwirklichen, wie

---

[40] Federal Register 54 (1989): 38044.

es sich aus der Abwägung zwischen technischen, wirtschaftlichen und gesundheitlichen Erwägungen ergebe.

Die auf diese Weise zustandegekommenen Standards wurden von der EPA am 14. September 1989 erlassen[41] und traten sofort in Kraft:

- Für Maleinsäureanhydrid-Anlagen konnte auf Standards verzichtet werden, da hier Benzol nicht länger im Produktionsprozeß verwandt wird.

- Die bundesweite Regulierung von Ethylbenzol- und Styrol-Anlagen unterblieb, da Standards der Einzelstaaten das Risiko in ausreichendem Maße reduzierten.

- Die Standards für Benzol-Lagertanks wurden auf kleinere Tanks erstreckt, die die früheren Standards ausgespart hatten.

- Die Standards für Rückgewinnungsanlagen für Nebenprodukte von Kokereien wurden verschärft.

- Für die Emissionen aus Undichtigkeiten von Anlagenteilen wurden die bisherigen Standards beibehalten.

Am 13. November 1989 beantragte das *American Coke and Coal Chemical Institute* (ACCCI) beim *U.S. Court of Appeals*, einen Aspekt der Benzol-Standards zu überprüfen. Die EPA hatte in ihren Standards zu den Rückgewinnungsanlagen für Nebenprodukte von Kokereien eine speziellen Kontrolltechnologie vorgeschrieben (*gas blanketing-system*). Das ACCCI argumentierte dagegen, es ständen auch andere Kontrolltechnologien zur Verfügung. Die EPA trat mit dem Verband in Verhandlungen, und am 22. Mai 1990 wurde Übereinstimmung hinsichtlich einer Überarbeitung des Standards erzielt. Danach sollte der neue Standard auch die Verwendung von Kohlenstoff-Adsorbern bzw. die Nachverbrennung zulassen, die dieselbe Emissionsreduzierung wie das *gas blanketing* ermöglichen.[42] Der Vorschlag, die Standards entsprechend zu verändern, wurde im April 1991 veröffentlicht. Die entsprechende *rule* wurde im September desselben Jahres erlassen,[43] ohne auf Kritik zu stoßen.

Mit den bislang vorgestellten Standards waren keineswegs alle Quellen von Benzol-Emissionen abgedeckt. Nach einer Klage des *Natural Resources Defense Council* wies der *U.S. Court of Appeals* im Februar 1989 die EPA an, für eine Reihe von weiteren Quellen bis zum August 1989 entweder einen Entwurf für Standards oder den Vorschlag zu veröffentlichen, auf Standards zu verzichten. Bis zum Februar 1990 sollten die Standards gegebenenfalls erlassen werden. Bei den Quellen handelte es sich um (1) weitere Anlagen der chemischen Industrie (neben den bereits mit *rules* geregelten), (2) die Nutzung von

---

[41] Federal Register 54 (1989): 38044.

[42] Federal Register 56 (1991): 13368.

[43] Federal Register 56 (1991): 47404.

Lösungsmitteln in der Industrie, (3) das Einfüllen von Benzol in Tanks, Tankwagen und andere Behältnisse sowie (4) die Lagerung und den Transport von Treibstoffen.[44]

Die EPA griff für die Regulierung auf denselben Ansatz zurück, den sie bereits bei den Standards für die anderen Emissionsquellen verwandt hatte, und schlug vor,[45]

- für das Einfüllen von Benzol in Tanks, Tankwagen etc. Dampfauffangsysteme vorzuschreiben;

- für die Lagerung und den Transport von Treibstoffen auf Standards zu verzichten, da diese Quellen nur ein Risiko von unter 1 zu 10.000 verursachen und weitere Reduzierungen zu sehr hohen Kosten führen würden;

- für die Anlagen für benzenhaltige Abfälle Standards hinsichtlich des Einsatzes von Kontrolltechnologie und/oder von Arbeitspraktiken zu erlassen;

- für den Einsatz von industriellen Lösungsmitteln auf Standards zu verzichten, da hier das *maximum individual risk* unter 1 zu 1.000.000 liegt;

- keine Regelungen zu weiteren Anlagen der chemischen Industrie zu treffen.

Die vorgeschlagenen Standards wurden nach geringfügigen Änderungen von der EPA erlassen.

Die Standardsetzung für HAPs nach dem *Clean Air Act* von 1990

Als Antwort darauf, daß die Regulierung der gefährlichen Luftschadstoffe über zwanzig Jahre hinweg so schleppend vorangegangen und nur ein Bruchteil der in Frage kommenden Stoffe geprüft und tatsächlich reguliert worden war, nahm der *Congress* in der Novelle des *Clean Air Act* von 1990 einige grundlegende Änderungen hinsichtlich der Standards für die HAPs vor. Diese liefen darauf hinaus, den bisher breiten Handlungs- und Entscheidungsspielraum der EPA durch (1) weitgehende Vorgabe der als *hazardous air pollutants* in Frage kommenden Stoffe, durch (2) Fristen, in denen Standards festzulegen sind, und durch (3) nähere Festlegungen zu den bei der Standardsetzung zu berücksichtigenden Entscheidungskriterien einzuschränken (siehe zur HAP-Regulierung nach dem CAA von 1990 Pytte 1990: 3941 ff. sowie GAO 1991).

Nach der Novellierung listet der *Clean Air Act* nunmehr selbst 189 Stoffe - zu ihnen gehört auch Benzol - auf, die die EPA als HAPs zu regulieren hat. Die EPA hat die Liste regelmäßig zu überprüfen. Wird dabei festgestellt, daß von einem Stoff keine schädlichen Auswirkungen für die menschliche Gesundheit oder die Umwelt ausgehen,

---

[44] Federal Register 55 (1990): 8292.
[45] Federal Register 55 (1990): 8992.

ist er von der Liste zu nehmen. Weitere Stoffe, bei denen entsprechende Folgen festgestellt werden, sind auf die Liste zu setzen. Jede Person kann beantragen, daß Stoffe von der Liste genommen bzw. weitere hinzugefügt werden. Ein entsprechender Antrag muß hinreichend begründet werden. Innerhalb von 18 Monaten hat der *Administrator* der EPA dem Antrag zu folgen oder ihn - mit einer Begründung versehen - abzulehnen. Eine Überschreitung dieser Frist wegen fehlender Ressourcen der EPA ist nicht zulässig.

Innerhalb von 12 Monaten hat der *Administrator* eine Liste der wichtigsten Quellen der als HAPs aufgelisteten Stoffe vorzulegen und in Kategorien und Subkategorien zu gliedern. Für jede dieser Kategorien/Subkategorien von Quellen sind in einer ersten Runde Standards auf der Basis der *maximum achievable control technology* festzusetzen, wobei auch die durch eine Regulierung verursachten Kosten und andere relevante Gesichtspunkte in die Entscheidung einzubeziehen sind. Neue Emissionsquellen müssen zumindest so niedrige Emissionen wie die Anlagen mit den bislang geringsten Emissionen in derselben Kategorie/Subkategorie aufweisen. Für bestehende Emissionsquellen sind die Anforderungen etwas weniger streng: Auch hier müssen die Emissionen aber so niedrig sein wie im Durchschnitt der Spitzengruppe der Anlagen der jeweiligen Kategorie/Subkategorie.[46] Die EPA strebt in dieser ersten Phase an, die Emissionen gefährlicher Luftschadstoffe um 75 Prozent zu senken (GAO 1991: 10).

Die entsprechenden Standards sind von der EPA innerhalb von zehn Jahren Schritt für Schritt zu erlassen. Für die ersten 40 Kategorien/Subkategorien von Quellen sowie für Kokereien muß dies innerhalb von zwei Jahren erfolgen (bis zum 31. Dezember 1992), für zusätzliche 25 Prozent der Kategorien innerhalb von 4 Jahren, für weitere 25 Prozent innerhalb von sieben Jahren. Innerhalb von zehn Jahren müssen Standards für alle Kategorien vorliegen.

Spätestens acht Jahre nach Erlaß der auf der *maximum achievable control technology* basierenden Standards muß die EPA die verbleibenden Risiken bewerten, die von den HAPs für die menschliche Gesundheit ausgehen, und - wo es zum Erreichen der *ample margin of safety* notwendig ist - schärfere Standards festlegen. Solche Standards sind für die Luftschadstoffe erforderlich, von denen bekannt ist oder vermutet wird, daß sie beim Menschen Krebs auslösen können und bei denen das Krebsrisiko für die Personen, die den Emissionen am stärksten ausgesetzt sind, nicht geringer als 1 zu 1.000.000 ist.

Die EPA ist zur Zeit dabei, eine Implementationsstrategie für die HAP-Regulierung nach dem *Clean Air Act* von 1990 zu erarbeiten. Zwar schränkt das Gesetz den Spielraum der Behörde stärker als in der Vergangenheit ein, sie steht aber immer noch vor erheblichen Entscheidungsproblemen gerade im Hinblick auf die Risikobewertung. Vor allem aber steht die EPA vor einem ehrgeizigen Regulierungsprogramm, hat sie doch in kurzer Zeit

---

[46] Bei Kategorien mit mehr als 30 Emissionsquellen die 12% mit den niedrigsten Emissionen, bei Kategorien mit weniger als 30 Emissionsquellen die fünf Anlagen mit den geringsten Emissionen.

weitaus mehr Standards zu erlassen als in der Vergangenheit. Angesichts fehlender finanzieller und organisatorischer Ressourcen sowie eines unzureichenden Konzepts der EPA befürchtet das *United States General Accounting Office* (GAO 1991), daß die Behörde auch weiterhin ihrem gesetzlichen Auftrag hinterherlaufen wird.

4.5.3 Umweltfreundlichere Treibstoffe

Seit dem Erlaß des *Clean Air Act* im Jahre 1970 besitzt die EPA die Zuständigkeit, die Kraftfahrzeug-Emissionen zu regulieren. Traditionell bedeutete dies, daß Verbesserungen bei der in den Fahrzeugen installierten emissionsbegrenzenden Technologie gefordert wurden. Die Novellierung des Gesetzes von 1990 behielt diesen Ansatz bei, stellte aber daneben besondere Anforderungen an die Zusammensetzung von Treibstoffen in bestimmten Belastungsgebieten (*non-attainment areas*).

Abschnitt 211 (k) des *Clean Air Act* verpflichtet den *Administrator* der EPA, bis zum 15. November 1991 Regelungen zu erlassen, die in bestimmten Ozon-Belastungsgebieten den Gebrauch von Treibstoffen vorschreiben, die aufgrund veränderter Zusammensetzung zu geringeren Emissionen führen als herkömmliche Treibstoffe (*reformulated fuels*). Um als *reformulated* eingestuft zu werden, hat sich der Treibstoff im wesentlichen durch die folgenden Eigenschaften auszuzeichnen:[47]

- mindestens 2 Prozent Sauerstoffanteil am Gewicht;

- nicht mehr als 1 Prozent Benzolanteil am Volumen;

- keine Verursachung höherer NO_x-Emissionen als durch konventionelle Treibstoffe;

- Reduzierung der Emissionen von Giftstoffen und ozonbildenden flüchtigen organischen Verbindungen um zunächst 15 Prozent und um 20 bis 25 Prozent im Jahre 2000;

- Beseitigung der Emissionen von toxischen Schwermetallen.

Die EPA geht davon aus, daß durch die so in ihrer Zusammensetzung geänderten Treibstoffe in den betroffenen Gebieten die Ozonbildung zurückgeht und die Zahl der Krebserkrankungen reduziert wird, die auf Kfz-Emissionen zurückzuführen sind.

Ab dem 1. Januar 1995 dürfen in den neun Städten, in denen die nationalen Immissionsgrenzwerte für Ozon am stärksten überschritten werden, nur noch Treibstoffe verkauft werden, denen die Eigenschaft *reformulated* bescheinigt wurde. Bei diesen Städten handelt es sich um Baltimore, Chicago, Hartford, Houston, Los Angeles, Milwaukee, New York, Philadelphia und San Diego. Das Gesetz ermächtigt zudem die Gouverneure der

---

[47] Siehe ausführlicher zu den Anforderungen an die *reformulated* und *oxygenated fuels* Pytte 1990: 3939 f. und Federal Register 56 (1991): 5167 ff.

Einzelstaaten, für Teile ihrer Staaten, die nicht zu den neun Gebieten gehören, aber ebenfalls die Immissionsgrenzwerte für Ozon überschreiten, den Einsatz des umweltfreundlicheren Treibstoffes zu beantragen. Die EPA muß bis zum Jahre 1995 oder innerhalb eines Jahres nach dem Antrag - es gilt der spätere der beiden Zeitpunkte - für diese Gebiete ebenfalls die Nutzung von *reformulated fuels* vorschreiben. Kommt sie allerdings nach Abstimmung mit dem Energieministerium zur Auffassung, daß die einheimischen Kapazitäten für die Produktion des erforderlichen Treibstoffes nicht ausreichen, kann sie die Frist bis zu dessen Einsatz in den zusätzlichen Gebieten um ein Jahr verlängern.

Um die Bestimmungen des *Clean Air Act* für den Einsatz von *reformulated fuels* umzusetzen, hat die EPA in ihren *rules* eine Reihe von Regelungen zu treffen:

- Die Anforderungen an diese Art von Treibstoff sind zu spezifizieren.

- Das Verfahren ist zu erarbeiten, in dem die *reformulated fuels* bescheinigt werden.

- Es ist ein System zu entwickeln, nach dem Hersteller, deren Produkte die für *reformulated fuels* festgelegten Grenzwerte noch einmal unterschreiten, handelbare Gutschriften (*credits*) erhalten, die sie an Hersteller verkaufen können, deren Treibstoffe den Anforderungen noch nicht gerecht werden. Allerdings darf durch den Einsatz der *credits* der durchschnittliche Sauerstoffgehalt nicht gesenkt und die durchschnittliche Schadstoffemission nicht erhöht werden.

- Eine Regelung zu treffen, daß in Gebieten, in denen die Immissionsgrenzwerte für Ozon nicht überschritten werden, kein "schmutzigerer" konventioneller Treibstoff als im Jahre 1990 verkauft wird, und so dafür zu sorgen, daß die höheren Anforderungen an Treibstoffe in den einen Gebieten nicht dazu führt, daß dort bislang eingesetzte, besonders umweltschädliche Treibstoffe nun einfach in anderen Gebieten verkauft werden.

In Abschnitt 211 (m) schreibt der *Clean Air Act* für Gebiete, in denen die nationalen Immissionsstandards für Kohlenmonoxid überschritten werden und in denen der Konzentrationswert bei 9,5 ppm oder darüber liegt,[48] für Treibstoffe einen erhöhten Sauerstoffanteil vor. Die Implementationspläne der Einzelstaaten müssen so geändert werden, daß sie einen Mindestanteil von 2,7 Gewichtsprozent Sauerstoff für Treibstoff vorsehen, der während der Teile des Jahres verkauft wird (also im wesentlichen im Winter), an denen das Gebiet für hohe Kohlenmonoxid-Konzentrationen anfällig ist. Ab dem 1. November 1992 dürfen in den betroffenen Gebieten während der Monate mit hoher CO-Belastung nur noch entsprechende sauerstoffangereicherte *oxygenated fuels* vertrieben werden. Die EPA sieht hierin einen schnellen und kostengünstigen Weg, um die Kohlenmonoxid-Emissionen zu reduzieren.

---

[48] Betroffen sind zur Zeit 29 Städte und 26 Staaten.

Die Implementation dieser Bestimmungen obliegt nicht der EPA, sondern den einzelnen Staaten. Aufgabe der EPA ist es jedoch, den entsprechend veränderten Implementationsplänen der Einzelstaaten zuzustimmen, wozu sie nach dem *Clean Air Act* bis zum 15. August 1991 Richtlinien mit Mindestanforderungen auszuarbeiten hatte:

- Die Anforderungen an die sauerstoffangereicherten Treibstoffe sind zu spezifizieren.

- Der (Mindest-)Einsatzzeitraum ist zu bestimmen.

- Mindestanforderungen an das auch hier vom Gesetzgeber vorgesehene System handelbarer Gutschriften sind aufzustellen.

Für die Treibstoffproduzenten stellen die *reformulated* und *oxygenated fuels* eine erhebliche Herausforderung dar. Schätzungen aus der Industrie gehen davon aus, daß sie im Verlauf der neunziger Jahre Investitionen in Höhe von 24 Milliarden Dollar notwendig machen werden (Wood 1991). Die hohen Kosten und die zu erwartenden Engpässe bei der Produktion der einzelnen Komponenten der Treibstoffe erklären auch, warum deren Einsatz räumlich und (bei den sauerstoffangereicherten Treibstoffen) zeitlich eingeschränkt ist. Zugleich stellen sich erhebliche Logistikprobleme, wenn sichergestellt werden soll, daß die betroffenen Gebiete fristgerecht mit dem umweltfreundlicheren Treibstoff versorgt werden.

Um die bei den umweltfreundlichen Treibstoffen gesetzten Aufgaben zu erfüllen, entschied sich die EPA für das *negotiated rulemaking*, eine neue Verfahrensvariante, die die EPA zuvor erst in acht Verfahren geringer Bedeutung angewandt hatte. Es gibt einige Anzeichen dafür, daß William Rosenberg, der für die Luftreinhaltung zuständige *Assistant Administrator* der EPA, von Anfang an daran dachte, für die Regulierung der umweltfreundlicheren Treibstoffe auf das *negotiated rulemaking* zurückzugreifen. Nach Erlaß der Novelle des *Clean Air Act* im November 1990 trafen sich Vertreter der EPA, der Umweltverbände und der betroffenen Industrien, um die neuen Bestimmungen zu Treibstoffen zu diskutieren. Zudem beauftragte die EPA zwei unabhängige *convener* mit der Aufgabe zu beurteilen, inwieweit die zu treffenden Regelungen den Anforderungen entsprachen, die der *Negotiated Rulemaking Act* stellt.[49] Auf der Basis der von den *convener* und der durch direkten Kontakt mit den interessierten Gruppen gewonnenen Informationen stellte die EPA fest, daß die während des Standardsetzungsverfahrens anstehenden Fragen für eine Verhandlungslösung geeignet seien, und entschied sich daher für diesen Verfahrenstyp. Die vom Gesetz vorgeschriebene Veröffentlichung der Absicht, den Weg des *negotiated rulemaking* einzuschlagen, erfolgte am 8. Februar 1991 im *Federal Register*.[50] Da die betroffenen Interessen bei beiden Arten von Treibstoffen

---

[49] Siehe oben 4.4.4.

[50] Federal Register 56 (1991): 5167.

weitgehend identisch waren, schlug die EPA ein gemeinsames Verhandlungsgremium für beide vor.

Nach einer Frist von 30 Tagen, während der Personen, die von den zur erarbeitenden Regelungen in erheblichem Maße betroffen waren und die sich von keinem der vorgesehenen Verhandlungsteilnehmer hinreichend vertreten sahen, die Teilnahme beantragen konnten und einer für denselben Zweck am 21. und 22. Februar 1991 durchgeführten öffentlichen Anhörung rief die EPA am 13. März 1991 das *Clean Fuels Advisory Committee* ins Leben. Der Ausschuß bestand vor allem aus Vertretern der EPA, des Energieministeriums, aus Luftreinhaltungsexperten aus Bundesstaaten und Gemeinden, aus den Verbänden der Raffinerien, der Treibstoffhändler und Tankstellen, der Automobilhersteller und aus den Umweltverbänden.[51]

Das *Office of Management and Budget* (OMB) war zwar kein offizielles Mitglied des Ausschusses, es nahm jedoch an dessen Arbeit als aktiver Beobachter teil. Die Vertreter der EPA diskutierten die wichtigen Themen und Vorschläge regelmäßig mit den Mitarbeitern des OMB.

Im Vordergrund der Arbeit des Ausschusses stand die Konkretisierung der an die umweltfreundlicheren Treibstoffe zu stellenden Anforderungen:

- Im Fall der sauerstoffangereicherten Treibstoffe war festzulegen, ob der Mindestanteil von 2,7 Gewichtsprozent Sauerstoff von jedem einzelnen Treibstoff einzuhalten oder ob er als Gesamtdurchschnittswert für alle Treibstoffe anzusehen war. Sollte eine Durchschnittsbildung zugelassen werden, war festzulegen, wo und über welchen Zeitraum sie zu erfolgen hatte und ob es einen Mindestwert geben sollte, den keiner der Einzeltreibstoffe unterschreiten durfte. Zudem war der Zeitraum festzulegen, in dem nur die sauerstoffangereicherten Treibstoffe verkauft werden dürfen. Diese Festlegung ist zwar nach dem *Clean Air Act* an sich Aufgabe der Einzelstaaten, die EPA hat jedoch Mindeststandards festzulegen. Jeder Staat, der diese Standards nicht einhält, hat nachzuweisen, daß sein Implementationsplan dennoch die geforderte Reduzierung der Luftverschmutzung ermöglicht.

- Noch mehr Regelungen waren in bezug auf die *reformulated fuels* zu treffen - vor allem auch weil die EPA hier selbst für die Implementation zuständig ist und das Ge-

---

[51] Im einzelnen bestand das Clean Fuels Advisory Committee aus: EPA, U.S. Department of Energy, State and Territorial Air Pollution Program Administrators, Association of Local Air Pollution Control Officials, Northeast States of Coordinated Air Use Management, California Air Resources Board, American Petroleum Institute, National Petroleum Refiners Association, American Independent Refiners Association, Rocky Mountain Small Refiners Association, Clean Fuels Development Coalition, Oxygenated Fuels Association, Renewable Fuels Association, American Methanol Institute, National Council of Farmer Cooperatives, National Corn Growers Association, Petroleum Marketers Association of America, Society of Independent Gasoline Marketers of America, Independent Liquid Terminals Association, Motor Vehicles Manufacturers Association, Association of International Automobile Manufacturers, Citizen Action, Sierra Club, American Lung Association, Natural Resources Defense Council. Siehe auch oben Tabelle 11 in Abschnitt 4.3.2.

setz an diese Treibstoffart eine größere Zahl von Anforderungen stellt. Zu den wichtigsten Fragen zählte, von welchem Ausgangspunkt (von welchem herkömmlichem Treibstoff mit welcher Zusammensetzung) die Anforderungen an das *reformulated fuel* zu bestimmen waren; ob und wie ein Unter- bzw. Überschreiten der Grenzwerte bei den einzelnen Treibstoffbestandteilen verrechnet werden sollte; ob und in welchem Ausmaß eine Durchschnittsbildung zulässig sein sollte und in welcher Phase des Verteilungsprozesses sowie von wem der Treibstoff getestet wird.

Auf der Basis ihrer vorangegangenen Konsultationen mit den betroffenen Gruppen hatte die EPA bereits einen Entwurf der *rules* erarbeitet, den sie auf der ersten Arbeitssitzung des Verhandlungsgremiums am 14. März 1991 vorlegte. Anders als beim herkömmlichen Standardsetzungsverfahren waren die konkreten Vorschläge der Behörde den Interessengruppen damit bereits zu einem sehr frühen Zeitpunkt bekannt. Mit ihrem Entwurf hatte die EPA den Rahmen der Verhandlungen abgesteckt. Im folgenden ließ sie die Umweltverbände und die Industrie vor allem miteinander diskutieren und griff oftmals nur als Vermittler ein. Einzelne Gruppen wandten sich an die EPA, um in Erfahrung zu bringen, ob ihre Vorschläge auch für die anderen Verhandlungspartner akzeptabel sein würden. Dies steigerte den Einfluß der EPA, konnte sie doch den Rahmen festlegen, in dem die einzelnen Positionen und Vorschläge diskutiert wurden.

Nicht unterschätzt werden sollten die Diskussionen, die innerhalb des Lagers der Industrievertreter erfolgten. So verbrachten die verschiedenen Gruppen von Raffinerien mindestens genauso viel Zeit damit, eine gemeinsame Position festzulegen, als sie für die Arbeit im Ausschuß selbst verwandten.

Eine Reihe von Arbeitsgruppen wurde gebildet, um die einzelnen Aspekte der umfangreichen Regulierung zu diskutieren. Der Großteil der Verhandlungen zu technischen Fragen fand in diesen Arbeitsgruppen statt. Da die Gruppen zum Teil parallel tagten, hätten Teilnehmer mit geringen personellen und organisatorischen Möglichkeiten im Nachteil sein können. Die EPA ermunterte jedoch Teilnehmer mit potentiell ähnlichen Interessen (z. B. Umweltschutzverbände, Bürgergruppen und Gesundheitsorganisationen), informelle Koalitionen zu bilden und ihre Informationen und Ressourcen gemeinsam zu nutzen.

Zwischen dem 14. März und dem 27. Juni 1991 wurden fünf Sitzungen des Ausschusses durchgeführt, ohne daß ein Ergebnis erreicht wurde. Daraufhin verließ die EPA, die unter dem Druck stand, bis zum gesetzlich vorgeschriebenen Termin (15. August bzw. 15. November 1991) eine Regulierung zu erlassen, zeitweise den Verhandlungsprozeß und veröffentlichte eine *advanced notice* zum Regulierungsverfahren für die umweltfreundlicheren Treibstoffe. Eigentlich handelt es sich dabei um den Entwurf der *rules*, den die EPA vorlegen mußte, um die vom *Clean Air Act* vorgegebene Frist einzuhalten und nicht um eine bloße Bekanntmachung. Der Begriff *advanced notice* war jedoch gewählt worden, um die Erwartung zum Ausdruck zu bringen, daß der Verhandlungsprozeß schließlich doch zu einem Ergebnis führen würde. Der veröffentlichte Entwurf beschränkte sich daher darauf, die Optionen der verschiedenen Teilnehmer am Verhandlungsprozeß darzustellen, ohne eine Wertung zu treffen.

Unterdessen waren die Verhandlungen im Ausschuß fortgesetzt worden, und am 16. August 1991 konnte im Verhandlungsgremium die grundsätzliche Einigung über den Inhalt der *rules* zu den sauerstoffangereicherten und *reformulated fuels* schriftlich fixiert werden. Für die sauerstoffangereicherten Treibstoffe legt die Einigung vor allem die folgenden Punkte fest:

- Jede Gallone Treibstoff soll mindestens 2 Gewichtsprozent Sauerstoff enthalten.
- Bei einer Einsatzdauer von fünf Monate oder weniger soll der Durchschnitt über diesen Zeitraum gebildet werden; bei einer Einsatzdauer von sechs oder mehr Monaten wird der Durchschnitt über drei Monate gebildet.
- Die Bestimmung der Einhaltung der Vorschriften und die entsprechenden Kontrollen sollen am Ende der Distributionskette d. h. vor der Abgabe an die einzelne Tankstelle erfolgen.

Die Einigung für die *reformulated fuels* legt fest, daß

- um Treibstoffen die Eigenschaft *reformulated* zu bescheinigen bis zum 1. März 1993 ein einfaches Verfahren gewählt werden soll, das Sauerstoffanreicherung, Benzol, Stickoxide und Aromate einbezieht; danach soll ein komplexeres Verfahren angewandt werden, das auch weitere Bestandteile wie z. B. Schwefel, Olefin und T90 berücksichtigt und von der EPA gemeinsam mit allen interessierten Gruppen in einem weiteren Verhandlungsverfahren ausgearbeitet werden soll;
- ein Aufrechnen (*trading*) zwischen einzelnen Bestandteilen nur innerhalb der Gebiete zulässig sein soll, in denen die *reformulated fuels* einzusetzen sind;
- die Durchschnittwerte über ein Kalenderjahr hinweg gebildet werden können, wobei die Messungen bei der Raffinerrie oder dort vorgenommen werden sollen, wo der Treibstoff gemischt wird.

Die EPA erklärte, sie werde den Entwurf ihrer *rules* im Einklang mit der Vereinbarung formulieren, ihn vor der Unterzeichnung durch den *Administrator* den Mitgliedern des Ausschusses zur Stellungnahme zusenden und ihn zur selben Zeit in die *public docket* aufnehmen. Erst nach Abgabe der Stellungnahmen und gegebenenfalls weiteren Konsultationen werde die EPA den Entwurf im Federal Register veröffentlichen. Die anderen Teilnehmer an den Verhandlungen stimmten zu, keine negativen Stellungnahmen zu den vorgeschlagenen *rules* abzugeben, sofern diese sich an die Vereinbarung halten würden. Sie erklärten, unter derselben Voraussetzung würden sie keine Klage gegen die schließlich erlassenen Standards erheben. Alle Teilnehmer behielten sich ausdrücklich das Recht vor, solche Bestimmungen gerichtlich anzufechten, die in der Vereinbarung nicht enthalten waren.

Auf der Basis dieser Einigung formulierte die EPA im Herbst 1991 einen Textentwurf und sandte ihn den Mitgliedern des *Clean Fuels Advisory Committee* zu. Nach deren Stellungnahmen nahm die EPA eine Überarbeitung vor, erstellte den endgültigen Entwurf und überwies ihn zur abschließenden Prüfung dem *Office of Management and Budget*. Noch im Januar 1992 ging die EPA davon aus, die Standards binnen eines Monats erlassen zu können. Zum Zeitpunkt des Abschlusses unserer Erhebungen war lediglich der Entwurf für die sauerstoffangereicherten Treibstoffe veröffentlicht. Der Vorschlag zu den *reformulated fuels* wurde noch vom OMB geprüft.

Sollte es der EPA im Laufe des Jahres 1992 gelingen, die Standards zu erlassen, würde dies einen erheblichen Erfolg darstellen. Eine Verfahrensdauer von einem bis anderthalb Jahren wäre deutlich kürzer als die in der Regel in den herkömmlichen Standardsetzungsverfahren benötigten Zeiten. Daß dieser zügige Erlaß gelingt, ist jedoch nicht sicher, und es besteht eine Reihe offener Fragen, die zu klären sind, bevor das Verfahren wirklich als erfolgreich bezeichnet werden kann.

Vor allem ist darauf hinzuweisen, daß der endgültige Text der *rules* - was die *reformulated fuels* anbelangt - während unserer Erhebungen weder der Öffentlichkeit noch den an der Aushandlung beteiligten Parteien (außer der EPA) bekannt war. Die im Ausschuß erarbeitete Einigung beschränkte sich auf sieben Seiten, während die *rules* schließlich ca. 600 Seiten aufweisen werden. In der Fülle von Detailvorschriften könnten sich Punkte finden, die einzelnen Verhandlungsparteien nicht akzeptabel erscheinen. Zwar kennen die Verhandlungsparteien den vollständigen Textentwurf, sie wissen aber nicht, ob und inwieweit die EPA bei der Erarbeitung der endgültigen Fassung auf ihre Einwände und Stellungnahmen eingegangen ist.

Während es also auf der einen Seite durchaus noch potentielle Quellen für einen Rechtsstreit im Anschluß an den Erlaß der *rules* gibt, könnten andere Erwägungen die entsprechenden Gruppen davon abhalten, diesen Weg einzuschlagen. Auch wenn die eine oder andere Verhandlungspartei mit einzelnen Regelungen unzufrieden ist, wird sie doch mit wesentlichen anderen Bestimmungen einverstanden sein. Sie könnte daher davor zurückschrecken, das gesamte Paket durch eine Klage zu gefährden.

Trotz der zu machenden Einschränkungen sahen die Teilnehmer am Verhandlungsprozeß bereits vor der Festsetzung der endgültigen Standards positive Aspekte des *negotiated rulemaking*. Die Industrie erwartet bessere *rules* als beim herkömmlichen Verfahren, da sie größere Möglichkeiten hatte, die EPA über technische Aspekte der Treibstoff-Raffinierung zu unterrichten und so unrealistische Anforderungen frühzeitig abzuwenden. Der EPA ermöglichen die zusätzlichen Informationen, die sie von der Industrie erhalten hat, leistungsfähigere Mechanismen zur Kontrolle der Einhaltung der Standards zu etablieren, weiß sie doch nun besser, wo Überschreitungen am ehesten zu erwarten sind und wie sie festgestellt werden können.

Von der Industrie forderte das *negotiated rulemaking*, in Vorgesprächen aus den zum Teil verschiedenen Einzelinteressen im eigenen Lager eine gemeinsame Position zu erarbeiten. Diese Abstimmung innerhalb der Industrie kann insofern zu einem effizienteren Verfahren führen, als im herkömmlichen *notice and comment*-Verfahren in der Regel die einzelnen Unternehmen vielfältige Aktivitäten unternehmen, um die EPA zu Veränderungen an vorgeschlagenen *rules* zu bewegen, die eher ihren Einzelinteressen als denen der gesamten Branche entsprechen.

Insgesamt erlaubt der Verhandlungsprozeß der EPA also, eine bessere Regulierung vorzunehmen. Wenn die einzelnen Parteien schließlich den *rules* zustimmen, ist deren Klageanfälligkeit weitaus geringer als nach herkömmlichen Standardsetzungsverfahren. Zwar mag hier der Einwand vorgebracht werden, die EPA könne gemeinsam mit den anderen Verhandlungspartnern auf dem Wege des *negotiated rulemaking* Regelungen treffen, die nicht den vom *Congress* im Gesetz getroffenen Vorgaben entsprechen. Jedoch ist darauf zu verweisen, daß es auch nach einem *negotiated rulemaking* jedem, der sich nicht hinreichend im Verfahren vertreten fühlt und seine Interessen durch die Ergebnisse verletzt sieht, freisteht, den Klageweg zu beschreiten.

Die Erarbeitung der *rules* im Verhandlungsverfahren ist für die EPA auch in bezug auf ihr Verhältnis zum OMB vorteilhaft. Die enge Einbindung der Wirtschaft in das Standardsetzungsverfahren macht von vornherein Einwände weniger wahrscheinlich, die EPA habe volkswirtschaftlichen Gesichtspunkten nicht genügend Aufmerksamkeit gewidmet. Die ständige Konsultation mit dem OMB während des Verfahrens machte die Mitarbeiter der EPA zuversichtlich, daß sie nicht nur die Position ihrer Behörde, sondern die der gesamten Regierung vertraten und daß sie daher bei der abschließenden Prüfung der *rules* durch das OMB nicht auf Ablehnung stoßen würden.

Schließlich wurden nach Ansicht aller beteiligten Parteien während der Verhandlungen zwar die einzelnen Positionen vertreten und die üblichen Kontroversen ausgetragen, jedoch fanden weitaus vernünftigere Einigungsprozesse stand, als sie in den traditionellen Verfahren zwischen konkurrierenden Parteien vorkommen. Obwohl, wie oben ausgeführt wurde, nicht jede Partei mit jedem Detail zufrieden sein wird, läßt sich als generelles Resultat feststellen, daß insgesamt eine bessere - d. h. mit höherer Akzeptanz versehene und deshalb leichter zu implementierende - Standards entwickelt wurden.

4.6 Fallstudien zur Pestizidregulierung

4.6.1 Pestizidregulierung in den USA

In der Vereinigten Staaten werden Pestizide auf der Grundlage des *Federal Insecticide, Fungicide, and Rodenticide Act* (FIFRA) reguliert, der bereits im Jahre 1947 verabschiedet wurde. Nach dem Gesetz dürfen nur solche Pestizide in den USA verkauft oder verbreitet werden, die zuvor überprüft und registriert wurden. Im Rahmen der Registrierung kann die EPA

- die Nutzung eines Pestizids unbeschränkt zulassen;

- den Einsatz auf bestimmte Nutzungen bzw. bestimmte Anwendergruppen beschränken;

- Anforderungen an Ausstattung und Arbeitspraktiken stellen;

- dem Antragsteller Kennzeichnungs- und Informationspflichten auferlegen.

An sich hätte der FIFRA von Anfang an dazu benutzt werden können, die Nutzung von gefährlichen Chemikalien zu verhindern, jedoch war sein Hauptzweck zunächst nicht der Schutz von Sicherheit und Gesundheit der Öffentlichkeit. Vielmehr zielte das Gesetz zunächst vor allem auf die Wirksamkeit der Pestizide. Prüfung und Registrierung wurden eingerichtet, um sicherzustellen, daß die Behauptungen der Hersteller über die Wirksamkeit ihrer Pestizide nicht falsch oder irreführend waren.[52]

1964 verpflichtete der *Congress* das damals zuständige Landwirtschaftsministerium im Rahmen des Verfahrens auch Fragen des Arbeitsschutzes und der öffentlichen Sicherheit zu berücksichtigen. Zugleich wurde die Regelung abgeschafft, nach der Produkte, deren Registrierung zurückgezogen werden sollte, auf Widerspruch des Herstellers solange auf dem Markt bleiben konnten, bis die Regierung ihre Position durch einen (wissenschaftlichen) Nachweis untermauert hatte.

Die grundlegende Novelle des FIFRA von 1972 bestimmte, daß die (nun zuständige) EPA die Registrierung eines Pestizids zu verweigern hat, solange nicht festgestellt wird, daß bei einem der allgemeinen Praxis entsprechenden Einsatz keine unzumutbaren nachteiligen Auswirkungen für die Umwelt entstehen. Solche Auswirkungen definiert das Gesetz als unvernünftiges Risiko für Mensch oder Umwelt, wobei die ökonomischen, sozialen und ökologischen Kosten und Nutzen des Pestizideinsatzes zu berücksichtigen sind.[53] Durch diese ausdrückliche Hervorhebung von ökonomischen Kriterien und Fragen des Nutzens der zu regulierenden Substanz bei der Standardsetzung unterscheidet sich der FIFRA erheblich von vielen anderen Umweltgesetzen, z. B. dem *Clean Air Act*.

---

[52] Zur Geschichte der Pestizidregulierung in den USA siehe The National Research Council 1980, Bosso 1987.

[53] "... any unreasonable risk to man or the environment, taking into account the economic, social, and environmental costs and benefits of the use of any pesticide", *Federal Environmental Pesticide Control Act*, Sections 3 (c)(5) and 2 (bb).

Ein ähnliches ausdrückliches Gebot der Abwägung zwischen Risiken und Kosten enthält allerdings auch der Toxic Substances Control Act (TSCA).[54]

Mit der FIFRA-Novelle von 1972 erhielt die EPA zugleich den Auftrag, die bereits zuvor registrierten (damals ca. 35.000) Pestizidprodukte auf der Basis der neuen gesetzlichen Bestimmungen zu überprüfen und gegebenenfalls erneut zu registrieren (*reregistration*).[55] Diese Aufgabe sollte die Behörde innerhalb von vier Jahren, also bis 1976, abgeschlossen haben. Hinter diesem Zeitplan blieb die EPA jedoch hoffnungslos zurück. Da sich das ursprüngliche Reregistrierungsprogramm als viel zu ambitioniert erwiesen hatte, wurden in einer weiteren Novelle des FIFRA aus dem Jahre 1978 wesentliche Änderungen vorgenommen. Zum einen wurde die für die *reregistration* gesetzte Frist aufgehoben. Zum anderen wurden Verfahrensänderungen vorgenommen. Seitdem muß die Überprüfung und *reregistration* nicht mehr auf der Basis jedes einzelnen der zur Zeit ca. 50.000 Produkte erfolgen, die EPA kann vielmehr auf der Basis der ca. 600 Chemikalien vorgehen, die die aktiven Grundbestandteile (*active ingredients*) der Pestizide darstellen. Die für die einzelnen Grundbestandteile ermittelten Ergebnisse dienen der EPA dann als Grundlage dafür zu bestimmen, ob die Pestizide, in denen der Grundbestandteil enthalten ist, die gesetzlichen Anforderungen einhalten und deshalb die *reregistration* vorzunehmen ist. Aber auch unter diesem neuen Ansatz kam die Überprüfung nur schleppend voran. Im April 1983 hatte die EPA ganze 70 Pestizide reregistriert, die auf der Basis von 4 aktiven Grundbestandteilen beruhten (Jasanoff 1990: 130), im Herbst 1985 waren es 145 Produkte (GAO 1986a: 37). Häufig basieren die erlassenen Standards auf einer unvollständigen Datenbasis, so daß sie ausdrücklich als vorübergehende Standards erlassen werden. Bei Beibehaltung des bisherigen Tempos wird sich die *reregistration* noch bis in das 21. Jahrhundert erstrecken.

Mit der Novellierung von 1975 wurde die EPA verpflichtet, den Nutzen der Pestizide für die Landwirtschaft und die Kosten, die mit einem eventuellen Verbot verbunden sind, stärker als bislang in ihre Entscheidungen einzubeziehen. Jede vorgesehene Verweigerung oder Aufhebung einer Registrierung muß vor der Veröffentlichung dem Landwirtschaftsminister zur Stellungnahme vorgelegt werden. Wenn diese Stellungnahme innerhalb von dreißig Tagen erfolgt, muß sie ebenfalls veröffentlicht werden. Zugleich wurde ein wissenschaftliches Beratergremium, das *Scientific Advisory Panel*, eingerichtet, um die wissenschaftliche Grundlage aller Pestizidregulierungen durch die EPA zu überprüfen. Durch dieses Gremium sollte die EPA davor bewahrt beworden, in Sicherheitsfragen dadurch "auf Abwege zu geraten", daß sie unzureichende Kenntnisse über die Wirkungen eines Pestizids zur Basis ihrer Entscheidung macht.

Während der *Congress* also eher die Interessen der Landwirtschaft an der Pestizidnutzung in den Vordergrund stellte, forderten die Gerichte eine stärkere Berücksichtigung

---

[54] Siehe für einen Vergleich zwischen FIFRA und TSCA Shapiro 1990: 195 ff.

[55] Siehe zur *reregistration* GAO 1986, Worobec 1986a: 41 ff.

der Gesichtspunkte der Sicherheit. In einer Reihe von Entscheidungen der frühen 70er Jahre hatte sich in der Rechtsprechung eine weitgehende Umkehr der Beweislast durchgesetzt. Sofern es ernsthafte Einwände gegen die Sicherheit eines Pestizids gab, waren die Hersteller nun verpflichtet, diese zu widerlegen, um ihre Registrierung aufrechtzuerhalten.

Besonders deutlich prallen die verschiedenen mit der Pestizidregulierung verbundenen Interessen und die sich aus ihnen ergebenden konkurrierenden Anforderungen an das Standardsetzungsverfahren dort aufeinander, wo bereits registrierte Pestizide durch neue Erkenntnisse in den Verdacht geraten, die menschliche Gesundheit oder die Umwelt zu schädigen. Um in solchen Fällen Risiken und Nutzen des betreffenden Pestizids möglich zügig und vollständig gegeneinander abwägen zu können, wendet die EPA seit 1976 ein spezielles Verfahren an, daß zunächst als RPAR (*rebuttable presumption against registration* - "zu widerlegende Annahme gegen die Registrierung") bezeichnet wurde. Heute wird der Name *special review* benutzt.[56] In ihren einzelnen Schritten sind beide Verfahren identisch, die *special review* unterscheidet sich vom früheren Verfahren lediglich durch eine größere Bedeutung von informellen Verhandlungen, deren Verlauf allerdings zu protokollieren und über die *public docket* der Öffentlichkeit zugänglich zu machen ist.

Die *special review* vollzieht sich in mehreren Schritten und wird durch vier von der EPA zu erstellende Dokumente bestimmt (siehe auch GAO 1986a: 102 ff., Jasanoff 1990: 128 ff.): Der erste Schritt bezieht sich allein auf die vom betreffenden Pestizid ausgehenden Risiken. Das Produkt wird auf akute Toxizität (Größe der tödlichen Dosis) und chronische Toxizität (karzinogene und mutagene Auswirkungen) beim Menschen untersucht sowie auf akute Gesundheitsgefahren für Mensch und Tier. Berücksichtigt wird auch die Existenz bzw. das Fehlen von Gegenmitteln und Behandlungsmöglichkeiten. Werden die von der EPA für eines der Kriterien festgelegten Schwellen überschritten, wird das RPAR- bzw. *Special review*-Verfahren ausgelöst. Die Behörde teilt die vorgesehenen Schritte und die ihnen zugrundeliegenden Erwägungen dem Inhaber der Registrierung mit (Dokument 1). Zusammen mit der vorläufigen Risikobewertung der Behörde wird dieses Schreiben im *Federal Register* veröffentlicht und daneben dem Landwirtschaftsministerium sowie anderen betroffenen Parteien zugesandt (weitere Bundesbehörden, Umweltverbände etc.).

Nach der Bekanntmachung haben die Inhaber der Registrierung und die anderen betroffenen Parteien 45 Tage Zeit,[57] Beweise vorzulegen, die die Einschätzung der EPA entkräften. Dazu kann nachgewiesen werden, daß (a) die EPA sich in ihrer Risikobewertung

---

[56] Die Umbenennung erfolgte, weil die Pestizidhersteller und Nutzer befürchteten, die Bezeichnung *rebuttable presumption against registration* werde in der mit den Regularien der EPA unvertrauten Öffentlichkeit und im Ausland den (falschen) Eindruck erwecken, die Gefährlichkeit des Pestizids sei bereits erwiesen, was sich auf ihre Interessen negativ auswirken könne. Als Antwort auf die Einwände wurde der neutralere Begriff *special review* ausgewählt (siehe Jasanoff 1990: 128 f.).

[57] In begründeten Fällen kann die Frist auf 60 Tage ausgedehnt werden.

geirrt hat, (b) die Risiken auf ein Niveau reduziert werden können, das unterhalb des gesetzlich vorgeschriebenen Niveaus liegt, (c) der Nutzen eines weiteren Einsatzes schwerer als die Risiken wiegt.

Die EPA hat die erhobenen Einwände zu überprüfen und in einem eigenen Dokument zu beantworten (Dokument 2). Dies kann dadurch geschehen, daß sie ihre ursprünglichen Einschätzungen als widerlegt bezeichnet und das Verfahren für beendet erklärt. Die entsprechende Entscheidung ist - mit einer Begründung versehen - im *Federal Register* zu veröffentlichen. Schließt sich die EPA möglichen Einwänden der Inhaber der Registrierungen oder anderer Interessenten nicht an, sondern hält an der beabsichtigten Regulierung fest, so hat sie ihre Stellungnahme zu den Einwänden zusammen mit dem Entwurf der beabsichtigten *rules* zu veröffentlichen (Dokument 3). Zur Begründung ihrer Absichten hat die Behörde alle von ihr erhobenen Informationen zu Risiken und Nutzen auszuwerten und in einer Nutzen-Risiken-Analyse gegenüberzustellen, an deren Erarbeitung das Landwirtschaftsministerium zu beteiligen ist. Kosten und Risiken werden in detaillierten, quantifizierenden Analysen präsentiert. Die Einbeziehung auch der Anwender in deren Erarbeitung bietet landwirtschaftlichen Interessen weitere Einflußmöglichkeiten.

Spätestens 60 Tage vor der Bekanntgabe ihrer endgültigen Entscheidung hat die EPA ihre Handlungsvorschläge und die Dokumente 2 und 3 dem Landwirtschaftsministerium sowie dem *Scientific Advisory Panel* zur Stellungnahme vorzulegen. Die Prüfung durch das Landwirtschaftsministerium soll sich vor allem auf wirtschaftliche Gesichtspunkte beziehen, während sich das *Scientific Advisory Panel* mit den Auswirkungen auf die menschliche Gesundheit und die Umwelt befaßt. Erfolgen die Stellungnahmen innerhalb von 30 Tagen, sind sie im Federal Register zu veröffentlichen und von der EPA bei der Erstellung der endgültigen *rules* zu berücksichtigen (Dokument 4). Entsprechend den Bestimmungen des *Administrative Procedere Act* hat die Behörde zudem auch die Stellungnahmen aller anderen interessierten Gruppen zu beantworten.

Mit diesem vierten und letzten Dokument ist zwar das RPAR- bzw. *Special Review*-Verfahren beendet, dies muß jedoch nicht bedeuten, daß auch das Standardsetzungsverfahren beendet und die Standards in Kraft gesetzt sind. Vielmehr haben nach dem FIFRA Parteien, die von der Entscheidung der EPA betroffen sind, das Recht, ein *administrative hearing* (auch *adjudicatory hearing*) nach den Regelungen des *Administrative Procedure Act* zu verlangen.[58] Dabei handelt es sich um ein Verwaltungsverfahren, der Vorsitzende[59] ist kein Richter, sondern Mitarbeiter der EPA. Das Verfahren ist jedoch dem eines Prozesses stark angenähert, bei dem nach Anhörung und Auseinandersetzung der feindlichen Parteien die "Wahrheit hervortritt" und ein Urteil gefällt wird. Am Ende des Verfahrens gibt der Vorsitzende eine Empfehlung an den *Administrator* ab, dem die endgültige Entscheidung obliegt.

---

[58] 7 U.S.C. § 136d (FIFRA).

[59] Der Vorsitzende bei Hearing nach dem FIFRA muß kein registrierter *administrative law judge* sein.

Beim *adjudicatory hearing* im Rahmen des FIFRA handelt es sich um ein sehr aufwendiges, in der Regel zwei- oder mehrjähriges Verfahren. Im wesentlichen wird hierbei die der Entscheidung der EPA zugrundegelegte Nutzen-Risiken-Abschätzung auf der Basis von Aussagen von Experten und von Kreuzverhören überprüft.[60] Während des Hearings kann das Pestizid auf dem Markt verbleiben. Allerdings hat die EPA in begründeten Fällen die Möglichkeit, über eine *emergency suspension* das Produkt sofort (also schon während des Hearings) vom Markt zu nehmen. Voraussetzung ist, daß die von einem Produkt ausgehende Gefahr so groß und unmittelbar ist, daß zum Schutz der Volksgesundheit ein sofortiges Handeln notwendig ist.

Insgesamt ist damit die Überprüfung der Registrierung von Pestiziden, bei denen Schädigungen von Mensch oder Umwelt vermutet werden, als Kombination von zwei verschiedenen Typen von Standardsetzungsverfahren ausgestaltet: Die *special review* kann als Verfahren im Sinne des *hybrid rulemaking* verstanden werden, an das sich gegebenenfalls das dem Typ des *formal rulemaking* entsprechende *adjudicatory hearing* anschließt (siehe zu dieser Typologie oben 4.4.4).

Auch mit dem RPAR-Verfahren bzw. der *special review* ist die EPA bisher nur sehr langsam vorangekommen. Bis zum Oktober 1985 war das Verfahren für 51 Pestizide eingeleitet und für 32 dieser Pestizide beendet worden. Für fünf dieser 32 Pestizide war jegliche Nutzung untersagt worden, für 12 weitere einzelne Nutzungen. Für 23 Pestizide waren Einschränkungen hinsichtlich der Art der Anwendung erlassen worden. Für ein Pestizid wurde schließlich keine Maßnahme getroffen, weil das von ihm ausgehende Risiko als akzeptabel eingeschätzt wurde (GAO 1986).

Novellierung des FIFRA

Angesichts der Unzulänglichkeiten der bisherigen Pestizidregulierung, des schleppenden Verlaufs und für die einzelnen Teilnehmer sehr zeit- und kostenaufwendigen Verfahrens kam es zu einer ungewöhnlichen Allianz. Die *National Agricultural Chemical Association* (NACA), in der (damals 92) Pestizid-Hersteller zusammengeschlossen sind, und die *Campaign for Pesticide Reforms* (CPR), einer Allianz aus 41 Umwelt- und Verbraucherverbänden sowie Gewerkschaften, einigten sich auf Grundsätze für eine Reform des FIFRA. Vorgesehen war eine deutliche Beschleunigung der Verfahren. So sollte die *reregistration* innerhalb von sieben Jahren abgeschlossen werden. An der Zweiteilung zwischen *special review* und *adjudicatory hearing* sollte auf Wunsch der Hersteller fest-

---

[60] Das zu den Pestiziden 2,4,5-T und Silvex durchgeführte Hearing kann als Beispiel für den erforderlichen Aufwand gelten. Zwischen März 1980 und Februar 1981 wurden mehr als 100 Zeugen angehört. Über 1.500 Dokumente wurden zu den Akten genommen, mehr als 23.000 Seiten Protokoll angefertigt. Von den 15 Juristen der EPA, die im Bereich der Pestizidkontrolle arbeiteten, waren 8 bis 10 mit dem Hearing befaßt (GAO 1986: 114).

gehalten werden, beide Verfahren sollten aber beschleunigt werden.[61] Die finanziellen Ressourcen der EPA für die Pestizid-Regulierung sollten durch von den Herstellern für die Registrierung zu zahlenden Gebühren verbessert werden. Zugleich sollten die Möglichkeiten der EPA verbessert werden, von den Herstellern Daten für die Risikoeinschätzung zu erhalten. Daß die NACA sich mit diesem Maßnahmenbündel einverstanden erklärte, lag nicht nur an der Unzufriedenheit auch der Hersteller mit den bisherigen Verfahren, sondern auch daran, daß sich die *Campaign for Pesticide* Reform im Gegenzug bereitfand, die Forderung der NACA nach einer längeren Laufzeit der Patente für Pestizide zu unterstützen.[62]

Im *Congress* konnten sich die Vorstellungen von NACA und CPR jedoch nicht durchsetzen. Der Gesetzgeber beschloß eine Novelle des FIFRA, die in wichtigen Punkten hinter der Einigung von 1986 zurückblieb und 1989 in Kraft trat. Für den Abschluß der *reregistration* wurde eine Frist von neun Jahren eingeführt. Die EPA ist nunmehr verpflichtet, ihre abschließende Entscheidung über die Registrierung eines Pestizids auf einer vollständigen Datengrundlage aufzubauen. Auf den ersten Blick legt diese Bestimmung eine überwältigende Last auf die Schultern der Behörde. Jedoch ist zu bedenken, daß die Informationsbeschaffung letztlich dem Inhaber der Registrierung obliegt. Nach der Novelle ist es der EPA möglich, eine Registrierung aufzuheben, wenn deren Inhaber innerhalb von 90 Tagen Aufforderungen der Behörde nicht nachkommt. In der Praxis ist diese Bestimmung weniger hart als sie scheint. Die EPA tritt bereits zu Beginn des *reregistration*-Prozesses mit dem Unternehmen in Kontakt, um Informationslücken zu identifizieren. Der Inhaber der Registrierung weiß daher frühzeitig, welche Informationen er zu beschaffen hat und verfügt in der Praxis über eine längere Frist als die gesetzlichen sechzig Tage, die zudem verlängert werden können. Insgesamt wird durch die Novelle der Anreiz für die Unternehmen erhöht, die benötigten Informationen zu beschaffen und der EPA zur Verfügung zu stellen. Das Argument fehlender Daten kann weniger als in der Vergangenheit zur Verzögerung genutzt werden.

Weitere Rechtsgrundlagen der Pestizidregulierung

Neben dem FIFRA existieren weitere Rechtsgrundlagen, die für die Kontrolle der von Pestiziden ausgehenden Gefährdungen durch die EPA von Belang sind. Nach dem *Federal Food, Drug, and Cosmetic Act* (FFDCA) hat die EPA Höchstwerte für Pestizid-Rückstände in landwirtschaftlichen Roh- und Fertigprodukten festzulegen. Dabei ist zwischen Rohprodukten und Lebensmittelzusätzen zu unterscheiden: Hinsichtlich der

---

[61] In der EPA selbst waren Überlegungen angestellt worden, zu einem einzelnen Verfahren des *rulemaking* überzugehen, das Komponenten der *special review* und des *adjudicatory hearing* kombinieren sollte (siehe GAO 1986: 114 f.).

[62] Siehe detaillierter zu dieser für die USA ungewöhnlichen Einigung: Nownes 1991, Bosso 1988; Stanfield 1985.

Rückstände in Rohprodukten hat die EPA die von diesen ausgehenden Gesundheitsrisiken mit den Nutzen des Einsatzes der Pestizide für die Nahrungsmittelproduktion abzuwägen. In Zusätzen sind Rückstände von karzinogenen Pestizide nicht zulässig, entsprechende Zusätze dürfen nicht benutzt werden. Rückstände von karzinogenen Pestiziden dürfen jedoch dann in Fertigprodukten enthalten sein, wenn sie aus den Rohprodukten stammen und innerhalb der dort festgelegten Höchstwerte liegen.

Schließlich ist auch der *Toxic Substances Control Act* (TSCA) mit seinen Möglichkeiten, Produkte mit der Kennzeichnung der richtigen Anwendung und möglichen Vorsichtsmaßnahmen zu versehen, für die Pestizidregulierung von Belang.

4.6.2 Ethylendibromid

Ethylendibromid (EDB) ist eine farblose, nicht entflammbare Flüssigkeit, die zunächst als Benzinadditiv verwandt wurde, um Ablagerungen in Motoren zu verhindern. Seit den späten vierziger Jahren wurde EDB zunehmend als Pestizid für Getreide, Früchte und andere Agrarprodukte (wie Tabak) genutzt. Zumeist erfolgt der Eintrag des Pflanzenschutzmittels durch Vorbehandlung des Bodens. 1984 wurden in den USA mehr als 135.000 Tonnen EDB hergestellt. Davon wurde allerdings der größte Teil (104.000 Tonnen) zur Verhinderung von Bleiablagerungen eingesetzt. Ungefähr 9.000 Tonnen fanden ihren Einsatz in der Landwirtschaft. Die Bedeutung als Pestizid hatte 1980 zugenommen, als die EPA ein anderes Pestizid (Dibromchlorpropan, DBCP) aus dem Verkehr zog und die Nutzung von EDB vor der Pflanzung von Sojabohnen zuließ (Jasanoff 1990: 131).

1971 wurde festgestellt, daß EDB ein direkt wirkendes Mutagen nach dem Ames-Mutationstest ist. Diese und andere vergleichbare Ergebnisse veranlaßten das *National Cancer Institute* (NCI) zu einer größeren Studie. 1974 veröffentlichte das NCI seine vorläufigen Ergebnisse, nach denen EDB bei Mäusen und Ratten Krebs verursachte (U.S. House of Representatives 1984: 8). Im Abschlußbericht des folgenden Jahres wurden diese Ergebnisse bestätigt. Auf der Basis der Erkenntnisse des NCI entschloß sich die EPA im November 1975, die Registrierung von EDB zu überprüfen. Nach zwei Jahren legte die *Carcinogen Assessment Group* der Behörde eine vorläufige Risikoabschätzung vor, nach der es starke Anhaltspunkte dafür gab, daß EDB auch beim Menschen karzinogen wirkt.

Drei Monate später, im Dezember 1977 löste die EPA daraufhin das RPAR-Verfahren aus (Dokument 1).[63] Die hierfür zugrunde gelegte Risikoabschätzung der *Carcinogen Assessment Group* war aus zwei Gründen problematisch: Zum einen hatte bei den durchgeführten Tierversuchen die EDB-Dosen reduziert werden müssen, um die bei höheren Dosen auftretenden Vergiftungen zu vermeiden. Dadurch wurde es jedoch schwieriger,

---

[63] Federal Register 42 (1977): 63134.

auf die Wirkungen für den Menschen zu extrapolieren. Zum anderen ging die *Carcinogen Assessment Group* von einem erheblich höheren Krebsrisiko für Menschen aus, die über lange Zeit niedrigen EDB-Dosen ausgesetzt sind. Es gab jedoch keinen Nachweis dafür, daß Chemiearbeiter, die EDB ausgesetzt sind, tatsächlich mit entsprechend höherer Wahrscheinlichkeit an Krebs erkranken.

Trotz dieser Probleme veröffentlichte die EPA im Dezember 1980 ihren Regulierungsvorschlag (Dokumente 2 und 3). Vorgesehen waren die folgenden Schritte:[64]

- Die Registrierung als für die Bodenvorbehandlung eingesetztes Pflanzenschutzmittel sollte unter Auflagen (u. a. Sicherstellung der Kontrolle des Grundwassers) aufrechterhalten werden.

- Für den Einsatz in der Getreidelagerung und in Getreidemühlen sollte die Registrierung aufgehoben werden.

- Die Registrierung als nach der Ernte eingesetztes Pflanzenschutzmittel für Zitrusfrüchte, tropische Früchte und Gemüse sollte zum 1. Juli 1983 aufgehoben werden; durch die Übergangsfrist sollte die Möglichkeit bestehen, Alternativen zum EDB-Einsatz zu entwickeln.

Im April 1981 nahmen das Landwirtschaftsministerium und das *Scientific Advisory Panel* zum Entwurf Stellung (siehe U.S. House of Representatives 1984: 9). Während die besonderen Bestimmungen für die Bodenvorbehandlung und das Verbot für den Einsatz in Getreidelagern und -mühlen ihre Zustimmung fanden, lehnten beide den Rückzug der Registrierung für die Behandlung von Zitrusfrüchten nach der Ernte ab. Das Ministerium sah es als unwahrscheinlich an, daß bis zum Sommer 1983 einsatzfähige Alternativen zur Verfügung stehen würden. Das *Scientific Advisory Panel* hielt es für ausreichend, durch zusätzliche Schutzmaßnahmen das Risiko von Arbeitern zu reduzieren, die EDB anwenden.

Auch wenn das RPAR-Verfahren mit diesen Stellungnahmen offensichtlich abgeschlossen war, traf die EPA keine abschließende Entscheidung über die *rules*. Alles deutet daraufhin, daß dieses Zögern nicht Folge neuer wissenschaftlicher Erkenntnisse, sondern politischer Faktoren war. Mehr als ein Jahr lang wurde nichts unternommen, erst dann wurde das endgültige Regulierungspaket erarbeitet und im Sommer 1982 John Todhunter, dem vom Präsident Reagan ernannten *Assistant Administrator for Pesticides and Toxic Substances* übergeben. Im Februar 1983 forderte Todhunters Büro erneut Landwirtschaftsministerium und *Scientific Advisory Panel* zur Stellungnahme auf, obwohl der Entwurf der *rules* in den letzten zwei Jahren nicht verändert worden war.

---

[64] Federal Register 45 (1980): 81516.

Todhunter führte in dieser Zeit Konsultationen mit den Produzenten und Nutzern (z. B. den Betreibern von Mühlen und Produzenten von Zitrusfrüchten) durch, über die keine öffentlich zugänglichen Aufzeichnungen existieren. Zwar bestand Todhunter darauf, in den Gesprächen seien keinerlei Entscheidungen gefällt worden, jedoch gibt es einige Hinweise darauf, daß die Produzenten von Zitrusfrüchten auf diesem Wege erheblichen Einfluß ausüben konnten. So dankte ein Abgeordneter des *Congress'* aus Florida nach einer Reihe von Gesprächen Todhunter dafür, daß die Verabschiedung der *rules* verschoben worden war. Die EPA überarbeitete ihren Entwurf und schlug vor, die Registrierung von EDB als Mittel zur Behandlung von Zitrusfrüchten erst zum Juli 1985 (statt zum Juli 1983) aufzuheben. Um das Verfahren zu beschleunigen, hätte die EPA die umstrittenen Bestimmungen zur Behandlung von Zitrusfrüchten abtrennen und die *rules* ohne sie erlassen können. Da sie sich entschied, dies nicht zu tun, kam überhaupt keine Regulierung des EDB-Einsatzes zustande.

Der Stillstand der Standardsetzung bei EDB war das Spiegelbild des allgemeinen Umgangs mit Pestiziden in den Anfangsjahren der Reagan-Administration (siehe vor allem Hoberg 1990). Todhunter, der selbst aus der Industrie kam, setzte darauf, Pestizidstandards gemeinsam mit der Industrie zu erarbeiten. Hierzu wurden nicht nur zu EDB, sondern auch zu anderen Pestiziden Treffen mit den betroffenen Branchen durchgeführt, von denen die Umweltverbände ausgeschlossen waren.

Obwohl die EPA schon bislang hinter dem gesetzlich vorgeschriebenen Regulierungsprogramm weit zurückgeblieben war, wurde das Budget des *Office of Pesticides Program* (OPP) von 41,2 Millionen Dollar im Jahre 1981 auf 32,4 Millionen Dollar im Jahre 1983 reduziert. Die Zahl der in dieser Abteilung Beschäftigten sank von 755 (1980) auf 525 (1983), die Zahl der mit der *special review* von Pestiziden befaßten Mitarbeiter von 128 auf nur noch ca. 20. Zwischen April 1980 und März 1984 wurde keine einzige neue *special review* eingeleitet. (Hoberg 1990: 267, Jasanoff 1990: 132).

Angesichts dieses auf der Bundesebene eingeschlagenen Schneckentempos preschten die Bundesstaaten mit eigenen Regelungen vor, so daß sich die EPA bemühen mußte, mit den Entwicklungen Schritt zu halten. 1981 erfolgte in Kalifornien ein großangelegter Einsatz von EDB, um die Mittelmeerfruchfliege zu bekämpfen, die die Zitrusfruchternte bedrohte. Die kalifornische Behörde für Arbeitsschutz und Gesundheit (Cal OSHA) antwortete mit scharfen Standards für EDB am Arbeitsplatz. Um mit diesen Standards keine Probleme zu bekommen, begannen kalifornische Supermärkte, EDB-behandelte Früchte aus Florida und Texas zu boykottieren. Selbst im Ausland zeigten sich Auswirkungen: Japanische Hafenarbeiter weigerten sich, Ladungen amerikanischer Früchte zu löschen und forderten, Arbeitsschutzbestimmungen entsprechend den kalifornischen Vorschriften zu erlassen. Der japanischen Regierung allerdings war stärker daran gelegen, die Mittelmeerfruchtfliege von Japan fernzuhalten.

Während durch diese Ereignisse eine größere Aufmerksamkeit auf EDB gelenkt wurde, veranlaßte eine andere Entwicklung die EPA schließlich zum Handeln. Bislang hatte sie den Einsatz von EDB zur Bodenvorbehandlung nicht einschränken wollen, da sie davon ausging, daß sich der Stoff dort schnell abbaute und der Mensch ihm bei dieser Nutzung daher kaum ausgesetzt war. Die Entdeckung von EDB im Grundwasser des Bundesstaates Georgia im Juni 1982 und in den folgenden zwei Jahren auch in Florida, Kalifornien und Hawai widerlegte diese Annahme. In Florida konnten die Verunreinigungen direkt auf die Bodenbehandlung von Zitrusfruchtplantagen mit EDB zurückgeführt werden. Das Landwirtschaftsministerium des Staates reagierte schnell. Am 29. Juli 1982 verbot es die Anwendung in Zitrusplantagen, am 19. September 1983 die Nutzung für die Bodenvorbehandlung überhaupt (U.S. House of Representatives 1984: 12 f.).

Zu dieser Zeit war eine große öffentliche Besorgnis über EDB entstanden, die zum Teil durch die Medien und durch die Kritik des *Congress'* am offensichtlichen Versagen der EPA genährt wurde. Als Antwort darauf erließ die Behörde nun in großer Eile ihre *rules* zu EDB (Dokument 4) - zwei Wochen nach den Maßnahmen Floridas und nur vier Tage nach einer sehr kritisch verlaufenen Anhörung, die ein Unterausschuß des *Congress'* in dieser Angelegenheit durchgeführt hatte. Die wesentlichen Inhalte der *rules* waren:[65]

- Für den Einsatz zur Bodenvorbehandlung erfolgte eine "Sofortaufhebung" (*emergency suspension*) der Registrierung, die entsprechenden Produkte mußten also unverzüglich vom Markt genommen werden - unabhängig von einem möglichen Widerspruch.

- Für die Registrierung des Einsatzes in Getreidelagern und -mühlen wurde eine *notice of intent to cancel* ausgesprochen. Mit dieser Maßnahme entfällt die Registrierung nach 30 Tagen automatisch, es sei denn, eine nachteilig betroffene (natürliche oder juristische) Person erhebt Widerspruch. Während des Widerspruchsverfahrens kann das Produkt auf dem Markt verbleiben. Die EPA kündigte jedoch an, daß sie für diesen Einsatzbereich weitere Informationen einholen würde, um zu entscheiden, ob auch hier eine "Sofortaufhebung" notwendig sei.

- Die Registrierung für den Einsatz als nach der Ernte angewandtes Pflanzenschutzmittel für Zitrusfrüchte, tropische Früchte und Gemüse wurde durch eine *notice of intent to cancel* mit Wirkung zum 1. September 1984 zurückgenommen. Durch diese längere Übergangsfrist sollte die Möglichkeit eingeräumt werden, für diesen Einsatzbereich Alternativen zu EDB auf den Markt zu bringen.[66]

Beide *notices of intent to cancel* wurden von den Inhabern der Registrierungen und von Nutzern (u. a. *Great Lakes Chemical Company, Florida Department of Citrus, California*

---

[65] Federal Register 48 (1983): 46228, 46234.

[66] Federal Register 48 (1983): 46234.

Citrus Quality Council, Hawaii Papaya Industry Association) angefochten und wurden so zum Gegenstand eines verwaltungsinternen Widerspruchsverfahrens.

Mittlerweile waren in Florida und einigen anderen Bundesstaaten hohe EDB-Werte in Getreideprodukten (z. B. Backmischungen für Kuchen) entdeckt worden. Florida erließ nun ein Verkaufsverbot für alle Produkte, die nachweisbar (d. h. mindestens 1 ppm) EDB enthielten. New York und Massachusetts folgten nach und entfernten EDB-kontaminierte Produkte aus den Verkaufsregalen. Die EPA mußte wieder einmal versuchen, mit den einzelnen Bundesstaaten Schritt zu halten, und forderte im Januar 1984 von allen 50 Staaten Daten an (U.S. House of Representatives 1984: 14). Auf der Basis der auf diesem Wege erhaltenen Informationen nahm die EPA weitere Regulierungen vor:[67]

- Auch für den Einsatz in Getreidelagern und Getreidemühlen erfolgte nun eine "Sofortaufhebung" der Registrierung.

- Zugleich wurde das Instrumentarium des *Federal Food, Drug, and Cosmetic Act* genutzt. Die EPA kündigte an, den maximal zulässigen Gehalt von EDB in Getreide, Getreideprodukten und Fertiggerichten auf 900 ppb zu begrenzen. Da aber 1956 für EDB Ausnahmen von den Höchstgrenzen für Rückstände in Getreideprodukten unter der Annahme gewährt worden waren, daß sich der Stoff beim Backprozeß auflöst, mußte zunächst ein Verfahren eingeleitet werden, um diese Ausnahmegenehmigungen wieder aufzuheben.

Schließlich hatte sich die EPA mit dem Problem des Einsatzes von EDB bei Zitrusfrüchten, tropischen Früchten und Gemüsen nach der Ernte zu beschäftigen. Am 6. März 1984 erließ sie für EDB-Rückstände in Zitrusfrüchten und Papayas vorläufige Höchstwerte[68] in Höhe von 250 ppb für die gesamte Frucht und 30 ppb für das Fruchtfleisch. Diese Werte sollten bis zum 1. September 1984 Anwendung finden. Danach sollten die Früchte bei jeglichem festzustellenden EDB-Rückstand als verdorben gelten und von der *Food and Drug Administration* (FDA), die für die Kontrolle der Einhaltung der Höchstwerte zuständig ist, vom Markt genommen werden. Zugleich gab die EPA bekannt, daß sie aufgrund von Befürchtungen des *Florida Department of Citrus* und des *Hawaii Papaya Industry Council* die FDA aufgefordert habe, bei Früchten, die EDB-Rückstände unterhalb der Grenzwerte von 250 ppb bzw. 30 ppb aufweisen, nicht sofort nach dem 1. September 1984, sondern erst nach einem angemessenen Zeitraum zu den entsprechenden Maßnahmen zu greifen.[69]

Als Antwort auf das von den Inhabern der Registrierung und den Nutzern eingeleitete Widerspruchsverfahren änderte die EPA am 10. April 1984 ihre Bekanntmachung, die Registrierung für den Einsatz von EDB bei Früchten und Gemüse nach der Ernte aufzu-

---

[67] Federal Register 49 (1984): 4452, 6696, 6697.

[68] Federal Register 49 (1984): 8407.

[69] Federal Register 49 (1984): 8407.

heben. Nach der neuen Regelung blieb es bei Früchten, die für den Verzehr im Inland bestimmt waren, bei der Aufhebung zum 1. September 1984. Bei Früchten, die für den Export bestimmt waren, wurde der EDB-Einsatz dagegen unter der Voraussetzung weiterhin zugelassen, daß zusätzliche Arbeitsschutzmaßnahmen (Atemgeräte, EDB-undurchlässige Handschuhe und Schürzen) ergriffen wurden.[70] Mit dieser Sonderregelung war der Export in Länder wie Japan möglich, die Maßnahmen zur Bekämpfung der Fruchtfliege forderten. Die entsprechenden *rules* für Zitrusfrüchte und Papayas wurden von der EPA am 25. Mai 1984[71] und ein Jahr später für Mangos und Gemüse[72] erlassen.

Die EDB-Regulierung war die erste wichtige "pro-Umwelt Entscheidung" einer neuen EPA-Führung (Hoberg 1990: 274). Nachdem Todhunter, *Administrator* Anne Burford-Gorsuch und andere Führungspersonen im Jahre 1983 ihre Posten verloren hatten, bemühte sich die neue EPA-Führung unter Ruckelshaus gerade auch auf dem Feld der Pestizidregulierung darum, das angeschlagene Bild der Behörde aufzupolieren. Am 26. Mai 1983 hatte der *Natural Resources Defense Council* vor dem *D. C. District Court* Klage gegen die von der EPA zu 13 Pestiziden getroffenen Entscheidungen erhoben. Sie erklärten, die von Todhunter mit der Industrie durchgeführten *decision conferences* hätten, da ohne vorherige öffentliche Ankündigung und ohne Teilnahmemöglichkeiten für andere Gruppen durchgeführt, gegen den FIFRA, den *Federal Advisory Committee Act*, den *Freedom of Information Act* und den *Administrative Procedure Act* verstoßen. Die von der EPA in der Sache getroffenen Entscheidungen seien daher rechtswidrig und die entsprechenden Verfahren von der EPA erneut durchzuführen.

Die EPA bestritt zwar energisch, daß die strittigen Entscheidungen rechtswidrig seien. In der Sache kam sie jedoch den Klägern weitgehend entgegen, indem sie sich in einer vom Gericht gebilligten Vereinbarung bereitfand, die *special review* für die 13 Pestizide noch einmal zu überprüfen, sich vor allem aber verpflichtete, für die zukünftigen Verfahren die Stellung der Öffentlichkeit zu verbessern. Danach werden zu allen Treffen zwischen Mitarbeitern der EPA und Personen bzw. Institutionen außerhalb der Regierung, in denen es um die anstehende Regulierung geht, Memoranden in die *public docket* aufgenommen. Dort werden auch alle Briefe, Stellungnahmen und Materialen der entsprechenden Akteure abgelegt. Die Akte wird, nachdem die *special review* eingeleitet ist, der Öffentlichkeit zugänglich gemacht. Generell erklärte die EPA, sie werde keine Partei einen privilegierten Zugang zum Entscheidungsverfahren gewähren (siehe Hoberg 1990: 270 ff., GAO 1986a: 110 f.).

---

[70] Federal Register 49 (1984): 14182.

[71] Federal Register 49 (1984): 22083.

[72] Federal Register 50 (1985): 2546, 2981, 48799.

4.6.3 Pentachlorphenol (PCP)

Die Regulierung von Pentachlorphenol in Holzschutzmitteln verlief nach einem anderen Muster als die von EDB. Obwohl beide Verfahren ungefähr zur selben Zeit durchgeführt wurden, fand PCP eine deutlich geringere öffentliche Aufmerksamkeit. Die EPA hinkte hier auch nicht in ihren Entscheidungen hinter den Einzelstaaten hinterher. Die PCP-Regulierung kann insofern eher als Normalfall einer Pestizidregulierung in den USA angesehen werden.

Am 18. Oktober 1978 gab die EPA die Einleitung des RPAR-Verfahrens für PCP bekannt (Dokument 1). Sie begründete dies mit in Laboruntersuchungen festgestellten Miß- und Todgeburten bei Tieren.[73] Nach zwei weiteren Jahren stellte die Behörde zudem fest, daß die Verschmutzung des PCP durch das Dioxin HxCDD in Tierversuchen Krebs verursacht hatte.[74] Die EPA zog hieraus den Schluß, daß das Risiko des weiteren Gebrauchs von PCP als Holzschutzmittel den Nutzen weit überwog, und schlug vor, die Registrierung aufzuheben. Zugleich stellte die Behörde jedoch auch fest, daß bei einigen Anwendungen von PCP das Risiko durch bestimmte Maßnahmen erheblich reduziert werden könne. Diese Maßnahmen umfaßten u. a.:[75]

- das Tragen von Handschuhen, die für PCP undurchlässig sind;

- bei Anwendung von PCP unter Druck das Tragen einer vollständigen Schutzkleidung einschließlich Gesichtsmaske und Atemgerät;

- das Belassen jeglicher Schutzkleidung am Arbeitsplatz und regelmäßige sachgemäße Entsorgung;

- das Unterlassen von Essen, Trinken und Rauchen während der Anwendung;

- die Herstellung von PCP-Lösungen nur noch in geschlossenen Systemen;

- die Abgabe ausschließlich an registrierte Anwender;

- das Verbot der Anwendung bei Holz, das für Innenräume bestimmt ist (mit der Ausnahme von Trägerelementen, die in den Boden eingelassen werden);

- das Verbot von Anwendungen, die zu Freisetzungen führen können, die Haustiere, Vieh, Futter, Lebensmittelverpackungen, Trinkwasser oder für die Bewässerung genutztes Wasser betreffen können.

Unter der Voraussetzung, daß diese einschränkenden Maßnahmen verwirklicht würden, erklärte sich die EPA bereit, die Registrierungen aufrechtzuerhalten. Auf jeden Fall

---

[73] Federal Register 43 (1978): 48443.

[74] Siehe zur PCP-Problematik auch die entsprechende Fallstudie zu den Niederlanden (3.6.2).

[75] Federal Register 46 (1981): 13020.

sollte jedoch die Registrierung für als Sprays angewandte PCP-Produkte aufgehoben werden, die über den Einzelhandel verkauft werden, da die Behörde hier keine adäquaten risikoreduzierenden Maßnahmen für möglich ansah. Zudem empfahl die EPA eine Kennzeichnungspflicht nach dem *Toxic Substances Control Act* (TSCA), durch die auf die richtige Anwendung und auf Vorsichtsmaßnahmen aufmerksam gemacht werden sollte.[76]

Nachdem sich die frühe *Reagan-Administration* auch in diesem Verfahren in nur geringer Aktivität niedergeschlagen hatten, führte die EPA nach zwei Jahren öffentliche Anhörungen zu den von ihnen vorgeschlagenen Standards durch. Als Antwort auf diese Anhörungen sowie die Stellungnahmen des Landwirtschaftsministeriums und der *Scientific Advisory Panel* wurden am vorgeschlagenen Maßnahmenpaket geringfügige Änderungen vorgenommen. Die Veröffentlichung des veränderten Pakets im *Federal Register* erfolgte am 13. Juli 1984.[77] Es sah vor allem die folgenden Regelungen vor:

- Die Vorschrift, PCP-haltige Lösungen nur noch in geschlossenen Systemen herzustellen, sollte erst nach einer dreijährigen Übergangsfrist angewandt werden.

- Die Kennzeichnungspflicht sollte um Hinweise zum Tragen von Schutzkleidung und auf die Gefahr von Mißgeburten ergänzt werden.

- Die über den Einzelhandel erhältlichen PCP-haltigen Sprays sollten nicht völlig aus dem Verkehr gezogen, sondern ihre Abgabe sollte auf registrierte Anwender beschränkt werden.

- Die Anwender von PCP als Holzschutzmittel sollten zu einem obligatorischen Verbraucheraufklärungsprogramm verpflichtet werden. Hierzu sollte der Abnehmer von PCP-behandeltem Holz sowohl mit der Ware als auch mit der Rechnung ein Merkblatt erhalten. Dieses sollte nach Vorgaben der EPA deutlich sichtbar über die Gesundheitsgefahren, die von PCP ausgehen, und über mögliche Vorsichtsmaßnahmen informieren.

- Für HxCDD in PCP-Produkten sollten Grenzwerte festgesetzt werden (Obergrenze von 15 ppm, Reduktion auf 1 ppm innerhalb von 18 Monaten).

Diese überarbeiteten Vorschläge stießen jedoch nicht überall auf Akzeptanz. Verschiedene Verbände des Handels und zahlreiche Hersteller beantragten die Durchführung eines *adjudicatory hearing* zu den Entscheidungen der EPA, das daraufhin von der Behörde eingeleitet wurde. Zusätzlich versuchte eine Gruppe von Holzschutzmittelherstellern und Handelsverbänden, die von der EPA beabsichtigten Einschränkungen für PCP dadurch zu verhindern, daß sie am 2. Oktober 1984 Klage erhoben.[78] Zur Begründung erklärten

---

[76] Ebenda.

[77] Federal Register 48 (1984): 28666.

[78] Environment Reporter, 28. Oktober 1984: 1065 f.

sie, die EPA habe sich nicht an das nach dem FIFRA vorgeschriebene Verfahren gehalten und habe es insbesondere unterlassen, die vorgesehene Aufhebung bzw. Änderung der Registrierung an das Landwirtschaftsministerium und das *Scientific Advisory Panel* zu überweisen. Zudem behaupteten die Kläger, die EPA habe die endgültige Risiko-Nutzen-Abwägung nicht für Stellungnahmen der Öffentlichkeit zugänglich gemacht. Daß diese Vorwürfe berechtigt waren, ist mehr als fragwürdig. In der im *Federal Register* veröffentlichten Ankündigung, die bisherige Registrierung zurückzuziehen, waren Kopien der Stellungnahmen sowohl des Landwirtschaftsministeriums als auch des *Scientific Advisory Panel* enthalten. Zudem waren zu den vorgeschlagenen *rules* wie auch ihren Grundlagen (einschließlich der Risikoabwägung) Stellungnahmen der Öffentlichkeit eingeholt worden, und eine öffentliche Anhörung war durchgeführt worden.

Nachdem sie die Klage erhoben und mit Verfahrensfehlern begründet hatten, versuchten die Kläger, das verwaltungsinterne Widerspruchsverfahren zu stoppen - offenbar von der Befürchtung geleitet, der Vorsitzende der Anhörung könne zu ihren Ungunsten entscheiden und die von der EPA erlassenen Standards bestätigen. Sie argumentierten, das verwaltungsinterne Widerspruchsverfahren - einschließlich einer der förmlichen Anhörung vorgeschalteten und für den 9. Dezember 1984 angesetzten Konferenz - sei verfrüht, da ein Urteil im Gerichtsverfahren, das zu ihren Gunsten ausfallen würde, die Ankündigung der Aufhebung der Registrierung aufheben und das Widerspruchsverfahren damit gegenstandslos machen würde.

Die EPA wandte sich gegen einen solchen Stopp des *adjudicatory hearing*. Sie argumentierten, die Klage der Hersteller werde mit an Sicherheit grenzender Wahrscheinlichkeit zurückgewiesen werden, da vor dem Gang zu Gericht alle verwaltungsinternen Abhilfen auszunützen seien. Eine Beendigung des verwaltungsinternen Widerspruchsverfahren würde, so die Behörde, eine unnötige Verzögerung der Kontrolle der von den PCP-haltigen Holzschutzmitteln ausgehenden Gefahren darstellen. Werde es der Industrie erlaubt, das verwaltungsinterne Verfahren zu umgehen, so werde dies in der Zukunft für Hersteller und andere Gruppen Anreize schaffen, die Verfahren der EPA zu ignorieren und auf diese Weise die Fähigkeit der EPA einschränken, ihr Programm zur Überprüfung der Pestizide umzusetzen.[79]

Trotz dieser Auseinandersetzungen über das Verfahren trafen sich die Parteien zu der Konferenz, die der förmlichen Anhörung vorgeschaltet worden war, und begannen damit eine ganze Folge von Treffen. Deren Resultat waren Änderungen am Maßnahmenpaket, die nach Ansicht der EPA im Einklang mit ihren Zielsetzungen standen und für beide Seiten angemessen waren. Diese Veränderungen wurden am 10. Januar 1986 bekanntgegeben und beinhalteten die folgenden Bestandteile:[80]

---

[79] Environment Reporter, 9. November 1984: 1236 und 11. Januar 1985: 1478.

[80] Federal Register 51 (1986): 1334.

- Die Anforderungen an geschlossene Systeme für PCP-Lösungen wurden geringfügig verändert, um das Öffnen zum Beladen, regelmäßigen Reinigen usw. zu erlauben.

- Die Anforderungen an die Schutzkleidung wurden so geändert, daß statt vollständiger Schutzanzüge auch undurchdringliche Schürzen benutzt werden können.

- Die Absicht, die Hersteller zu einem obligatorischen Verbraucheraufklärungsprogramm zu verpflichten, wurde fallengelassen, was auch der Auffassung des Vorsitzenden der Anhörung entsprach, nach der die EPA ein solches Programm gar nicht verlangen konnte. Statt dessen einigten sich EPA und Hersteller, ein Informationsblatt zu erarbeiten, das bei Kauf oder Auslieferung von behandeltem Holz an die Verbraucher verteilt werden sollte.[81]

Diese Veränderungen wurden zwar den Zielsetzungen der EPA gerecht, nicht aber denen aller anderen Parteien. Nach der Veröffentlichung des Entwurfs der neuen Regelungen hatten die an den Verhandlungen beteiligten Parteien 30 Tage Zeit, Widerspruch einzulegen. Drei Teilnehmer taten dies - zwei wandten sich gegen die Grenzwerte für die Dioxin-Verschmutzung von PCP, einer wandte sich gegen das Regelungspaket insgesamt. Die EPA trat daraufhin in erneute Verhandlungen ein, die sich auf die Dioxinfrage bezogen. Nach weniger als einem Jahr wurde eine Einigung erzielt, die auf eine Abschwächung der zunächst vorgesehenen Dioxin-Grenzwerte hinauslief und am 2. Januar 1987 im *Federal Register* veröffentlicht wurde.[82] Die entsprechenden Standards wurden schließlich erlassen:[83]

- Der Grenzwert für HxCDD in PCP wurde zunächst auf 15 ppm festgesetzt.

- Für die Zeit nach dem 2. Februar 1988 wurde er auf 6 ppm reduziert, wobei der monatliche Durchschnittswert 3 ppm nicht überschreiten durfte.

- Für die Zeit nach dem 2. Februar 1989 wurde der Grenzwert auf 4 ppm gesenkt, wobei der monatliche Durchschnittswert 2 ppm nicht überschreiten darf.

In Ergänzung der Regulierung von PCP als Holzschutzmittel kündigte die EPA im November 1984 an, für die meisten anderen sonstigen Anwendungen des Stoffes die Registrierung aufheben zu wollen.[84] Dabei handelte es sich um den Einsatz als Herbizid, Entlaubungsmittel, Desinfektionsmittel, Mittel zur Bekämpfung von Moosen und als Wirkstoff gegen Mikroben. Betroffen war davon ungefähr die Hälfte des in den USA jährlich eingesetzten PCP. Die Behörde begründete ihr Vorhaben mit Studien, nach de-

---

[81] Ein solches freiwilliges Programm hatten die Vereinigungen der Anwender (*American Wood Preservers Institute, Society of American Wood Preservers*) bereits früher vorgeschlagen. Die EPA hatte daraus dann aber eine rechtliche Verpflichtung machen wollen.

[82] Federal Register 52 (1987): 140.

[83] Federal Register 52 (1987): 140.

[84] Environment Reporter, 7. Dezember 1984.

nen die in PCP enthaltenen Verunreinigungen in Tierversuchen Schäden bei Neugeborenen und Krebs verursachen, und damit, daß für die Anwender Ersatzprodukte zur Verfügung ständen, die mit nur geringen Mehrkosten verbunden seien.

Für zwei Anwendungsbereiche sollte die Registrierung allerdings aufrechterhalten werden: für den Einsatz als Fungizid im Flutungswasser von Ölbohrtürmen und bei der Zellstoff- und Papierherstellung. Für diese Nutzungen überwog nach Auffassung der EPA der Nutzen gegenüber dem Risiko. Allerdings sollten die Arbeiter in diesen Bereichen undurchlässige Handschuhe tragen.

Das *Scientific Advisory Panel* stimmte dem Regulierungsvorschlag im Juli 1985 zu. Im Herbst desselben Jahres erhielt die EPA vom kanadischen *Environmental Protection Service* Informationen über die Gefährdungen von Wasserorganismen durch PCP. Auf dieser Basis änderte sie ihren Entwurf und sah in einer Bekanntmachung vom 15. Januar 1986 vor, die Registrierung für die Anwendung von PCP in Ölbohrtürmen und in der Zellstoff- und Papierproduktion ebenfalls zurückzuziehen.[85] Das *Scientific Advisory Panel* überprüfte innerhalb von drei Wochen diese neuen Vorschläge und befand, sie seien unzureichend wissenschaftlich abgesichert. Das Gremium forderte die EPA auf, zusätzliche Daten über die PCP-Anwendung in diesen Industrien zusammenzutragen.

Nachdem die EPA dieser Aufforderung nachgekommen war, veröffentlichte sie am 21. Januar 1987 ihre abschließende Entscheidung, die Registrierung von PCP für alle Nutzungen außerhalb des Holzschutzes mit der Ausnahme des Einsatzes in Kühltürmen, Papierfabriken und Ölbohrtürmen aufzuheben. Für den Einsatz in diesen letzten drei Gruppen von Anlagen konnte die Registrierung allerdings nur dann erhalten bleiben, wenn die oben dargestellten Dioxin-Grenzwerte für den Einsatz von PCP als Holzschutzmittel eingehalten werden.[86]

4.7   Fazit

In den USA sind Verfahren zur Setzung von Umweltstandards weitaus vielfältiger ausgestaltet als in den Niederlanden oder der Schweiz. Je nach Teilbereich der Umweltpolitik und fachgesetzlicher Grundlage können sie sehr unterschiedlich verlaufen. Zudem befinden sich die amerikanischen Verfahren gleichsam in einem ständigen Fluß. Sie waren in den letzten zwanzig Jahren erheblichen Veränderungen unterworfen, und auch zur Zeit werden Erfahrungen mit neuen Verfahrenselementen gesammelt. Angesichts dieser Vielfalt und Veränderung im Zeitverlauf muß sich die zusammenfassende Charakterisierung auf einige Grundmerkmale der Standardsetzungsverfahren beschränken.

---

[85] Federal Register 51 (1986): 1841.

[86] Federal Register 52 (1987): 140, Federal Register 53 (1988): 5524.

Die Setzung von Umweltstandards ist in den USA im wesentlichen binnenorientiert. Die in internationalen Organisationen getroffenen Festlegungen bilden nur selten den Orientierungspunkt für amerikanische Umweltstandards. Daß Standards anderer Staaten ganz oder in ihren wesentlichen Bestandteilen übernommen werden, ist in den USA undenkbar, selbst wissenschaftliche Erkenntnisse aus dem Ausland spielen in den Verfahren nur selten eine Rolle. Typisch für die Standardsetzung in den USA ist vielmehr, daß die Regulierung auf einer im Lande selbst erarbeiteten (natur)wissenschaftlichen Basis erfolgt. Mit ihrem ausgedehnten Wissenschaftssystem verfügen die USA über ein viel größeres endogenes Potential zur Standardsetzung als die beiden anderen Staaten. Zudem ist ihre Wirtschaft weitaus weniger als die schweizerische oder niederländische auf den Export ausgerichtet, so daß nur verhältnismäßig geringe Anreize für eine Orientierung an ausländischen Standards existieren.

Parallelen zur Schweiz bestehen im Hinblick auf die relative Bedeutung zentralstaatlicher Standards im bundesstaatlichen System. Die in den USA auf der Ebene des Bundes erlassenen Standards sind in vielen Fällen Mindestbestimmungen, die von den Einzelstaaten durch eigene Standardsetzung verschärft werden können. Einzelne Staaten spielen nicht selten eine Vorreiterrolle, von ihnen können, wie im Fall der EDB-Regulierung, starke Impulse für die zentralstaatliche Standardsetzung ausgehen.

Standardsetzung erfolgt in den USA in aller Regel durch *rules*, die von *regulatory agencies* auf der Basis einer gesetzlichen Ermächtigungsgrundlage erlassen werden. Für die Setzung von Umweltstandards ist auf der Bundesebene in erster Linie die *Environmental Protection Agency* (EPA) zuständig, die keinem Ministerium untergeordnet ist und im Standardsetzungsverfahren ein erhebliches Maß von Autonomie besitzt. Die Ermächtigungsgrundlage für die Standardsetzung fällt in der Detailliertheit ihrer Vorhaben von Fall zu Fall sehr unterschiedlich aus, der Spielraum, über den die EPA beim *rulemaking* verfügt, kann daher sehr groß, er kann aber auch eng begrenzt sein.

Was die Informationsmöglichkeiten und den Zugang zu Standardsetzungsverfahren anbelangt, nehmen die USA im internationalen Vergleich eine Spitzenstellung ein. Wohl nirgendwo sonst ist es einem Interessenverband, aber auch einer einzelnen Bürgerin oder einem einzelnen Bürger so leicht möglich, sich über den Gang des Verfahrens zu informieren und an ihm teilzunehmen. Dabei handelt es sich - und hier liegt ein Unterschied zu den im Prinzip ebenfalls, wenn auch in geringerem Maße, durch Transparenz gekennzeichneten niederländischen Verfahren - um formalisierte Verfahrenselemente, die im allgemeinen Verwaltungsrecht (vor allem im *Administrative Procedure Act*), in den einzelnen Umweltgesetzen oder durch die Rechtsprechung begründet werden.

Dieser besondere Charakter der Standardsetzungsverfahren ist Folge der Transformation des amerikanischen Verwaltungsrechts, die seit den sechziger Jahren sowohl von der Rechtsprechung als auch vom Gesetzgeber vorangetrieben wurde und die darauf zielte, durch eine weitgehende Formalisierung zu erreichen, daß alle relevanten Interessen gleichberechtigten Zugang zu den Standardsetzungsverfahren erhalten und ihre Differenzen dort möglichst offen austragen. Der bevorzugte Zugang bestimmter Interessen (in der Regel der Wirtschaft), wie er in der Schweiz gang und gäbe ist, ist in amerikanischen Standardsetzungsverfahren weitgehend ausgeschlossen. Die zuständige Behörde verfügt nur über sehr geringe Möglichkeiten, das Feld der an den Standardsetzungsverfahren beteiligten Akteure vorzustrukturieren. Hintergrund dieser spezifischen Ausprägung der Standardsetzungsverfahren in den USA war das durch Erfahrungen der Vergangenheit genährte Mißtrauen, daß es bei weniger transparenten und weniger formalisierten Verfahren zu einer einseitigen Orientierung der regulierenden Behörden an den Interessen der zu Regulierenden (in der Regel Wirtschaftsunternehmen) kommt.

Der Vergleich zwischen den Fallstudien zu den Luftreinhaltestandards und denen zur Pestizidregulierung macht die Unterschiede in amerikanischen Standardsetzungsverfahren deutlich. Bei der Pestizidregulierung wird den Interessen der betroffenen Branchen (Produzenten wie Nutzern) durch die gesetzliche Verpflichtung, Risiken und Nutzen des zu regulierenden Pestizids gegenüberzustellen, und die Verpflichtung zur Beteiligung des Landwirtschaftsministeriums besonderer Rang eingeräumt. Dennoch schlägt sich auch in diesen Verfahren der besondere Charakter der Standardsetzung in den USA nieder. Selbst bei der Pestizidregulierung besteht - gerade auch im Vergleich zu den Niederlanden - noch ein hohes Maß an Transparenz und Offenheit, auch in diesen Verfahren können Umweltverbände erhebliche Informations- und Zugangsrechte nutzen und so eine wichtige Rolle spielen.

Ein enger Zusammenhang besteht zwischen der weitgehenden Formalisierung der Standardsetzungsverfahren und den ausgedehnten Möglichkeiten der gerichtlichen Kontrolle. Die einzelnen Verfahrenselemente sind nicht zuletzt deshalb in so weitgehendem Maße festgeschrieben, weil Gerichte in amerikanischen Standardsetzungsverfahren eine wichtige Rolle spielen. Gegen Umweltstandards kann unmittelbar nach ihrem Erlaß von jeder Person gerichtlich vorgegangen werden, die in ihren Interessen beeinträchtigt ist, wobei "Interesse" sehr weit ausgelegt und keineswegs nur auf materielle Interessen beschränkt wird. Einzelne Umweltgesetze wie der *Clean Air Act* gewähren den Bürgern zudem die Möglichkeit, dann gegen die EPA zu klagen, wenn diese ihrem gesetzlichen Auftrag zur Standardsetzung nicht nachkommt. In der Praxis wird von diesen weitgehenden Klagemöglichkeiten sowohl von seiten der Wirtschaft als auch von den Umweltverbänden umfangreicher Gebrauch gemacht. Bei der Mehrzahl der Verfahren (wie auch bei den in unseren Fallstudien untersuchten) wird nach Erlaß eines Umweltstandards Klage erhoben. Besonders instruktiv ist in diesem Zusammenhang die Fallstudie zu Benzol, kam es hier doch sowohl zu Beginn als auch während und nach dem Verfahren zu Gerichtsverfahren. In ihren Urteilen zu Standardsetzungsverfahren sind die Gerichte zwar sehr zurückhaltend, eine eigene materielle Entscheidung an die Stelle der zuständigen Behörde zu setzen, sie prüfen jedoch intensiv, ob die Entscheidung in einem angemessenen Verfahren zustandegekommen ist, bei dem alle vorliegenden Argumente einbezogen wurden. Sofern

Urteile die erlassenen Standards nicht bestätigen, führen sie in der Regel dazu, daß das Verfahren von der EPA wieder aufzunehmen ist. Der Gang zu Gericht gehört also sozusagen bereits zum Normalfall der Standardsetzung, das behördliche und das gerichtliche Verfahren greifen häufig eng ineinander.

Die intensiven Beteiligungsmöglichkeiten im Verfahren selbst wie auch die Klagemöglichkeiten erlauben es sowohl den betroffenen Branchen als auch den Umweltverbänden, in den Verfahren eine wichtige Rolle zu spielen. Informelle Kontakte mit der Behörde gibt es auch in den USA, sie spielen aber für das Resultat der Standardsetzungsverfahren eine weitaus geringere Rolle als in der Schweiz oder den Niederlanden, ja sie sind zum Teil (so während der Anhörung im Rahmen des *formal rulemaking*) sogar unzulässig. Ist das Standardsetzungsverfahren erst einmal begonnen, wird die Tätigkeit der Verbände stark von der Option eines anschließenden Gerichtsverfahrens bestimmt und daher auf die formalisierten Verfahrensschritte ausgerichtet, gerichtsverwertbare Argumente stehen im Vordergrund. Zudem wirkt sich die hohe Fragmentierung und Segmentierung des Verbandswesens (sowohl bei den Umweltverbänden als auch und vor allem bei den Wirtschaftsverbänden) aus. Dachverbände haben eine weitaus geringere Bedeutung als in den anderen beiden untersuchten Staaten. Als Akteure in den Standardsetzungsverfahren tritt eine Vielzahl von Einzelverbänden, treten aber auch einzelne Unternehmen oder Bürger(gruppen) auf. Innerhalb der Lager "der Wirtschaft" und "der Umweltbewegung" kann es zu erheblichen Meinungsverschiedenheiten kommen.

Der *Congress* bestimmt über die Ausgestaltung der gesetzlichen Ermächtigungsgrundlage den Entscheidungsspielraum, der der EPA bei der Standardsetzung zur Verfügung steht. In das *rulemaking* selbst ist er dagegen nicht einbezogen. Gewissen Einfluß auf die Standardsetzung kann er durch die Kontrolle der Arbeit der EPA durch seine Ausschüsse bzw. Unterausschüsse nehmen. In der Praxis bleibt dies auf wenige Fälle beschränkt und erfolgt vor allem, wie das Beispiel der EDB-Fallstudie zeigt, im Zusammenhang mit Umweltskandalen.

Auch der Präsident ist mit der Standardsetzung selbst nicht befaßt, er bestimmt jedoch (gemeinsam mit dem *Congress*) über seine Haushaltspolitik und die Besetzung der EPA-Leitungsebene die Rahmenbedingungen des Handelns der Behörde. Von der Reagan-Administration wurden diese Einflußmöglichkeiten konsequent genutzt, um eine Politik der Deregulierung durchzusetzen. Die Fallstudien zu Benzol, EDB und PCP zeigen, daß sich dies in einer Verzögerung laufender Standardsetzungsverfahren, in informellen Kontakten mit den betroffenen Branchen, von denen die Umweltverbände ausgeschlossen blieben, und zum Teil in einem Verzicht auf Standardsetzung niederschlug. Während dieser Kurs schließlich zu massivem Protest in *Congress* und Öffentlichkeit führte und die EPA wieder in die alten Fahrwasser zurückkehrte, blieb es bei dem von der Reagan-Administration ins Leben gerufenen *regulatory impact assessment*. Durch die seit 1981 festgeschriebene Pflicht, im Rahmen der Mehrzahl der wichtigeren Standardsetzungsverfahren eine Gegenüberstellung von Nutzen und Kosten der Regulierung zu erarbeiten und dem

Office of Management and Budget des Präsidenten zur Stellungnahme vorzulegen, ist es zwar zu keiner systematischen Bevorzugung wirtschaftlicher Interessen gekommen, die Komplexität des Verfahrens selbst ist aber weiter gestiegen.

Der typisch konfliktäre Verlauf der Standardsetzung in den USA wird durch die spezifische Ausgestaltung der Verfahren zwar begünstigt, es wäre jedoch verkürzt, seine Ursachen allein in der erfolgten Formalisierung, im weitgehend ungehinderten Zugang zum Verfahren und der ausgedehnten Klagemöglichkeiten, zu sehen. Die offene Auseinandersetzung zwischen der Behörde und den Interessengruppen folgt dem Verfassungsprinzip der *checks and balances*, entspricht der in der politischen Kultur der USA überhaupt hoch geschätzten offenen Austragung von Konflikten und wird schließlich auch der besonderen amerikanischen Spielart von Pluralismus mit ihrem zersplitterten Akteurssystem gerecht.

Die Frage nach dem Zusammenhang zwischen der Ausgestaltung der amerikanischen Standardsetzungsverfahren auf der einen und der Schärfe der Standards auf der anderen Seite ist nicht leicht zu beantworten. In vielen Bereichen weisen die USA besonders scharfe Umweltstandards auf, so zum Beispiel bei den mobilen Emissionsquellen. Dies bestätigt die Fallstudie zu den umweltfreundlicheren Treibstoffen, deren Implementation von den betroffenen Branchen erhebliche Investitionen und logistische Anstrengungen erfordert. Die beiden Fallstudien zur Pestizidregulierung geben hinsichtlich der Schärfe der Standards ein differenziertes Bild ab. Bei PCP, der Normalfall einer Pestizidregulierung in den USA, kam es zu eher schwachen Standards. Anders als in den Niederlanden wurde die Verwendung von PCP nicht generell verboten, sondern sie ist in einzelnen Bereichen und unter Einhaltung bestimmter Sicherheitsbestimmungen weiterhin zulässig. Dagegen wurde bei EDB als Antwort auf die aufgedeckten Belastungen in Lebensmitteln und die Maßnahmen der Einzelstaaten mit dem weitgehenden Verbot eine sehr strikte Regelung getroffen. Unter den besonderen Bedingungen eines vorangegangenen Skandals und der durch ihn erzeugten öffentlichen Aufmerksamkeit kommt es also auch in den USA zu schärferen Umweltstandards. Anders als in den Niederlanden ist aber auch bei einer solchen Konstellation eine fundierte Risikoeinschätzung als Grundlage der Regulierung notwendig.

Ein Vergleich von U.S.-Umweltstandards mit denen anderer Staaten wird durch eine Besonderheit erschwert. In besonderem Maße wird mit der Standardsetzung in den USA eine Forcierung der Technologieentwicklung (*technology enforcement*) betrieben. Die Standardsetzungsverfahren führen nicht von vornherein dazu, daß die zu einem bestimmten Zeitpunkt vorhandenen technischen Möglichkeiten einfach festgeschrieben werden; vielmehr sind sie häufig so angelegt, daß die für notwendig erachteten technischen Entwicklungen durch die Standards überhaupt erst stimuliert werden sollen.

In der Praxis der Umweltpolitik der USA zeigen sich erhebliche Vollzugsdefizite. So wurden z. B. die ehrgeizigen Standards für stationäre Quellen nach dem *Clean Air Act* von 1977 bei weitem nicht im vorgesehenen Zeitraum implementiert. Der konfliktäre Verlauf der Standardsetzungsverfahren und die Auswirkungen, die er auf die Adressaten der Regulierung hat, werden gemeinhin als eine der Ursachen der tiefgreifenden Vollzugsprobleme ausgemacht. Zudem dauert das einzelne Verfahren sehr lange und fordert von der EPA, aber auch von den sonstigen Beteiligten den Einsatz erheblicher Ressourcen. Die Standardsetzung für Benzol dauerte von 1977 bis 1989, die EDB-Regulierung von 1977 bis 1984 und die für PCP von 1978 bis 1987, wobei die internen Arbeiten, die die EPA vor der Einleitung des Verfahrens durch Veröffentlichung im *Federal Register* vollzog, noch nicht einmal einbezogen sind. Zwar müssen, wie bereits erwähnt, bei allen drei Verfahren die Auswirkungen der Politik der Reagan-Administration berücksichtigt werden, doch sind auch ohne deren systematische Verzögerungstaktik Verfahrensdauern von fünf und mehr Jahren für die USA keine Seltenheit. Der große Aufwand, den das einzelne Verfahren fordert, führt wiederum dazu, daß bei anderen Stoffen oder Anlagen die Standardsetzung unterbleibt und die EPA ihrem gesetzlichen Auftrag hoffnungslos hinterherläuft. Sowohl bei der Regulierung der gefährlichen Luftschadstoffe als auch bei der *reregistration* von Pestiziden hat die EPA in der Vergangenheit nur einen Bruchteil der Altstoffe überprüft und gegebenenfalls reguliert. Die zeitweilige Allianz, die Umweltverbände und Industrie (letztlich erfolglos) bildeten, um eine zügigere Pestizid-Regulierung durchzusetzen, macht schlaglichtartig deutlich, welche Probleme solche Verzögerungen erzeugen.

Diese offensichtlichen Schwachpunkte sind der Hintergrund der Diskussion, die Wissenschaft und Praxis seit einigen Jahren um die Zukunft der Standardsetzung in den USA führen. Die diskutierten und in einzelnen Teilen auch bereits realisierten Standardsetzungsverfahren weisen in zwei Richtungen. Während im Rahmen des eines Ansatzes (z. B. im Rahmen des *Clean Air Act* von 1990) versucht wird, den Handlungsspielraum der EPA durch detaillierte Vorgaben und Fristen in den einzelnen Umweltgesetzen gleichsam zu einer zügigeren und "besseren" Regulierung zu zwingen, setzt der andere insofern auf eine grundlegendere Veränderung, als er das Standardsetzungsverfahren durch konsensual orientierte Elemente ergänzen will. Europäische Verfahren werden hierbei nicht selten als Referenzpunkt angeführt (siehe z. B. Kagan 1991).

Eine stärker auf Konsens ausgerichtete Variante von Standardsetzungsverfahren wird seit einigen Jahren mit dem *negotiated rulemaking* erprobt, wobei der vorgestellte Fall der Regulierung umweltfreundlicherer Treibstoffe den bislang wichtigsten Einsatzbereich darstellt. Grundgedanke dieses Verfahrenstyps ist es, durch die Aushandlung der wesentlichen Bestandteile der Regulierung zwischen der EPA und den betroffenen Interessen zu einer schnelleren Standardsetzung zu gelangen, die zugleich größere Akzeptanz genießt und deshalb bessere Aussichten auf eine erfolgreiche Implementation hat.

Das Setzen auf Verhandlungslösungen bedeutet aber keineswegs eine abnehmende Formalisierung amerikanischer Standardsetzungsverfahren. Das *negotiated rulemaking* ist selbst hochgradig formalisiert, Bildung und Arbeit des Verhandlungsgremiums unterliegen detaillierten Anforderungen, die in einem eigenen Gesetz kodifiziert sind. Zudem tritt die Aushandlung nicht eigentlich an die Stelle des herkömmlichen Standardsetzungsverfahrens, sondern wird diesem sozusagen "vorgeschaltet" - in der Hoffnung, daß der ausgehandelte Kompromiß über das eigentliche Verfahren hinweg hält und es erlaubt, dieses weitgehend konfliktfrei und zügig abzuschließen. Insofern unterscheidet sich das *negotiated rulemaking* grundlegend vom niederländischen Fall der Cadmium-Regulierung durch Absprachen, die in einem nicht formalisierten Rahmen erarbeitet wurden und in ihren Resultaten den Erlaß von Standards im Rahmen einer Rechtsverordnung ersetzten.

Zusammenfassend läßt sich konstatieren, daß die Standardsetzungsverfahren der USA schon durch ihre starke Binnenorientierung einen stärkeren Einfluß auf das Gesicht der Standards haben als die der anderen beiden Staaten, in denen der "Import" von außerhalb eine wichtige Rolle spielt. Die Richtung der Beziehung zwischen Verfahren und Schärfe der Standards ist allerdings nicht eindeutig. Der Ausgang von Standardsetzungsverfahren ist in den USA wegen des großen Einflusses, den Einzelinteressen erzielen können, nur schwer vorhersehbar. Die Verfahren tragen häufig zu besonders scharfen Standards bei, sind zugleich aber in anderen Fällen dafür mitverantwortlich, daß eine Regulierung sich über einen sehr langen Zeitraum hinschleppt oder gar unterbleibt. Zudem schafft der in der Regel stark konfliktäre Verlauf der Standardsetzungsverfahren relativ schlechte Voraussetzungen für eine erfolgreiche Implementation.

5. Schlußfolgerungen

Die Umweltpolitik der drei von uns untersuchten Länder kann als relativ erfolgreich bezeichnet werden. Als Voraussetzung hierfür ist u. a. auf die Handlungspotentiale der Zielgruppen der Regulierung zu verweisen, d. h. auf eine im Vergleich mit anderen OECD-Ländern überdurchschnittliche Wirtschaftsleistung, den weit fortgeschrittenen Strukturwandel sowie auf das Umweltbewußtsein der Akteure. In allen drei Ländern zeichnen sich bei diesen Faktoren ein ähnliches Niveau und gleiche Entwicklungstendenzen ab. Da angenommen werden kann, daß mit steigenden Handlungspotentialen der Widerstand gegenüber umweltpolitischen Interventionen sinkt, ist in allen drei Staaten mit relativ scharfen Standards zu rechnen. Dies zeigt sich beispielsweise in der Schweiz, wo sich der Wertewandel mittlerweile auch auf die Einstellungen des Managements ausgewirkt hat; viele Manager sind heute bereit, schärfere Standards als im Ausland zu akzeptieren (siehe 2.2.1). Jenseits der ökonomischen und soziokulturellen Rahmenbedingungen, die auch durch eine optimale Umweltpolitik nicht unmittelbar beeinflußt werden können, bestehen jedoch gewisse Wahlmöglichkeiten zwischen verschiedenen institutionellen Arrangements,[1] die zusammen mit der politischen Kultur und der Rechtskultur eines Landes den spezifischen Regulierungsstil eines politischen Systems prägen und die im Einzelfall ablaufende politische Prozesse ganz wesentlich beeinflussen. Bei der Suche nach den Ursachen von Schärfe und Akzeptanz von Umweltstandards rücken institutionelle Differenzen deshalb in den Mittelpunkt des Untersuchungsinteresses.

Die USA gehören neben Japan und Schweden zu den institutionellen Vorreitern der Umweltpolitik. Dort wurden innerhalb von nur zwei Jahren (1969 bis 1971) wichtige Institutionalisierungsschritte (Aufbau einer nationalen Umweltbehörde, Verabschiedung eines übergreifenden Umweltgesetzes) vollzogen. In der Schweiz wurde bereits 1971 ein Umweltartikel in die Verfassung aufgenommen, eine Vorgängereinrichtung des heutigen Bundesamts für Umwelt, Wald und Landschaft (BUWAL) wurde im gleichen Jahr gegründet, und das schweizerische Umweltschutzgesetz gilt seit 1985. In den Niederlanden entstand 1971 das Gesundheits- und Umweltministerium, das holländische Umweltrahmengesetz trat 1980 in Kraft.[2] Obwohl der Prozeß der Institutionalisierung der Umweltpolitik in den drei Ländern etwa zeitgleich einsetzte, zeigen sich dennoch bedeutende Unterschiede. So ist das noch immer einzige übergreifende amerikanische Umweltschutzgesetz, der *National Environmental Policy Act* (NEPA), weder mit dem holländischen noch

---

[1] Zur Einschätzung der Bedeutung sozioökonomischer und politischer Faktoren für die Politikergebnisse in der (international) vergleichenden Staatstätigkeiten-Forschung vgl. Schmidt 1988: 13 f., Jänicke 1990b; zur Auswirkung unterschiedlicher institutioneller Voraussetzungen auf den Gestaltungsspielraum politischen Handelns siehe bereits Scharpf 1982, Scharpf 1985; zur Bestimmung umweltpolitischer Handlungskapazitäten vgl. von Prittwitz 1990: 107 ff., Jänicke 1990a.

[2] Zu den Institutionalisierungsprozessen im internationalen Vergleich siehe Lamm und Schneller 1989; Jänicke 1990a: 215 f.

mit dem schweizerischen Umweltrahmengesetz zu vergleichen, da auf eine integrative Regelung unterschiedlicher Umweltbereiche verzichtet wurde. Auch die Entscheidungskompetenzen zur Festsetzung von Umweltstandards sind in den drei Ländern unterschiedlich verteilt. Primär zuständig sind in den Niederlanden das Umweltministerium, in der Schweiz das Innenministerium bzw. das BUWAL und in den USA die *Environmental Protection Agency* (EPA), eine *regulatory agency*, die keinem Ministerium unterstellt und nicht von den Weisungen des Präsidenten abhängig ist. Große Unterschiede zeigen sich auch bei den Bestimmungen über die Zusammensetzung der in die Standardsetzung integrierten beratenden Gremien und bei den entsprechenden Verfahrens- und Entscheidungsregeln. Dem niederländischen "Zentralen Rat für Umweltschutz" (*Centrale Raad voor de Milieu-Hygiene*, CRMH) stehen keine vergleichbaren Institutionen in den beiden anderen Ländern gegenüber.

Eines der wesentlichen Ziele der Untersuchung war es, die (institutionellen) Voraussetzungen besonders effektiver und effizienter Verfahren herauszuarbeiten, womit den folgenden Fragen nachzugehen war: Unter welchen Bedingungen ist die Durchsetzung relativ scharfer Standards bei möglichst großer Akzeptanz aller Zielgruppen überhaupt möglich? Läßt sich durch die Veränderung institutioneller Elemente das Verfahren so weit vorstrukturieren, daß als Ergebnis optimale Standards erwartet werden dürfen, oder werden die Ergebnisse der Verfahren zum überwiegenden Teil von anderen Faktoren bestimmt?

Zur Beantwortung dieser Fragen wurden Fallstudien in den drei Ländern durchgeführt, bei deren Analyse von mehreren Annahmen ausgegangen wurde:

- Die Schärfe und Akzeptanz der festgelegten Standards ist nicht nur von den Handlungspotentialen der jeweiligen Zielgruppen der Regulierung, sondern auch von den spezifischen institutionellen Arrangements und der politischen Kultur bzw. der Rechtskultur eines Landes abhängig.

- Zwischen einzelnen Nationalstaaten bestehen Interdependenzen im internationalen System, was vor allem für die beiden kleinen Staaten von großer Bedeutung ist, da angenommen werden kann, daß ihnen die Umweltstandards anderer Staaten als Referenzpunkt eigener Regulierungen dienen und die wissenschaftliche Basis der "importierten" Standards implizit übernommen wird.

- Verfahren, bei denen auch den Umweltorganisationen umfassende Informations-, Beteiligungs- und Klagerechte eingeräumt werden, gehen mit einem hohen Grad der Formalisierung einher. Die Öffnung der Verfahren kann das Konfliktniveau steigern; der Tendenz zu schärferen Standards und einer steigenden Akzeptanz bei den Umweltorganisationen steht eine sinkende Akzeptanz bei den Zielgruppen der Regulierung gegenüber, was wiederum die Chancen einer erfolgreichen Implementation mindert.

- Die Schärfe der Standards ist von der Verteilung der Kosten der Regulierung, der Struktur der regulierten Wirtschaftsbranche und dem Ausmaß der öffentlichen Diskussion (insbesondere bei Umweltskandalen) abhängig.

Im folgenden Abschnitt werden die typischen Standardsetzungsverfahren in allen drei Ländern nochmals kurz skizziert. Danach folgt im zweiten Abschnitt ein Vergleich der Verfahren. Betrachtet werden die Interdependenzen im internationalen System, der notwendige Zeitbedarf und die Veränderung der Verfahren im Zeitablauf sowie der Zusammenhang zwischen dem Grad der Offenheit und der Formalisierung der Verfahren. Anschließend wird im dritten Abschnitt auf die Faktoren eingegangen, die primär für die Schärfe der Standards verantwortlich gemacht werden können. Es geht dabei um die Zusammenhänge zwischen den institutionellen Bedingungen und dem Ausmaß der öffentlichen Diskussion über ein bestimmtes Umweltproblem einerseits und der Schärfe der festgesetzten Standards andererseits. Im vierten und letzten Abschnitt wird gefragt, welche Schlußfolgerungen aus den im Ausland gemachten Erfahrungen für die aktuelle Diskussion über die Ausgestaltung der deutschen Standardsetzungsverfahren gezogen werden können.

5.1 Typische Standardsetzungsverfahren in der Schweiz, den Niederlanden und den USA

Obwohl zwischen den einzelnen Verfahren eines Landes bisweilen große Unterschiede bestehen, wird im folgenden versucht, die für die drei Länder typischen Verfahren kurz zu skizzieren.

Schweiz

Umweltstandards werden in der Schweiz im allgemeinen im Rahmen von Rechtsverordnungen festgesetzt, was insbesondere dann gilt, wenn man die Betrachtung auf konkrete Grenzwerte konzentriert. Nicht nur Emissions- und Immissionsstandards, sondern auch Produktstandards werden durch Rechtsverordnungen wie die Luftreinhalteverordnung, die Stoffverordnung oder die Verordnung über Abwassereinleitungen normiert. In Gesetzen finden sich allenfalls übergreifende Umweltqualitätsziele. Neben der Setzung von Umweltstandards durch den Bundesrat im Rahmen von Verordnungsverfahren kommt ausnahmsweise die Möglichkeit der Festlegung von Standards durch Verfassungsinitiativen in Betracht.

Das typische Verfahren zur Festsetzung von Umweltstandards in der Schweiz läßt sich in fünf Phasen unterteilen:

1. Eingeleitet wird das Verfahren durch eine informelle Phase, die deshalb sehr wichtig ist, weil bereits in diesem frühen Stadium in aller Regel die wesentlichen Entscheidungen getroffen werden. Es finden Fachgespräche zwischen BUWAL und Wirtschaft statt, die von der Behörde initiiert und von ihren Vertretern geleitet werden. Bei Bedarf werden weitere Behörden und Bundesforschungsanstalten beteiligt.

2. Durch den Beschluß des Bundesrats, eine Verordnung zu erlassen oder zu novellieren, nimmt das Verfahren etwas formellere Züge an, obgleich nach wie vor informelle Fachgespräche mit Gewerbe und Industrie dominieren. Notwendig sind diese vor allem dann, wenn die Verwaltung keine ausreichenden Informationen über die zu regulierende Materie, d. h. über den Stand der Technik (in der Schweiz) hat, was beispielsweise bei der Regulierung der Kleinfeuerungsanlagen oder der ozonschichtschädigenden Stoffe der Fall war. In dieser Phase findet auch die erste Ämterkonsultation (1. kleines Mitberichtsverfahren) statt.

3. Das Vernehmlassungsverfahren dauert mindestens drei Monate und nimmt damit in Relation zum gesamten Verfahren nur einen kurzen Zeitraum in Anspruch. Der Entwurf wird breit gestreut, wobei sich der Adressatenkreis in den letzten Jahren sogar noch ausgeweitet hat. Angeschrieben werden die Kantone, die Wirtschaftsorganisationen und die Fachorganisationen (technische Fachverbände und Umweltverbände). Diese Organisationen geben in der Regel ausschließlich schriftliche Stellungnahmen ab. Die Eröffnung des Verfahrens ist im Bundesblatt bekanntzugeben.

4. Nach dem Vernehmlassungsverfahren wird durch die Verwaltung eine Zusammenfassung der im Verfahren vorgebrachten Stellungnahmen angefertigt. Es finden erneut Arbeitsgruppen- bzw. Fachgespräche mit der Wirtschaft statt. Die Anzahl der Teilnehmer ist in dieser Phase geringer als in den Arbeitskreisen vor dem Vernehmlassungsverfahren, weil es nun nur noch darum geht, Detailprobleme abzuklären. Die Verhandlungen in dieser Phase können sich - wie beim Maßnahmenpaket zum Schutz der Ozonschicht - auf bilaterale Gespräche zwischen dem BUWAL und Vertretern einzelner Unternehmen oder Wirtschaftsbranchen beschränken. In diese Phase fällt auch die zweite Ämterkonsultation (2. kleines Mitberichtsverfahren).

5. Die letzte Phase des Verfahrens umfaßt das (große) Mitberichtsverfahren, d. h., die anderen Departements werden um ihre Stellungnahme zum Entwurf gebeten. Nachdem alle Meinungsverschiedenheiten bereinigt sind, trifft der Bundesrat die endgültige Entscheidung. Zum Abschluß des Verfahrens wird die Verordnung veröffentlicht.

Formell geregelt ist im Grunde nur das Vernehmlassungsverfahren, bei dem alle betroffenen Akteure angehört werden. Seine rechtliche Basis findet sich in der Bundesverfassung bzw. im Umweltschutzgesetz, das vorsieht, daß der Bundesrat vor dem Erlaß der auf dem USG beruhenden Verordnungen die Kantone und die "interessierten Kreise" anzuhören hat. Diese Phase ist sehr offen gestaltet und relativ transparent, da alle Stellungnahmen nach Abschluß des Verfahrens von jedermann eingesehen werden können. Werden einzelne Stellungnahmen bei der Überarbeitung des Entwurfs nicht berücksichtigt, so braucht das BUWAL dies - anders als in den USA - nicht zu begründen. Der Rest des Verfahrens ist ziemlich intransparent. Die Öffentlichkeit hat keinen Zugang zu den Gesprächen zwischen dem BUWAL und der Wirtschaft, Protokolle können nicht eingesehen werden. Insgesamt dauert das Verfahren ca. zwei Jahre, wenn man die erste Phase vor dem Beschluß des Bundesrats ausklammert.

Niederlande

In den Niederlanden werden Umweltstandards vor allem als AMvB (*Algemene Maatregeln van Bestuur*) des Kabinetts, die direkt die Adressaten binden, oder als Verwaltungsvorschriften des Umweltministeriums festgesetzt, die sich an die Vollzugsbehörden richten. Der typische Verlauf der Festlegung von Standards auf dem Wege einer AMvB läßt sich in die folgenden Phasen einteilen:

1. Der Entwurf wird vom Umweltministerium (VROM) ausgearbeitet, wobei in der Regel informelle Konsultationen mit den betroffenen Branchen, aber auch mit den Umweltverbänden erfolgen. Zur Vorbereitung der Standardsetzung werden zum Teil grundlegende Bestandsaufnahmen des zu regulierenden Problems erarbeitet. Gehen Standardsetzungsvorschläge aus der Umweltplanung hervor, so haben sie die folgenden Verfahrensschritte bereits einmal durchlaufen und sind der Öffentlichkeit bekannt.

2. Nach Veröffentlichung des Entwurfs im *Staatscourant* steht es jeder Person und jeder Organisation frei, aus eigener Initiative schriftlich Stellung zu nehmen. Mündliche Anhörungen sind nicht vorgeschrieben und in der Praxis eher selten.

3. Dagegen besteht die Pflicht, den Entwurf dem CRMH vorzulegen. Der Rat ist im wesentlichen aus Vertretern der Wissenschaft, der Umweltverbände, der Wirtschaft und der Gewerkschaften sowie der Provinzen und Gemeinden zusammengesetzt. Nach der Stellungnahme des Rates wird, ohne daß dafür eine Verpflichtung besteht, der Umweltausschuß des Parlaments beteiligt.

4. Auf der Basis der erhaltenen Stellungnahmen überarbeitet das Umweltministerium seinen Entwurf, der nun die Zustimmung des Kabinetts finden muß. Im Anschluß daran wird der *Raad van State* - wie bei jedem Entwurf eines Gesetzes oder einer AMvB -konsultiert, der eine im wesentlichen juristisch orientierte Stellungnahme abgibt.

5. Nach einer eventuellen weiteren Überarbeitung werden die AMvB vom Kabinett beschlossen und im *Staatscourant* veröffentlicht.

An den Erlaß von Umweltstandards als Verwaltungsvorschriften sind weniger formalisierte Vorschriften gestellt. Die Pflicht, den Entwurf zu veröffentlichen, besteht nicht, der *Raad van State* spielt keine Rolle. Auch der CRMH muß nicht beteiligt werden, es steht ihm aber frei, aus eigener Initiative Stellung zu nehmen. In der Regel konsultiert das Umweltministerium auch bei diesen Verfahren Wirtschaft und Umweltverbände. In vielen Fällen werden auch die Verwaltungsvorschriften vor Erlaß vom Umweltausschuß des Parlaments diskutiert.

Eine Besonderheit stellt das Verfahren der Pestizidregulierung dar. Die Entscheidung über die Zulassung, die Verlängerung der Zulassung oder den Widerruf der Zulassung eines Produkts wird hier gemeinsam vom Landwirtschaftsministerium, dem Umweltministerium, dem Gesundheitsministerium und dem Sozialministerium getroffen. Beteiligungsrechte bestehen zwar für die betroffenen Branchen, nicht aber für die Umweltverbände.

USA

In den USA entstehen Umweltstandards in aller Regel als *rules*, die von der *Environmental Protection Agency* (EPA) auf der Grundlage einer gesetzlichen Ermächtigung erlassen werden. Die einzelnen Standardsetzungsverfahren können sich je nach den im jeweiligen Umweltgesetz getroffenen Regelungen erheblich unterscheiden. Gemeinsam ist den U.S.-amerikanischen Verfahren jedoch ein hohes Maß an Formalisierung. Von der Rechtsprechung und vom Gesetzgeber wurde seit Ende der sechziger Jahre eine Fülle von Verfahrensanforderungen in dem Bestreben aufgestellt, allen relevanten Interessen gleiche Beteiligungs- und Einflußmöglichkeiten zu geben. Im wesentlichen handelt es sich um:

- Veröffentlichungspflichten der EPA und Informationsrechte der Bürgerinnen und Bürger,

- Rechte auf Beteiligung an den Standardsetzungsverfahren und

- Verpflichtungen der EPA, die getroffenen Entscheidungen zu begründen.

Die Mehrzahl der Umweltstandards wird auf dem Weg des *hybrid rulemaking* erlassen, dessen typischer Verlauf sich durch die folgenden Phasen kennzeichnen läßt:

1. Innerhalb der fachlich zuständigen Abteilung der EPA wird der Entwurf der Standards erarbeitet. Die (natur)wissenschaftliche Grundlage ist für amerikanische Umweltstandards besonders wichtig, wobei Methoden wie die quantitative Risikoanalyse eine große Rolle spielen. Die EPA führt in dieser Phase eigene Untersuchungen durch, sie konsultiert ihre wissenschaftlichen Beratergremien und beteiligt darüber hinaus häufig auch auswärtigen wissenschaftlichen Sachverstand. Erste informelle Konsultationen mit den betroffenen Interessengruppen können stattfinden. Der so er-

arbeitete Vorschlag geht durch ein kompliziertes Abstimmungssystem innerhalb der EPA und bedarf am Ende der Zustimmung des Leiters der Behörde.

2. Der Entwurf der Standards wird im *Federal Register* gemeinsam mit Materialien veröffentlicht, die ausführlich über die Rechtsgrundlagen, die verfolgten Ziele (hinsichtlich der zu regulierenden Risiken und der vorgesehenen Maßnahmen) sowie über verworfene Alternativen zu unterrichten haben; diese Veröffentlichung ist so zu halten, daß sie auch für den interessierten Laien verständlich ist. Zugleich wird die *public docket* der Öffentlichkeit zugänglich gemacht, in die die EPA alle die Unterlagen aufzunehmen hat, die für ihre Entscheidungsfindung wesentlich sind.

Im Anschluß an die Veröffentlichung haben alle Personen und Organisationen Gelegenheit, schriftlich Stellung zu nehmen. Mündliche Anhörungen sind häufig vorgeschrieben, werden von der EPA aber auch auf freiwilliger Basis durchgeführt. Hierbei besteht für die Behörde keine Möglichkeit, den Kreis der Teilnehmer auf bestimmte Interessengruppen zu beschränken. Die Anhörungen finden öffentlich statt. Neben diesen formalisierten Beteiligungsformen sind informelle Kontakte möglich, ihre Durchführung muß ebenfalls aus der *public docket* erkennbar sein.

Bei einer Minderheit von Verfahren (*formal rulemaking*) ist die Durchführung einer förmlichen mündlichen Anhörung vorgesehen, die an ein Gerichtsverfahren angenähert ist und Kreuzverhöre beinhaltet. Am Ende dieser Verfahren steht die Entscheidung (im Sinne einer Empfehlung an den Leiter der EPA) eines *administrative law judge*, dem außerhalb des Verfahrens Kontakte mit den Verfahrensteilnehmern untersagt sind.

3. Nach Abschluß der Öffentlichkeitsbeteiligung werden die Standards überarbeitet und durchlaufen noch einmal das behördeninterne Abstimmungsverfahren. Für die meisten der wichtigeren *rules* sind Nutzen und Kosten der Regulierung in einer *regulatory impact analysis* gegenüberzustellen und dem *Office of Management and Budget* des Präsidenten zur Stellungnahme vorzulegen.

4. Schließlich werden die Standards durch den *Administrator* erlassen und im *Federal Register* veröffentlicht - gemeinsam mit einer Zusammenfassung der Stellungnahmen der Öffentlichkeit sowie des OMB und deren Kommentierung durch die EPA, einem Abriß der Entstehungsgeschichte der *rules* sowie einer Erläuterung der wesentlichen Unterschiede zwischen dem Entwurf und der endgültigen Fassung.

Mit dem Erlaß ist das Standardsetzungsverfahren insofern noch nicht beendet, als sich in 75 bis 80 Prozent der Fälle ein Gerichtsverfahren anschließt. Jede Person, die in ihren Interessen beeinträchtigt ist, kann unmittelbar gegen die Standards klagen, wobei der Begriff "Interesse" sehr weit ausgelegt wird. Eine Reihe von Umweltgesetzen räumt zudem jeder Bürgerin und jedem Bürger die Möglichkeit ein, dann Klage gegen die EPA zu erheben, wenn diese ihrem gesetzlichen Standardsetzungsauftrag nicht nachkommt.

Vor allem auch wegen der hochkomplexen Anforderungen nehmen amerikanische Standardsetzungsverfahren eine erhebliche Zeit in Anspruch. Von durchschnittlichen Verfahrensdauern von drei bis vier Jahren ist auszugehen. Kommt es zu Gerichtsverfahren, ist - wie bei den als Fallstudien untersuchten Verfahren - mit noch einmal deutlich längeren Verfahren zu rechnen, zumal die Entscheidung des Gerichts häufig dazu führt, daß die EPA mit einem überarbeiteten Vorschlag erneut in das *rulemaking* eintritt.

Die Verfahren der Pestizidregulierung nehmen dadurch eine gewisse Sonderstellung ein, daß hier die Interessen der Nutzer durch eine Reihe von Verfahrensvorkehrungen besonderen Stellenwert haben: Die Risiken des Pestizideinsatzes sind mit dem Nutzen abzuwägen, das Landwirtschaftsministerium ist in das Verfahren einzuschalten. Und schließlich kann, wenn die Registrierung eines Pestizids zurückgezogen werden soll, von ihrem Inhaber die oben kurz dargestellte förmliche Anhörung verlangt werden.

Eine neue Entwicklung in den Standardsetzungsverfahren der USA ist die Aushandlung der wesentlichen Inhalte von Standards zwischen der EPA und den Interessengruppen, vor allem den Wirtschafts- und Umweltverbänden, auf dem Wege des *negotiated rulemaking*. Sie tritt nicht an die Stelle des herkömmlichen Verfahrens, sondern wird ihm in der Hoffnung vorgeschaltet, durch einen frühzeitig erzielten Kompromiß die Standardsetzung deutlich zu beschleunigen. Das *negotiated rulemaking* selbst ist - vor allem durch ein eigens erlassenes Gesetz - hochgradig formalisiert, detaillierte Anforderungen bestehen insbesondere im Hinblick auf die Auswahl der Teilnehmer und die Öffentlichkeit des Verfahrens.

5.2 Vergleich der Verfahren

Interdependenzen im internationalen System

Im Rahmen der Untersuchung konnten starke Interdependenzen zwischen Nationalstaaten im internationalen System nachgewiesen werden, wobei die USA zumindest in der Vergangenheit eine hegemoniale Stellung einnahmen. Für die beiden kleinen Staaten spielen internationale Organisationen eine wichtige Rolle. Schließlich ist ein Bedeutungszuwachs internationaler Vereinbarungen bei der Festsetzung von Umweltstandards in Nationalstaaten zu verzeichnen.[3]

In der Schweiz ist die starke Orientierung an ausländischen und internationalen Normen unübersehbar. Bei der Festsetzung der Emissionsgrenzwerte für Luftschadstoffe bei sta-

---

[3] Zur Interdependenzforschung siehe insbesondere Keohane und Nye 1977 und 1987; einen Überblick über den Forschungsstand liefert Kohler-Koch 1990; Interdependenzen im Bereich der Umweltpolitik wurden bislang allerdings nicht systematisch untersucht. Das Forschungsinteresse konzentrierte sich eher auf die Analyse internationaler Vereinbarungen ("Internationale Regime"); siehe hierzu Krasner 1983, Kohler-Koch 1989, ein Überblick über den Forschungsstand findet sich bei Efinger, u. a. 1990 sowie bei Gehring 1992.

tionären Anlagen fungierte die deutsche TA Luft als Vorbild (siehe 2.5.1). Leitbild für die Emissionsgrenzwerte für Kraftfahrzeuge waren die U.S.-Standards, und bei den Immissionsgrenzwerten für Luftschadstoffe waren WHO-Empfehlungen wegweisend. Bei den Stufenplänen, in denen die Einstellung der Verwendung ozonschichtschädigender Stoffe geregelt wurde, orientierte man sich in der Schweiz nicht an anderen Nationalstaaten, sondern an der Diskussion auf internationaler Ebene (siehe 2.6.2).

Für die Niederlande sind vor allem die EG-Normen von großer Bedeutung, wobei die Niederländer in den Verfahren auf EG-Ebene häufig sehr weitgehende Positionen vertreten (z. B. bei der Festlegung der Kfz-Standards oder bei der Regulierung der Verwendung von Cadmium bei der Herstellung von Kunststoffen, siehe 3.6.1). Daneben findet man aber auch - ebenso wie in der Schweiz - eine starke Orientierung an ausländischen Standards. Bei Emissionsnormen für Luftschadstoffe waren bei den stationären Anlagen die deutsche TA Luft bzw. die Verordnung über Großfeuerungsanlagen (13. BImSchV) der Orientierungspunkt (siehe 3.5.2). Bei der Festsetzung der Standards für die Müllverbrennungsanlagen wurde auf deutsche und österreichische Anlagen verwiesen, die die in den Niederlanden vorgesehenen Standards bereits einhielten (siehe 3.5.3). Auch im PCP-Fall spielten die im Ausland geplanten bzw. bereits festgesetzten Standards eine erhebliche Rolle (siehe 3.6.2).

In den USA existiert ein wesentlich größeres endogenes Potential zur Festsetzung von Umweltstandards. Eine Orientierung an ausländischen Standards, wie in der Schweiz oder den Niederlanden üblich, ist in den USA unvorstellbar. Dies läßt sich nicht zuletzt durch den riesigen amerikanischen Binnenmarkt erklären. In einem solchen Land besteht keine absolute Notwendigkeit, sich an den Standards der Staaten zu orientieren, aus denen Waren importiert werden oder in die exportiert wird. Außerdem ist es bei der Festsetzung der Umweltstandards in den USA nicht erforderlich, auf in anderen Staaten erarbeitete Forschungsergebnisse zurückzugreifen, da entsprechende Potentiale im eigenen Land zur Verfügung stehen.

Man wird den USA auch aus der umweltpolitischen Perspektive zumindest für die Vergangenheit eine herausragende Position im internationalen System bescheinigen können. Die Entwicklung der Umweltpolitik (nicht nur) in den europäischen Staaten wurde erheblich von Impulsen aus den USA beeinflußt; zu denken ist hier etwa an die Durchführung von Umweltverträglichkeitsprüfungen, die rechtliche Verankerung des freien Zugangs zu Umweltinformationen, die Diskussion über ökonomische Instrumente in der Umweltpolitik oder konkrete Umweltstandards (z. B. Kfz-Standards), die anderen Ländern als Leitlinie dienten.

Die Hegemonialstellung der USA ist in den letzten Jahren aber auch in der Umweltpolitik ins Wanken geraten. Dies zeigt der Vergleich zwischen den amerikanischen Kfz-Standards, die vor mehr als 20 Jahren festgesetzt wurden, und neueren umweltpolitischen Entwicklungen. Die bereits 1970 beschlossenen Kfz-Standards suchten lange Zeit ihresgleichen (vgl. Heaton und Maxwell 1984). Sie wurden nicht nur von den Japanern, die ihre in die USA exportierten Pkws ohnehin an die U.S.-amerikanischen Grenzwerte anzupassen hatten, sondern beispielsweise auch von Schweden und der Schweiz übernommen. Eine vergleichbare Stellung spielen die USA bei neueren Regulierungen nicht mehr ein. So wird sich die Schweiz bei der Festsetzung ihrer Kfz-Standards zukünftig wohl eher an den EG-Grenzwerten orientieren. Bei den internationalen Vereinbarungen zur Regulierung ozonschichtschädigender Stoffe spielen die USA, die bereits sehr früh ein Spraydosenverbot einführten und auf ein international abgestimmtes Vorgehen drängten, längst keine Vorreiterrolle mehr; ganz zu schweigen von den ablehnenden Positionen der USA bei den Bemühungen um internationale Vereinbarungen zur Klimaproblematik oder zum Artenschutz.

Für unsere Untersuchung ist vor allem von Bedeutung, daß die beiden kleinen Staaten Standards sehr häufig "importieren". Hier zeigten sich die Grenzen nationaler Souveränität: Wichtiger als innenpolitische Entscheidungen sind die Empfehlungen internationaler Organisationen (z. B. WHO-Empfehlungen für Immissionsgrenzwerte für Luftschadstoffe), die von anderen Nationalstaaten festgelegten (z. B. Emissionsgrenzwerte der deutschen TA Luft) bzw. in internationalen Vereinbarungen fixierten Standards (z. B. Montrealer Protokoll über Stoffe, die zum Abbau der Ozonschicht führen) und vor allem EG-Standards, die für die Niederlande unmittelbar verbindlich sind, an denen sich aber auch die Schweiz immer stärker orientiert. Daraus folgt zunächst einmal eine Handlungsentlastung des politisch-administrativen Systems, da die wissenschaftliche Basis der Grenzwerte - ganz anders als in den USA - nicht mehr hinterfragt werden muß. Für die schweizerische oder die niederländische Umweltpolitik besteht dann nur noch die Notwendigkeit, Abweichungen, die von den gewählten Referenzstandards nach oben bzw. unten vorgenommen werden sollen, ausreichend zu begründen (vgl. die Fallstudie zu den Grenzwerten für Großfeuerungsanlagen in den Niederlanden, siehe 3.5.2).

Allerdings sind die Niederlande und die Schweiz nicht lediglich Nutznießer der in größeren Ländern (z. B. in den USA oder Deutschland) diskutierten und festgelegten Standards, auf deren (natur)wissenschaftliche Basis sie sich stützen können. Kleine Staaten können durchaus auch innovative Funktionen im internationalen System übernehmen. Einerseits haben scharfe Umweltstandards restriktive Wirkungen auf importierte Güter. Ausländische Hersteller, die am Verfahren nicht unmittelbar beteiligt werden, haben daher die Wahl zwischen der technischen Entwicklung neuer Produkte, die beispielsweise den scharfen schweizerischen Emissionsgrenzwerten für Kleinfeuerungsanlagen genügen, und dem Verlust von (wenn auch recht kleinen) Absatzmärkten. Von relativ scharfen Standards, die in kleinen Staaten festgesetzt werden, kann also durchaus eine Diffusionswirkung auf andere politische Systeme ausgehen. Die Diffusion scharfer Umweltstandards kann dabei nicht nur ökonomisch, sondern auch politisch vermittelt sein: So wirkten sich die Vorstöße der kleinen Industrieländer[4] sicherlich positiv auf die Dynamisierung der internationalen Vereinbarungen zum Schutz der Ozonschicht aus.

Zeitbedarf und Veränderung der Verfahren im Zeitablauf

Die drei von uns untersuchten amerikanischen "Normalverfahren" (Benzol, EDB und PCP) dauerten zwischen sieben und zwölf Jahren, wobei die internen Vorarbeiten der EPA vor der Einleitung des Verfahrens durch Veröffentlichung im *Federal Register* noch nicht berücksichtigt sind. Selbst wenn man in Rechnung stellt, daß es durch die Politik der Reagan-Administration zu einer Verzögerung des Verfahrensablaufs kam, wird man trotzdem festhalten können, daß die amerikanischen Verfahren deutlich länger dauern als die Verfahren in den beiden anderen Ländern. Dies ist auf mehrere Ursachen zurückzuführen: Läßt man die eigentliche Implementationsphase der Umweltstandards einmal außer Betracht und unterteilt die Verfahren erstens in eine Phase der (natur)wissenschaftlichen Legitimation, in der die Referenzpunkte für die weitere Diskussion fixiert werden, zweitens in eine Phase der politischen Legitimation, die bei allen untersuchten Fällen im Mittelpunkt stand, und drittens in eine Akzeptanzphase, d. h. eine Phase zwischen der Festsetzung der Standards durch die zuständige Institution und der Implementation der Standards, so läßt sich folgendes feststellen:

- In der Schweiz und den Niederlanden existiert die erste Phase gar nicht bzw. ist erheblich verkürzt, weil diese beiden Länder die wissenschaftlichen Grundlagen ihrer Regulierungen normalerweise nicht selbst erarbeiten, sondern auf Forschungsresultate zurückgreifen, die nicht aus dem eigenen Land stammen, sondern von ausländischen Forschern oder von international zusammengesetzten Expertengremien erarbeitet wurden. In den USA ist diese Phase hingegen von großer Bedeutung.

- Die Länge der Phase der politischen Legitimation muß sich zwischen den drei Ländern nicht unbedingt grundlegend unterscheiden, weil der konsensuale Regulierungsstil der beiden kleinen Länder zumindest bei umstrittenen Fragen einen großen Zeitaufwand erfordern kann. Andererseits ist aber auch für das formalisierte Verfahren in den USA ein erheblicher Zeitbedarf einzukalkulieren. Verlängert wurden die amerikanischen Verfahren in den letzten Jahren noch dadurch, daß durch die Reagan-Administration die Überprüfung der ökonomischen Auswirkungen der Regulierung vorgeschrieben wurde (*regulatory impact analysis*, siehe 4.4.2).

- Eine Akzeptanzphase existiert in der Schweiz und den Niederlanden normalerweise ebenfalls nicht, da mit dem Erlaß der Rechtsverordnung oder der Verwaltungsvorschrift durch den zuständigen Minister bzw. das Kabinett das Verfahren endgültig ab-

---

[4] Wenn man von der Bundesrepublik als dem einzigen bedeutenden Industrieland einmal absieht, gehen Initiativen vor allem von den skandinavischen Ländern, von der Schweiz und von Österreich aus.

geschlossen ist; eine Ausnahme stellt unter den von uns durchgeführten Fallstudien nur die Regulierung der Abfallverbrennungsanlagen in den Niederlanden dar. Charakteristisch für die amerikanischen Verfahren ist hingegen, daß sich an das eigentliche Verfahren in der Mehrzahl der Fälle ein Gerichtsverfahren anschließt. Die große Bedeutung der Gerichte für die amerikanischen Standardsetzungsverfahren zeigt die Fallstudie zur Regulierung von Benzol sehr eindrücklich; hier wurde nicht nur zu Beginn, sondern auch während und nach dem eigentlichen Verfahren ein Gericht eingeschaltet.

Insgesamt verwundert es daher nicht, daß die amerikanischen Verfahren sehr viel mehr Zeit in Anspruch nehmen als die niederländischen oder die schweizerischen. Die unterschiedlichen gerichtlichen Kontrollmöglichkeiten von Standards, die in den USA sehr weit gehen, in den Niederlanden und der Schweiz aber nur in sehr engen Grenzen bestehen, führt allerdings dazu, daß die Klageanfälligkeit nicht als Indikator für Akzeptanz der Standardsetzung in den drei Staaten dienen kann. Unbestritten dürfte aber sein, daß der hohe Prozentsatz der Fälle, in denen gegen amerikanische Standards Klage erhoben wird, eine relativ geringe Akzeptanz anzeigt. Verbesserungen könnten möglicherweise durch neuartige Verfahren (das bereits erwähnte *negotiated rulemaking*, siehe 4.4.4) erzielt werden, die wesentlich stärker auf frühzeitige Konsensbildung ausgerichtet sind, sich derzeit aber noch in der Erprobungsphase befinden.

Die Verfahren in den Niederlanden und in der Schweiz sind im Gegensatz zu den amerikanischen einerseits relativ statisch. Gravierende Veränderungen des Verlaufs haben sich in den letzten Jahren nicht ergeben. Andererseits sind sie aber auch ziemlich homogen; die Verfahrensmuster sind bei allen untersuchten Fällen ganz ähnlich. Eine gewisse Ausnahme stellt nur die Pestizidregulierung in den Niederlanden dar, da in diesem Fall ein weniger transparentes Verfahren abläuft, zu dem die Umweltverbände keinen Zutritt haben. Offensichtlich hat sich die starke Machtposition des Landwirtschaftssektors hier sogar in den Verfahrensregeln niedergeschlagen. In den USA zeigt sich ein anderes Bild: Die Verfahren sind weitaus vielfältiger und können sich zwischen einzelnen Teilbereichen der Umweltpolitik erheblich unterscheiden. Während die amerikanischen Verfahren relativ häufig geändert werden, spiegelt sich die politische Stabilität der Niederlande und der Schweiz auch in der Stabilität ihrer Standardsetzungsverfahren wider.

Offenheit der Verfahren und Grad der Formalisierung

Die Offenheit der Verfahren ist nicht völlig unabhängig vom Grad der Formalisierung, und zwischen Klage- und Beteiligungsrechten besteht ebenfalls ein Zusammenhang, da umfassende Beteiligungsrechte meist nur dann anzutreffen sind, wenn auch Klagerechte bestehen. So hatten in den USA die sich an die Standardsetzungsverfahren anschließenden Gerichtsverfahren bzw. die entsprechenden Urteile Rückwirkungen auf die Entwicklung der Verfahrensregeln, weil die Gerichte bestimmte Anforderungen an die Verfahren formulierten, die anschließend meist kodifiziert wurden. Die Standardsetzungsverfahren haben sich dadurch erheblich verändert. In der Schweiz zeigt sich eine frühzeitige und umfassende Beteiligung der Umweltverbände vor allem in den Bereichen, in denen Verbandsklagerechten (z. B. bei UVP-Verfahren) bestehen. Da dies bei den Standardsetzungsverfahren nicht der Fall ist, beschränkt sich die Beteiligung der Umweltverbände dort weitgehend auf die Möglichkeit, im Rahmen des Vernehmlassungsverfahrens schriftliche Stellungnahmen abzugeben.

Die amerikanischen Verfahren sind nicht nur wesentlich offener und transparenter als die niederländischen oder schweizerischen, sie sind auch viel stärker formalisiert. Die schweizerischen Verfahren sind zum überwiegenden Teil informell. An den Verhandlungen und Beratungen des BUWAL mit den jeweiligen Zielgruppen der Regulierung werden die Umweltverbände nicht beteiligt. Am interessantesten sind in diesem Zusammenhang sicherlich die niederländischen Verfahren, die - was den Grad der Offenheit und der Formalisierung angeht - zwischen den Verfahren der beiden anderen Länder stehen. Einerseits sind sie sehr offen und transparent ausgestaltet (mit gewissen Einschränkungen für den Bereich der Pestizide), andererseits finden sich neben formellen auch informelle Verfahrenselemente. Erklären läßt sich dies u. a. durch die im Vergleich mit den beiden anderen Staaten einzigartige institutionelle Ausgestaltung der niederländischen Verfahren. Die Interessenvermittlung läuft im wesentlichen über das Repräsentativorgan CRMH.

Die Differenzen des Regulierungsstils zwischen den USA und den Niederlanden werden deutlich, wenn der von uns untersuchte Fall des *negotiated rulemaking* (siehe 4.4.4 und 4.5.3) in den USA mit der Absprache verglichen wird, die in den Niederlanden im Rahmen der Cadmium-Regulierung getroffen wurde (siehe 3.6.1). Das stark formalisierte *negotiated rulemaking* stellt sich völlig anders dar als der niederländische Fall, da in dem zuletzt genannten Verfahren keine formellen Verfahrensregelungen zur Anwendung kamen. Zudem schließt sich in den USA an die Aushandlung das herkömmliche Standardsetzungsverfahren an, während in den Niederlanden die Teilbereiche, die durch die Absprache bereits geregelt worden waren, im Verordnungsverfahren keine Rolle mehr spielten; in der Rechtsverordnung wurde auf entsprechende Bestimmungen bewußt verzichtet.

5.3   Entstehungsbedingungen relativ scharfer Standards

Wichtig für die Durchsetzbarkeit relativ scharfer Standards ist die Frage, wer die Kosten der Regulierung zu tragen hat. Die besten Voraussetzungen für scharfe Standards sind dann gegeben, wenn die direkten Zielgruppen der Regulierung, die im allgemeinen am Verfahren unmittelbar beteiligt sind, die Möglichkeit haben, die Kosten der Regulierung abzuwälzen. Dies ist zum einen dann der Fall, wenn die durch die verschärften Standards entstehenden Mehrkosten nicht vom Produzenten bzw. Emittenten, sondern vom Konsumenten zu tragen sind (z. B. bei der Regulierung der Emissionsgrenzwerte für Kleinfeuerungsanlagen in der Schweiz, siehe 2.5.2). Zum anderen trifft dies zu, wenn den Emittenten Subventionen gewährt werden, damit sie die notwendigen Investitionen tätigen können, also wenn der Staat die Kosten der Regulierung selbst übernimmt (z. B. bei der Regulierung der Großfeuerungsanlagen in den Niederlanden, siehe 3.5.2).

Auswirkungen auf die Durchsetzbarkeit von relativ scharfen Standards hat auch die Branchenstruktur, wobei die Konkurrenzsituation der Branche und die Kapazitäten der jeweiligen Wirtschaftsverbände hervorzuheben sind, die Mitgliedsunternehmen zu gemeinsamem Handeln zu veranlassen. So sind die außerordentlich scharfen Standards für Kleinfeuerungsanlagen in der Schweiz im wesentlichen das Resultat der ausgeprägten Konkurrenzsituation zwischen Öl- und Gasgeräten im stagnierenden Wärmemarkt. Hersteller und Importeure sowie die Gasindustrie versuchten, Marktanteile für die "umweltfreundlicheren" Gasgeräte zu gewinnen. Sie übernahmen die vom BUWAL vorgeschlagenen scharfen Grenzwerte, um potentielle Kunden zum Umsteigen auf Gasgeräte zu bewegen (siehe 2.5.2). Ähnliche Ergebnisse sind zu erwarten, wenn Unternehmen der Umweltindustrie in das Verfahren integriert werden, da sie bisweilen andere Positionen vertreten als die zur Sanierung der bestehenden Anlagen verpflichteten Anlagenbetreiber. In derartigen Situationen ist das Widerstandspotential der Zielgruppen relativ niedrig.

Sektorale Unterschiede sind allerdings unübersehbar: Einige Branchen können ihre Interessen offensichtlich sehr viel besser durchsetzen als andere. Dies gilt sogar länderübergreifend - z. B. für den Landwirtschaftssektor, der bei der Pestizidregulierung unmittelbar tangiert wird. Bei den entsprechenden Verfahren, die nur in den Niederlanden (siehe 2.6.2) und den USA (siehe 4.6) untersucht wurden - für die Schweiz existieren aber Untersuchungen, die ähnliche Strukturen auch in diesem Land nahelegen (Knoepfel 1989, Knoepfel 1991, Knoepfel und Zimmermann 1987) -, konnte festgestellt werden, daß diese weniger transparent sind als die typischen Verfahren der Standardsetzung.

Außerdem trifft man in den beiden kleinen Ländern auf Fälle, bei denen die Wirtschaftsstruktur eine scharfe Regulierung erlaubt, weil keine Hersteller im eigenen Land existieren und ausländische Produzenten selbst mittelbar (über den inländischen Handel) nicht am Verfahren beteiligt werden (z. B. beim Maßnahmenpaket zum Schutz der Ozonschicht, siehe 2.6.2). Sind im eigenen Land keine Produzenten vorhanden, d. h. liegt eigentlich ein reines Importproblem vor, so orientiert man sich bei der Entscheidungsfindung nahezu ausschließlich an der internationalen Diskussion bzw. an den Standards anderer Nationalstaaten. Häufig werden dann die im internationalen Vergleich schärfsten Regulierungen präferiert, da sie für das eigene Land gerade gut genug erscheinen.

Bei Katastrophen- und Skandalfällen sind generell scharfe Standards bei gleichzeitiger Akzeptanz der Zielgruppe möglich. In einer solchen Situation kann es zu einer über das eigentliche Ziel der staatlichen Intervention weit hinausgehenden Regulierung kommen, wie die Fallstudie zur Verschärfung der Emissionsgrenzwerte für Abfallverbrennungsanlagen in den Niederlanden zeigt. Vor dem Hintergrund der Dioxinaffäre wurden nicht nur Standards für Dioxin festgesetzt, sondern auch andere Grenzwerte verschärft (z. B. für NO_x-Emissionen). Nach der Festsetzung der Grenzwerte gab es jedoch Nachverhandlungen mit den Anlagenbetreibern, deren Ergebnis die Entschärfung der Regulierungen für Altanlagen war (siehe 3.5.3). Die Verkürzung der Phase der politischen Legitimation, die zu einer - in den Niederlanden unüblichen - konfliktären Situation führte, hatte zur Folge, daß dem eigentlichen Verfahren eine Akzeptanzphase nachgeschaltet wurde.

Verfahren, die unmittelbar nach Umweltskandalen eingeleitet oder durch diese stark beeinflußt werden, nehmen in den USA einen etwas anderen Verlauf. Ein Verbot eines bestimmten Stoffes dauert auch in einer solchen Situation in den USA länger als in der Schweiz oder den Niederlanden, da selbst dann nach der wissenschaftlichen Basis der Entscheidung gefragt wird bzw. werden muß, weil grundsätzlich mit der Einleitung eines Gerichtsverfahrens zu rechnen ist. Einerseits führen Skandale also zu schärferen Grenzwerten, wobei einiges dafür spricht, daß es in den USA wesentlich schneller zu Skandalen kommt als in den beiden anderen Staaten. Andererseits zeigt der unterschiedliche Formalisierungsgrad auch in einer solchen Situation seine Wirkung: Während in den USA nur geringfügige Abweichungen vom "Normalverfahren" auftreten, kommt es in einem politischen System mit konsensualen Grundstrukturen wie den Niederlanden zu einer Verkürzung des eigentlichen Verfahrens, einer ungeheuer schnellen Festsetzung der Standards, daneben aber auch zur Ausbildung einer Akzeptanzphase, in der die noch existierenden Konflikte gelöst werden müssen.

Zusammenfassend kann man festhalten, daß scharfe Standards dann besonders gut durchsetzbar sind, wenn

1. die Kosten der Regulierung weitgehend auf nicht am Verfahren Beteiligte abgewälzt werden können, d. h. wenn die Konsumenten, die nicht am Verhandlungstisch sitzen, letztendlich die anfallenden Kosten zu bezahlen haben, oder wenn der Staat, indem er Subventionen gewährt, die anfallenden Kosten zumindest zum Teil übernimmt;

2. das Widerstandspotential der regulierten Branche gering ist, was insbesondere bei einer Konkurrenzsituation der Fall ist, in der Teile der Branche Chancen sehen, durch die Ökologisierung der Produktion einen größeren Marktanteil zu erringen bzw. Markteintrittsbarrieren aufbauen zu können; daneben treten in den beiden kleinen Ländern auch Fälle auf, bei denen sehr scharfe Standards festgesetzt werden können, weil es keine inländischen Produzenten gibt;

3. wenn eine breite öffentliche Diskussion über das entsprechende Umweltproblem existiert; dies gilt vor allem bei Skandalen.

Damit wird die Hoffnung, daß optimale Verfahren existieren, bei denen die institutionelle Ausgestaltung zu relativ scharfen Standards bei gleichzeitiger Akzeptanz sowohl der Verfahren als auch der Standards führt, durch die Ergebnisse unserer Studie eher enttäuscht. Zumindest wird die Schärfe der Standards nicht in erster Linie durch die institutionellen Voraussetzungen innerhalb des politisch-administrativen Systems maßgeblich beeinflußt, sondern vor allem durch ökonomisch-institutionelle Bedingungen (Verteilung der Kosten der Regulierung) sowie institutionelle Voraussetzungen geprägt, die das Widerstandspotential der Zielgruppen determinieren. Darüber hinaus haben die jeweiligen Kontextbedingungen, d. h. vor allem das Ausmaß der öffentlichen Diskussion, erheblichen Einfluß auf die Schärfe der Umweltstandards.

5.4 Perspektiven für die Bundesrepublik

Daß die aus der politischen Debatte vertraute Ansicht, Veränderungen des Standardsetzungsverfahrens würden zu schärferen Standards und generell zu besserem Umweltschutz führen, durch die Ergebnisse unserer Studie so nicht bestätigt werden, bedeutet nicht, daß Überlegungen, die bundesdeutschen Verfahren stärker als bislang zu öffnen, umweltpolitisch irrelevant sind:

- Auch wenn größere Informationsmöglichkeiten und Beteiligungsrechte im Verfahren nicht generell zu schärferen Standards führen, kann doch davon ausgegangen werden, daß sie in einzelnen Verfahren dazu beitragen, Umweltinteressen stärker zu Geltung zu bringen.

- Zugleich tragen die einzelnen Verfahrensvarianten in unterschiedlichem Maß zur Akzeptanz der Standards bei, die ihrerseits eine zentrale Voraussetzung für eine erfolgreiche Implementation ist.

- Schließlich muß ein Mehr an Informations- und Beteiligungsrechten nicht instrumentell im Hinblick auf die Schärfe der Standards betrachtet werden, sondern kann, und hier sind letztlich normative Fragen angesprochen, auch ein Wert an sich für die Umweltpolitik sein.

Die Verfahren der drei untersuchten Länder (wie auch in der Bundesrepublik) können als jeweils spezifische Kombination von drei idealtypischen Formen der Institutionalisierung von Standardsetzung verstanden werden: (1) Expertenkommission, (2) hierarchische Entscheidungen der Exekutive und (3) Verhandlungssysteme. Im Zeitverlauf zeichnet sich dabei ein institutioneller Wandel ab. Das Votum von Expertenkommissionen dient bei vielen Standardsetzungsverfahren zwar als Grundlage der Entscheidung, die Kommissionen haben aber meist ausschließlich beratende Funktion, da weiterreichende Befugnisse in der Vergangenheit immer wieder zu Akzeptanzproblemen bei Umweltverbänden und Bevölkerung führten. Auch die rein hierarchische Entscheidung entspricht schon lange nicht mehr der Realität der Standardsetzung, da eine Regulierung ohne die vorherige Anhörung zumindest der unmittelbar betroffenen Zielgruppe mittlerweile völlig undenkbar geworden ist.

Prägend für die aktuelle Praxis der Standardsetzung sind Verhandlungssysteme, durch die die verschiedenen Interessen in das Verfahren einbezogen werden. Man kann dabei zwei

Varianten unterscheiden: Bei der ersten Variante dominieren konfliktäre Aushandlungsprozesse. Charakteristisch sind die große Anzahl der Beteiligten und die vergleichsweise hohe Transparenz des Verfahrens. Da es häufig nicht gelingt, die vielfältigen Interessen im Standsetzungsverfahren zu aggregieren, sind Implementationsdefizite eine nahezu zwangsläufige Folge. Als zweite Form trifft man auf konsensuale Verfahren, die sich aber ihrerseits sehr stark unterscheiden können. Die Beteiligung von Interessenvertretern am Verfahren reicht von informellen Gesprächen, die nur bei Bedarf stattfinden, bis zur Institutionalisierung auf Dauer eingerichteter Gremien wie dem niederländischen "Zentralen Rat für Umweltschutz" (CRMH).

Standardsetzungsverfahren, bei denen die maßgeblichen Entscheidungen ausschließlich durch Expertengremien oder die Exekutive getroffen werden, erscheinen vor dem hier entwickelten Hintergrund kaum mehr zeitgemäß, auch wenn entsprechende Vorstellungen in Deutschland eine erhebliche Tradition besitzen und - wie z. B. von der Arbeitsgruppe "Umweltstandards" der Akademie der Wissenschaften zu Berlin - durchaus auch heute noch entwickelt werden.[5] Vergleicht man die unterschiedlichen Formen der Verhandlungssysteme miteinander, so wird eine erfolgreiche Umweltpolitik nicht zuletzt davon abhängen, ob es gelingt, institutionelle Arrangements zu schaffen, die zumindest allen relevanten Interessengruppen Zutritt zum Verfahren gewähren, möglichst transparent und auf konsensuale Lösungen ausgerichtet sind.

Von den drei untersuchten Staaten werden diese Voraussetzungen am ehesten von den Niederlanden erfüllt. Zwar ist die Offenheit des Verfahrens in den USA noch deutlich größer, gehen Transparenz und Beteiligungsrechte weiter. Jedoch werden Konflikte im Laufe des Verfahrens eher verschärft als durch Konsensbildung zwischen den Akteuren begrenzt oder gar gelöst. Kennzeichnend ist in diesem Zusammenhang, daß in der amerikanischen wissenschaftlichen Debatte auf die eher konsensual orientierten Verfahrenstypen Europas als Reformperspektive Bezug genommen wird und daß sich die EPA mit dem *negotiated rulemaking* bemüht, im Rahmen der hochformalisierten Anforderungen einen konsensualen Verfahrensverlauf zu ermöglichen.

Konsensfördernde Standardsetzungsverfahren setzen ein gewisses Maß an Informalität voraus. Das Beispiel der Niederlande mit seiner Kombination aus hoher Transparenz, formalisierten Beteiligungsmöglichkeiten der wichtigen Interessengruppen über den CRMH und einer ansonsten weniger formalisierten Verfahrensgestaltung ist in diesem Sinne für die Zukunft der bundesdeutschen Standardsetzung wohl sogar interessanter als die USA.

Nun wird sich der politische Praktiker vom internationalen Vergleich vermutlich Lehren für die Bundesrepublik erhoffen, die über die bislang angestellten Überlegungen hinaus-

---

[5] Siehe hierzu den Vorschlag, die Festsetzung von Umweltstandards einem Umweltrat zu übertragen, der sich in Zusammensetzung und Verfahren am Wissenschaftsrat orientieren soll (Akademie der Wissenschaften zu Berlin 1992: 475 ff.).

gehen. Ein entsprechendes Bemühen sieht sich allerdings mit einem Grundproblem von Ländervergleichen konfrontiert.[6] Die in den Vergleich einbezogenen Staaten unterscheiden sich nicht nur in den untersuchten "unabhängigen" Variablen (hier also der Ausgestaltung der Standardsetzungsverfahren), sondern in einer Fülle von anderen Faktoren wie der Größe, der Wirtschaftskraft, dem Staatsaufbau oder dem dominierenden Regulierungsstil. Dies wiederum erklärt nicht nur, warum die praktischen Folgen einzelner Verfahrensvarianten nur schwer zu bestimmen sind, sondern bewirkt auch, daß eine Übernahme von Verfahren oder gar nur einzelner Verfahrenselemente von einem in ein anderes Land dort kaum zu denselben Wirkungen führen kann.

Schon die Größenunterschiede zwischen beiden Ländern machen es problematisch, aus der Standardsetzung in der Niederlande konkrete handlungsleitende Empfehlungen für die Bundesrepublik abzuleiten. Hinzu kommt eine allgemeine konsensuale Orientierung der Niederlande, die beim Nachbar Deutschland sicherlich nicht im selben Maß gegeben ist. Auf der anderen Seite liegt die Bundesrepublik in bezug auf den dominierenden Regulierungsstil und auf die Struktur des Verbandssystem weitaus näher bei den Niederlanden als bei den USA, so daß ein konsensualer Prozeß der Standardsetzung keineswegs von vornherein ausgeschlossen ist. Eine gewisse Orientierung an niederländischen Erfahrungen erscheint uns insofern durchaus möglich.

Trotz der im Hinblick auf die Übertragbarkeit von Erfahrungen anderer Länder notwendigen Einschränkungen seien abschließend auf der Basis des internationalen Vergleichs einige Anmerkungen zu den Vorschlägen gemacht, die für die Veränderung der bundesdeutschen Standardsetzungsverfahren vorliegen. Hierzu seien zunächst die Grundlinien dieser Vorschläge in Erinnerung gerufen: Der von Kloepfer, Rehbinder und Schmidt-Aßmann vorgelegte Entwurf des Allgemeinen Teils eines Umweltgesetzbuches sieht vor, die bislang sehr unterschiedlichen Anforderungen an die bundesdeutschen Standardsetzungsverfahren[7] zu vereinheitlichen, wobei der Rechtsform der Rechtsverordnungen gegenüber der der Verwaltungsvorschrift ein grundsätzlicher Vorrang eingeräumt werden soll. An die Verfahren selbst stellt der "Professoren-Entwurf" - unabhängig davon, ob sie zu Rechtsverordnungen oder Verwaltungsvorschriften führen - vor allem die folgenden Anforderungen:[8]

- Vor dem Erlaß sind die beteiligten Kreise anzuhören, zu denen ausdrücklich die Vertreter der Wirtschaft und die anerkannten Umweltverbände gezählt werden.

- Der Entwurf der Standardsetzung ist insbesondere im Hinblick auf die wissenschaftlichen Annahmen und Methoden sowie die relevanten technischen und wirtschaftlichen

---

[6] Siehe z. B. Przeworski 1987, Aarebrot und Bakka 1992.

[7] Siehe zur Kritik an den unterschiedlichen Verfahrensanforderungen auch Breuer 1992.

[8] §§ 45 bis 162 sowie §§ 134 bis 144 des Entwurfs, siehe Kloepfer, Rehbinder und Schmidt-Aßmann 1991: 88 ff., 435 f.; siehe auch Kunig 1992.

Gegebenheiten zu begründen. Zu den Ergebnissen der Anhörung ist Stellung zu nehmen.

- Die Regulierung ist spätestens acht Jahre nach Erlaß daraufhin zu überprüfen, ob sie noch den gesetzlichen Vorgaben entspricht.

- Im Rahmen des vorgesehenen Einsichtsrechts in Umweltakten können auch Unterlagen zur Vorbereitung von Verwaltungsvorschriften und Verwaltungsprogrammen eingesehen werden.

Die Überlegungen, die Heinrich von Lersner (1990: 196) vorgelegt hat, gehen weiter und sehen u. a. vor, (1) den Standardsetzungsvorschlag "in einer jedermann zugänglichen Publikation zu veröffentlichen", (2) den Kreis der an Anhörungen zu Beteiligenden per Gesetz möglichst exakt zu umreißen, (3) die Anhörungen von einer Behörde durchführen zu lassen, die weder den Entwurf erarbeitet hat noch die Standards festlegt, (4) ein Wortprotokoll der Anhörung zu fertigen und zu veröffentlichen.

Verfahrenselemente, wie sie hier vorgeschlagen werden, sind in der Schweiz, den Niederlanden und vor allem in den USA bereits seit längerem erprobt. Hinsichtlich der Transparenz der Verfahren hinkt die Bundesrepublik hinter den drei untersuchten Staaten hinterher; dies gilt selbst für die Schweiz (siehe auch Denninger 1990: 48 ff.), in der sich ein größerer Teil der Standardsetzung hinter geschlossenen Türen abspielt als in den Niederlanden oder gar in den USA. Mit der weitgehend einheitlichen Kodifikation der zentralen Anforderungen an die Standardsetzung im Allgemeinen Teil eines Umweltgesetzbuches würde die Bundesrepublik denselben Weg beschreiten, den auch die Schweiz und die Niederlande eingeschlagen haben, ja sie würde im Formalisierungsgrad zum Teil über diese beiden Länder hinausgehen. Entsprechende Regelungen würden entscheidend dazu beitragen, daß die Standardsetzung für die bundesdeutsche Öffentlichkeit durchsichtiger wird. Transparenz ist eine notwendige, wenn auch nicht hinreichende Bedingung für die Akzeptanz der Standardsetzung bei den beteiligten Interessen.

Was die künftige Ausgestaltung der Beteiligungsrechte bei der Standardsetzung anbelangt, konzentriert sich die bundesdeutsche Diskussion auf Vorschläge, die für das einzelne Verfahren die Pflicht zur Durchführung einer Anhörung der "beteiligten Kreise" vorsieht, wobei diese mehr oder weniger weitgehend konkretisiert werden. Die niederländischen Erfahrungen aufgreifend, sollte darüber nachgedacht werden, auch für die Bundesrepublik ein Beratungsgremium aus Wissenschaft, Umweltverbänden, Wirtschaft, Gewerkschaften (und eventuell auch Ländern und Gemeinden) einzurichten, das analog zum CRMH in die Standardsetzung einbezogen werden könnte. Von bereits bestehenden deutschen Gremien und Organisationen mit einer ähnlichen Zusammensetzung wie der Arbeitsgemeinschaft für Umweltfragen (AGU) würde sich ein solcher Rat dadurch unterscheiden, daß er ein zentrales Beratungsgremium für Fragen des Umweltschutzes darstellt, dessen Zusammensetzung und Aufgaben gesetzlich zu regeln sind, und das in der öffentlichen umweltpolitischen Debatte eine hervorgehobene Stellung einnimmt.

Der Vergleich der in den drei Ländern gemachten Erfahrungen zeigt, daß eine vollständige Formalisierung von Standardsetzungsverfahren, die mit einer weitgehenden gerichtlichen Kontrolle der Standardsetzung einhergeht, insofern mit erheblichen Nachteilen verbunden ist, als sie zu hohem Regulierungsaufwand führen und konsensuale Lösungen erschweren kann. Die für die Bundesrepublik vorliegenden Reformvorschläge gehen allerdings bei weitem nicht so weit, daß bei ihrer Realisierung entsprechende Entwicklungen zu gewärtigen wären.

Anhang

Tab. A1: Beschäftigte[a] 1988 nach Wirtschaftsbereichen (in Tausend)

	Insgesamt	Landwirtschaft		Industrie		Dienstleistungsbereich	
	in Tsd.	in Tsd.	in %	in Tsd.	in %	in Tsd.	in %
Schweiz	3.481	199	5,7	1.221	35,1	2.061	59,2
Niederlande	5.934	284	4,8	1.566	26,4	4.084	68,8
USA	114.968	3.326	2,9	30.965	26,9	80.677	70,2
Bundesrepublik	26.825	1.085	4,1	10.688	39,8	15.052	56,1
EG	127.771	9.422	7,4	41.518	32,5	76.831	60,1

[a] nur Beschäftigte im zivilen Bereich

Quelle: OECD 1990

Tab. A2: Öffentliche Meinung: Prozentsatz der Bevölkerung, der sehr beunruhigt über bestimmte nationale Umweltprobleme ist

	Deponierung von Industriemüll (in %)	Wasserverschmutzung (in %)	Luftverschmutzung (in %)
Niederlande	62	56	54
USA	n. a.	64	58
Bundesrepublik	50	46	45
Frankreich	44	38	36
Griechenland	47	44	53
Großbritannien	47	38	32
Italien	58	62	62
Japan	32[a]	41	41
Portugal	43	44	41
Spanien	53	54	52
EG	50	47	45

[a] Verschmutzung durch gefährliche Chemikalien.

Quelle: OECD 1991a

Tab. A3: SO_x- und NO_x-, CO-, CO_2-Emissionen und Treibhausgase pro Einheit des Bruttoinlandproduktes[a] (kg/1.000 US Dollar) in ausgewählten Ländern in den späten 80er Jahren

	SO_x	NO_x	CO	CO_2	Treibhausgase
Schweiz	0,6	1,8	-	125	269
Niederlande	1,9	4,2	7,9	380	705
USA	4,7	4,5	13,8	324	558
Bundesrepublik	1,9	4,3	13,0	294	488
Frankreich	2,3	3,1	11,0	182	395
Großbritannien	7,0	4,9	10,7	317	599
Italien	4,4	3,4	11,9	231	465
Japan	0,6	0,8	-	181	268
Kanada	9,7	4,9	27,4	316	608
Schweden	1,8	2,9	16,2	194	295
OECD	4,1	3,8	12,8	286	516

[a] BIP auf Preise und Wechselkurse von 1985 bezogen.

Quelle: OECD 1991b, S. 35, 1991c, S. 17 ff.

Tab. A4: SO_x- und NO_x- und CO_2-Emissionen und Treibhausgase pro Einwohner in ausgewählten Ländern in den späten 80er Jahren

	SO_x	NO_x	CO_2	Treibhausgase
Schweiz	9,4	27,6	1,9	4,0
Niederlande	17,3	37,9	3,4	6,4
USA	84,0	80,4	5,8	10,0
Bundesrepublik	21,3	46,7	3,2	5,3
Frankreich	22,8	31,6	1,8	4,0
Großbritannien	63,1	44,0	2,9	5,4
Italien	36,0	27,3	1,9	3,8
Japan	6,8	9,6	2,2	3,3
Kanada	146,4	74,9	4,8	9,2
Schweden	23,6	37,4	2,5	3,8
OECD	48,3	44,3	3,4	6,1

Quelle: OECD 1991c, S. 17 ff.

Tab. A5: Siedlungsmüll pro Kopf der Bevölkerung 1975 bis 1989 in ausgewählten Ländern

	in kg pro Kopf				Veränderung in %		
	1975	1980	1985	1989	1975-1980	1980-1985	1985-1989
Schweiz	297	351	383	424	18,2	9,1	10,8
Niederlande[a]	-	489	426	465	-	-12,9	9,0
USA[b]	648	703	744	864	8,4	5,9	16,2
Bundesrepublik[c]	335	348	318	318	3,9	-8,6	0,2
Frankreich[d]	228	260	272	303	14,1	4,6	11,3
Großbritannien[e]	323	312	341	357	-3,4	9,0	4,9
Italien	257	252	263	301	-2,0	4,1	14,5
Japan[f]	341	355	344	394	4,1	-3,2	14,5
Kanada	-	524	635	625	-	21,2	-1,7
Schweden	293	302	317	-	3,1	5,1	-
EG[g]	283	297	305	327	5,0	2,6	7,2
OECD[g]	407	438	462	518	7,6	5,5	12,3

[a] Daten der unterschiedlichen Jahre sind nicht völlig vergleichbar; Daten für 1989 beziehen sich auf 1988.
[b] Daten für 1985 beziehen sich auf Schätzungen auf der Basis der Daten für 1983; die Daten für 1989 beziehen sich auf 1986.
[c] Daten beziehen sich auf 1977, 1984 und 1987.
[d] Daten für 1989 beziehen sich auf 1990.
[e] Schätzungen (gerundet); nur England und Wales.
[f] Daten für 1989 beziehen sich auf 1988.
[g] Schätzungen (gerundet); Daten nur für die alte BRD enthalten.

Quelle: OECD 1991a, S. 133

Tab. A6: Emissionsgrenzwerte für Abfallverbrennungsanlagen (in mg/m³)

	Niederlande[a]		Schweiz[b]		Bundesrepublik	
	RV '85	RV '89	LRV '85	LRV '91	TA Luft '86[c]	17. BImSchV 1990[d]
Gesamtstaub	50	5	50	10	30	10 (30)
Sb, As, Pb, Cr, Co, Cu, Mn, Ni, V, Sn und deren Verbindungen, angegeben als Metalle als Summe	5[e]	1[f]	5[e]	1[e]	5/1[g]	0,5
Cd, Hg und deren Verbindungen, angegeben als Metalle, je	0,1	0,05	0,1	0,1	0,2[h]	0,05[i]
SO_x, angegeben als SO_2	-	40	500	50	100	50 (200)
NO_x, angegeben als NO_2	-	70	500	80	500	200 (400)[j]
Gasförmige anorganische Chlorverbindungen, angegeben als HCl	50	10	30	20	50	10 (60)
Gasförmige anorganische Fluorverbindungen, angegeben als HF	3	1	5	2	2	1 (4)
NH_3 und seine Verbindungen, angegeben als Ammoniak	-	-	30	5	-	-
Gasförmige organische Stoffe, angegeben als Gesamtkohlenstoff	-	10	-	20	20	10 (20)
Kohlenmonoxid	-	50	-[k]	50	100	50 (100)
Dioxin[l]	-	0,1 ng/m³	-	-	-	0,1 ng/m³

Bezugssauerstoffgehalt 11%; grundsätzlich handelt es sich um Tagesmittelwerte, die Grenzwerte für Schwermetalle und Dioxin sind auf die jeweilige Probenahmezeit bezogen, die Werte in Klammern sind Halbstundenmittelwerte (bei Kohlenmonoxid Stundenmittelwerte).

[a] Richtlijn Verbranden vom 01.02.1985 (RV '85) und Richtlijn Verbranden vom 15.08.1989 (RV '89).
[b] Nach der Luftreinhalte-Verordnung (LRV) gelten die Emissionsgrenzwerte als eingehalten, wenn innerhalb des Kalenderjahres:
 - keiner der Tagesmittelwerte den Emissionsgrenzwert überschreitet,
 - 97% aller Stundenmittelwerte das 1,2fache des Grenzwertes nicht überschreiten und
 - keiner der Stundenmittelwerte das Zweifache des Grenzwertes überschreitet.
[c] Erste Allgemeine Verwaltungsvorschrift zum Bundes-Immissionsschutzgesetz (Technische Anleitung zur Reinhaltung der Luft - TA Luft) vom 27.02.1986.
[d] Siebzehnte Verordnung zur Durchführung des Bundes-Immissionsschutzgesetzes (Verordnung über Verbrennungsanlagen für Abfälle und ähnliche brennbare Stoffe) - 17. BImschV - vom 23.11.1990.
[e] Nur Pb und Zn als Summe.
[f] In der RV '89 wird Ni nicht genannt.
[g] Sb, Pb, Cr, Cu, Mn, Pt, Pd, Rh, V, Sn und ihre Verbindungen, Fluoride und Cyanide zusammen 5 mg/m³ (TA Luft; staubförmige anorganische Stoffe der Klasse III); für As, Co, Ni, Se, Te und ihre Verbindungen insgesamt wurde ein weiterer Grenzwert von 1 mg/m³ festgelegt (TA Luft 1986; staubförmige anorganische Stoffe der Klasse II).
[h] Hg, Cd und Tl und deren Verbindungen zusammen (TA Luft 1986; staubförmige anorganische Stoffe der Klasse I).
[i] Hg und seine Verbindungen 0,05 mg/m³, Cd und Tl und deren Verbindungen zusammen 0,05 mg/m³.
[j] In der Genehmigungspraxis wird ein Wert von 70 mg/m³ gefordert; Nottrodt 1992: S. 20.
[k] Das Volumenverhältnis von Kohlenmonoxid zu Kohlendioxid im Abgas darf den Wert von 0,002 nicht überschreiten.
[l] Gemessen in Toxizitätsäquivalent (TEQ), vgl. 17. BImschV.

Literaturverzeichnis

Aarebrot, Frank H. und Pal H. Bakka 1992: Die vergleichende Methode in der Politikwissenschaft, in: Dirk Berg-Schlosser und Ferdinand Müller-Rommel (Hrsg.): Vergleichende Politikwissenschaft, 2. Auflage, Opladen: UTB, S. 51-69.

Achermann, Beat 1990: Ozon-Immissionen in der Schweiz 1985-1988, Umwelttechnik 24 (3/1990), S. 16-20.

Akademie der Wissenschaften zu Berlin/The Academy of Sciences and Technology in Berlin 1992: Umweltstandards. Grundlagen, Tatsachen und Bewertungen am Beispiel des Strahlenrisikos, Berlin und New York de Gruyter.

Ackermann, Charbel 1981: Verordnungsrechtssetzung im Bereich des Umweltschutzes, Schweizerisches Jahrbuch für Politische Wissenschaft 21, S. 207-239.

Alternativen zu FCKW und Halonen. Technologien und Ersatzstoffe, Tagungsband zur Internationalen Konferenz Berlin 92, 24. bis 26. Februar 1992 im ICC Berlin.

Ammann, Daniel 1990: Die Autoabgas-Policy der Schweiz. Eine Vollzugsstudie, Zürich (Kleine Studien zur Politischen Wissenschaft Nr. 267-268).

Andrews, Richard N. L. 1992: Environmental Policy-Making in the United States, Washington D. C.: The European Institute.

Anselmann, Norbert 1991: Technische Vorschriften und Normen in Europa. Harmonisierung und gegenseitige Anerkennung, Bonn: Economica Verlag.

Arentsen, Morten 1991: Evaluatie van de Wet milieugevaarlijke stoffen. Achtergrondstudie bestaande stoffen, Enschede.

Ashford, Nicholas A. 1986: Alternativen zur Kosten-Nutzen-Analyse in der administrativen Normsetzung, in: Gerd Winter (Hrsg.), Grenzwerte, Düsseldorf: Werner-Verlag, S. 116-125.

Ayberk, Ural 1991: Die Schweizer und die Politik, in: Anna Melich (Hrsg.), Die Werte der Schweizer, Bern u. a.: Peter Lang, S. 233-273.

Bacow, Lawrence und Michael Wheeler 1984: Environmental Dispute Resolution, New York and London: Plenum Press.

Bartman, Thomas R. 1982: Regulating Benzene, in: Lester B. Lave (Hrsg.), Quantitative Risk Assessment in Regulation, Washington D. C.: The Brookings Institution.

Beratergremium für umweltrelevante Altstoffe der Gesellschaft Deutscher Chemiker (BUA) 1986: Pentachlorphenol, BUA-Stoffbericht 3 (Oktober 1985), Weinheim: VCH.

Berry, Michael 1984: A Method for Examining Policy Implementation: A Study of Decisionmaking for the National Ambient Air Quality Standards, 1964-1984, Dissertation, University of North Carolina at Chapel Hill.

Böhlen, Bruno 1986: Von der Gesetzgebung zum Vollzug: Bewährungprobe für das Umweltschutzgesetz, Referat gehalten auf der Generalversammlung der SGCI vom 13. Juni 1986 in Zürich.

Böhm, Eberhard und Karen Schäfers 1990: Maßnahmen zur Minderung des Cadmiumeintrags in die Umwelt, Fraunhofer-Institut für Systemtechnik und Innovationsforschung, Karlsruhe.

Bosselmann, Klaus 1987: Recht der Gefahrstoffe. Rechtsvergleichender Überblick, Berlin: Erich Schmidt Verlag (UBA-Berichte 4/87).

Bosso, Christopher J. 1987: Pesticides and Politics, Pittsburgh: The Univesity of Pittsburg Press.

Bosso, Christopher J. 1988: Transforming Adversaries Into Collaborators. Interest Groups And the Regulation of Chemical Pesticides, Policy Sciences 21, S. 3-22.

Bothe, Michael und Lothar Gündling (unter Mitarbeit von Rainer Hofmann und Christian Rumpf) 1990: Neuere Tendenzen des Umweltrechts im internationalen Vergleich, Berlin: Erich Schmidt Verlag (UBA-Berichte 2/90).

Breuer, Rüdiger 1992: Empfiehlt es sich, ein Umweltgesetzbuch zu schaffen, gegebenenfalls mit welchen Regelungsbereichen?, in: Verhandlungen des neunundfünfzigsten deutschen Juristentages, Hannover 1992, Abteilung Umweltrecht, München 1992: Beck, S. B 1-B 128.

Brickman, Ronald, Sheila Jasanoff und Thomas Ilgen 1985: Controlling Chemicals. The Politics of Regulation in Europe and in the United States, Ithaca und London: Cornell University Press.

Brunner, Ursula 1986: Art. 39, Ausführungsvorschriften und völkerrechtliche Vereinbarungen, in: Kommentar zum Umweltschutzgesetz. Handbuch - Kommentar - Ausführungserlasse, Zürich: Schulthess Polygraphischer Verlag.

Bryner, Gary C. 1987: Bureaucratic Discretion, New York: Pergamon Press.

van Buuren, Peter J. J. 1990: Möglichkeiten der Klageerhebung durch Umweltverbände im Verwaltungsrecht im Privatrecht, in: Jahrbuch für Umwelt- und Technikrechte 1990, Düsseldorf: Werner, S. 381-390.

Bundesamt für Statistik 1990: Statistisches Jahrbuch der Schweiz 1991, Zürich: Verlag Neue Zürcher Zeitung.

Bundesamt für Statistik 1991: Statistisches Jahrbuch der Schweiz 1992, Zürich: Verlag Neue Zürcher Zeitung.

Bundesamt für Umweltschutz (BUS) 1982: Umweltbelastung durch Dioxine und Furane aus kommunalen Kehrichtverbrennungsanlagen, Schriftenreihe Umweltschutz Nr. 5, Bern.

Bundesamt für Umweltschutz (BUS) 1984: Cadmium in der Schweiz. Bericht einer bundesinternen Arbeitsgruppe, Schriftenreihe Umweltschutz Nr. 32, Bern.

Bundesamt für Umweltschutz (BUS) 1986a: Immissionsgrenzwerte für Luftschadstoffe. Eine zusammenfassende Darstellung, Schriftenreihe Umweltschutz Nr. 52, Bern.

Bundesamt für Umweltschutz (BUS) 1986b: Leitbild für die schweizerische Abfallwirtschaft, Schriftenreihe Umweltschutz Nr. 51, Bern.

Bundesamt für Umweltschutz (BUS) 1986c: Mitteilungen zur Stoffverordnung (StoV) Nr. 2, Verordnung über umweltgefährdende Stoffe; Anhang 4.10. (Batterien), Bern.

Bundesamt für Umweltschutz (BUS) 1987: Mitteilungen zur Stoffverordnung (StoV) Nr. 9, Verordnung über umweltgfährdende Stoffe, Anhang 4.10; Änderung der Batterievorschriften, Bern.

Bundesamt für Umweltschutz (BUS) 1988a: Erläuterungen zur Stoffverordnung, Bern.

Bundesamt für Umweltschutz (BUS) 1988b: Fachtagung "Vollzug der Stoffverordnung" 23./24. März 1988, Schriftenreihe Umweltschutz Nr. 97, Bern.

Bundesamt für Umweltschutz (BUS) 1988c: Mitteilungen zur Stoffverordnung (StoV) Nr. 13, Cadmium in Kunststoffen, Bern.

Bundesamt für Umwelt, Wald und Landschaft (BUWAL) 1989a: Ozon in der Schweiz. Status-Bericht der Eidg. Kommission für Lufthygiene, Februar 1989, Schriftenreihe Umweltschutz Nr. 101, Bern.

Bundesamt für Umwelt, Wald und Landschaft (BUWAL) (Hrsg.) 1989b: Substitution FCKW-haltiger Wärmedämmstoffe im Hochbau. Preis- und Qualitätsvergleich, von der Gartenmann Bauphysik AG, Schriftenreihe Umweltschutz Nr. 113, Bern.

Bundesamt für Umwelt, Wald und Landschaft (BUWAL) 1989c: Stoffverordnung. Anleitung zur Selbstkontrolle, Bern.

Bundesamt für Umwelt, Wald und Landschaft (BUWAL) 1990a: Änderung der Stoffverordnung. Maßnahmenpaket zum Schutz der Ozonschicht. Ergebnisse der Vernehmlassung.

Bundesamt für Umwelt, Wald und Landschaft (BUWAL) (Hrsg.) 1990b: Panorama des Umweltrechts. Umweltschutzvorschriften des Bundes im Überblick, verfaßt von Prof. H. Rausch, Schriftenreihe Umwelt Nr. 138, Bern.

Bundesamt für Umwelt, Wald und Landschaft (BUWAL) (Hrsg.) 1990c: Ersatz von FCKW 113 in der Industrie, verfaßt von Brian N. Ellis, Schriftenreihe Umweltschutz Nr. 111, Bern.

Bundesamt für Umwelt, Wald und Landschaft (BUWAL) 1990d: Analyse des Quecksilber- und Cadmiumgehalts von Batterien, Schriftenreihe Umwelt Nr. 127, Bern.

Bundesamt für Umwelt, Wald und Landschaft (BUWAL) 1990e: CO_2-Abgabe. Zwischenbericht, Bern.

Bundesamt für Umwelt, Wald und Landschaft (BUWAL) 1991a: Umweltbericht 1990. Zur Lage der Umwelt in der Schweiz, Bern.

Bundesamt für Umwelt, Wald und Landschaft (BUWAL) 1991b: Entsorgung von Sonderabfällen in der Schweiz. Stand Herbst 1990, Schriftenreihe Umwelt Nr. 141, Bern.

Bundesamt für Umwelt, Wald und Landschaft (BUWAL) 1991c: Luftbelastung 1990. Meßresultate des Nationalen Beobachtungsnetzes für Luftfremdstoffe (NABEL), Schriftenreihe Umwelt Nr. 148, Bern.

Bundesamt für Umwelt, Wald und Landschaft (BUWAL) 1991d: Der fahrleistungsabhängige Ökobonus. Synthesebericht, Konzept für eine Lenkungsabgabe im privaten Straßenverkehr, Expertenbericht von INFRAS, Schriftenreihe Umwelt Nr. 150, Bern.

Bundesamt für Umwelt, Wald und Landschaft (BUWAL) 1991e: Typengeprüfte Heizkessel und Ölbrenner, Stand: April 1991, Bern.

Bundesamt für Umwelt, Wald und Landschaft (BUWAL) 1991f: Mitteilungen zur Stoffverordnung (StoV) Nr. 22, Cadmium in Kunststoffen, Bern.

Bundesrat 1986: Bericht Luftreinhalte-Konzept vom 10. September 1986.

Buser, Marcos 1984: Umweltschutzgesetzgebung und Wirtschaftsverbände, Wirtschaft und Recht 36, S. 245-302.

Buser, Marcos 1986: Der Einfluß der Wirtschaftsverbände auf Gesetzgebungsprozesse und das Vollzugswesen im Bereich des Umweltschutzes, in: Peter Farago und Hanspeter Kriesi (Hrsg.), Wirtschaftsverbände in der Schweiz. Organisation und Aktivitäten von Wirtschaftsverbänden in vier Sektoren der Schweiz, Grüsch: Verlag Rüegger.

Bussmann, Werner 1981: Gewässerschutz und kooperativer Föderalismus in der Schweiz, Bern: Haupt.

Cannon, Joseph 1986: The Regulation of Toxic Air Pollutants: A Critical Review, Journal of the Air Pollution Control Association 36, S. 562.

Catrina, Werner 1985: Der Eternit-Report. Stephan Schmidheinys schweres Erbe, Zürich und Schwäbisch Hall: Orell Füssli.

Cerutti, Herbert 1991: Kaleidoskop der Schweizer Forschung. Reportagen und Kurzporträts, Zürich: Verlag Neue Zürcher Zeitung.

Chudacoff, Michael (Hrsg.) 1988: Die unsauberen Saubermacher. Bürgerinitiativen und Umweltbehörden, Bern: Zytglogge.

Dauwalder, Jürg 1991: Dioxin- und Furanemissionen in der Schweizer Luft. Vorkommen, Struktur, Giftigkeit, Analytik, Umweltschutz in der Schweiz, Bulletin des Bundesamtes für Umwelt, Wald und Landschaft 2/91, S. 34-38.

Davis, Charles E. und James P. Lester 1989: Federalism and Environmental Policy, in: James P. Lester (Hrsg.), Environmental Politics and Policy. Theories and Evidences, Durham und London: Duke University Press, S. 57-84.

Denninger, Erhard (unter Mitarbeit von Karl-Heinz Holm) 1990: Verfahrensrechtliche Anforderungen an die Normsetzung im Umwelt- und Technikrecht, Baden-Baden: Nomos.

Dickhäuser, Klaus 1988: Hausmüllverbrennung in Westeuropa, Umwelt (VDI) 18 (3/88), S. 71-72.

Dryzek, John S. und James P. Lester 1990: Alternative Views of the Environmental Problematic, in: James P. Lester (Hrsg.), Environmental Politics and Policy, Theories and Evidences, Durham and London: Duke University Press, S. 314-330.

Dyllick, Thomas 1990: Ökologisch bewußtes Management, Die Orientierung 96 (Schriftenreihe der Schweizerischen Volksbank).

Efinger, Manfred, Volker Rittberger, Klaus Dieter Wolf und Michael Zürn 1990: Internationale Regime und internationale Politik, in: Volker Rittberger (Hrsg.), Theorien der Internationalen Beziehungen. Bestandsaufnahme und Forschungsperspektiven, PVS-Sonderheft 21, Opladen: Westdeutscher Verlag, S. 263-285.

Eidg. Departement des Innern (EDI) 1984a: Bericht zum Entwurf für eine Luftreinhalte-Verordnung (LRV), Mai 1984.

Eidg. Departement des Innern (EDI) 1984b: Bericht zum Entwurf einer Verordnung über umweltgefährdende Stoffe (Stoffverordnung), September 1984.

Eidg. Departement des Innern (EDI) 1984c: Verordnung über umweltgefährdende Stoffe (Stoffverordnung). Entwurf, September 1984.

Eidg. Departement des Innern (EDI) 1985a: Ergebnisse des Vernehmlassungsverfahrens über den Entwurf zur Luftreinhalte-Verordnung (LRV), September 1985, Bern.

Eidg. Departement des Innern (EDI) 1985b: Ergebnisse und Auswertung der Vernehmlassung zum Entwurf einer Stoffverordnung.

Eidg. Departement des Innern (EDI) 1988a: Stoffverordnung: Änderung Anhang 4.9. "Druckgaspackungen". Einladung zur Vernehmlassung, Juli 1988.

Eidg. Departement des Innern (EDI) 1988b: Stoffverordnung: Änderung Anhang 4.9. "Druckgaspackungen". Vernehmlassung. Zusammenfassung der Stellungnahmen, November 1988.

Eidg. Departement des Innern (EDI) 1990a: Änderung des Umweltschutzgesetzes. Erläuternder Bericht, Mai 1990.

Eidg. Departement des Innern (EDI) 1990b: Erläuterungen zum Entwurf zur Änderung der Luftreinhalte-Verordnung (LRV), März 1990.

Eidg. Departement des Innern (EDI) 1990c: Bericht zum Entwurf einer Änderung der Stoffverordnung; Maßnahmen zum Schutz der Ozonschicht, Mai 1990.

Eidg. Departement des Innern (EDI), Presse- und Informationsdienst 1990d: Was bringt die Verordnung über Getränkeverpackungen?, Presserohstoff v. 23. August 1990, Bern.

Eidg. Departement des Innern (EDI) 1991: Änderung der Luftreinhalte-Verordnung. Ergebnis des Vernehmlassungsverfahrens, November 1991.

Elektrowatt Ingenieurunternehmung (EWI) 1989: Untersuchungen im Zusammenhang mit dem Luftreinhalte-Konzept des Bundesrates und zusätzlichen Maßnahmen zur Reduktion der Luftverschmutzung, 2 Bde., Zürich.

Elektrowatt Ingenieurunternehmung (EWI) 1991: Sofortmaßnahmen zur kurzfristigen Reduktion der Ozonbelastung während Sommersmoglagen, Zürich.

Environmental Protection Agency (EPA) 1987: An Assessment of EPA's Rulemaking Activity, Washington D. C.: EPA Office of Policy, Planning and Evaluation.

Environmental Resources Limited 1982: The Law and Practice Relating to Pollution Control in The Netherlands, London: Graham and Trotman.

Europäische Gemeinschaften (EG) 1992: Vorschlag für eine Entschließung des Rates über ein Programm der Europäischen Gemeinschaft für Umweltpolitik und Maßnahmen im Hinblick auf eine dauerhafte und umweltgerechte Entwicklung, KOM(92) 23 endg.; Ratsdokument 6231/92, abgedruckt als Bundesrats-Drucksache 337/92 vom 12.5.1992.

Farago, Peter 1987: Verbände als Träger öffentlicher Politik. Aufbau und Bedeutung privater Regierungen in der Schweiz, Grüsch: Rüegger.

Farago, Peter und Hanspeter Kriesi (Hrsg.) 1986: Wirtschaftsverbände in der Schweiz. Organisation und Aktivitäten von Wirtschaftsverbänden in vier Sektoren der Schweiz, Grüsch: Rüegger.

Feldstein, Milton 1987: President's Message: Air Toxics, Journal of the Air Pollution Association 37, S. 1385.

Fleiner-Gerster, Thomas 1989: Der Verfassungsauftrag der schweizerischen Bundesverfassung: Der Bund muß den Menschen und seine natürliche Umwelt schützen (Art. 24septies BV), in: Jahrbuch des Umwelt- und Technikrechts 1989, Düsseldorf: Werner.

Förstner, Ulrich 1992: Umweltschutztechnik. Eine Einführung, 3. Aufl., Berlin u. a.: Springer.

Funk, William 1987: When Smoke Gets in Your Eyes: Regulatory Negotiation and the Public Interest. EPA's Woodstove Standards, Environmental Law 18, S. 55-98.

Gehring, Thomas 1990: Das internationale Regime zum Schutz der Ozonschicht, Europa-Archiv 45, S. 703-712.

Gehring, Thomas 1992: Dynamic International Regimes: Sectorally Integrated Normative Systems. Aspects of the Relationship between International Law and International Politics, 2 Bde., Dissertation am Fachbereich Politische Wissenschaft der Freien Universität Berlin.

Gellhorn, Ernest und Barry B. Boyer 1981: Administrative Law and Process, St. Paul: West Publishing.

General Accounting Office (GAO) 1986a: Pesticides. EPA's Formidable Task to Assess and Regulate Their Risks, Washington D. C.: United States General Accounting Office.

General Accounting Office (GAO) 1986b: Air Quality Standards. EPA's Standard Setting Process Should Be More Timely and Better Planned, Washington D. C.: United States General Accounting Office.

General Accounting Office (GAO) 1991: Air Pollution, EPA's Strategy and Resources May Be Inadequate to Control Air Toxics, Washington D. C.: United States General Accounting Office.

General Agreement on Tariffs and Trade (GATT) 1991: Trade Policy Review. Switzerland 1991, Geneva.

Germann, Raimund E. 1981: Außerparlamentarische Kommissionen: Die Milizverwaltung des Bundes, Bern und Stuttgart: Haupt.

Gianella, V. P., A. Mohr und T. Stadler 1985: Das neue Umweltschutzgesetz: Ein wichtiger Schritt im Rahmen der schweizerischen Umweltpolitik, Zeitschrift für Umweltpolitik 8, S. 97-117.

Giebeler, Rolf 1991: Verfahren und Maßstäbe bei der Setzung von Umweltstandards in den USA, Berlin: Erich Schmidt.

Gifford, Bill 1990: Inside the Environmental Groups, Outside Magazine, September 1990.

Giger, Andreas 1981: Umweltorganisationen und Umweltpolitik, Schweizerisches Jahrbuch für Politische Wissenschaft 21, S. 49-77.

Gilgen, Paul W., Christoph Juen, Beat Moser und Max Zürcher 1990: Marktkonforme Instrumente zum Schutze der Umwelt. Grundsätzliche Überlegungen aus der Sicht der Wirtschaft, Zürich: Gesellschaft zur Förderung der schweizerischen Wirtschaft.

Giugni, Marco G. und Hanspeter Kriesi 1990: Nouveaux mouvements sociaux dans les années '80: Evolution et perspectives, Schweizerisches Jahrbuch für Politische Wissenschaft 30, S. 79-100.

Graham, John. D., Laura C. Green and Marc J. Roberts 1988: In Search of Safety, Cambridge, Mass: Harvard University Press.

Guderian, Robert und David T. Tingey 1987: Notwendigkeit und Ableitung von Grenzwerten für Stickoxide, Berlin: Erich Schmidt Verlag (UBA-Berichte 1/87).

Gurlitt, Elke 1989: Die Verwaltungsöffentlichkeit im Umweltrecht. Ein Rechtsvergleich Bundesrepublik Deutschland - USA, Düsseldorf: Werner-Verlag.

Gurlitt, Elke 1990: Akteneinsicht in den Vereinigten Staaten, in: Gerd Winter (Hrsg.), Öffentlichkeit von Umweltinformationen. Europäische und nordamerikanische Rechte und Erfahrungen, Baden-Baden: Nomos, S. 511-552.

Harris, Richard A. und Sidney M. Milkis 1989: The Politics of Regulatory Change. A Tale of Two Agencies, New York and Oxford: OUP.

Harrison, Kathryn 1991: Between Science and Politics: Assessing the Risks of Dioxin in Canada and the United States, Policy Sciences 24, S. 367-388.

Harrisson, David 1986: Kosten-Nutzen-Analysen und die Regulierung von Umweltkarzinogenen, in: Gerd Winter (Hrsg.), Grenzwerte, Düsseldorf: Werner, S. 110-115.

Heaton, George R. und James Maxwell 1984: Patterns of Automobile Regulation: An International Comparison, Zeitschrift für Umweltpolitik 7, S. 15-40.

Heger, Matthias 1990: Deutscher Bundesrat und Schweizer Ständerat. Gedanken zu ihrer Entstehung, ihrem aktuellen Erscheinungsbild und ihrer Rechtfertigung, Berlin: Duncker und Humblot.

Heine, Günter 1985: Umweltschutzrecht in der Schweiz, Umwelt- und Planungsrecht 5, S. 345-353.

Hess, Walter 1985: Geschichtlicher Überblick und Konsequenzen bezüglich der Ölfeuerungskontrolle in der Stadt Zürich, in: Helmut Weidner und Peter Knoepfel (Hrsg.), Luftreinhaltepolitik in städtischen Ballungsräumen. Internationale Erfahrungen, Frankfurt a. M und New York: Campus.

Hoberg, George 1990: Reaganism, Pluralism, and the Policy of Pesticide Regulation, Policy Science 23, S. 257-289

Hofstetter, Patrick 1990: FCKW-Einsatz und Entsorgung in der Kälte- und Klimatechnik mit ökologischem Vergleich heutiger Kühlschranksysteme und Ausblick auf alternative Kältesysteme, November 1990.

Imhof, Rita und Willi Zimmermann 1991: "Maßnahmenplanung" in Switzerland: The Strategic Air Purification Plan as an Instrument of Environmental Policy in the Field of Urban Traffic, Beitrag zum Internationalen Kongreß "Implementing Environmental Policies by Means of Interpolicy Cooperation. Non-environmental Policies as Effective Instruments for the Implementation of Environmental Policies" vom 24.9.-27.9.1991 in Crans-Montana.

IMP-M 1985-1989: Indicatief Meerjaren Programma Milieubeheer 1985-1989, Tweede Kamer 1984-1985, S. 18602.

Inglehart, Ronald 1989: Kultureller Umbruch. Wertewandel in der westlichen Welt, Frankfurt a. M. und New York: Campus.

Ingram, Helen M. und Dean E. Mann 1990: Interest Groups and Environmental Policy, in: James P. Lester (Hrsg.), Environmental Politics and Policy, Theories and Evidences, Durham and London: Duke University Press, S. 135-157.

Jänicke, Martin 1990a: Erfolgsbedingungen von Umweltpolitik im internationalen Vergleich, Zeitschrift für Umweltpolitik und Umweltrecht 13, S. 213-232.

Jänicke, Martin 1990b: Politik und Ökonomie. Anmerkungen zur Erklärungskraft beider Faktoren im Policy-Vergleich, in: Udo Bermbach, Bernhard Blanke und Carl Böhret (Hrsg.), Spaltungen der Gesellschaft und die Zukunft des Sozialstaats, Opladen: Leske und Budrich, S. 137-146.

Jänicke, Martin und Harald Mönch 1988: Ökologischer und wirtschaftlicher Wandel im Industrieländervergleich. Eine explorative Studie über Modernisierungskapazitäten, in: Manfred G. Schmidt (Hrsg.), Staatstätigkeit. International und historisch vergleichende Analysen, Opladen: Westdeutscher Verlag, S. 287-305.

Jans, Jan 1990: Akteneinsicht in den Niederlanden, in: Gerd Winter (Hrsg.), Öffentlichkeit von Umweltinformationen. Europäische und nordamerikanische Rechte und Erfahrungen, Baden-Baden: Nomos, S. 357-417.

Jansen, Ulrich W. 1992: Änderung der Luftreinhalte-Verordnung (LRV 92), Gas, Wasser, Abfall 72, S. 33-35.

Jarass, Hans D. 1985: Besonderheiten des amerikanischen Verwaltungsrechts im Vergleich, Die öffentliche Verwaltung 38, S. 377-387.

Jarass, Hans D. 1988: Umweltstandards, in: Otto Kimminich, Heinrich von Lersner, Peter-Christoph Storm (Hrsg.) Handwörterbuch des Umweltrechts, Berlin: Erich Schmidt Verlag, II. Band, Sp. 818-831.

Jasanoff, Sheila 1990: The Fifth Branch. Science Adviser as Policymakers, Cambridge, Massachusetts: Harvard University Press.

Johnke, Bernt 1992: Akzeptanzproblem Abfallentsorgungsanlagen - Eine Frage der Öffentlichkeitsbeteiligung, Müll und Abfall 24, S. 78-84.

Juen, Christoph, Beat Moser, Antonio M. Taormina und Max Zürcher 1991: Marktorientierte Umweltpolitik: Das Dualinstrument "Lenkungsabgabe/Vereinbarung" zur Verminderung der VOC-Emissionen, Zürich: Gesellschaft zur Förderung der schweizerischen Wirtschaft.

Kagan, Robert 1991: Adversarial Legalism and American Government, Journal of Policy Analysis and Management 10, S. 369-406.

Karres, J. J. C. 1985: Emissie-eisen voor stookinstallaties onder vuur! (Emissionsstandards für Großanlagen "unter Feuer"!), Lucht en omgeving, S. 153-156.

Katzenstein, Peter J. 1985: Small States in World Markets, Ithaca and London: Cornell University Press.

Keller, Leo und Anja Fiebiger 1992: Current Uses of Cadmium in Switzerland. Results of a Survey of Swiss Industry and Trade, unveröffentl. Ms.

Keohane, Robert O. und Joseph S. Nye 1977: Power and Interdependence, World Politics in Transitition, Boston und Toronto: Little, Brown and Co.

Keohane, Robert O. und Joseph S. Nye 1987: Power and Interdependence Revisited, International Organization 41, S. 725-753.

Kloepfer, Michael (unter Mitarbeit von Klaus Messerschmidt) 1989: Umweltrecht, München: Beck.

Kloepfer, Michael, Eckard Rehbinder und Eberhard Schmidt-Aßmann (unter Mitwirkung von Philip Kunig) 1991: Umweltgesetzbuch - Allgemeiner Teil, UBA-Forschungsbericht 90-085, Berlin: Erich Schmidt.

Kloeti, Ulrich 1984: Politikformulierung, in: ders. (Hrsg.), Handbuch Politisches System der Schweiz, 2. Bd., Strukturen und Prozesse, Bern und Stuttgart: Haupt.

Knoepfel, Peter 1989: Wenn drei dasselbe tun ..., ist es nicht dasselbe. Unterschiede in der Interessenvermittlung in drei Sektoren der Umweltpolitik (Industrie/Gewerbe, Landwirtschaft und staatliche Infrastrukturpolitiken). Ein Beitrag zur Diskussion zum Neokorporatismus, in: Hans-Hermann Hartwich (Hrsg.), Macht und Ohnmacht politischer Institutionen, Opladen: Westdeutscher Verlag, S. 177-209.

Knoepfel, Peter 1990: Zum Stand des Umweltrechts in der Schweiz, Cahiers de l'IDHEAP No. 65, Lausanne.

Knoepfel, Peter 1991: Umweltpolitik zwischen Akzeptanz und Vollzugskrise, in: Martin Lendi (Hrsg.), Umweltpolitik. Strukturelemente in einem dynamischen Prozeß, Zürich: Verlag der Fachvereine, S. 141-172.

Knoepfel, Peter und Willi Zimmermann 1987: Ökologisierung der Landwirtschaft. Historische Rekonstruktion und Analyse von Ökologisierungsprozessen in ausgewählten Bereichen politisch-administrativer Regulierung landwirtschaftlicher Aktivitäten zwischen 1970 und 1985 in der schweizerischen Landwirtschaft, Aarau u. a.: Verlag Sauerländer.

Knoepfel, Peter und Martin Descloux 1988: Valeurs limites d'immissions: choix politiques ou determinations scientifiques?, Cahiers de l'IDHEAP No. 48, Lausanne.

Knoepfel, Peter und Rita Imhof (unter Mitwirkung von Enzo Matafora) 1991: Zum Stand des Vollzugs des USG, in: Öko-Brevier. Ein praktisches Handbuch für kleinere und mittlere Unternehmen.

Knoepfel, Peter und Michel Rey 1990: Konfliktminderung durch Verhandlung: Das Beispiel des Verfahrens zur Suche eines Standorts für eine Sondermülldeponie in der Suisse Romande, in: Wolfgang Hoffmann-Riem, Konfliktmittlung in Verwaltungsverfahren, Baden-Baden: Nomos.

Knoepfel, Peter und Helmut Weidner 1980: Handbuch der SO_2-Luftreinhaltepolitik. Daten, Konzepte und rechtliche Regelungen in den EG-Staaten und der Schweiz, Teil II: Länderberichte, Berlin: Erich Schmidt Verlag.

Knoepfel, Peter und Willi Zimmermann (unter Mitwirkung von Giorgio Sailer und Enzo Matafora) 1991: Evaluation des BUWAL. Expertenbericht zur Evaluation der Luftreinhaltung, des ländlichen Gewässerschutzes und der UVP des Bundes, Schlußbericht vom 18. November 1991.

Knoepfel, Peter, Willi Zimmermann, Ueli Müller, Doris Kolly und Laurent Demierre 1989: Abfall und Umwelt im politischen Alltag. Vier Fälle für die Ausbildung, Bern.

Koch, Rainer 1991: Umweltchemikalien. Physikalisch-chemische Daten, Toxizitäten, Grenz- und Richtwerte, Umweltverhalten, Weinheim: VCH Verlagsgesellschaft.

Kohler-Koch, Beate 1989: Regime in den internationalen Beziehungen, Baden-Baden: Nomos.

Kohler-Koch, Beate 1990: "Interdependenz", in: Volker Rittberger (Hrsg.), Theorien der Internationalen Beziehungen. Bestandsaufnahme und Forschungsperspektiven, PVS-Sonderheft 21, Opladen: Westdeutscher Verlag, S. 110-129.

Kolar, Jörgen 1990: Stickstoffoxide und Luftreinhaltung. Grundlagen, Emissionen, Transmission, Wirkungen, Berlin u. a.: Springer.

Kortenkamp A., B. Grahl, L. H. Grimme (Hrsg.) 1988: Die Grenzenlosigkeit der Grenzwerte, Karlsruhe: C. F. Müller.

Kraemer, R. Andreas und Anja Köhne 1992: Regelungen zum Schutz der Ozonschicht in Industriestaaten. Regulations for the Protection of the Ozone Layer in Industrialised Countries, Bonn: Institut für Europäische Umweltpolitik.

Kraft, Michael E. und Norman J. Vig 1990: Environmental Policy from the Seventies to the Nineties: Continuity and Change, in: Norman J. Vig und Michael E. Kraft (Hrsg.), Environmental Policy in the 1990s. Toward a New Agenda, Washington D. C.: Congressional Quarterly Press, S. 3-32.

Krasner, Stephen D. (Hrsg.) 1983: International Regimes, Ithaca NY: Cornell University Press.

Kriesi, Hanspeter 1991a: Direkte Demokratie in der Schweiz, Aus Politik und Zeitgeschichte 23/91, S. 44-54.

Kriesi, Hanspeter 1991b: Switzerland: A Marginal Field of Research in an Underdeveloped Social Science Community, in: Dieter Rucht (Hrsg.), Research on Social Movements. The State of the Art in Western Europe and the USA, Frankfurt a. M. und Boulder, Colorado: Campus Verlag und Westview Press.

Kunig, Philip 1992: Exekutivische Rechtsetzung, in: Hans-Joachim Koch (Hrsg.), Auf dem Weg zum Umweltgesetzbuch, Baden-Baden: Nomos, S. 157-169.

Ladeur, Karl-Heinz 1986: Alternativen zum Konzept der "Grenzwerte" im Umweltrecht - Zur Evolution des Verhältnisses von Norm und Wissen im Polizeirecht und im Umweltplanungsrecht, in: Gerd Winter (Hrsg.), Grenzwerte, Düsseldorf: Werner, S. 127-141.

Lamm, Jochen und Markus Schneller 1989: Umweltberichterstattung im internationalen Vergleich, unveröffentl. Manuskript, Freie Universität Berlin.

Landolt, Elias 1988: Von der Naturschutzbewegung zur Ökologie von heute, Dokumente und Informationen zur Schweizerischen Orts-, Regional- und Landesplanung (DISP) 96, S. 28-34.

Langmack, Hans 1973: Luftverunreinigung durch Hausfeuerungsanlagen, in: Hans-Ulrich Müller-Stahel (Hrsg.): Schweizerisches Umweltrecht, Zürich: Schulthess Polygraphischer Verlag, S. 338-348.

Lee, Bryan 1991: Highlights of the Clean Air Act Amendments of 1990, Journal of the Air and Waste Management Association, S. 16-19.

Lehner, Franz 1989: Vergleichende Regierungslehre, Opladen: Leske und Budrich.

Lersner, Heinrich von 1990: Verfahrensvorschläge für umweltrechtliche Grenzwerte, Natur + Recht 12, S. 193-197.

Lester, James P. 1990: A New Federalism? Environmental Policy in the States, in: Norman J. Vig und Michael E. Kraft (Hrsg.), Environmental Policy in the 1990s. Toward a New Agenda, Washington D. C.: Congressional Quarterly Press, S. 59-80.

Leutert, Gerhard 1991: Ozon. Maßnahmen des Bundes. Medienseminar "Sommersmog" der Kantone Zürich und Schaffhausen am 16. Mai 1991, Meilen ZH, Wasser, Boden, Luft. Umweltschutz 1991, S. 2-3.

Longchamp, Claude 1991: Politisch-kultureller Wandel in der Schweiz. Eine Übersicht über die Veränderungen der Orientierungs- und Partizipationsweisen in den 80er Jahren, in: Plassner, Fritz und Peter A. Ulram (Hrsg.), Staatsbürger oder Untertanen?, Politische Kultur Deutschlands, Österreichs und der Schweiz im Vergleich, Frankfurt a. M. u. a.: Peter Lang, S. 49-101.

Lösche, Peter 1990: Interessenorganisationen, in: W. P. Adams, E.-O. Czempiel, B. Ostendorf, K. L. Shell, P. B. Spahn und M. Zöller (Hrsg.), Die Vereinigten Staaten von Amerika, Band 1, Frankfurt am Main/New York: Campus, S. 419-441.

Luder, Jürgen und Alexander Stücheli 1991: Rauchgasentstickung in Kehrichtverbrennungsanlagen, Schweizer Ingenieur und Architekt 109, S. 1196-1203.

Majone, Giandomenico 1982: The Uncertain Logic of Standard-Setting, Zeitschrift für Umweltpolitik 5, S. 305-323.

Martin, Karen M. 1990: The Use of Science in the Mangement of Hazardous Air Pollutants, Dissertation, The University of North Carolina at Chapel Hill.

Martinelli, Alberto (Hrsg.) 1991: International Markets and Global Firms. A Comparative Study of Organized Business in the Chemical Industry, London u. a.: Sage.

Mauch, Samuel 1992: Wirtschaftliche Chancen durch strukturelle Veränderungen. Studie für eine ökologische Steuerreform, Bulletin der Schweizerischen Gesellschaft für Umweltschutz 21, Nr. 1, S. 4-9.

Mauch, Samuel und Rolf Iten 1991: Ökologische Steuerreform für die Schweiz in Europa. Vortrag auf der SGU-Tagung vom 21. November 1991 am Gottlieb Duttweiler Institut, Rüschlikon, unveröffentl. Ms.

Mayntz, Renate 1990: Entscheidungsprozesse bei der Entwicklung von Umweltstandards, Die Verwaltung 23, S. 137-151.

Meier, Ruedi und Felix Walter 1991: Umweltabgaben für die Schweiz. Ein Beitrag zur Ökologisierung von Wirtschaft und Gesellschaft, Chur und Zürich: Verlag Rüegger.

Meiners, Hubert 1982: Grundzüge und aktuelle weitgehende Änderungen des Umweltrechts der Niederlande: Zeitschrift für Umweltpolitik 5, S. 251-265.

Meiners, Hubert 1988: Niederlande, in: Otto Kimminich, Heinrich von Lersner und Peter Christoph Storm (Hrsg.), Handwörterbuch des Umweltrechts, Berlin: Erich Schmidt, Band 2, Sp. 56-62.

Melnick, R. Shep 1983: Regulation and the Courts: The Case of the Clean Air Act, Washington D. C.: The Brookings Institution.

Meyer, J. H. 1991: Das Löschmittel Halon und die Umwelt, Die Schweizer Gemeinde 28 (1/91), S. 26-27.

Milani, Bruno 1989: Abfallentsorgung in der Schweiz - zwischen Anspruch und Wirklichkeit, Umwelt-Information (VGL) 4 (Nr. 4/89), S. 3-7.

Ministerie van Volkshuisvesting, Ruimtelliljke Ordening en Mileubeheer (VROM) 1990; Basisdokument "Cadmium", Leidschendamm.

Mitchell, Robert Cameron 1990: Public Opinion and the Green Lobby: Poised for the 1990?, in: Norman J. Vig und Michael E. Kraft (Hrsg.), Environmental Policy in the 1990s. Toward a New Agenda, Washington D. C.: Congressional Quarterly Press, S. 81-99.

Möckli, Silvano 1991: Direkte Demokratie im Vergleich, Aus Politik und Zeitgeschichte 23/91, S. 31-43.

Monteil, Michel 1992: Die Entsorgung von Kühl- und Gefriergeräten, Umweltschutz in der Schweiz. Bulletin des Bundesamtes für Umwelt, Wald und Landschaft 1/92, S. 17-21.

Moser, Beat 1991: Die chemische Industrie vor neuen außenwirtschaftlichen Herausforderungen, Der Staatsbürger 74, S. 22-25.

Moser, Beat 1992: Branchen vor EG '92: Die europäische Integration als Herausforderung für die schweiz. chemische Industrie, Volkswirtschaft 65, S. 14-19.

National Environmental Policy Plan 1989: To Choose or to Loose, Second Chamber of the States General, Session 1988-1989, S. 21 137.

National Trade and Professional Associations of the United States 1992: 27. Auflage, New York: Columbia Books.

Neidhart, Leonhard 1970: Plebiszit und pluralitäre Demokratie. Eine Analyse der Funktionen des schweizerischen Gesetzesreferendums, Bern: Francke.

Nottrodt, Adolf 1992: Technik-Entwicklung zur Abscheidung von Dioxinen/Furanen bei der Abfallverbrennung, Referat gehalten auf der UTECH Berlin am 17.2.1992 (Ms.).

Nownes, Anthony J. 1991: Interest Groups and the Regulation of Pesticides: Congress, Coaltions, and Closure, Policies Sciences 24, S. 1-18.

Nüssli, Kurt 1987: Neokorporatismus in der Schweiz. Chancen und Grenzen organisierter Interessenvermittlung. Umweltpolitik, Zürich (Kleine Studien zur Politischen Wissenschaft Nr. 251).

Nyffeler, Urs Paul 1988: Saubere Luft, gesundes Leben. Die Schweiz auf dem Weg zu einer besseren Luftqualität, Der Monat 10/1988, S. 10-12.

O'Connor, John R. 1986: The Regulation of Toxic Air Pollutants: Critical Review Discussion Papers, Journal of the Air Pollution Control Association 36 (1986), S. 990-991.

Oberthür, Sebastian 1991: Die Zerstörung der stratosphärischen Ozonschicht als internationales Problem. Interessenkonstellation und internationaler politischer Prozeß (Ms.).

Organisation for Economic Co-operation and Development (OECD) 1986: Control of Toxic Substances in the atmosphere - Benzene, OECD Environment Monographs, Band 5, Paris.

Olin, Richard 1986: Residential Wood Combustion Emissions: The Development of a Negotiated Regulation, Technical Report, University of North Carolina at Chapel Hill.

Olin, Richard 1987: Residential Wood Combustion Emissions: The Development of a Negotiated Standard, vervielfältigtes Manuskript.

Organisation for Economic Co-operation and Development (OECD) 1990: Historical Statistics 1960-1988, Paris.

Organisation for Economic Co-operation and Development (OECD) 1991a: OECD Environmental Data Compendium 1991, Paris.

Organisation for Economic Co-operation and Development (OECD) 1991b: The State of the Environment, Paris.

Organisation for Economic Co-operation and Development (OECD) 1991c: Environmental Indicators. A Preliminary Set, Paris.

Organisation for Economic Co-operation and Development (OECD) 1992a: Technology and the Economy. The Key Relationships, Paris.

Organisation for Economic Co-operation and Development (OECD) 1992b: Globalisation of Industrial Activities. Four Case Studies: Auto Parts, Chemicals, Construction and Semiconductors, Paris.

Ozolins, G. 1989: Health and Air Pollution. European Air Quality Guidelines, Umwelttechnik 23 (1/89), S. 16-21.

Peters, Matthias 1982: Formulierung und Implementation der SO_2-Luftreinhaltepolitik in der Schweiz, in: Standard Setting and Implementation in SO_2-Air Quality Control Policies, A Comparative Analysis of EC-Countries and Switzerland (Part. IV), Fallstudie Schweiz: Nationale Ebene, Zürich: IPSO (mimeo).

Portney, Paul R. 1990a: The Evaluation of Federal Regulation, in: ders. (Hrsg.), Public Policies for Environmental Protection, Washington D. C.: Resources for the Future, S. 7-25.

Portney, Paul R. 1990b: Overall Assessment and Future Direction, in: ders. (Hrsg.), Public Policies for Environmental Protection, Washington D. C.: Resources for the Future, S. 275-289.

Przeworksi, Adam 1987: Methods of Cross-National Research, 1970-83. An Overview, in: Meinolf Dierkes, Hans N. Weiler und Ariane Berthoin Antal (Hrsg.), Comparative Policy Research, Aldershot: Gower, S. 31-49.

von Prittwitz, Volker 1990: Das Katastrophenparadox. Elemente einer Theorie der Umweltpolitik, Opladen: Leske und Budrich.

Pritzker, David M. und Dalton, Deborah S. 1990: Negotiated Rulemaking Sourcebook, Administrative Conference of the United States.

Pytte, Allison 1990: Clean Air Act Amendments, Congressional Quarterly 24: S. 3934-3962.

Rat von Sachverständigen für Umweltfragen 1987: Umweltgutachten 1987, Bundesrat, Drucksache 11/1568 vom 21.12.1987.

Rausch, Heribert 1986: Art. 65, Umweltrecht der Kantone, in: Kommentar zum Umweltschutzgesetz. Handbuch -Kommentar - Ausführungserlasse, Zürich: Schulthess Polygraphischer Verlag.

Rausch, Heribert 1991: Kleiner Versuch einer umweltrechtlichen Standortbestimmung, in: Zeitschrift für Schweizerisches Recht N.F.110, 1. Halbband, S. 147-156.

Rechentin, Uwe 1992: Technische Gebäudeausrüstung. Stand der europäischen Normung, Bundesbaublatt 41, S. 168-176.

Rechsteiner, Rudolf 1990: Umweltschutz per Portemonnaie. Wege zur sauberen Wirtschaft, Zürich: Unionsverlag.

Rehbinder, Eckard 1991: Das Vorsorgeprinzip im internationalen Vergleich, Düsseldorf: Werner.

Rentsch, Christoph 1989: Maßnahmen zum Schutz der Ozonschicht, in: BUWAL-Bulletin 2/89, S. 21-26.

Rentsch, Christoph 1992: Maßnahmen zum FCKW-Ausstieg in der Schweiz. Das Schweizerische Maßnahmenpaket zum Schutz der Ozonschicht, in: Alternativen zu FCKW und Halonen. Technologien und Ersatzstoffe, Tagungsband zur Internationalen Konferenz Berlin 92, 24. bis 26. Februar 1992 im ICC Berlin.

Rijksinstituut voor Volksgezondheid en Milieuhygiene (RIVM) 1989: Concern for Tomorrow. A National Environmental Survey 1985-2010, Bilthoven.

Rijksinstituut voor Volksgezondheid en Milieuhygiene (RIVM) 1990: Basisdokument "Cadmium", Den Haag.

Ringli, R. 1990: Stickoxidarme Feuerungsanlagen: Heutiger Entwicklungsstand aus der Sicht der Branche. Vortrag anläßlich des SVG-Seminars vom 8. Mai 1990 in Zürich, Umwelttechnik 24 (4/1990), S. 7-8.

Robesin, Marga 1991: Participation of environmental organizations in legal procedures in the Netherlands, in: Martin Führ und Gerhard Roller (Hrsg.), Participation and Litigation Rights of Environmental Associations in Europe, Frankfurt am Main, Bern, New York, Paris: Peter Lang, S. 101-120.

Roque, Julie A. 1991: Regulating Air Toxics in Rhode Island, Rilsk: Issues in Health and Safety 2, S. 123.

Rosenbaum, Walter A. 1989: The Bureaucracy and Environmental Policy, in: James P. Lester (Hrsg.), Environmental Politics and Policy, Theories and Evidences, Durham and London: Duke University Press, S. 212-237.

Rosenbaum, Walter A. 1991: Environmental Politics and Policy, Washington D. C.: Congeressional Quarterly.

Roth, Ulrich (Hrsg.) 1992: Luft. Zur Situation von Lufthaushalt, Luftverschmutzung und Waldschäden in der Schweiz. Ergebnisse aus dem Nationalen Forschungsprogramm (NFP) 14, Zürich: Verlag der Fachvereine.

Scharpf, Fritz W. 1982: Der Erklärungswert "binnenstruktureller" Faktoren in der Politik- und Verwaltungsforschung, in: Joachim Jens Hesse (Hrsg.), Politikwissenschaft und Verwaltungswissenschaft, Opladen: Westdeutscher Verlag, S. 90-104.

Scharpf, Fritz W. 1985: Plädoyer für einen aufgeklärten Institutionalismus, in: Hans-Hermann Hartwich (Hrsg.), Policy-Forschung in der Bundesrepublik Deutschland. Ihr Selbstverständnis und ihr Verhältnis zu den Grundfragen der Politikwissenschaft, Opladen: Westdeutscher Verlag, S. 164-170.

Schlatter, Ch. und H. Poiger 1989: Chlorierte Dibenzodioxine und Dibenzofurane (PCDDs/PCDFs). Belastung und gesundheitliche Beurteilung, in: Umweltwissenschaften und Schadstoffforschung, Zeitschrift für Umweltchemie und Ökotoxikologie 1, S. 11-17.

Schmidt, Manfred G. 1988: Einführung, in: ders. (Hrsg.), Staatstätigkeit. Internationale und historisch vergleichende Analysen, Opladen: Westdeutscher Verlag, S. 1-35.

Schneider, Volker 1985: Corporatist and Pluralist Patterns of Policy-Making for Chemicals Control: A Comparison Between West Germany and the USA, in: Alan Cawson (Hrsg.), Organized Interests and the State, London: SAGE, S. 174-191.

Schweizer Brevier 1991. Volk, Staat, Wirtschaft, Kultur, Bern: Kümmerly und Frey.

Schweizer Dokumentation für Politik und Wirtschaft, 4 Bde., Stand 1990.

Schweizerische Gesellschaft für Chemische Industrie 1991a: Jahresbericht 1990, Zürich.

Schweizerische Fachvereinigung für Energiewirtschaft (Hrsg.) 1992: Wege in eine CO_2-arme Zukunft. Jahrestagung der Schweizerischen Fachvereinigung für Energiewirtschaft (Bern), in Zusammenarbeit mit der Studiengruppe Energieperspektiven (Baden), Zürich: Verlag der Fachvereine.

Schweizerische Bundeskanzlei 1990: Verordnung über das Vernehmlassungsverfahren des Bundes. Erläuternder Bericht, Bern.

Schweizerische Bundeskanzlei 1991: Ergebnisse des Vernehmlassungssverfahrens zum Entwurf einer Verordnung über das Vernehmlassungsverfahren des Bundes, Bern.

Schweizerische Gesellschaft für Chemische Industrie 1991b: Schweizerische Chemische Industrie. Zahlen und Fakten 1991, Zürich.

Schweizerische Gesellschaft für praktische Sozialforschung (GSF) 1989: UNIVOX II A-89.

Schweizerische Gesellschaft für praktische Sozialforschung (GSF) 1990: UNIVOX I I-90.

Schweizerische Gesellschaft für Umweltschutz 1992: Ökologische Steuerreform. Grundlagen für eine umweltgerechte Marktwirtschaft, Bulletin der Schweizerischen Gesellschaft für Umweltschutz 21, Nr. 1.

Schweizerischer Gewerbeverband 1987: Das Gewerbe in der Schweiz. Gewerbliche Organisationen und Ergebnisse der Betriebszählungen für die verschiedenen Branchen.

Schweizerischer Handels- und Industrie-Verein (Vorort) 1991: Jahresbericht 1990, 121. Vereinsjahr, Zürich.

Shapiro, Michael 1990: Toxic Substances Policy, in: Paul R. Portney (Hrsg.), Public Policies for Environmental Protection, Washington D. C.: Resources for the Future, S. 195-241.

Spillmann, Werner 1991: Geschichte der SGU. Gesellschaftliches Umfeld für den Umweltschutz, Bulletin der Schweizerischen Gesellschaft für Umweltschutz 20, Nr. 2, S. 8-13.

Stadelmann, Martin 1990: Erdgas und Umwelt. Zusammenfassung der anläßlich der Tagung "Erdgas und unsere Umwelt" am 4. September 1990 in Zürich vorgetragenen Referate, in: Umwelttechnik 24, Nr. 6, S. 5-6.

Stadt Zürich 1988: Umweltbericht 1988, Zürich.

Stadt Zürich 1989: Vernehmlassung zum kantonalen Maßnahmenplan Lufthygiene. Beschluß des Stadtrats vom 25. Oktober 1989. Medienorientierung vom 26. Oktober 1989.

Stadt Zürich 1992: Umweltbericht 1990/91, Zürich.

Stanfield, Rochelle L. 1985: Politics Pushes Pesticide Manufacturers and Environmentalists Closer Together, National Journal, 12/14/1985, S. 2846-2851.

Stewart, Richard B. 1975: The Reformation of American Administrative Law, Harward Law Review 88, S. 1617-1813.

Studer, Christoph 1992: Polychlorierte Dibenzo-p-Dioxine (PCDD) und Polychlorierte Dibenzofurane (PCDF) in schweizerischer Kuhmilch, BUWAL-Bulletin 2/92, S. 45-46.

Susskind, Lawrence, Lawrence Bacow und Michael Wheeler (Hrsg.) 1983: Resolving Environmental Regulatory Disputes, Cambridge Mass: Schenkman Publishing.

Susskind, Lawrence und Gerard McMahon 1985: The Theory and Practice of Negotiated Rulemaking, Yale Journal of Regulation 3, S. 133-165.

Susskind, Lawrence und Gerard McMahon 1990: Theorie und Praxis ausgehandelter Normsetzung in den USA, in: Wolfgang Hoffmann-Riem und Eberhard Schmidt-Aßmann (Hrsg.), Konfliktbewältigung durch Verhandlungen Baden-Baden: Nomos, S. 67-95 (Deutsche Fassung von Susskind und McMahon 1985).

Task Force Environment and the Internal Market (Hrsg.) 1990: "1992" - The Environmental Dimension. Task Force Report on the Environment and the Internal Market, Bonn: Economica Verlag.

The National Research Council 1980: Regulating Pesticides, Washington D. C.: National Academy of Science.

The Conservation Foundation 1987: State of the Environment: A View Toward the Nineties, Washington D. C.: Conservation Society.

Umwelt 1992: Internationale Ersatzstoff-Konferenz zu FCKW und Halonen, Umwelt 5/1992, S. 189-192.

Umweltbundesamt (Hrsg.) 1989a: Luftreinhaltung '88. Tendenzen - Probleme - Lösungen. Materialien zum Vierten Immissionsschutzbericht der Bundesregierung an den Deutschen Bundestag (Drucksache 11/2714) nach § 61 Bundes-Immissionsschutzgesetz, Berlin: Erich Schmidt Verlag.

Umweltbundesamt (Hrsg.) 1989b: Verzicht aus Verantwortung: Maßnahmen zur Rettung der Ozonschicht, Berlin: Erich Schmidt Verlag (UBA-Berichte 7/89).

Umweltbundesamt (Hrsg.) 1990: Luftverschmutzung durch Stickoxide. Ursachen, Wirkungen, Minderung, Berlin: Erich Schmidt Verlag (UBA-Berichte 3/90).

Umweltschutz 1991a: Verschärfte Luftreinhalte-Verordnung (LRV 92). Unverzügliche Genehmigung durch den Bundesrat gefordert, in: Wasser, Boden, Luft. Umweltschutz 27, Nr. 7-8, S. 21.

Umweltschutz 1991b: Europäische Autohersteller verwenden neues DuPont Kältemittel, Wasser, Boden, Luft. Umweltschutz 27, Nr. 6, S. 36.

Umweltschutz 1991c: Die ökologische Betroffenheit erreicht die Führungskräfte, Wasser, Boden, Luft. Umweltschutz 27, Nr. 11, S. 6-8.

Umwelttechnik 1990a: Ab 1. Juli 1990 gelten in der Stadt Winterthur strengere Stickoxidgrenzwerte für Feuerungsanlagen, Umwelttechnik 24, Nr. 4, S. 11-12.

Umwelttechnik 1990b: Gesundheitliche Beurteilung der Belastung durch chlorierte Dibenzdioxine und Dibenzofurane, Umwelttechnik 24, Nr. 2, S. 2.

Verband der Schweizerischen Gasindustrie 1991: Jahresbericht 1990, 71. Bericht des Verwaltungsrates des Verbandes der Schweizerischen Gasindustrie an die Generalversammlung über das Geschäftsjahr 1990.

Vig, Norman 1990: Presidential Leadership: From the Reagan to the Bush Administration, in: Norman J. Vig und Michael E. Kraft (Hrsg.), Environmental Policy in the 1990s. Toward a New Agenda, Washington D. C.: Congressional Quarterly Press, S. 33-58.

Vig, Norman und Michael E. Kraft (Hrsg.) 1990: Environmental Policy in the 1990s, Washington D. C.: Congressional Quarterly Press.

Vogel, David 1986: National Styles of Regulation. Environmental Policy in Great Britain and the United States, Ithaca and London: Cornell University Press.

Vogelezang-Stoute, E. M. und E. J. Matser 1990: De toelating van bestrijdingsmiddelen (Die Zulassung von Pestiziden), Amsterdam.

Wagner, Beatrice 1989: Das Verursacherprinzip im schweizerischen Umweltschutzrecht, Zeitschrift für Schweizerisches Recht N. F. 108, 2. Halbband, S. 331-428.

Wicke, Lutz 1989: Umweltökonomie, 3. Auflage, München: Vahlen.

Widmer, Thomas 1991: Evaluation von Maßnahmen zur Luftreinhaltepolitik in der Schweiz. Eine quasi-experimentelle Interventionsanalyse nach dem Ansatz Box/Tiao, Zürich: Verlag Rüegger.

Wiederkehr, Peter 1991: Klimawirksame Spurengase: Möglichkeiten zur Verminderung der CO_2-Emissionen in der Schweiz, Umwelttechnik 25, Nr. 4, S. 9-11.

Winter, Gerd (Hrsg.) 1986: Grenzwerte, Düsseldorf: Werner.

Wood, Andrew 1991: New Gasoline Regulations Fuel Change in the Chemical Industry, Chemical Week, 13.11.1991, S. 35-41.

World Health Organization, Regional Office for Europe 1987a: Air Quality Guidelines for Europe, Kopenhagen (WHO Regional Publications, European Series No. 23).

World Health Organization, Regional Office for Europe 1987b: PCBs, PCDDs and PCDFs: Prevention and Control of Accidental and Environmental Exposures, Copenhagen (Environmental Health Series 23).

Worobec, Mary Devine 1986: Toxic Substances Control Primer. Federal Regulation of Chemicals in the Environment, 2. Auflage, Washington D. C.: The Bureau of National Affairs.

Zimmermann, Rae 1990: Governmental Management of Chemical Risk, Lewis Publishers.

Zürcher, Johannes Max 1978: Umweltschutz als Politikum, Dissertation an der Rechts- und Wirtschaftswissenschaflichen Fakultät der Universität Bern.